W0021365

Antonio Caforio   Aldo Ferilli

FISICA!

Pensare l'Universo

Edizione LAB
2

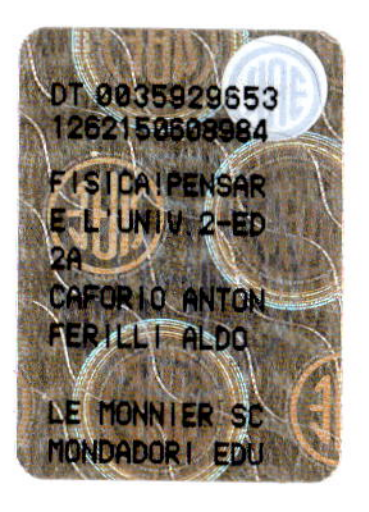

© 2015 by Mondadori Education S.p.A., Milano
Tutti i diritti riservati

www.mondadorieducation.it

Prima edizione: marzo 2015

Edizioni
10 9 8 7 6 5 4 3 2
2019 2018 2017 2016

Questo volume è stampato da:
L.E.G.O. S.p.A. - Lavis (Trento)
Stampato in Italia - Printed in Italy

Il Sistema Qualità di Mondadori Education S.p.A. è certificato da Bureau Veritas Italia S.p.A. secondo la Norma UNI EN ISO 9001:2008 per le attività di: progettazione, realizzazione di testi scolastici e universitari, strumenti didattici multimediali e dizionari.

Le fotocopie per uso personale del lettore possono essere effettuate nei limiti del 15% di ciascun volume/fascicolo di periodico dietro pagamento alla SIAE del compenso previsto dall'art. 68, commi 4 e 5, della legge 22 aprile 1941 n. 633.
Le fotocopie effettuate per finalità di carattere professionale, economico o commerciale o comunque per uso diverso da quello personale possono essere effettuate a seguito di specifica autorizzazione rilasciata da CLEARedi, Centro Licenze e Autorizzazioni per le Riproduzioni Editoriali, Corso di Porta Romana 108, 20122 Milano, e-mail autorizzazioni@clearedi.org e sito web www.clearedi.org.

Giuseppe Liberti ha collaborato con gli Autori alla definizione del progetto editoriale e alla stesura dei testi.
Monia Cardella ha collaborato con gli Autori alla definizione degli apparati didattici e alla stesura e revisione degli esercizi.

Redazione Valentina Buffi, Monia Cardella
Progetto grafico Massimo De Carli
Impaginazione Edistudio
Progetto grafico della copertina 46xy studio
Disegni Susanna Amati, Edistudio, Giulio Mannino (illustrazioni 3D), Fabio Ranavolo
Ricerca iconografica Valentina Buffi, Monia Cardella, Giuseppe Liberti

Stesura esercizi Monia Cardella, Concetto Gianino, Ruth Silva Loewenstein, Andrea Macchi, Luca Oronzo, Mandeka Papini
Stesura schede Progetti di fisica Michele Marenco

Contenuti digitali
Progettazione Fabio Ferri, Marco Guglielmino
Scrittura Francesco Marchi (videotutorial), Marco Guglielmino, Fabio Bettani (videolaboratori)
Realizzazione Groove Factory (videotutorial), Cineseries (videolaboratori), Flylab (videolaboratori), duDAT (esercizi commentati)

In copertina Cirque Du Soleil Dress Rehearsal © Ryan Pierse / Staff/gettyimages

L'editore fornisce - per il tramite dei testi scolastici da esso pubblicati e attraverso i relativi supporti - link a siti di terze parti esclusivamente per fini didattici o perché indicati e consigliati da altri siti istituzionali. Pertanto l'editore non è responsabile, neppure indirettamente, del contenuto e delle immagini riprodotte su tali siti in data successiva a quella della pubblicazione, distribuzione e/o ristampa del presente testo scolastico.

Per eventuali e comunque non volute omissioni e per gli aventi diritto tutelati dalla legge, l'editore dichiara la piena disponibilità.

Per informazioni e segnalazioni:
Servizio Clienti Mondadori Education
e-mail *servizioclienti.edu@mondadorieducation.it*
numero verde **800 123 931**

Antonio Caforio Aldo Ferilli
con la collaborazione di Giuseppe Liberti e Monia Cardella

FISICA!

Pensare l'Universo

Edizione LAB
2

LE MONNIER SCUOLA

Libro+Web è la piattaforma digitale Mondadori Education adatta a tutte le esigenze didattiche, che raccoglie e organizza i libri di testo in formato digitale, i **MEbook**; i **Contenuti Digitali Integrativi**; gli **Strumenti per la creazione di risorse**; la formazione **LinkYou**.

Il **centro dell'ecosistema digitale Mondadori Education** è il **MEbook**, da quest'anno anche in versione **MEbook eXtra**. È fruibile **online** direttamente dalla homepage di Libro+Web e **offline** attraverso l'apposita app di lettura. Lo puoi consultare da qualsiasi dispositivo e se hai problemi di spazio puoi scaricare anche solo le parti del libro che ti interessano.

Il **MEbook eXtra** è il nuovo libro digitale, **adattivo e facile da usare su ogni dispositivo**, che accompagna lo studente con un **sistema di tutoring**, consente al docente la massima personalizzazione grazie a una **mappa concettuale disciplinare** che collega gli elementi del testo tra loro ma anche con risorse esterne e **favorisce la didattica collaborativa** grazie agli strumenti per la condivisione.

In Libro+Web trovi tutti i **Contenuti Digitali Integrativi** dei libri di testo, organizzati in un elenco per aiutarti nella consultazione.

All'interno della piattaforma di apprendimento sono inseriti anche gli Strumenti digitali per la personalizzazione, la condivisione e l'approfondimento: **Edutools**, **Editor di Test e Flashcard**, **Google Drive**, **Classe Virtuale**.

Da Libro+Web puoi accedere ai **Campus**, i portali disciplinari ricchi di news, info, approfondimenti e Contenuti Digitali Integrativi organizzati per argomento, tipologia o parola chiave.

Per costruire lezioni più efficaci e coinvolgenti il docente ha a disposizione il programma **LinkYou**, che prevede seminari per la didattica digitale, corsi, eventi e webinar.

Come ATTIVARLO e SCARICARLO

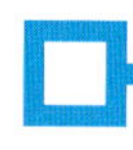

COME ATTIVARE IL MEbook eXtra

PER LO STUDENTE

- Collegati al sito mondadorieducation.it e, se non lo hai già fatto, registrati: è facile, veloce e gratuito.
- Effettua il login inserendo Username e Password.
- Accedi alla sezione Libro+Web e fai clic su "Attiva MEbook".
- Compila il modulo "Attiva MEbook" inserendo negli appositi campi tutte le cifre tranne l'ultima dell'ISBN, stampato sul retro del tuo libro, il codice contrassegno e quello seriale, che trovi sul bollino argentato SIAE nella prima pagina dei nostri libri.
- Fai clic sul pulsante "Attiva MEbook".

PER IL DOCENTE

- Richiedi al tuo agente di zona la copia saggio del libro che ti interessa.

COME SCARICARE IL MEbook eXtra

È possibile accedere online al **MEbook** direttamente dal sito mondadorieducation.it oppure scaricarlo per intero o in singoli capitoli sul tuo dispositivo, seguendo questa semplice procedura:

- Scarica la nostra applicazione gratuita che trovi sul sito mondadorieducation.it o sui principali store di app.
- Lancia l'applicazione.
- Effettua il login con Username e Password scelte all'atto della registrazione sul nostro sito.
- Nella libreria è possibile ritrovare i libri attivati: clicca su "Scarica" per renderli disponibili sul tuo dispositivo.
- Per leggere i libri scaricati fai clic su "leggi".

UNA DIDATTICA DIGITALE INTEGRATA

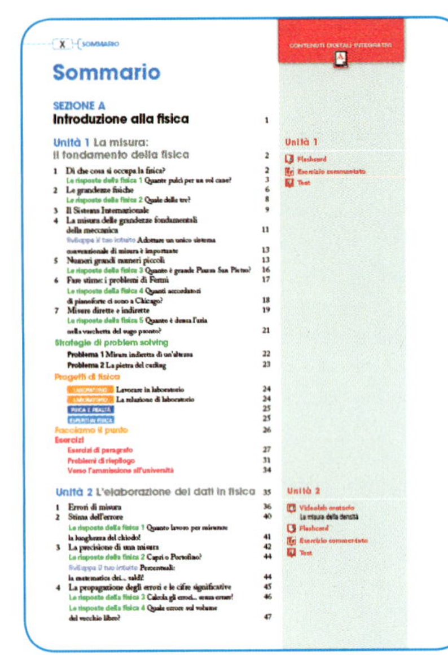
Sommario

SEZIONE A
Introduzione alla fisica

Unità 1 La misura: il fondamento della fisica

Unità 2 L'elaborazione dei dati in fisica

Studente e docente trovano un elenco dei **Contenuti Digitali Integrativi** nell'INDICE, che aiuta a pianificare
lo studio e le lezioni in classe.

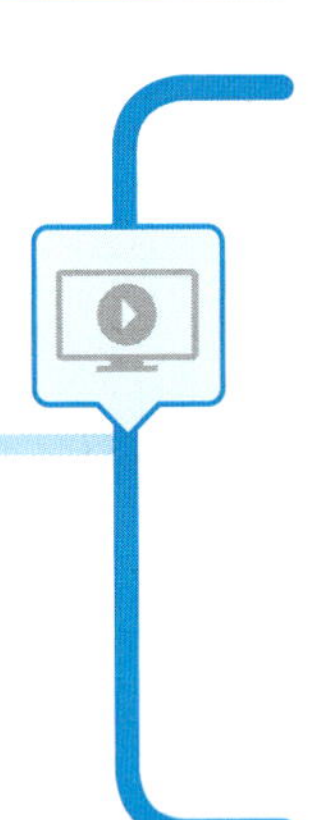

VIDEOTUTORIAL

Filmati in cui si commenta lo svolgimento di esercizi di particolare rilevanza didattica, per imparare ad applicare il problem solving in fisica.
Si trovano nell'eserciziario di fine Unità.

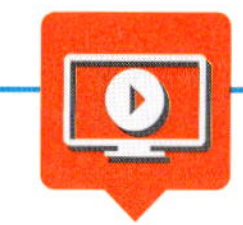

VIDEOLABORATORI

Brevi filmati con esperimenti di fisica eseguiti dal vero e realizzati con una specifica strumentazione didattica.
Si trovano nella rubrica Progetti di fisica.

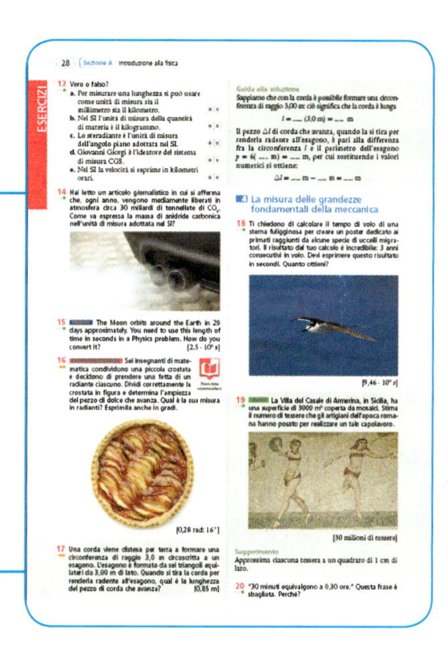

ESERCIZI COMMENTATI

Esercizi risolti passo per passo, per verificare il procedimento con un clic.
Si trovano a fine paragrafo nella rubrica Adesso tocca a te e nell'eserciziario di fine Unità.

LABORATORI

Una selezione di esperienze di laboratorio per approfondire le competenze di fisica sperimentale.
Si trovano nella rubrica Progetti di fisica.

E tanti altri Contenuti Digitali Integrativi:

Test interattivi per allenarsi all'ammissione all'università.

Flashcard per il ripasso dei contenuti dell'Unità.

Test generator per il docente.

Sommario

SEZIONE C
La fisica del movimento

CONTENUTI DIGITALI INTEGRATIVI

SEZIONE D
Energia e fenomeni termici

Strategie di problem solving

Unità 12 Stati di aggregazione della materia

FINE SEZIONE D

Approfondimenti

Unità 12

CONTENUTI DIGITALI INTEGRATIVI

SEZIONE E
Fenomeni luminosi

Unità 13 L'ottica geometrica 193

FINE SEZIONE E

Unità 13

Il moto rettilineo 7

Se conosciamo qual è la distanza percorsa da un corpo e il tempo impiegato a percorrerla, possiamo risalire alla velocità media di quel corpo: essa è definita come il rapporto fra distanza percorsa e tempo impiegato.

Quanto vale la velocità…

▶ … di innalzamento del livello del mare a causa del riscaldamento globale terrestre?

$9{,}5 \cdot 10^{-11}$ m/s

▶ … con cui il Sistema Solare orbita attorno al centro della Via Lattea?

720 000 km/h

▶ … con cui crescono i capelli di una persona?

$4{,}8 \cdot 10^{-9}$ m/s

▶ … massima raggiunta in caduta libera da Felix Baumgartner lanciatosi, nel 2012, dalla quota record di oltre 39 000 m di altezza?

1300 km/h

▶ … con cui si muove una lumaca?

0,001 m/s

1 La descrizione del moto

Gli occupanti di una seggiovia, fermi l'uno rispetto all'altro, si muovono rispetto a chi li osserva da terra [▶1]. D'altra parte, chiunque sul nostro pianeta, anche quando sta fermo rispetto al suolo [▶2], si muove perché partecipe del moto terrestre.

Figura 1 A bordo della seggiovia ciascun passeggero vede gli altri sempre nella stessa posizione rispetto a se stesso.

Figura 2 Il bradipo è noto per la lentezza dei suoi movimenti. Eppure, anche quando è perfettamente immobile, viaggia insieme alla Terra a 100 000 km/h rispetto al Sole.

Il moto e la quiete

Il moto e la quiete sono concetti *relativi*: un oggetto può essere contemporaneamente in moto rispetto a qualcosa e in quiete, oppure in moto con diversa velocità, rispetto a qualcos'altro. Vediamo come in 1.

1 Come e perché

Il moto è relativo

a. Per la persona sulla panchina, la panchina è ferma, mentre il treno *A* e il treno *B* viaggiano rispettivamente in direzione Sud e Nord.

b. Per un passeggero che si trova sul treno *A*, il proprio treno è fermo, mentre la panchina e il treno *B* si muovono entrambi verso Nord.

c. Per un passeggero che si trova sul treno *B*, il proprio treno è fermo, mentre la panchina e il treno *A* si muovono entrambi verso Sud.

Un oggetto è in moto se la sua posizione rispetto a un altro oggetto, assunto come **sistema di riferimento**, varia nel tempo. Perciò, quando si vuole descrivere il moto di un oggetto, è necessario usare strumenti per la misura di distanze e di tempi e fissare un sistema di riferimento rispetto al quale specificare in ogni istante la posizione dell'oggetto.

Sistemi di riferimento cartesiani

Per specificare la posizione di una cabina lungo il cavo di una funivia è sufficiente stabilire sul cavo, scelto come sistema di riferimento, un'origine O e un verso. Lo spazio in cui si muove la cabina può essere così rappresentato con una **retta orientata** Os [▸3].

La cabina della funivia è un oggetto piccolo rispetto alle distanze su cui si sposta, e quindi può essere considerata un punto materiale. La sua posizione P rispetto all'origine O è individuata dalla coordinata s_P, che ha segno positivo o negativo a seconda che, per passare da O a P, la cabina si sposti nel verso della retta orientata o nel verso opposto [▸4].

Per localizzare una pedina da dama sulla scacchiera, servono invece due **assi cartesiani** Oxy [▸5]. Rispetto a questi la posizione della pedina è individuata da una coppia di coordinate, l'ascissa x_P e l'ordinata y_P.

Per una farfalla, che si muove nello spazio tridimensionale, serve infine una terna di assi cartesiani $Oxyz$ [▸6].

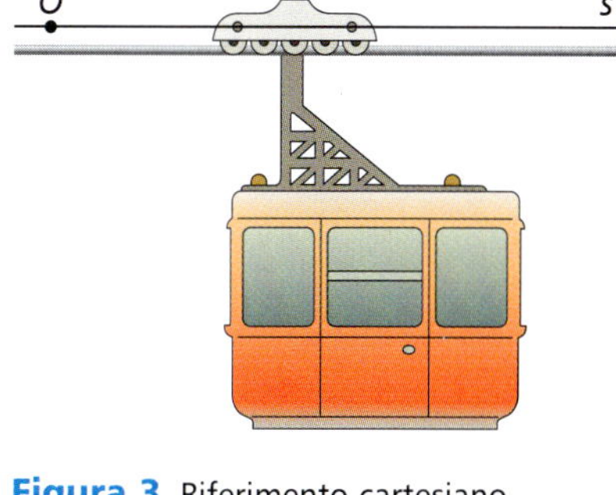

Figura 3 Riferimento cartesiano per il moto lungo una retta.

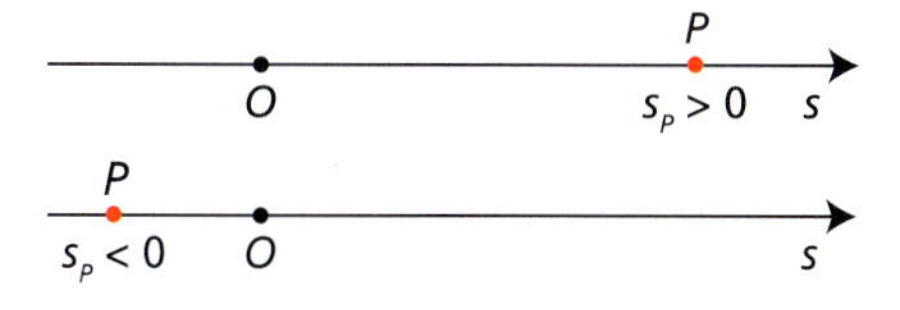

Figura 4 Il segno della coordinata.

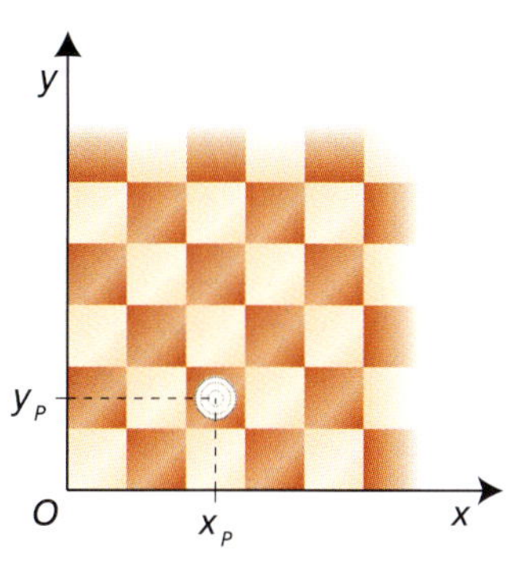

Figura 5 Riferimento cartesiano per il moto su un piano.

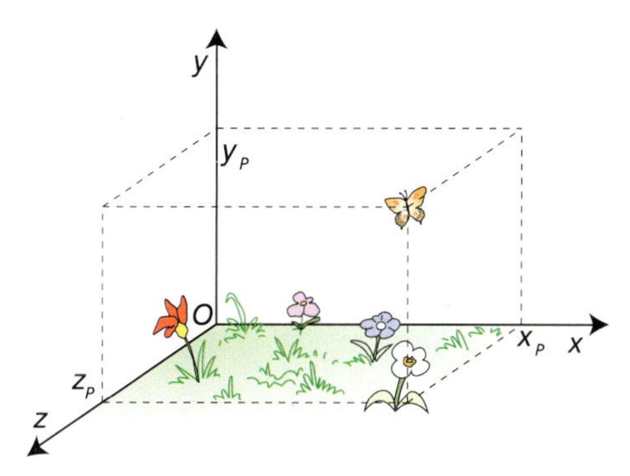

Figura 6 Riferimento cartesiano per il moto nello spazio.

1 Le risposte della fisica Dove si trova l'automobile?

Un'automobile percorre 2,0 km verso Est. Successivamente si sposta di 4,0 km in direzione Nord-Est e infine percorre altri 2,0 km verso Ovest. Dove si trova l'automobile alla fine del tragitto, rispetto a un sistema di coordinate Oxy con origine nel punto di partenza e il cui asse delle x giace lungo il primo spostamento? Quali sarebbero le coordinate del punto di arrivo rispetto a un secondo sistema di coordinate $Ox'y'$ il cui asse delle ascisse ha direzione e verso coincidenti con direzione e verso del secondo spostamento?

Dati e incognite

$OA = BC = 2{,}0$ km $\quad AB = 4{,}0$ km

$x_C = ?\quad y_C = ?\quad x'_C = ?\quad y'_C = ?$

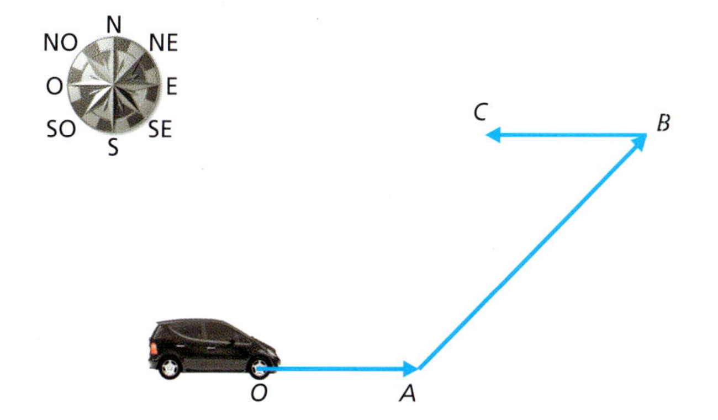

Per determinare le coordinate di un punto rispetto a un sistema di assi cartesiani basta tracciare dal punto stesso le perpendicolari ai due assi e leggere i valori riportati nei punti di incontro con gli assi. Rispetto al sistema di assi cartesiani Oxy, la posizione del punto C è individuata dalla coppia di coordinate

$$x_C = 2{,}8 \text{ km} \qquad \text{e} \qquad y_C = 2{,}8 \text{ km}$$

Il sistema $Ox'y'$ ha la medesima origine del sistema Oxy e l'asse delle ascisse orientato verso Nord-Est.

Dato che il punto C giace lungo l'asse x' la sua ordinata vale 0. Per quanto riguarda l'ascissa di C, cioè la distanza che lo separa dall'origine, osserviamo che il segmento OC è parallelo al segmento AB e ha la sua stessa lunghezza.

Pertanto, in conclusione,

$$x'_C = 4{,}0 \text{ km} \qquad \text{e} \qquad y'_C = 0$$

Moto rettilineo e moto unidimensionale

Il moto di un punto materiale è *rettilineo* se la sua traiettoria giace su una linea retta, *curvilineo* se la sua traiettoria è una linea curva.
Il moto rettilineo è *unidimensionale* in quanto, per descriverlo, è sufficiente conoscere i valori assunti, in funzione del tempo, da una sola variabile: la coordinata del punto materiale rispetto a una retta orientata.
Il moto che si svolge lungo una traiettoria obbligata, come una pista o una ferrovia, non necessariamente rettilinea, è anch'esso unidimensionale.

Adesso tocca a te

Rielabora il contenuto del paragrafo rispondendo a voce a queste domande.

1. Nella figura sono rappresentate, in rosso, la traiettoria dell'asse di una ruota di bicicletta e, in blu, la traiettoria della valvola della ruota. In quale sistema di riferimento si osservano queste traiettorie?

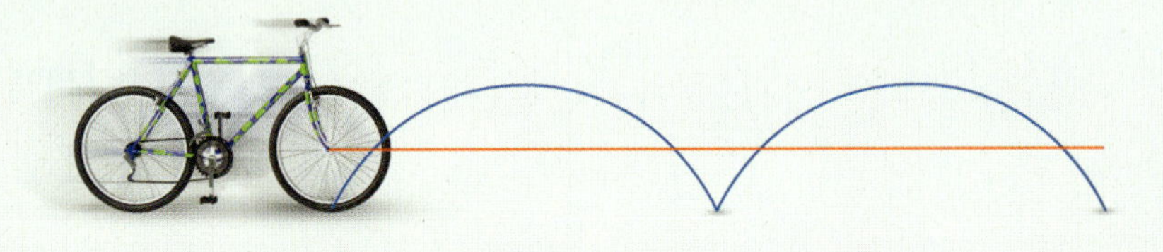

2 La velocità

L'aspetto più evidente del moto degli oggetti è la rapidità con cui passano da una posizione all'altra, ovvero la loro velocità. In fisica si distingue tra *velocità scalare*, che caratterizza la distanza percorsa in un dato intervallo di tempo, e *velocità vettoriale*, definita in termini del vettore spostamento.

Lo spostamento lungo una traiettoria rettilinea

Un'automobile viaggia lungo una strada diritta [▸7]. Per descrivere il suo moto, fissiamo un punto di riferimento O e schematizziamo la strada come una retta Os orientata nel verso del moto.
Supponiamo di aver misurato le coordinate s_1 ed s_2 di due punti successivi A e B lungo la strada, e di disporre di un cronometro. L'auto giungerà in A in un istante in cui il cronometro segna un valore t_1, e in B in un istante in cui il cronometro segna il valore t_2.

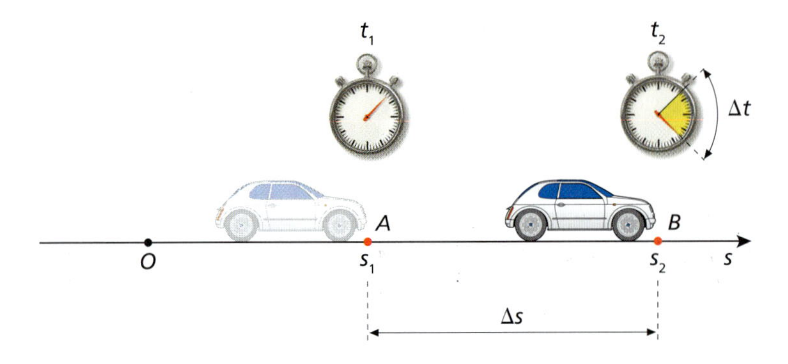

Figura 7 La descrizione del moto.

Per indicare l'intervallo di tempo $t_2 - t_1$ impiegato dall'auto per andare da A a B useremo il simbolo Δt (leggi "delta ti"):

$$\Delta t = t_2 - t_1$$

La *variazione* di una grandezza fisica, indicata con la lettera greca Δ (si legge delta) seguita dal simbolo della grandezza, è la differenza fra il valore da essa assunto in un certo istante e il suo valore in un istante precedente. Così, per indicare lo spostamento dell'auto da A a B nell'intervallo di tempo Δt, ovvero la variazione della sua coordinata, faremo uso del simbolo Δs:

$$\Delta s = s_2 - s_1$$

La variazione Δs può essere positiva o negativa [▸**8**]. È positiva se, nel passare dalla posizione A di coordinata s_1 alla posizione B di coordinata s_2, il punto si sposta nel verso della retta orientata; negativa se si sposta nel verso opposto. Ciò riflette la natura vettoriale dello spostamento: lo spostamento compiuto dal punto materiale nel passare da A a B è il segmento orientato $\overrightarrow{AB}$, che indichiamo con $\Delta\vec{s}$, avente A come primo estremo e B come secondo estremo.

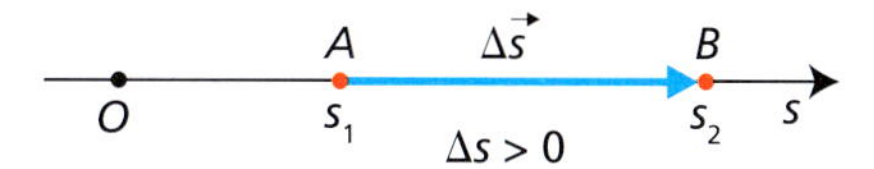

B $\Delta\vec{s}$ A
O s_2 $\Delta s < 0$ s_1 s

Figura 8 Lo spostamento lungo una retta e la sua componente cartesiana.

Poiché il moto è rettilineo, il vettore $\Delta\vec{s}$ ha come unica direzione possibile quella della retta orientata Os, perciò è completamente definito una volta assegnati modulo e verso. La variazione $\Delta s = s_2 - s_1$ della coordinata fornisce entrambe le informazioni: il suo valore assoluto è il modulo del vettore spostamento $\Delta\vec{s}$, il suo segno indica il verso dello spostamento.
Notiamo che, se il moto rettilineo avviene nei due versi, lo spostamento non coincide con la *distanza percorsa* [▸**9**]. Se un'automobile si trova nella posizione A di coordinata $s_1 = 90$ km in un certo istante, nella posizione B di coordinata $s_2 = 180$ km in un istante successivo e, infine, nella posizione C di coordinata $s_3 = 100$ km, il suo spostamento è pari a:

$$\Delta s = (s_2 - s_1) + (s_3 - s_2) = s_3 - s_1 = 10 \text{ km}$$

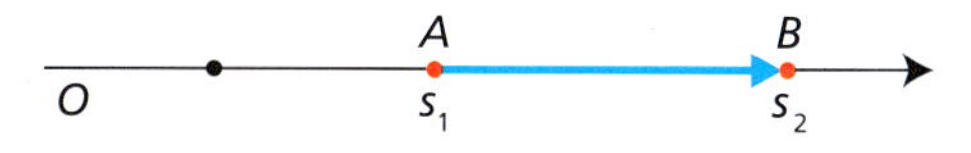

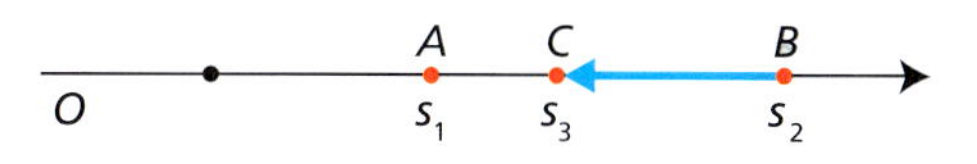

Figura 9 La distanza d è la lunghezza complessiva del cammino percorso ed è una grandezza positiva.

La distanza percorsa nel primo spostamento è la lunghezza del segmento $\overline{AB}$, ovvero $s_2 - s_1 = 90$ km; quella percorsa nel secondo è invece la lunghezza del segmento $\overline{BC}$, ovvero $s_2 - s_3 = 80$ km. La distanza d percorsa nell'intero tragitto è pertanto

$$d = 90 \text{ km} + 80 \text{ km} = 170 \text{ km}$$

Se il moto avviene in un solo verso, scelto come positivo, spostamento e distanza percorsa coincidono.

Ricavare la velocità scalare media da distanza e tempo

Conoscere la distanza percorsa e il tempo impiegato a percorrerla permette di definire la velocità scalare media nell'intervallo di tempo considerato.

Velocità scalare media

La velocità scalare media v_s in un intervallo di tempo Δt è il rapporto fra la distanza d percorsa nell'intervallo di tempo considerato e l'intervallo di tempo stesso:

velocità scalare media (m/s) — *distanza percorsa* (m) — *tempo impiegato* (s)

$$v_s = \frac{d}{\Delta t} \quad (1)$$

Essendo definita come rapporto fra una distanza e un intervallo di tempo, la velocità si misura, nel SI, in **m/s** e ha le dimensioni $[l]\ [t^{-1}]$.
Poiché sia la distanza percorsa sia il tempo impiegato sono grandezze positive, la velocità scalare media è sempre positiva.

Metri al secondo e kilometri all'ora

Un'unità di misura che non fa parte del SI ma che è comunemente usata per la velocità è il kilometro all'ora (km/h). Se una vettura percorre i 270 km dell'autostrada da Bari a Napoli impiegando 3 h, si ha:

$$v_s = \frac{d}{\Delta t} = \frac{270 \text{ km}}{3 \text{ h}} = 90 \text{ km/h}$$

Tenendo conto che 1 km = 1000 m e 1 h = 3600 s,

$$v_s = 90 \text{ km/h} = 90 \ \frac{1000 \text{ m}}{3600 \text{ s}} = 90 \ \frac{1}{3{,}6} \text{ m/s} = 25 \text{ m/s}$$

Dunque si passa da km/h a m/s dividendo per 3,6 e, viceversa, si passa da m/s a km/h moltiplicando per 3,6.

Ricavare distanza e tempo dalla velocità scalare media

La conoscenza della velocità scalare media v_s in un certo intervallo di tempo Δt permette di calcolare la distanza d percorsa in quell'intervallo.
Infatti, ricavando d dalla (1) si trova:

$$d = v_s \Delta t$$

Viceversa, la conoscenza della velocità scalare media tenuta su una distanza d permette di determinare l'intervallo di tempo Δt impiegato a percorrere quella distanza:

$$\Delta t = \frac{d}{v_s}$$

Un podista che marcia alla velocità scalare media di 6,0 km/h percorre, in 2,0 h, la distanza:

$$d = v_s \Delta t = (6{,}0 \text{ km/h})\ (2{,}0 \text{ h}) = 12 \text{ km}$$

Se mantiene la stessa velocità scalare media su una distanza di 15 km, impiega il tempo seguente:

$$\Delta t = \frac{d}{v_s} = \frac{15 \text{ km}}{6{,}0 \text{ km/h}} = 2{,}5 \text{ h}$$

La velocità media

Se al posto della distanza percorsa usiamo lo spostamento Δs, possiamo definire un'altra grandezza, detta velocità media.

Velocità media

La velocità media v_m in un intervallo di tempo Δt è il rapporto tra lo spostamento Δs nell'intervallo di tempo considerato e l'intervallo di tempo stesso:

$$v_m = \frac{\Delta s}{\Delta t} \qquad (2)$$

velocità media (m/s); *spostamento* (m); *tempo impiegato* (s)

La velocità media ci dice quanto rapidamente e in che verso si sta muovendo un oggetto. Anche la velocità media si misura, nel SI, in m/s.
Supponiamo che un'automobile abbia impiegato un'ora nel passare dalla posizione *A* di coordinata $s_1 = 90$ km alla *B* di coordinata $s_2 = 180$ km, e un'altra ora nel passare da *B* alla posizione *C* di coordinata $s_3 = 100$ km (vedi figura 9). Nel primo caso l'automobile si muove verso destra lungo l'asse e la velocità media tra *A* e *B* è positiva:

$$v_m = \frac{s_2 - s_1}{\Delta t} = \frac{(180\,\text{km} - 90\,\text{km})}{1\,\text{h}} = 90\,\text{km/h}$$

e coincide con la velocità scalare media in quel tratto. Tra *B* e *C* l'automobile si muove verso sinistra e la velocità media è negativa:

$$v_m = \frac{s_3 - s_2}{\Delta t} = \frac{(100\,\text{km} - 180\,\text{km})}{1\,\text{h}} = -80\,\text{km/h}$$

Se il moto avviene in un solo verso, scelto come positivo, la velocità scalare media e la velocità media coincidono.

2 Le risposte della fisica — Velocità media e media delle velocità sono la stessa cosa?

In una tappa a cronometro del Giro d'Italia, un corridore viaggia a una velocità media di 54,0 km/h per i primi 16,2 km e a una velocità media di 48,0 km/h per i successivi 33,6 km.
Quanto dura la sua gara? Con quale velocità media compie l'intero percorso?

Dati e incognite

$v_1 = 54{,}0$ km/h
$\Delta s_1 = 16{,}2$ km
$v_2 = 48{,}0$ km/h
$\Delta s_2 = 33{,}6$ km
$\Delta t = ?$
$v_m = ?$

Soluzione

La durata della prima parte della corsa, in cui il corridore percorre la distanza Δs_1 alla velocità media v_1, è:

$$\Delta t_1 = \frac{\Delta s_1}{v_1} = \frac{16{,}2\ \text{km}}{54{,}0\ \text{km/h}} = 0{,}300\ \text{h}$$

La durata della seconda parte, lunga Δs_2 e percorsa alla velocità media v_2, è invece:

$$\Delta t_2 = \frac{\Delta s_2}{v_2} = \frac{33{,}6\ \text{km}}{48{,}0\ \text{km/h}} = 0{,}700\ \text{h}$$

La durata complessiva della corsa è dunque:

$$\Delta t = \Delta t_1 + \Delta t_2 = 0{,}300\ \text{h} + 0{,}700\ \text{h} = 1{,}00\ \text{h}$$

D'altra parte, il percorso ha una lunghezza totale:

$$\Delta s = \Delta s_1 + \Delta s_2 = 16{,}2\ \text{km} + 33{,}6\ \text{km} = 49{,}8\ \text{km}$$

e la velocità media calcolata su tutta la gara è:

$$v_m = \frac{\Delta s}{\Delta t} = \frac{49{,}8\ \text{km}}{1{,}00\ \text{h}} = 49{,}8\ \text{km/h}$$

Riflettiamo sul risultato

Calcolando la media aritmetica delle velocità medie relative ai due tratti del percorso, troviamo:

$$\frac{v_1 + v_2}{2} = \frac{54{,}0\ \text{km/h} + 48{,}0\ \text{km/h}}{2} = 51{,}0\ \text{km/h}$$

Dunque la velocità media non deve essere confusa con la media delle velocità.

Il vettore velocità

Possiamo definire la velocità media di un punto materiale in forma vettoriale, come rapporto fra lo spostamento $\Delta\vec{s}$ compiuto dal punto nell'intervallo di tempo Δt e l'intervallo di tempo stesso:

$$\vec{v}_m = \frac{\Delta\vec{s}}{\Delta t}$$

La velocità media è dunque un vettore che ha come modulo il modulo di $\Delta\vec{s}$ diviso per Δt. Poiché Δt è sempre positivo, la velocità media ha inoltre la stessa direzione e lo stesso verso di $\Delta\vec{s}$.
Se il moto è rettilineo [▶10], è sufficiente specificare solo il modulo e il verso della velocità media. Si può utilizzare, cioè, la definizione (2), tenendo presente che v_m rappresenta la componente cartesiana del vettore $\vec{v}_m$ rispetto alla retta orientata Os.

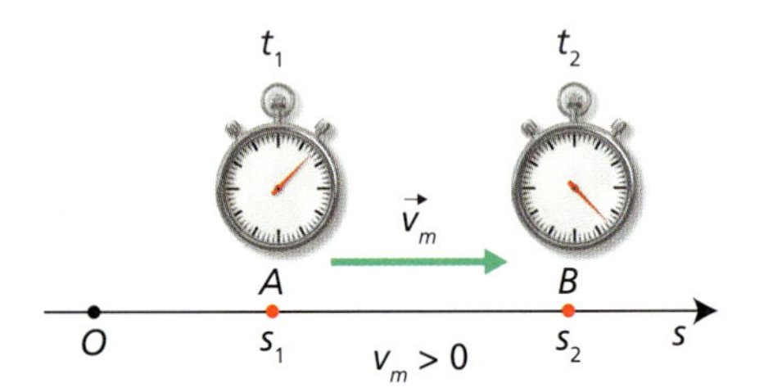

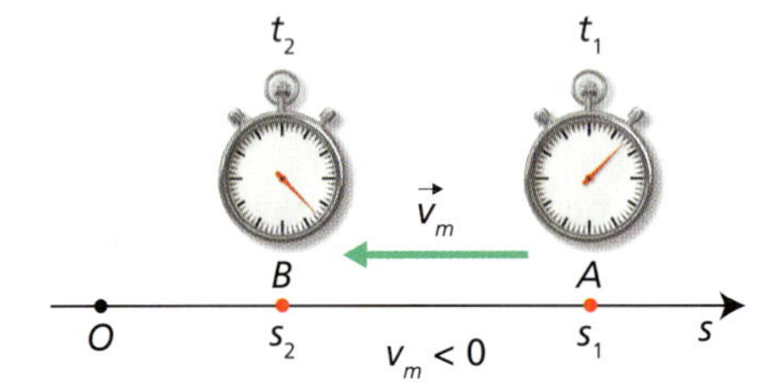

Figura 10 La velocità lungo una retta e la sua componente cartesiana.

La velocità istantanea

La velocità media dipende dall'intervallo di tempo in cui è calcolata.
Un'automobile che percorre 50 km in mezz'ora viaggia, in quella mezz'ora, alla velocità media di 100 km/h. Sicuramente, però, nei primi 10 s dalla partenza ha una velocità media minore. La sua velocità media è certamente minore nell'intervallo di tempo impiegato a percorrere una curva mentre è maggiore nel tempo necessario per un sorpasso.
Se vogliamo ottenere l'informazione sui tratti del percorso in cui l'automobilista è stato più o meno veloce, è necessario determinare la velocità media su distanze più corte e intervalli di tempo più brevi. Possiamo misurare con un cronometro manuale la velocità media ogni 10 o 5 minuti per rappresentare il viaggio con maggior dettaglio.
L'intervallo di tempo può essere reso sempre più breve, ma se vogliamo misurare intervalli di tempo dell'ordine dei secondi il cronometro non è più lo strumento adatto. In questi casi può essere utile, per esempio, usare una fotocellula che si oscura durante il passaggio dell'automobile. In questo caso la velocità media è pari al rapporto tra la lunghezza dell'oggetto e il tempo che impiega a transitare davanti alla fotocellula.
Per ridurre ulteriormente le variazioni di spazio e tempo, si possono usare due fotocellule poste a una distanza inferiore alla lunghezza dell'automobile (su questa procedura si basano gli autovelox) [▶11].
Anche la velocità visualizzata sul tachimetro installato nell'automobile è una velocità (scalare) media e in questo caso, come in quello della fotocellula, l'intervallo di tempo è talmente piccolo da poter essere considerato trascurabile rispetto alla durata del moto.

Figura 11 Un autovelox.

Quando l'intervallo di tempo e il relativo spazio percorso da un corpo sono sufficientemente piccoli, al punto che non è più possibile apprezzare una variazione di velocità, il loro rapporto è detto *velocità istantanea*.

Velocità istantanea

La velocità istantanea v in un istante t è la velocità media calcolata in un intervallo di tempo Δt infinitamente piccolo.

Da un punto di vista matematico, la velocità istantanea è definita come il limite della velocità media $v_m = \Delta s/\Delta t$ quando Δt tende a zero.
Il rapporto $\Delta s/\Delta t$ va considerato come un'unica entità: quando facciamo tendere Δt a zero, anche Δs tenderà a zero ma il rapporto $\Delta s/\Delta t$ tenderà a un valore finito, che è la velocità istantanea in un dato istante t.
Inoltre, quando Δt tende a zero, il modulo $|v_m|$ della velocità media e la velocità scalare media v_s tendono allo stesso valore finito.

Adesso tocca a te

Rielabora il contenuto del paragrafo rispondendo a voce a queste domande.

2. Che differenza c'è fra la velocità media e la velocità istantanea di un oggetto in movimento?
3. Come definiresti il giro più veloce di una gara di Formula 1? In questo giro viene necessariamente registrata la massima velocità istantanea della gara?

Prova a risolvere il problema, poi verifica sul MEbook i passaggi svolti e commentati.

4. Paolo si sta recando a piedi a comperare il pane. Alle ore 7 e 42 minuti si trova all'imbocco di via Roma a 750 m di distanza dalla panetteria. Quando mancano 6 minuti alle 8 si trova alla fine della via, a 20 m di distanza dall'entrata del negozio. Quale velocità scalare media ha tenuto Paolo durante il tragitto considerato?
[1,0 m/s]

3 La rappresentazione grafica del moto

Sempre più spesso le aziende di trasporto dotano i veicoli della propria flotta di geolocalizzatori, per monitorare, via satellite, la posizione degli automezzi istante per istante. In questo modo, si può intervenire tempestivamente dalla centrale per ovviare a eventuali imprevisti e ritardi.
Nella [**Tab. 1**] sono riportate alcune tappe del viaggio di un furgone di una ditta di spedizioni, che, partito dal magazzino centrale, si reca in una località distante 250 km per una consegna. Il furgone si ferma un'ora per le operazioni di scarico della merce e infine fa ritorno al magazzino da cui era partito sei ore e mezza prima. Nella tabella è indicata la posizione in cui si trova il furgone in vari istanti del suo tragitto.

Tabella 1 Ore di viaggio e corrispondenti distanze del furgone dal magazzino di partenza.

t (h)	*s* (km)
0	0
1	75
1,5	140
2	200
3	250
4	250
5	180
5,5	100
6	60
6,5	0

Il grafico spazio-tempo

È utile tracciare il grafico cartesiano della distanza s dal punto di partenza in funzione del tempo t.
Conviene riportare il tempo t lungo l'asse orizzontale e la distanza dal magazzino di partenza s lungo l'asse verticale. A ogni punto del piano corrisponde una coppia di valori distanza-tempo riportata nella tabella 1 e viceversa. Quello che accade tra le posizioni individuate non ci è noto, ma lo diventa se determiniamo la posizione del furgone a intervalli di tempo molto più brevi. Per poter conoscere la curva che descrive il moto del furgone è però necessario conoscere la sua posizione istante per istante. Immaginiamo che sia rappresentata dalla curva in [▶**12**]. Questa curva prende il nome di **legge oraria** e il grafico spazio-tempo con cui si descrive un moto è chiamato anche **diagramma orario** del moto.

Dal diagramma orario del moto del furgone si possono trarre varie informazioni. Nelle prime 3 ore, durante le quali il grafico ha un andamento crescente, il furgone si allontana di 250 km dal magazzino da cui è partito. Rimane poi fermo per un'ora. Infine nelle successive 2,5 ore, in cui il grafico ha un andamento decrescente, torna indietro alla volta del magazzino.

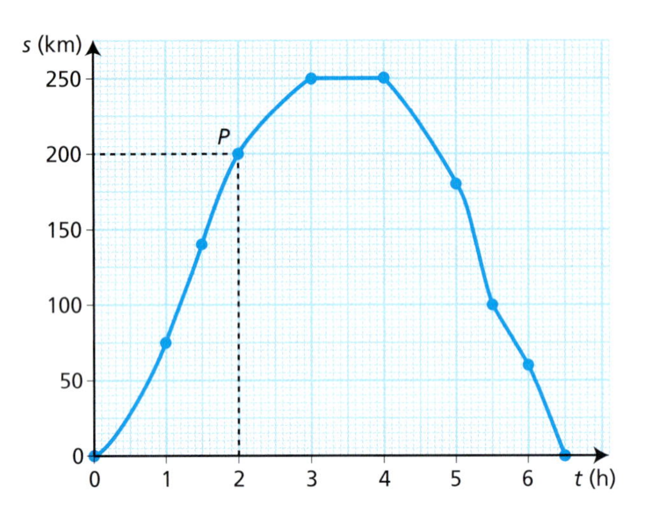

Figura 12 Diagramma orario del furgone. Il punto P indica che, dopo 2 ore, il furgone dista 200 km dal magazzino da cui era partito.

Diagramma orario e velocità media

Qual è la velocità media v_m del furgone nell'intervallo di tempo compreso fra la prima ora e la terza ora? Dalla tabella e dal diagramma orario si vede che in quegli istanti il furgone dista, rispettivamente, $s_1 = 75$ km ed $s_2 = 250$ km dal luogo di partenza. Si ha perciò:

$$\Delta t = t_2 - t_1 = 3\ \text{h} - 1\ \text{h} = 2\ \text{h} \qquad \Delta s = s_2 - s_1 = 250\ \text{km} - 75\ \text{km} = 175\ \text{km}$$

$$v_m = \frac{175\ \text{km}}{2\ \text{h}} = 87{,}5\ \text{km/h}$$

Tracciamo nel grafico la retta secante che passa per il punto P_1 di ascissa $t_1 = 1$ h e ordinata $s_1 = 75$ km e per il punto P_2 di ascissa $t_2 = 3$ h e ordinata $s_2 = 250$ km [▸13].
Il rapporto $v_m = (s_2 - s_1)/(t_2 - t_1)$ rappresenta, da un punto di vista geometrico, la pendenza, chiamata anche *coefficiente angolare*, di questa retta.

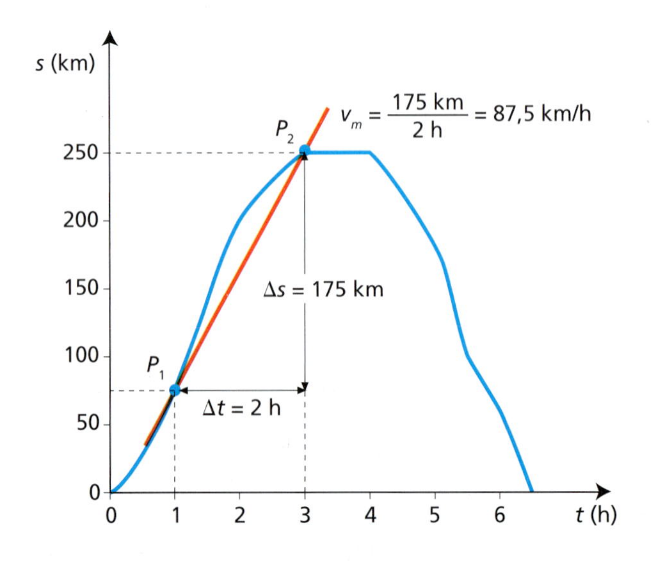

Figura 13 Dal diagramma orario si può calcolare la velocità media. Quella del furgone fra $t_1 = 1$ h e $t_2 = 3$ h è $v_m = 87{,}5$ km/h.

Velocità media come pendenza della secante

La velocità media nell'intervallo di tempo tra due punti del grafico spazio-tempo è uguale al coefficiente angolare della retta che li congiunge.

Tra i punti P_2 di ascissa $t_2 = 3$ h e ordinata $s_2 = 250$ km e P_3 di ascissa $t_3 = 4$ h e ordinata $s_3 = 250$ km si ha $\Delta s = 0$: la pendenza (la velocità media) è zero e la retta che congiunge i due punti è orizzontale.
Tracciamo ora la retta che congiunge il punto P_3 e il punto P_4 di ascissa $t_4 = 5{,}5$ h e ordinata $s_4 = 100$ km [▶14]. Si ha:

$$\Delta t = 5{,}5\text{ h} - 4\text{ h} = 1{,}5\text{ h} \quad \text{e} \quad \Delta s = 100\text{ km} - 250\text{ km} = -150\text{ km}$$

La velocità media è pertanto pari a $v_m = -150\text{ km}/1{,}5\text{ h} = -100\text{ km/h}$ cioè il furgone si dirige verso il punto di partenza.

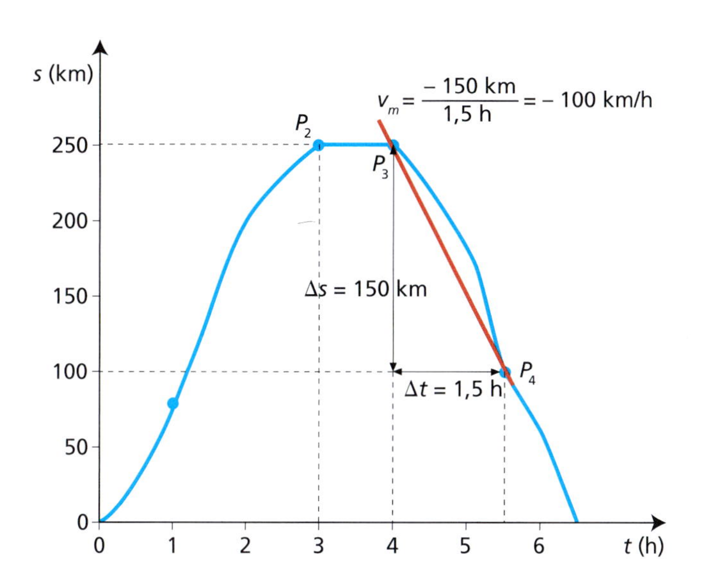

Figura 14 La velocità media negativa indica che il furgone sta facendo ritorno al magazzino.

3 Le risposte della fisica Attenti alle multe!

In figura è riportata la distanza s percorsa da un'automobile in funzione del tempo, dall'istante in cui passa sotto al portale di un Tutor, un sistema che rileva la velocità media degli autoveicoli in un certo tratto dell'autostrada. La distanza tra i due portali è di 16 km e l'automobilista ha impiegato 8 min a percorrerli. Se il limite massimo per la velocità media su questo tratto di strada è 130 km/h, l'automobilista lo ha rispettato? Se il secondo portale fosse sistemato a una distanza di 9 km dal primo, quale velocità media misurerebbe?

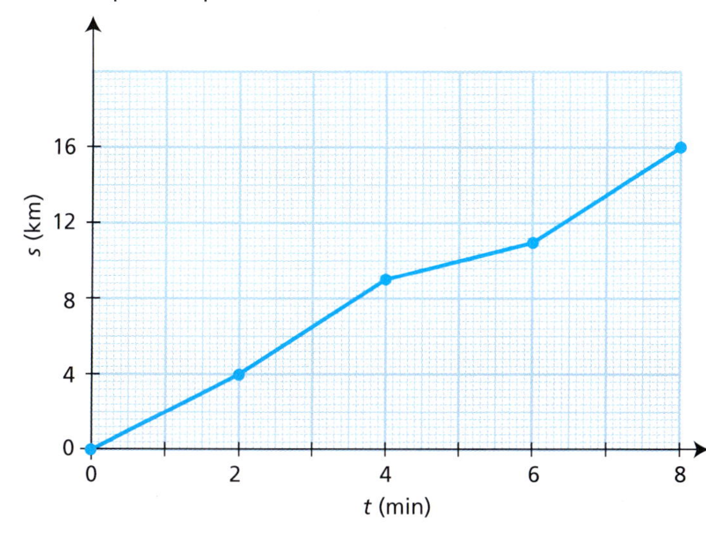

Dati e incognite

$\Delta s_1 = 16{,}0$ km $\quad \Delta t_1 = 8{,}0$ min $\quad \Delta s_2 = 9{,}0$ km
$v_{max} = 130$ km/h $\quad v_{m,1} = ?$ $\quad v_{m,2} = ?$

Soluzione

La velocità media dell'automobile, che ha percorso la distanza $\Delta s = 16{,}0$ km in un tempo $\Delta t = 8{,}0$ min (per la conversione tra minuti e ore ricordiamo che 1 min = 1 h/60 min) è:

$$v_{m,1} = \frac{\Delta s}{\Delta t} = \frac{16{,}0\text{ km}}{8{,}0\text{ min}\,(1\text{ h}/60\text{ min})} = 120\text{ km/h}$$

Il suo valore è quindi inferiore al limite richiesto.
Osservando il grafico si nota che l'automobile percorre la distanza $\Delta s = 9$ km in un tempo $\Delta t = 4{,}0$ min. La sua velocità media, in questo intervallo, è

$$v_{m,2} = \frac{\Delta s}{\Delta t} = \frac{9{,}0\text{ km}}{4{,}0\text{ min}\,(1\text{ h}/60\text{ min})} = 135\text{ km/h}$$

superiore al limite richiesto.

Prosegui tu

Dividendo l'intervallo di tempo complessivo in quattro intervalli di tempo della stessa ampiezza, puoi individuare tra questi un intervallo in cui il limite non è stato rispettato? Qual è, in questo caso, la velocità media? [150 km/h]

Diagramma orario e velocità istantanea

Se l'intervallo di tempo Δt diventa sempre più piccolo, la secante che taglia il diagramma orario in corrispondenza di Δt diventa la retta tangente al diagramma nel punto di ascissa t [▶15].
Possiamo quindi dare una nuova definizione di velocità istantanea.

Velocità istantanea come pendenza della tangente

La velocità istantanea in un certo istante t è la pendenza della retta tangente al diagramma orario nel punto di ascissa t.

Per trovare la velocità istantanea si può calcolare il rapporto $(s_2 - s_1)/(t_2 - t_1)$ fra la differenza delle ordinate e la differenza delle ascisse di due punti Q_1 e Q_2 qualsiasi della tangente [▶16]. La pendenza di una retta non dipende, infatti, dalla scelta dei punti Q_1 e Q_2 della retta usati per calcolarla.

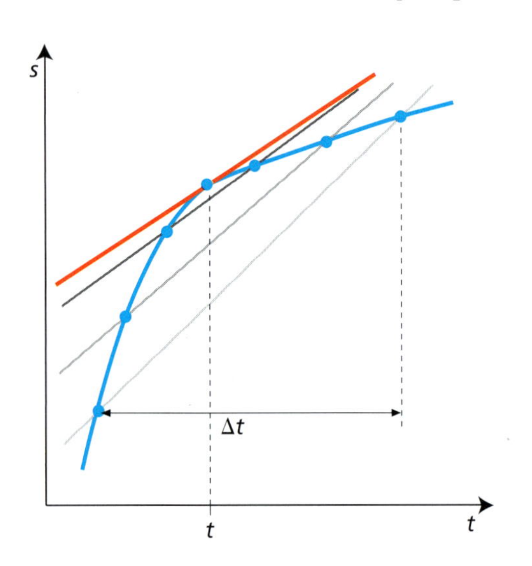

Figura 15 Una retta secante che passa per punti di un grafico sempre più ravvicinati tende a diventare tangente al grafico in un unico punto.

Figura 16 Dal diagramma orario si può calcolare la velocità istantanea. Quella del furgone in t = 2 h è v = 80 km/h.

Adesso tocca a te

Rielabora il contenuto del paragrafo rispondendo a voce a queste domande.

5. Nel moto descritto dal diagramma orario sotto, la velocità istantanea è maggiore nell'istante t_1 o nell'istante t_2? Qual è la velocità nell'istante t_3?

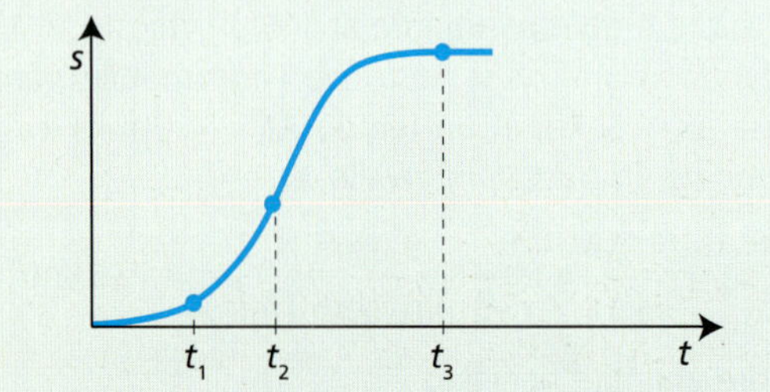

Prova a risolvere il problema, poi verifica sul MEbook i passaggi svolti e commentati.

6. Nella figura sottostante è riportato il diagramma orario di un modellino di auto radiocomandata. L'ordinata s indica la distanza del modellino dal punto in cui si trova il ragazzo che pilota il radiocomando. Attraverso i dati ricavati dal grafico, determina:

- per quanti secondi il modellino si allontana dal ragazzo;
- lo spostamento totale dopo 40 s;
- la velocità scalare media nei primi 5,0 s;
- la velocità istantanea a 30 s dalla partenza.

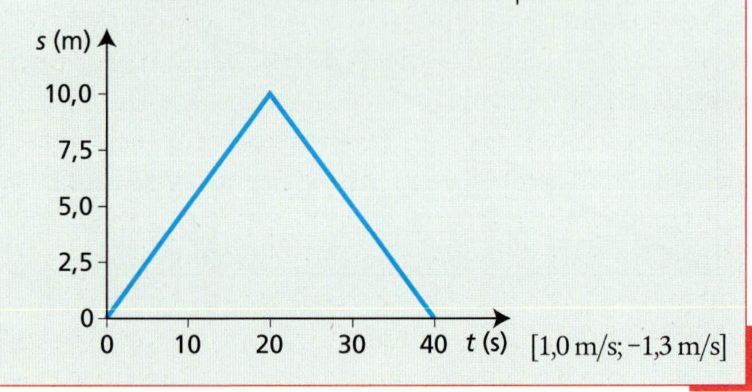

[1,0 m/s; −1,3 m/s]

4 Le proprietà del moto rettilineo uniforme

Un'automobile da record è lanciata a velocità costante su una traiettoria rettilinea [▸17], e a distanze regolari di 20 m viene registrato l'istante del suo passaggio. I cronometri sono sincronizzati sull'istante $t_0 = 0$ in cui l'automobile raggiunge il primo traguardo, e le posizioni sono misurate dalla linea di partenza.

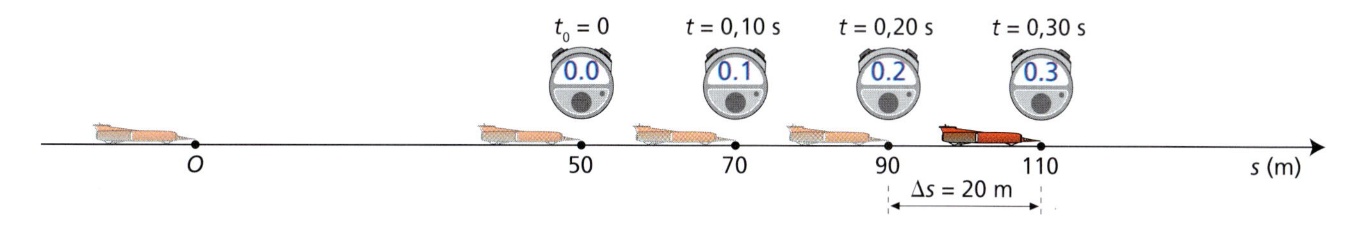

Figura 17 Un'automobile da record in moto rettilineo uniforme.

Dal diagramma orario in [▸18] si nota che, per percorrere la distanza $\Delta s = 20$ m fra un traguardo e l'altro, l'automobile impiega sempre lo stesso tempo, $\Delta t = 0{,}10$ s. Per percorrere una distanza doppia impiega il doppio, per una distanza tripla il triplo e così via. Questa proprietà caratterizza tutti i moti che si svolgono a velocità costante: la distanza Δs percorsa è *direttamente proporzionale* al tempo Δt impiegato a percorrerla. Nel caso considerato la costante di proporzionalità, ovvero la velocità, è:

$$v = \frac{\Delta s}{\Delta t} = \frac{20 \text{ m}}{0{,}10 \text{ s}} = 200 \text{ m/s}$$

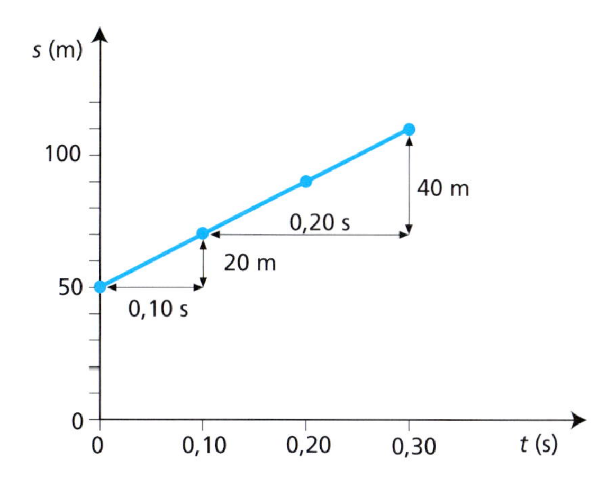

Figura 18 Diagramma orario dell'automobile.

Moto rettilineo uniforme: diagramma orario e traiettoria

Se un oggetto si muove a velocità costante, il suo diagramma orario è sempre una retta. Non c'è bisogno di distinguere fra velocità media e velocità istantanea: esse coincidono e sono rappresentate dalla pendenza della retta. Se poi l'oggetto descrive una traiettoria rettilinea, si ha un **moto rettilineo uniforme**.

In questo tipo di moto il diagramma orario è una retta, e anche la traiettoria lo è. Le due rette, però, non devono essere confuse: il diagramma orario è una rappresentazione astratta del moto nel piano cartesiano distanza-tempo, mentre la traiettoria è una retta nello spazio reale.

Ricordando che la velocità è un vettore, e che nel moto rettilineo la sua direzione è quella della retta lungo cui si svolge il moto, possiamo anche dire che *nel moto rettilineo uniforme la velocità è costante in modulo, direzione e verso.*

La legge oraria del moto rettilineo uniforme

Per un moto rettilineo uniforme, la legge oraria può essere espressa mediante una semplice relazione matematica.
Supponiamo che s_0 ed s siano, negli istanti t_0 e t, le coordinate di un punto materiale che si muove a velocità costante lungo una retta orientata Os. La velocità del punto è:

$$v = \frac{s - s_0}{t - t_0}$$

da cui:

$$s - s_0 = v\,(t - t_0)$$

$$s = s_0 + v\,(t - t_0) \qquad (3)$$

Se si assume $t_0 = 0$ come istante a partire dal quale si inizia a misurare il tempo, si ha:

$$s = s_0 + v\,t \qquad (4)$$

Questa equazione permette di determinare la coordinata s del punto in ogni istante t, se sono noti v e s_0. Inversamente, permette di determinare t se sono noti i valori delle altre grandezze:

$$t = \frac{s - s_0}{v}$$

La relazione (4) fra s e t nel moto rettilineo uniforme è un esempio di dipendenza lineare.
Se si assume la posizione iniziale del punto materiale come posizione di riferimento O lungo l'asse Os, cioè se si pone $s_0 = 0$, si ha:

$$s = v\,t \qquad (5)$$

In questo caso, s e t sono due grandezze direttamente proporzionali, e il diagramma orario del moto è una retta passante per l'origine degli assi 2.

2 Come e perché

Come cambia il diagramma orario se cambia il punto da cui si misurano le distanze

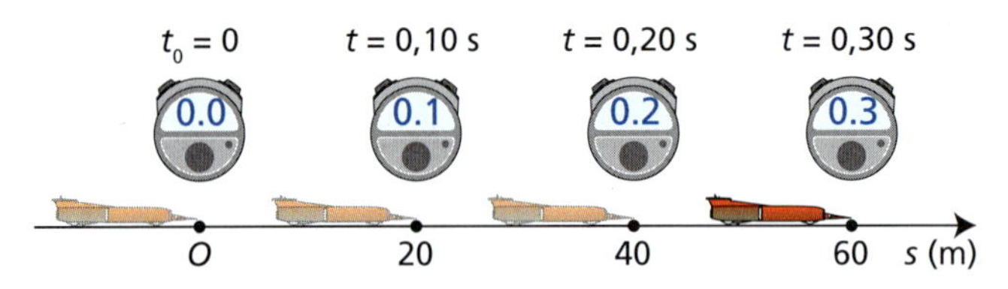

a. L'origine O delle coordinate è posta in corrispondenza del primo traguardo, cioè nel punto in cui si trova l'automobile da record nell'istante $t_0 = 0$ in cui si fanno partire i cronometri.

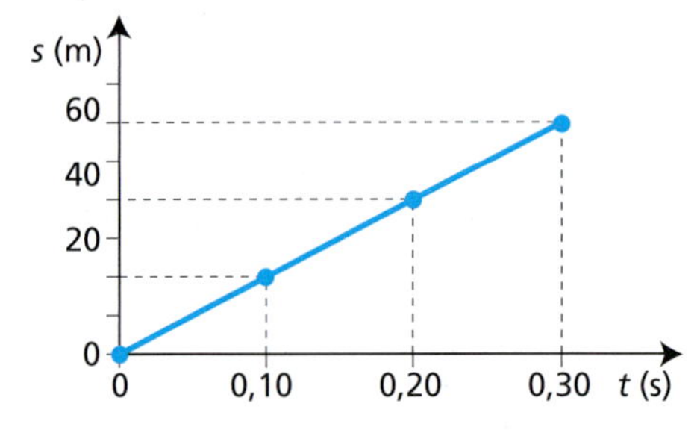

b. Ora il diagramma orario dell'automobile è una retta che passa per l'origine degli assi, di pendenza invariata rispetto alla retta di figura 18.

4 Le risposte della fisica Quando si incontrano i due jogger?

Nel viale del parco, Elisa corre in un verso alla velocità costante di 2,78 m/s e Alessio corre nel verso opposto alla velocità costante di 2,22 m/s. Nell'istante in cui Elisa è davanti alla grande quercia, Alessio ha appena superato la fontana. Se la quercia e la fontana distano 464 m, dopo quanto tempo i due jogger si incontrano?

Dati e incognite

$v_1 = 2{,}78$ m/s
$v_2 = -2{,}22$ m/s
$s_0 = 464$ m
$t = ?$

Soluzione

Rappresentiamo il viale con una retta orientata Os, con origine O davanti alla quercia. La fontana è nel punto di coordinata s_0.
Nell'istante $t_0 = 0$, Elisa si trova in O. Poiché si muove con velocità costante v_1, la legge oraria del suo moto, per la (5), è:

$$s_E = v_1\, t$$

In $t_0 = 0$, Alessio si trova a distanza s_0 da O. Il suo moto è descritto, per la (4), dalla legge oraria:

$$s_A = s_0 + v_2\, t$$

dove la velocità v_2 è negativa poiché $\vec{v}_2$ è opposto rispetto all'asse Os. Elisa e Alessio si incontrano nell'istante t in cui le loro coordinate s_E e s_A coincidono. Uguagliando s_E e s_A si trova:

$$v_1\, t = s_0 + v_2\, t$$

$$(v_1 - v_2)\, t = s_0$$

$$t = \frac{s_0}{v_1 - v_2} = \frac{464\ \text{m}}{2{,}78\ \text{m/s} - (-2{,}22\ \text{m/s})} =$$

$$= \frac{464\ \text{m}}{(2{,}78 + 2{,}22)\ \text{m/s}} = 92{,}8\ \text{s}$$

L'incontro avviene, dunque, dopo un intervallo di tempo di 92,8 s dall'istante in cui i due ragazzi erano a distanza s_0 l'uno dall'altro.

Riflettiamo sul risultato

Le velocità di Elisa e di Alessio, rispettivamente di 2,78 m/s e 2,22 m/s, sono misurate rispetto al suolo.
Che cosa cambia se prendiamo Alessio come sistema di riferimento per la misura delle velocità? Alessio vede se stesso fermo ed Elisa venirgli incontro alla velocità:

$$v = 2{,}78\ \text{m/s} + 2{,}22\ \text{m/s} = 5{,}00\ \text{m/s}$$

Dal punto di vista di Alessio, Elisa deve percorrere una distanza di 464 m a 5,00 m/s, ma l'istante in cui avviene l'incontro è lo stesso:

$$t = (464\ \text{m})/(5{,}00\ \text{m/s}) = 92{,}8\ \text{s}$$

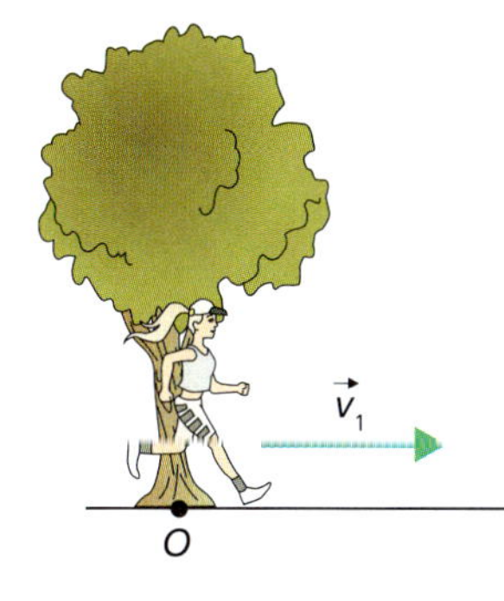
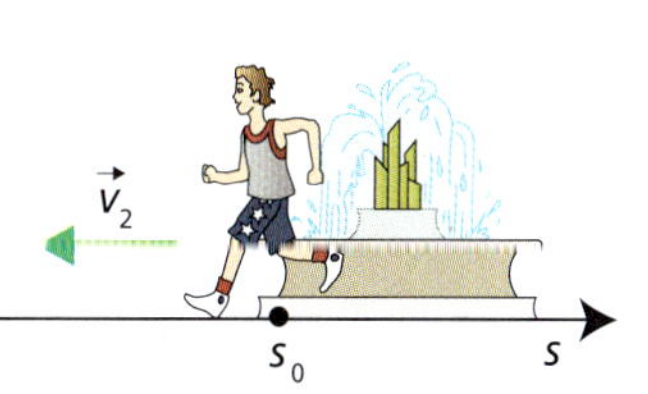

Adesso tocca a te

Rielabora il contenuto del paragrafo rispondendo a voce a queste domande.

7. Le due rette sono i diagrammi orari di due punti materiali che si muovono lungo uno stesso asse. Uno dei due è più veloce dell'altro? In che cosa differiscono le leggi orarie dei due moti?

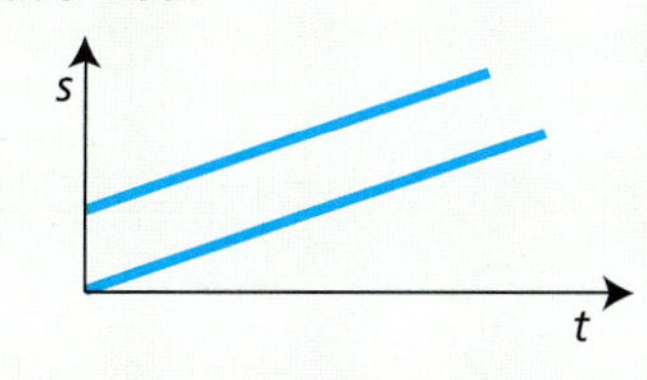

Prova a risolvere il problema, poi verifica sul MEbook i passaggi svolti e commentati.

8. Due auto da corsa si muovono lungo una pista rettilinea. A un certo istante una delle due auto precede l'altra di 30,0 m; l'auto A, che è in vantaggio, viaggia a una velocità di 120 km/h, mentre l'auto B cerca di guadagnare terreno avanzando a 125 km/h. Nell'ipotesi che i due veicoli mantengano inalterate le loro velocità, dopo quanto tempo l'auto B raggiunge l'auto A?

[21,6 s]

5 L'accelerazione

Quando un'automobile è in moto possiamo variare la sua velocità premendo sull'acceleratore o sul freno. Il valore della velocità è fornito, istante per istante, dal tachimetro: nel primo caso aumenta, nel secondo diminuisce. Questo tipo di moto è detto **vario**.

Velocità, tempo e accelerazione media

Supponiamo che l'automobile, in viaggio lungo una strada rappresentata dalla retta orientata *Os* [▶19], abbia una velocità $\vec{v}_1$ nell'istante t_1 e raggiunga una velocità $\vec{v}_2$ nell'istante t_2. La rapidità con cui varia la sua velocità è espressa dall'accelerazione.

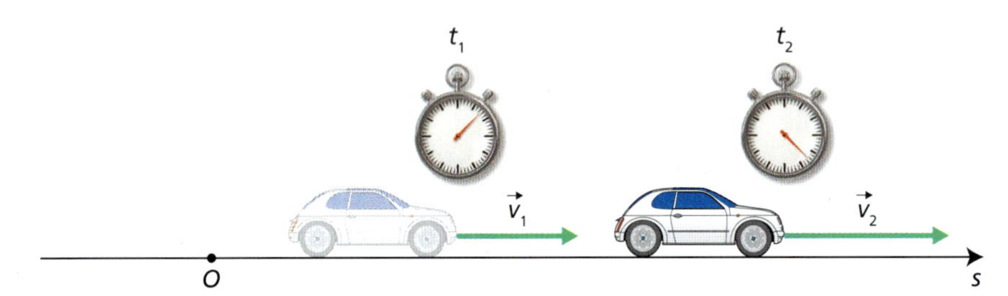

Figura 19 Variazione della velocità istantanea.

Accelerazione media

Se $\vec{v}_1$ e $\vec{v}_2$ sono le velocità di un punto materiale in due istanti successivi t_1 e t_2, l'accelerazione media $\vec{a}_m$ nell'intervallo di tempo $\Delta t = t_2 - t_1$ è il rapporto fra la variazione $\Delta\vec{v} = \vec{v}_2 - \vec{v}_1$ della velocità e l'intervallo di tempo stesso:

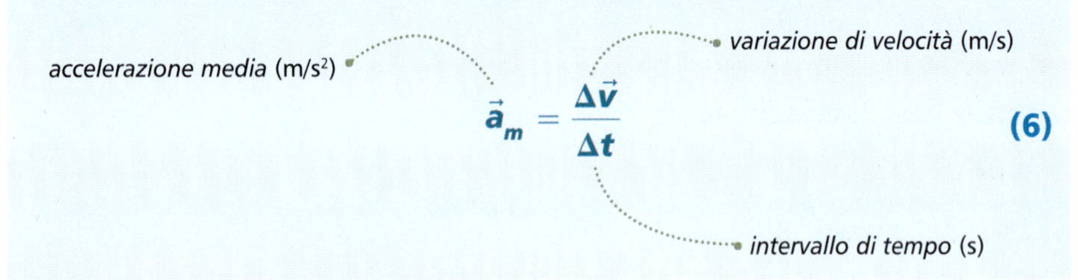

$$\vec{a}_m = \frac{\Delta\vec{v}}{\Delta t} \qquad (6)$$

Nel SI, le dimensioni fisiche dell'accelerazione sono:

$$[a] = \frac{[v]}{[t]} = \frac{[l][t^{-1}]}{[t]} = [l][t^{-2}]$$

e la sua unità di misura è il $\mathbf{m/s^2}$, rapporto fra l'unità di velocità e l'unità di tempo.
L'accelerazione media è un vettore orientato come $\Delta\vec{v}$, che ha come modulo il modulo di $\Delta\vec{v}$ diviso per Δt 3.

3 Come e perché

Variazione del vettore velocità e accelerazione media in forma vettoriale

La variazione $\Delta\vec{v} = \vec{v}_2 - \vec{v}_1$ della velocità nell'intervallo di tempo $\Delta t = t_2 - t_1$ è calcolata con il metodo punta-coda come somma del vettore $\vec{v}_2$ (la velocità nell'istante t_2) e del vettore $-\vec{v}_1$ (l'opposto della velocità nell'istante t_1).
L'accelerazione media $\vec{a}_m$ durante l'intervallo Δt, essendo pari a $\Delta\vec{v}$ diviso una quantità sempre positiva, ha la stessa direzione e lo stesso verso di $\Delta\vec{v}$.

In un moto rettilineo [▸20], la velocità è sempre parallela alla retta orientata Os su cui si svolge il moto, e anche i vettori $\Delta\vec{v}$ e $\vec{a}_m$ lo sono. Pertanto, come per la velocità, è sufficiente usare il segno meno o il segno più (ovvero la sua componente cartesiana rispetto alla retta orientata Os) per indicare il verso dell'accelerazione rispetto al sistema di coordinate scelto. Possiamo quindi scrivere:

$$a_m = \Delta v/\Delta t$$

dove a_m è la componente cartesiana del vettore $\vec{a}_m$ rispetto alla retta orientata Os.

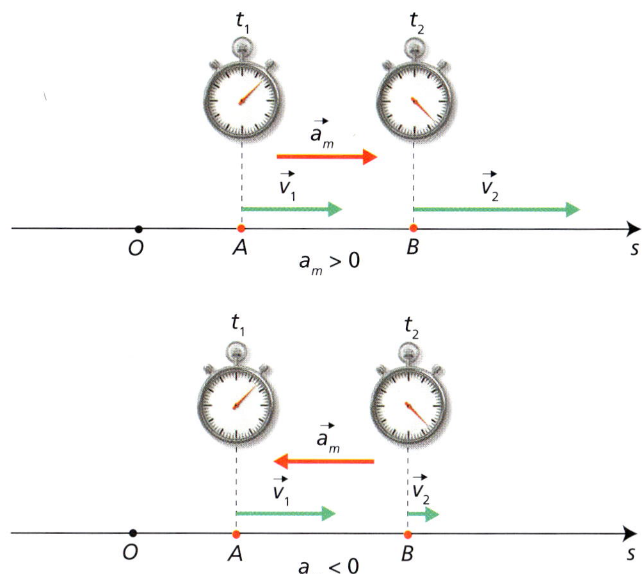

Figura 20 L'accelerazione lungo una retta e la sua componente cartesiana.

Se in un intervallo di tempo $\Delta t = 6{,}00$ s la velocità di un'automobile passa da 80,0 km/h a 120 km/h, la sua variazione di velocità è:

$$\Delta v = 120 \text{ km/h} - 80{,}0 \text{ km/h} = 40{,}0 \text{ km/h} = 11{,}1 \text{ m/s}$$

Pertanto, la sua accelerazione media è:

$$a_m = \frac{\Delta v}{\Delta t} = \frac{11{,}1 \text{ m/s}}{6{,}00 \text{ s}} = 1{,}85 \text{ m/s}^2$$

Questo significa che, in media, la velocità dell'auto aumenta di 1,85 m/s in ogni secondo nell'intervallo di tempo di 6,00 s considerato.

Moto accelerato e moto decelerato

Se la velocità aumenta nel verso di Os, l'accelerazione media è positiva. In tal caso si ha un **moto accelerato**.

Si ha invece un **moto decelerato** quando l'accelerazione è negativa, fintanto che la velocità diminuisce senza cambiare verso. È accelerato il moto di un'automobile alla partenza, decelerato quello durante una frenata.

L'accelerazione istantanea

Nel moto vario, l'accelerazione media non è sempre la stessa, ma dipende dall'intervallo di tempo considerato.

Analogamente a come abbiamo definito la velocità istantanea, possiamo definire l'*accelerazione istantanea*, o *accelerazione*.

Accelerazione istantanea

L'accelerazione istantanea a in un istante t è l'accelerazione media calcolata in un intervallo di tempo Δt infinitamente piccolo.

Il grafico velocità-tempo

Figura 21 Moto durante una gara di Superbike.

Durante una gara motociclistica [▸21], si usano strumenti telemetrici per rilevare le velocità in funzione del tempo. Nella [Tab. 2], per esempio, sono riportati i valori della velocità di una moto registrati in diversi istanti.

La [▸22] mostra il grafico cartesiano della velocità in funzione del tempo. Dal grafico possiamo ricavare l'accelerazione media in un dato intervallo di tempo $\Delta t = t_2 - t_1$. Se infatti P_1 e P_2 sono i punti del grafico di ascisse t_1 e t_2, basta leggere le corrispondenti ordinate v_1 e v_2 e calcolare il rapporto:

$$a_m = \frac{v_2 - v_1}{t_2 - t_1}$$

Questo rapporto esprime anche la pendenza della secante che taglia il grafico nei punti P_1 e P_2 [▸23].

La pendenza della tangente al grafico velocità-tempo in un punto di ascissa t esprime invece l'accelerazione istantanea nell'istante t [▸24].

t (s)	**v** (km/h)	**v** (m/s)
0	86,4	24
4,0	180	50
8,0	252	70
12	281	78
18	288	80
28	144	40

Tabella 2 Velocità della moto in diversi istanti.

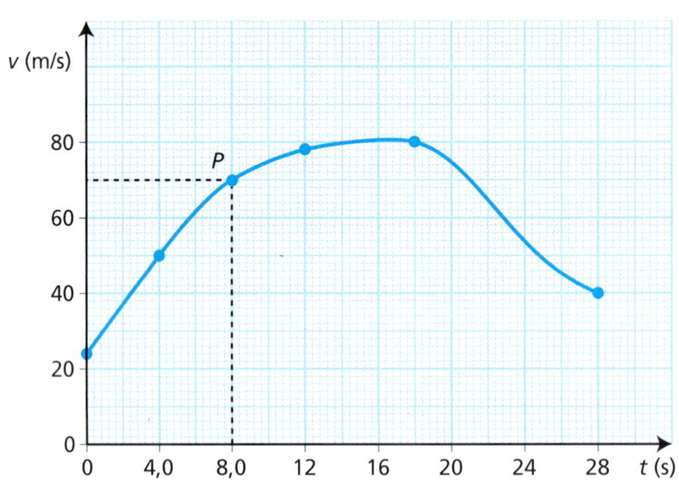

Figura 22 Grafico velocità-tempo della moto. Il punto P indica che nell'istante $t = 8{,}0$ s la velocità è $v = 70$ m/s.

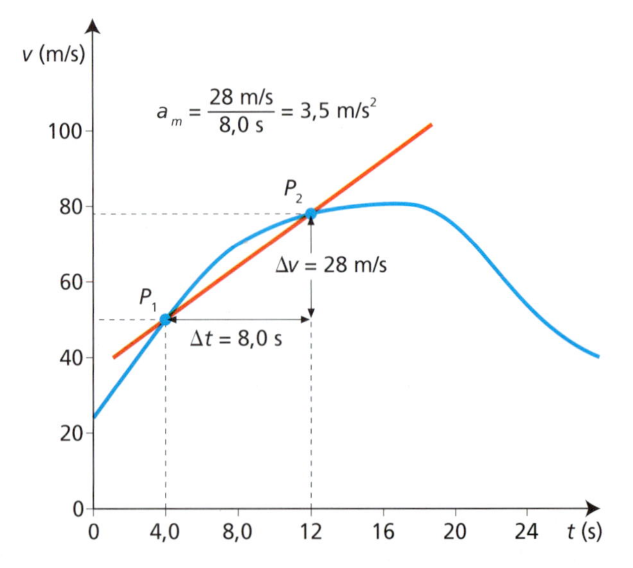

Figura 23 Dal grafico velocità-tempo si può calcolare l'accelerazione media. Quella della moto nell'intervallo di tempo fra $t_1 = 4{,}0$ s e $t_2 = 12$ s è $a_m = 3{,}5$ m/s².

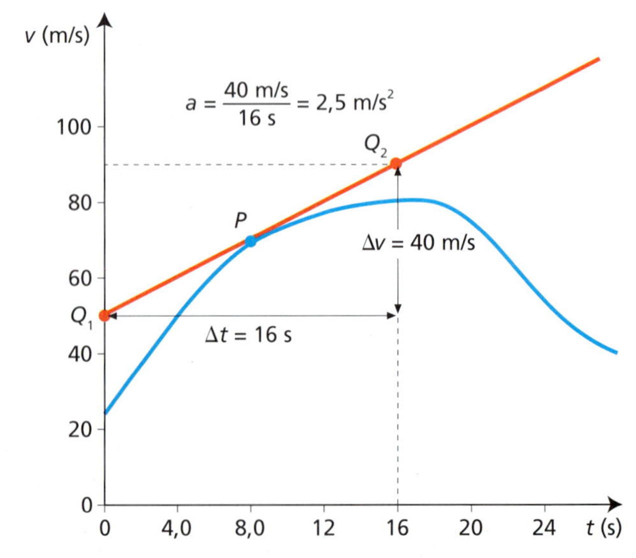

Figura 24 Dal grafico velocità-tempo si può calcolare l'accelerazione istantanea. Quella della moto in $t = 8{,}0$ s è $a = 2{,}5$ m/s².

Ricavare lo spostamento dal grafico velocità-tempo

Vediamo in **4** come sia possibile trarre dal grafico velocità-tempo informazioni sullo spostamento di un oggetto in movimento: *lo spostamento compiuto in un intervallo di tempo $t_2 - t_1$ è espresso dall'area sottesa al grafico velocità-tempo entro l'intervallo considerato*, cioè dall'area delimitata dalla curva, dall'àsse delle ascisse e dai segmenti verticali condotti per le due ascisse t_1 e t_2.

4 Come e perché

Metodo grafico per il calcolo dello spostamento

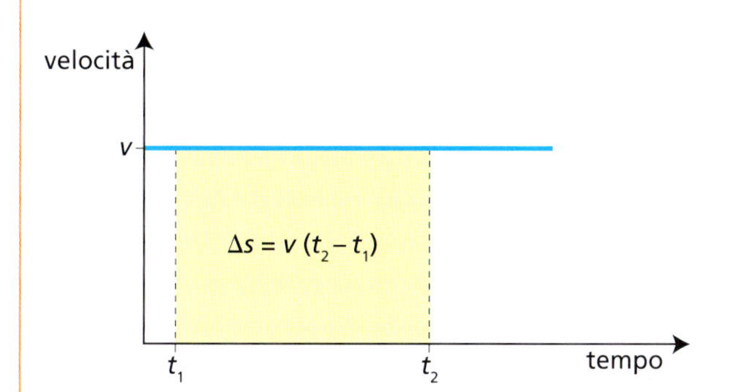

a. Nel moto rettilineo uniforme il grafico della velocità in funzione del tempo rappresenta una costante, quindi è una retta parallela all'asse delle ascisse. Lo spostamento Δs compiuto in un certo intervallo di tempo è uguale al prodotto $v\,(t_2 - t_1)$ fra l'ordinata v della retta e l'ampiezza $t_2 - t_1$ dell'intervallo considerato, ovvero l'area del rettangolo di base $t_2 - t_1$ e altezza v.

b. Nel grafico velocità-tempo di un moto rettilineo vario l'asse delle ascisse può essere suddiviso in piccoli intervalli di ampiezza Δt. In corrispondenza del primo intervallo, la velocità può essere approssimata con un valore costante v_1, intermedio fra i valori estremi in realtà assunti su quell'intervallo. Nel secondo può essere approssimata con v_2, nel terzo con v_3, e così via.

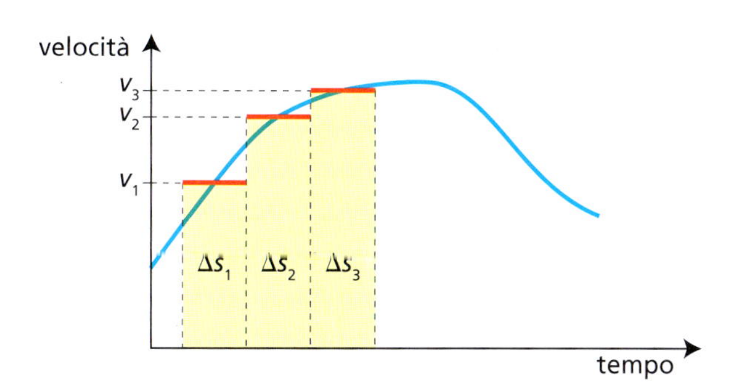

c. Lo spostamento compiuto durante il primo intervallo è $\Delta s_1 = v_1\,\Delta t$. Gli spostamenti compiuti durante gli intervalli successivi sono $\Delta s_2 = v_2\,\Delta t$, $\Delta s_3 = v_3\,\Delta t$ ecc. Lo spostamento totale quindi è uguale alla somma $\Delta s = \Delta s_1 + \Delta s_2 + \Delta s_3 + \ldots$, cioè all'insieme delle aree dei rettangoli di base Δt e di altezza rispettivamente uguale a v_1, v_2, v_3, ...

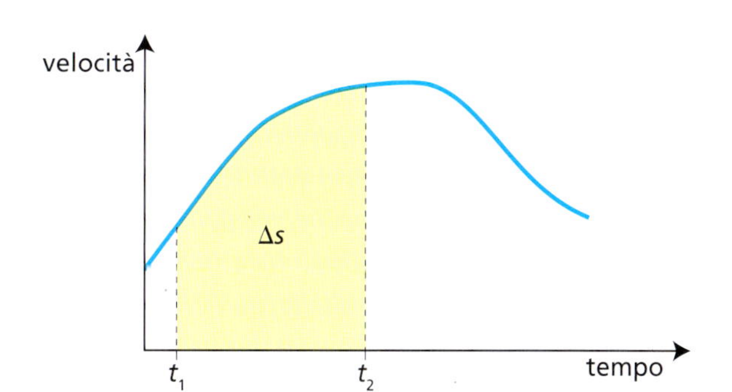

d. All'aumentare del numero delle parti in cui è suddiviso l'intervallo di tempo $t_2 - t_1$ e al diminuire della loro ampiezza Δt, i segmenti di ordinata v_1, v_2, v_3, ... approssimano sempre meglio la curva della velocità e l'insieme delle aree dei rettangoli costruiti sui diversi intervalli tende all'area sottesa alla curva. Questa rappresenta, pertanto, lo spostamento compiuto.

È importante notare che le dimensioni fisiche di un'area nel piano cartesiano velocità-tempo sono il prodotto fra le dimensioni della velocità (la grandezza riportata sull'asse delle ordinate) e quelle del tempo (la grandezza riportata sull'asse delle ascisse). Sono uguali, pertanto, alle dimensioni della lunghezza, ovvero dello spostamento:

$$[v]\,[t] = [l]\,[t^{-1}]\,[t] = [l]$$

5 Le risposte della fisica Un'accelerazione da record!

Un velocista che partecipa a una gara dei 100 m impiega i primi 5,0 s di corsa per portarsi alla velocità di 12 m/s; dopo 2,0 s la sua velocità scende fino a 11 m/s, valore che mantiene costante fino a fine gara. Qual è l'accelerazione media nei tre intervalli? Se impiega 10 s per concludere la gara, quanti metri ha percorso nell'ultimo tratto?

Dati e incognite

$d = 100$ m $\Delta t = 10$ s

$v_1 = 12$ m/s $v_2 = 11$ m/s

$\Delta t_1 = 5{,}0$ s $\Delta t_2 = 2{,}0$ s

$a_{m,1} = ?$ $a_{m,2} = ?$

$a_{m,3} = ?$

$\Delta s_3 = ?$

Soluzione

Il velocista parte da fermo e quindi $v_0 = 0$. L'accelerazione media nel primo intervallo di tempo $\Delta t_1 = 5{,}0$ s è:

$$a_{m,1} = \frac{(v_1 - v_0)}{\Delta t_1} = \frac{12\,\text{m/s}}{5{,}0\,\text{s}} = 2{,}4\,\text{m/s}^2$$

Nei successivi 2,0 s l'accelerazione media è:

$$a_{m,2} = \frac{(v_2 - v_1)}{\Delta t_2} = \frac{(11\,\text{m/s} - 12\,\text{m/s})}{2{,}0\,\text{s}} = -0{,}50\,\text{m/s}^2$$

In questo caso è negativa, dunque l'atleta decelera.
Nel tratto finale, in cui il moto è rettilineo uniforme con velocità costante $v_2 = 11$ m/s, l'accelerazione è nulla:

$$a_{m,3} = 0$$

Il tempo necessario per percorrere il tratto finale è pari al tempo impiegato per percorrere i 100 m meno la somma dei tempi impiegati per portarsi a velocità v_2:

$$\Delta t_3 = \Delta t - (\Delta t_1 + \Delta t_2) = 10\text{ s} - (5{,}0 + 2{,}0)\text{ s} = 3{,}0\text{ s}$$

La distanza percorsa è quindi:

$$\Delta s_3 = v_2\,\Delta t_3 = (11\text{ m/s})\,(3{,}0\text{ s}) = 33\text{ m}$$

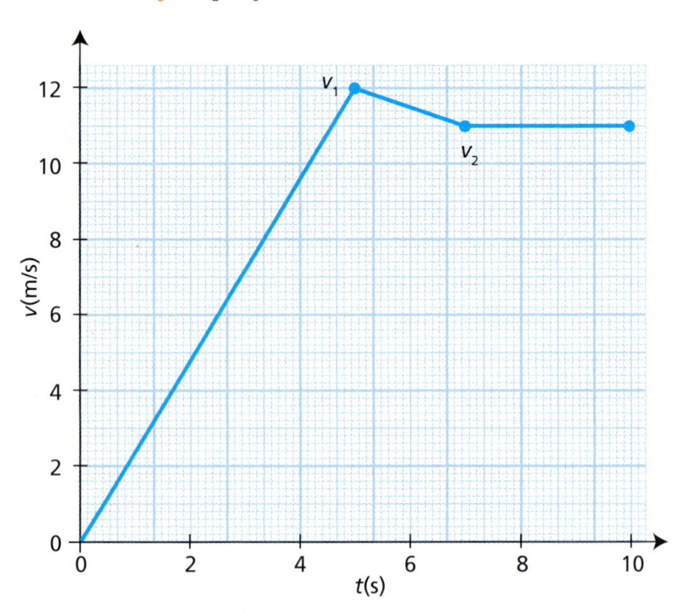

Adesso tocca a te

Rielabora il contenuto del paragrafo rispondendo a voce a queste domande.

9. Se in un istante un corpo è fermo, in quell'istante la sua velocità è nulla. È nulla anche la sua accelerazione?

10. È vero o falso che l'accelerazione è una grandezza vettoriale che ha la stessa direzione della velocità? Motiva la tua risposta.

11. Se l'accelerazione scalare è positiva, la velocità è necessariamente crescente in modulo?

Prova a risolvere il problema, poi verifica sul MEbook i passaggi svolti e commentati.

12. Una gazzella corre alla velocità di 30 km/h quando, vedendo che ormai il suo branco è vicino, inizia a rallentare. Se la sua accelerazione media è $-1{,}6$ m/s^2, quanto tempo occorre perché la velocità della gazzella si riduca a 4,5 m/s? [2,4 s]

6 Le proprietà del moto uniformemente accelerato

Se un oggetto si muove con accelerazione costante, il grafico velocità-tempo è sempre una retta. Non c'è bisogno di distinguere fra accelerazione media e accelerazione istantanea: esse coincidono e sono rappresentate dalla pendenza della retta (5).

Quando un oggetto si muove con accelerazione costante lungo una traiettoria rettilinea, si parla di **moto rettilineo uniformemente accelerato**: *nel moto rettilineo uniformemente accelerato l'accelerazione $\vec{a}$ è costante in modulo, direzione e verso.*

5 Come e perché

Grafico velocità-tempo di un moto uniformemente accelerato

La velocità dipende linearmente dal tempo.
La pendenza della retta rappresenta il valore dell'accelerazione. In questo caso vale:

$$a = \frac{\Delta v}{\Delta t} = \frac{8\ \text{m/s}}{4\ \text{s}} = 2\ \text{m/s}^2$$

La velocità iniziale è l'ordinata del punto in cui il grafico interseca l'asse delle velocità. In questo caso:

$$v_0 = 4\ \text{m/s}$$

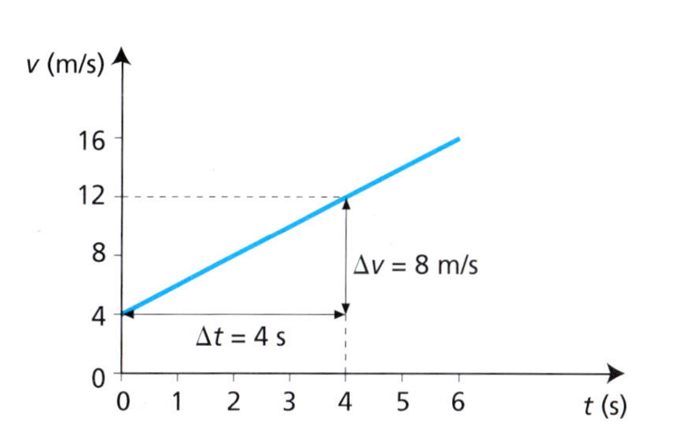

Velocità in funzione del tempo

Se v_0 e v sono, negli istanti t_0 e t, le velocità di un punto materiale che si muove con accelerazione costante lungo una retta orientata Os, l'accelerazione del punto è:

$$a = \frac{v - v_0}{t - t_0}$$

da cui:

$$v = v_0 + a\,(t - t_0) \qquad (7)$$

o, ponendo $t_0 = 0$:

$$v = v_0 + a\,t \qquad (8)$$

Questa equazione indica, come è evidente anche dal grafico velocità-tempo, che nel moto uniformemente accelerato la velocità dipende linearmente dal tempo.

Se il punto materiale inizia a muoversi da fermo, cioè se $v_0 = 0$, si ha:

$$v = a\,t \qquad (9)$$

In questo caso, la relazione fra v e t è di proporzionalità diretta [▶25].

Figura 25 Grafico velocità-tempo di un moto uniformemente accelerato con partenza da fermo. La pendenza della retta indica che l'accelerazione è di 2 m/s².

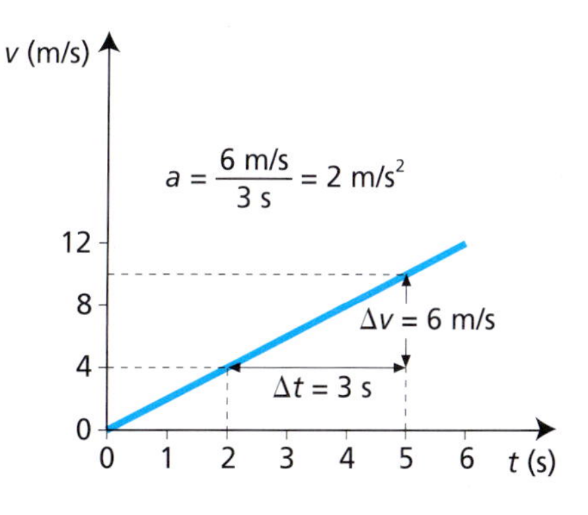

Partenza da fermo: dal grafico velocità-tempo alla legge oraria

Supponiamo che il punto materiale abbia velocità iniziale nulla. Per determinare il suo spostamento in funzione del tempo possiamo utilizzare il grafico velocità-tempo e applicare il metodo geometrico descritto in 4.

Troviamo che lo spostamento scalare Δs compiuto dal punto fra l'istante iniziale $t_0 = 0$ e un istante successivo t è:

$$\Delta s = \frac{1}{2}\,a\,t^2$$

Vediamo perché in 6.

6 Come e perché

Spostamento nel moto uniformemente accelerato con partenza da fermo

Nel moto uniformemente accelerato il grafico della velocità in funzione del tempo è una retta con pendenza non nulla. Approssimiamo la velocità, tra l'istante 0 e l'istante t, con il valore intermedio $\bar{v} = \dfrac{(v_0 + v)}{2}$ tra la velocità iniziale $v_0 = 0$ e finale $v = a\,t$. Lo spostamento Δs compiuto durante questo intervallo di tempo è uguale all'area del rettangolo di base t e altezza $\bar{v}$:

$$\Delta s = \bar{v}\,t = \frac{1}{2} v\,t = \frac{1}{2}\,a\,t^2$$

Quest'area è esattamente uguale all'area del triangolo rettangolo di altezza $v = a\,t$ e base t e rappresenta, pertanto, lo spostamento effettivamente compiuto.

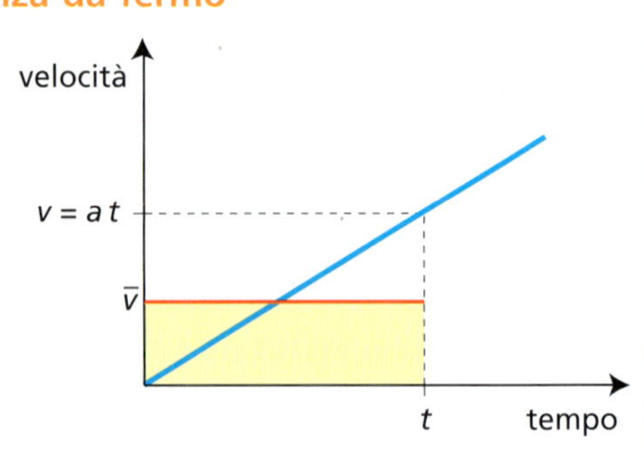

Dunque, nel moto uniformemente accelerato con partenza da fermo, lo spostamento Δs compiuto è direttamente proporzionale al quadrato del tempo necessario a compierlo: in un tempo doppio, triplo, ... lo spostamento è quattro volte maggiore, nove volte maggiore, ...
Se s_0 è la coordinata del punto materiale nell'istante $t_0 = 0$ ed s la sua coordinata nell'istante t, possiamo anche scrivere:

$$s - s_0 = \frac{1}{2}\,a\,t^2$$

da cui

$$s = s_0 + \frac{1}{2}\,a\,t^2 \qquad (10)$$

Questa equazione esprime la legge oraria di un moto uniformemente accelerato con accelerazione scalare a e velocità iniziale nulla. Il corrispondente diagramma orario è un arco di parabola [▸26].

Figura 26 Diagramma orario di un moto uniformemente accelerato con partenza da fermo. L'accelerazione è di 2 m/s², come nel caso del grafico velocità-tempo di figura 25.

Partenza in velocità: la forma generale della legge oraria

Il metodo geometrico che abbiamo appena utilizzato può essere applicato anche a un moto uniformemente accelerato con velocità iniziale v_0 non nulla. Vediamo come in 7. Lo spostamento scalare Δs fra l'istante iniziale $t_0 = 0$ e un istante successivo t risulta:

$$\Delta s = v_0\,t + \frac{1}{2}\,a\,t^2$$

da cui

$$s = s_0 + v_0\,t + \frac{1}{2}\,a\,t^2 \qquad (11)$$

7 Come e perché

Spostamento nel moto uniformemente accelerato con partenza in velocità

Lo spostamento nell'istante t rispetto alla posizione iniziale è rappresentato dall'area della porzione di piano cartesiano compresa sotto il grafico velocità-tempo fino all'ascissa t, cioè dall'area del trapezio rettangolo di base minore v_0, base maggiore $v = v_0 + a\,t$ e altezza t:

$$\Delta s = \frac{1}{2}\,(v_0 + v)\,t = \frac{1}{2}\,(v_0 + v_0 + a t)\,t = v_0\,t + \frac{1}{2}\,a\,t^2$$

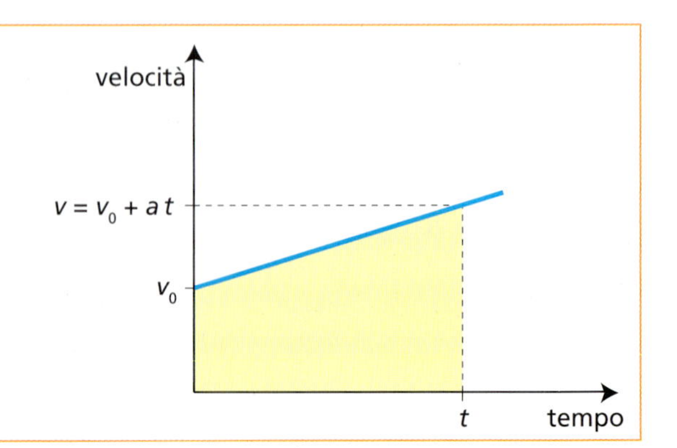

La formula (11) è la forma generale della legge oraria del moto uniformemente accelerato, che permette di trovare in ogni istante t la coordinata s del punto materiale rispetto alla retta orientata Os su cui si svolge il moto, se sono note la coordinata iniziale s_0 del punto, la sua velocità iniziale v_0 e la sua accelerazione a.
Se sono note la coordinata s_0 e la velocità v_0 in un istante $t_0 \neq 0$, possiamo ancora utilizzare la (11) per trovare la coordinata s in ogni altro istante?
Nella (11), la variabile t rappresenta l'*intervallo* di tempo trascorso dall'istante in cui la coordinata e la velocità avevano i valori s_0 e v_0. Se in quell'istante il cronometro segnava un valore $t_0 \neq 0$, basta sostituire t con $t - t_0$ per ottenere la corretta espressione di s:

$$s = s_0 + v_0 (t - t_0) + \frac{1}{2} a (t - t_0)^2 \qquad (12)$$

6 Le risposte della fisica **Riesci a fermarti in tempo?**

Sei in sella al tuo scooter e stai procedendo lungo un rettilineo alla velocità di 65 km/h, quando ti accorgi che, 50 m più avanti, una raffica di vento ha fatto cadere un cartellone pubblicitario in mezzo alla strada. Supponendo che, azionando immediatamente i freni, tu riesca a procedere, durante la frenata, con moto uniformemente decelerato di 3,6 m/s², quanto tempo occorre perché ti fermi? La distanza che percorri dall'inizio della frenata all'arresto è tale da farti evitare l'ostacolo?

Dati e incognite

$v_0 = 65$ km/h
$d = 50$ m
$a = -3,6$ m/s²
$t = ?$
$\Delta s = ?$

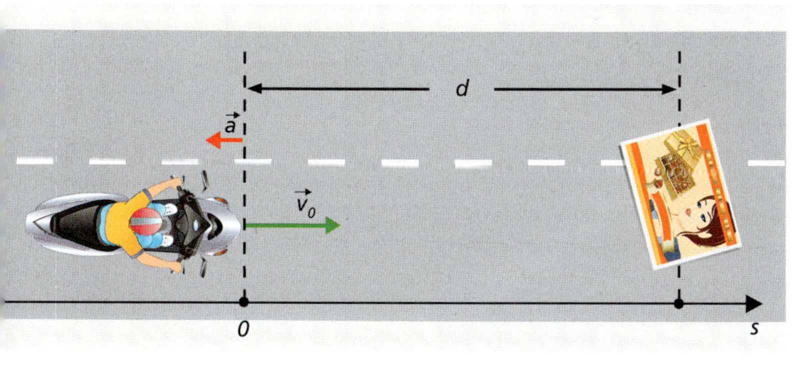

Soluzione

Rappresentiamo il rettilineo come un asse Os, orientato nel verso della velocità iniziale dello scooter.
Durante la frenata, lo scooter si muove con accelerazione a negativa, e la sua velocità v passa dal valore iniziale $v_0 = 65$ km/h $= 18$ m/s a 0. Dall'inizio della frenata all'arresto, la velocità in funzione del tempo è espressa dalla (8):

$$v = v_0 + a\,t$$

che, nell'istante t dell'arresto, quando v è nulla, diventa:

$$0 = v_0 + a\,t$$

da cui:

$$t = -\frac{v_0}{a} = -\frac{18 \text{ m/s}}{\left(-3,6 \text{ m/s}^2\right)} = 5,0 \text{ s}$$

Questo valore di t rappresenta la durata della frenata, poiché il tempo è misurato dall'istante in cui essa ha inizio. In questo arco di tempo lo scooter è avanzato di:

$$\Delta s = v_0\,t + \frac{1}{2} a\,t^2 =$$

$$= (18 \text{ m/s})(5,0 \text{ s}) + \frac{1}{2}(-3,6 \text{ m/s}^2)(5,0 \text{ s})^2 = 45 \text{ m}$$

Poiché $\Delta s < d$, si può concludere che la manovra di frenata è vincente. Lo scooter si ferma prima dell'ostacolo:

$$50 \text{ m} - 45 \text{ m} = 5 \text{ m}$$

Relazione fra posizione e velocità

Le equazioni (7) e (12) forniscono una descrizione completa del moto uniformemente accelerato di un punto materiale, perché permettono di calcolare in ogni istante t la velocità v e la posizione s del punto lungo la retta orientata su cui si svolge il moto.
In alcuni problemi, tuttavia, può essere comodo servirsi della relazione posizione-velocità.
Ricaviamo l'intervallo di tempo $t - t_0$ dalla (7):

$$t - t_0 = \frac{v - v_0}{a}$$

Sostituendo nella (12) troviamo:

$$s = s_0 + v_0\left(\frac{v - v_0}{a}\right) + \frac{1}{2}\,a\left(\frac{v - v_0}{a}\right)^2$$

$$s - s_0 = \frac{v_0\,v - v_0^2}{a} + \frac{v^2 - 2\,v_0\,v + v_0^2}{2a}$$

$$s - s_0 = \frac{\cancel{2\,v_0\,v} - 2\,v_0^2 + v^2 - \cancel{2\,v_0\,v} + v_0^2}{2a}$$

$$s - s_0 = \frac{v^2 - v_0^2}{2a} \qquad (13)$$

Combinando la (7) e la (12) abbiamo così ottenuto un'equazione in cui non figura il tempo, e che lega direttamente la posizione s del punto materiale alla velocità v che esso possiede in quella posizione.

Adesso tocca a te

Rielabora il contenuto del paragrafo rispondendo a voce a queste domande.

13. Può un oggetto invertire il verso del moto mentre si muove con accelerazione costante?

14. Qui sotto sono rappresentati i grafici velocità-tempo di due punti materiali che si muovono su una stessa retta orientata. Nell'istante iniziale entrambi i punti si trovano nell'origine della retta. In un altro istante, successivamente, si ritrovano insieme in una stessa posizione: ciò avviene dopo 1 s o dopo 2 s dalla partenza?

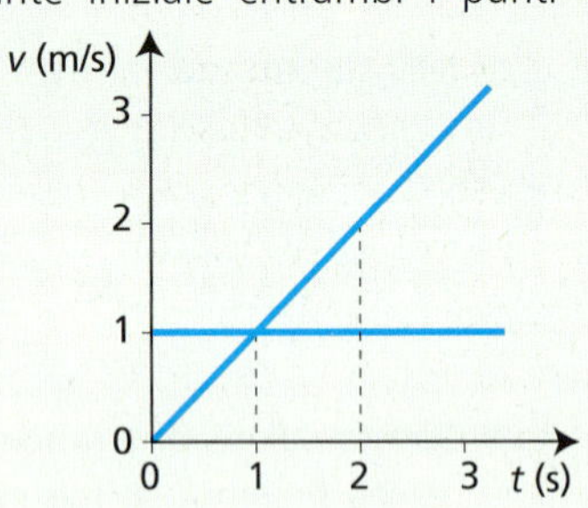

Prova a risolvere il problema, poi verifica sul MEbook i passaggi svolti e commentati.

15. Alessandra e Silvia pattinano una accanto all'altra, procedendo entrambe con la stessa velocità. A un certo momento Alessandra decide di accelerare e supera Silvia di 12 m in 2,0 s. Qual è l'accelerazione costante che permette ad Alessandra di effettuare un tale sorpasso?

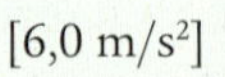
[6,0 m/s²]

7 Corpi in caduta libera

Uno degli esempi più comuni di moto rettilineo uniformemente accelerato è quello dei corpi in caduta libera. Se la resistenza dell'aria è trascurabile, in uno stesso luogo tutti i corpi, qualunque massa abbiano, cadono con la stessa accelerazione costante, diretta verticalmente verso il basso. Questa accelerazione è detta **accelerazione di gravità** e viene indicata con il simbolo $\vec{g}$.

In realtà l'accelerazione di gravità sulla superficie terrestre varia leggermente con la latitudine. È minore all'Equatore, dove vale 9,78 m/s^2, maggiore ai poli, con il valore di 9,83 m/s^2. Intorno ai 45° di latitudine il suo modulo è:

$$g = 9{,}81\ \mathrm{m/s^2}$$

L'accelerazione di gravità diminuisce all'aumentare della distanza dalla Terra. Per distanze piccole in confronto al raggio terrestre, può essere però ritenuta costante.

Avevamo già incontrato questa grandezza fisica nell'Unità 4. Lì era stata definita come la costante di proporzionalità tra il peso e la massa di un corpo e misurata in N/kg.

La resistenza dell'aria

L'aria oppone una resistenza al moto degli oggetti: l'effetto di questa resistenza è particolarmente evidente nella caduta di oggetti molto leggeri che presentano una grande superficie. Per esempio, se lasciamo cadere da una certa altezza un foglio di carta disposto orizzontalmente e un identico foglio accartocciato, toccherà terra per primo il foglio accartocciato [▸27].

Figura 27 Caduta libera di corpi con superficie diversa.

I due fogli hanno la stessa massa ma forma differente ed offrono all'aria una superficie differente. Se riuscissimo a ripetere l'esperimento in un ambiente in cui l'aria è stata rimossa (nel vuoto), li vedremmo raggiungere la stessa quota nello stesso identico istante, arrivando sul terreno con la medesima velocità. L'accelerazione necessaria per raggiungere quella velocità (a partire da una certa velocità iniziale) è dunque uguale, istante per istante, in entrambi i casi. In assenza di aria questa accelerazione costante è pari a g. Le dimostrazioni nel vuoto si effettuano in laboratorio, ma è possibile osservare l'arrivo pressoché contemporaneo di due oggetti di massa differente anche in presenza di aria: utilizzando oggetti non troppo leggeri, della stessa forma, e se la distanza percorsa durante la caduta non è troppo grande. Lasciando cadere dalle nostre mani, verso il pavimento, due sferette identiche, una di legno e una di acciaio, non saremo in grado di apprezzare alcuna differenza tra i due moti. In questo caso è quindi lecito trascurare la resistenza dell'aria. Lo stesso accade con due bottiglie di plastica, una piena d'acqua e una vuota: se la caduta avviene da un'altezza che non supera il metro, l'istante in cui arrivano a terra è pressoché lo stesso [▸28].

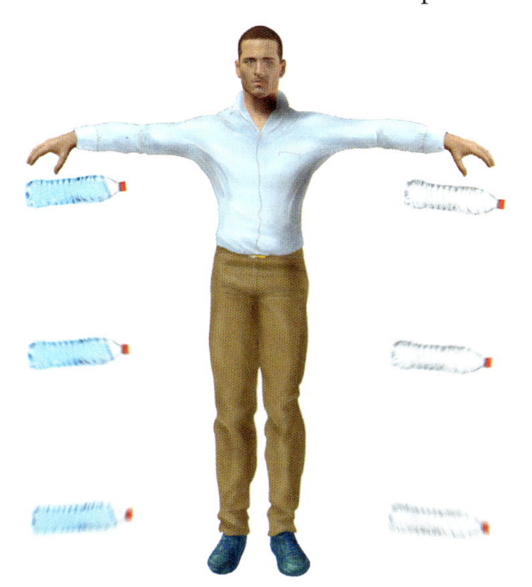

Figura 28 Caduta libera di corpi con la stessa forma.

Caduta da fermo

Una mela è lasciata cadere dall'alto con velocità iniziale nulla [▶29]. Fissiamo una retta verticale *Os* orientata verso il basso, con l'origine coincidente con la posizione iniziale della mela.

La velocità scalare v della mela e la distanza s da essa percorsa dopo un tempo t sono espresse, per la (9) e la (10), dalle relazioni:

$$v = g\,t \quad \text{e} \quad s = \frac{1}{2}\,g\,t^2$$

Durante la caduta, la mela assume una velocità che aumenta di 9,81 m/s ogni secondo [▶30].

La sua distanza s dalla posizione di partenza aumenta in proporzione diretta al quadrato del tempo [▶31].

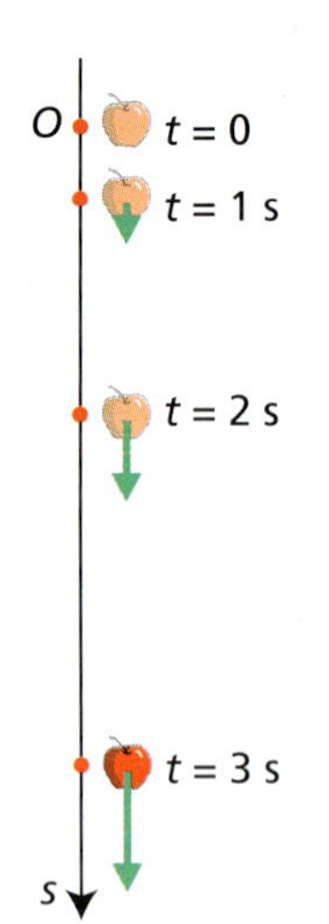

Figura 29 Posizioni e velocità in diversi istanti durante una caduta.

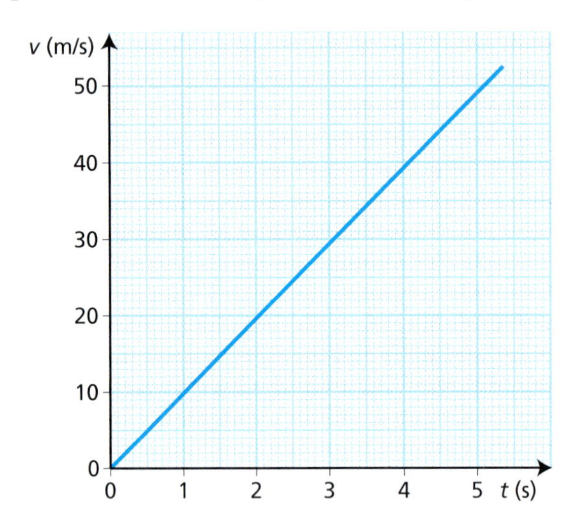

Figura 30 Grafico velocità-tempo di un corpo che cade da fermo nel vuoto.

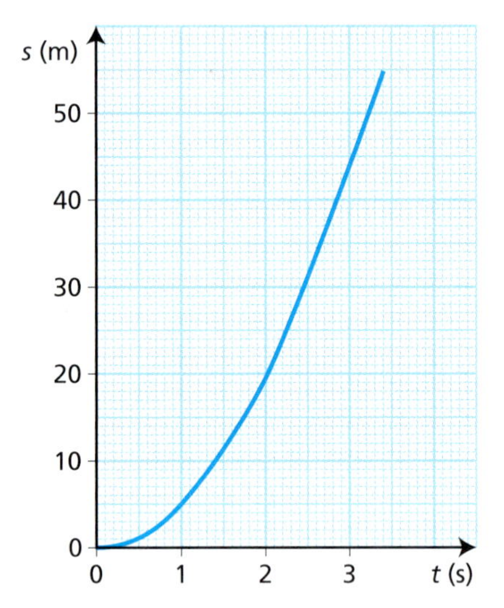

Figura 31 Diagramma orario di un corpo in caduta libera con velocità iniziale nulla.

7 Le risposte della fisica — Come cade il vaso?

Un vaso da fiori cade da un davanzale del sesto piano di un edificio, da un'altezza di 19,6 m. Trascurando la resistenza dell'aria, quanto tempo impiega il vaso per arrivare al suolo e qual è la sua velocità al momento dell'impatto?

Dati e incognite

s = 19,6 m **t = ?** **v = ?**

Soluzione

La legge oraria del moto è:

$$s = \frac{1}{2}\,g\,t^2$$

Nell'istante t in cui il vaso giunge a terra, la distanza da esso percorsa è l'altezza da cui è caduto. Perciò, ponendo s = 19,6 m e g = 9,81 m/s^2, e risolvendo rispetto a t, troviamo il tempo di caduta:

$$t^2 = \frac{2\,s}{g} \qquad t = \sqrt{\frac{2\,s}{g}} = \sqrt{\frac{2\,(19{,}6\ \text{m})}{9{,}81\ \text{m/s}^2}} = 2{,}00\ \text{s}$$

Sostituendo questo valore di t nell'equazione che esprime la velocità in funzione del tempo, troviamo la velocità finale del vaso:

$$v = g\,t = (9{,}81\ \text{m/s}^2)\,(2{,}00\ \text{s}) = 19{,}6\ \text{m/s}$$

Lancio verticale verso l'alto

Supponiamo ora che la mela sia lanciata verticalmente verso l'alto con una certa velocità iniziale, e fissiamo una retta *Os* orientata verso l'alto, con origine nel punto del lancio [▶32].

Rispetto a *Os*, la velocità v_0 è positiva. L'accelerazione di gravità, che indichiamo con $-g$, è invece negativa. Per la (8) e la (11), la velocità v della mela e la sua coordinata s dopo un tempo t sono:

$$v = v_0 - gt \qquad s = v_0\, t - \frac{1}{2} g t^2$$

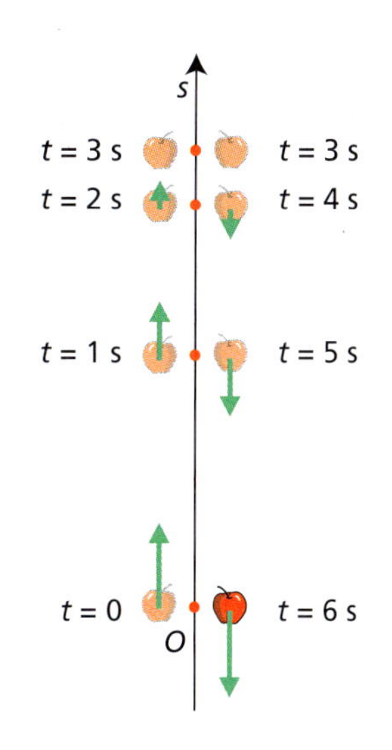

Figura 32 Posizioni e velocità in diversi istanti durante un lancio verticale. In 3,00 s un oggetto lanciato con una velocità iniziale di 29,4 m/s raggiunge la sua massima altezza.

Mentre la mela sale, la sua velocità diminuisce di 9,81 m/s ogni secondo fino ad annullarsi. A questo punto la mela inverte la direzione del moto e cade riacquistando velocità, sempre al ritmo di 9,81 m/s per secondo. Il grafico velocità-tempo e il diagramma orario del moto sono mostrati in [▶33] e [▶34].

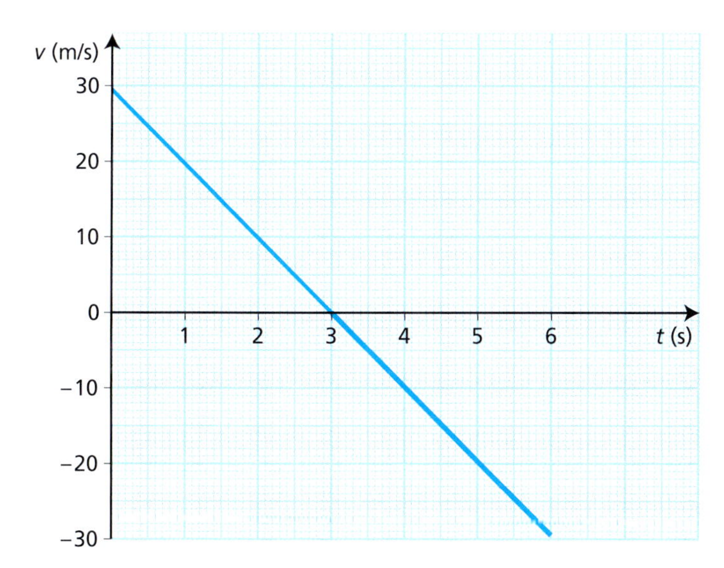

Figura 33 Grafico velocità-tempo di un corpo lanciato verso l'alto nel vuoto.

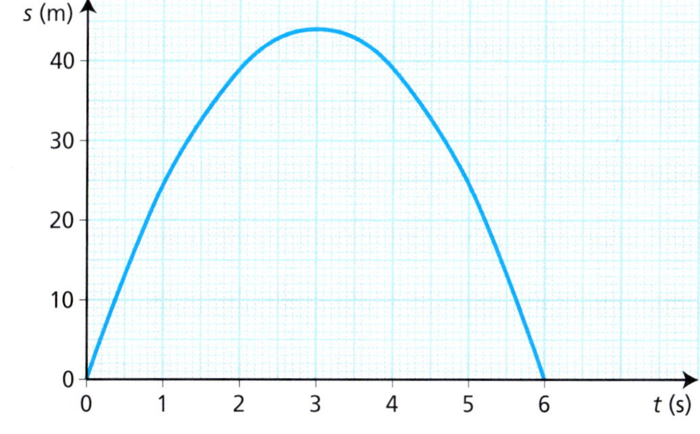

Figura 34 Diagramma orario di un corpo lanciato nel vuoto con una velocità iniziale di 29,4 m/s verso l'alto.

Adesso tocca a te

Rielabora il contenuto del paragrafo rispondendo a voce a queste domande.

16. Un corpo è lanciato verticalmente verso l'alto e torna poi nella stessa posizione da cui è partito. I tempi di salita e di discesa sono uguali fra loro o diversi? E com'è la velocità con cui il corpo fa ritorno, rispetto alla velocità di lancio?

17. Sulla Luna, dove l'accelerazione di gravità è circa sei volte minore che sulla Terra, un astronauta lascia cadere una pietra da ferma. Qual è la velocità di impatto con il suolo lunare, in rapporto alla velocità che la pietra acquisterebbe se, a parità di altezza, la caduta avvenisse sulla Terra?

Prova a risolvere il problema, poi verifica sul MEbook i passaggi svolti e commentati.

18. Durante un allenamento di calcio, Mirco lancia verticalmente verso l'alto il pallone con una velocità iniziale di 13 m/s. Trascurando la resistenza dell'aria, determina qual è la massima altezza da terra raggiunta dal pallone, sapendo che viene calciato quando si trova a 40 cm da terra.

[9,0 m]

Strategie di problem solving

PROBLEMA 1

Il sorpasso

Alfredo parte da fermo con la sua moto nello stesso istante in cui, in quel punto della strada, Marina transita a bordo di un maxiscooter alla velocità di 18 m/s. Se i grafici velocità-tempo dei due motociclisti sono quelli mostrati, dopo quanto tempo Alfredo sorpassa Marina?

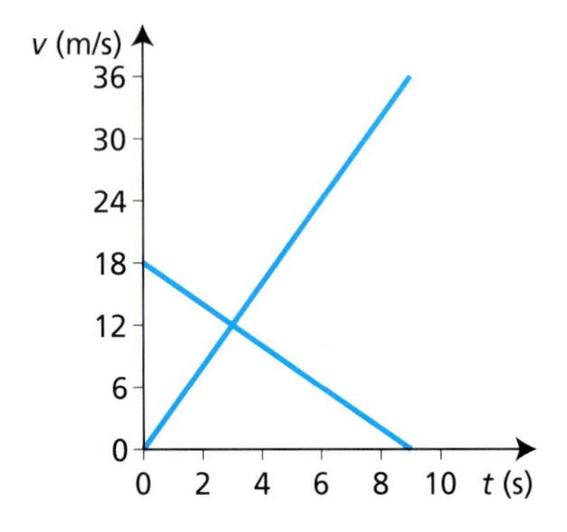

Analisi della situazione fisica

Fissiamo una retta *Os* orientata nel verso del moto dei due motociclisti, con origine *O* nella posizione da cui, nell'istante $t_0 = 0$, parte Alfredo.

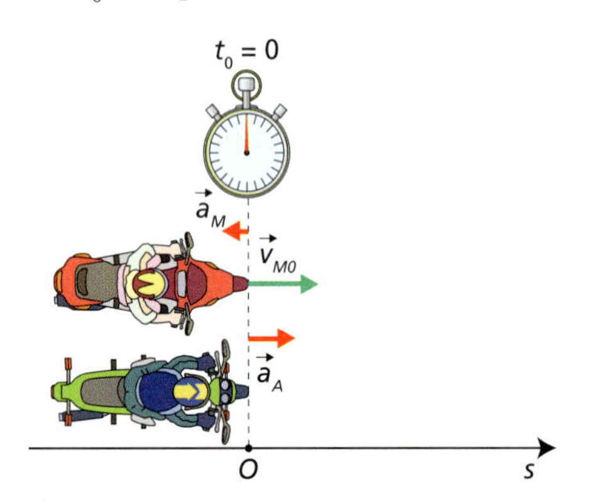

Il grafico velocità-tempo di Alfredo ha un andamento rettilineo crescente, per cui l'accelerazione a_A dell'uomo è costante e positiva.
Quello di Marina è rettilineo decrescente. Ciò vuol dire che Marina sta decelerando uniformemente. La sua accelerazione a_M è dunque negativa.
I valori di a_A e di a_M si trovano calcolando le pendenze dei due grafici.
Per determinare l'istante t del sorpasso, scriviamo le leggi orarie di Alfredo e Marina e imponiamo che in t la coordinata s_A del primo sia uguale alla coordinata s_M della seconda.

Dati e incognite

$v_{M0} = 18$ **m/s** $\quad t = ?$

Soluzione

Fissiamo su ciascun grafico due punti, per esempio quelli di ascissa $t_0 = 0$ e $t_1 = 9{,}0$ s.
Nel grafico della velocità di Alfredo, le corrispondenti ordinate sono $v_{A0} = 0$ e $v_{A1} = 36$ m/s. Perciò:

$$a_A = \frac{v_{A1} - v_{A0}}{t_1 - t_0} = \frac{36\ \text{m/s} - 0}{9{,}0\ \text{s} - 0} = 4{,}0\ \text{m/s}^2$$

Nel grafico della velocità di Marina, invece, le corrispondenti ordinate sono $v_{M0} = 18$ m/s e $v_{M1} = 0$. Perciò:

$$a_M = \frac{v_{M1} - v_{M0}}{t_1 - t_0} = \frac{0 - 18\ \text{m/s}}{9{,}0\ \text{s} - 0} = -2{,}0\ \text{m/s}^2$$

La velocità di Alfredo in $t_0 = 0$ è nulla, mentre quella di Marina è v_{M0}. Le due leggi orarie sono:

$$s_A = \frac{1}{2} a_A t^2 \qquad s_M = v_{M0}\, t + \frac{1}{2} a_M t^2$$

Il sorpasso avviene nell'istante t in cui è $s_A = s_M$, cioè:

$$\frac{1}{2} a_A t^2 = v_{M0}\, t + \frac{1}{2} a_M t^2$$

Risolvendo rispetto a t troviamo $t = 0$ e

$$(a_A - a_M)\, t - 2\, v_{M0} = 0$$

da cui:

$$t = \frac{2\, v_{M0}}{a_A - a_M} = \frac{2\,(18\ \text{m/s})}{4{,}0\ \text{m/s}^2 - (-2{,}0\ \text{m/s}^2)} = 6{,}0\ \text{s}$$

Pertanto i due motociclisti si trovano nella stessa posizione, oltre che nell'istante iniziale $t_0 = 0$, anche in $t = 6{,}0$ s.

Impara la strategia

Fissa sulla retta che rappresenta la direzione del moto un'origine *O* e un verso. Se gli oggetti in movimento sono due, le equazioni del moto di ciascuno devono essere espresse rispetto alla stessa retta orientata e anche rispetto alla stessa origine $t_0 = 0$ dei tempi.
Se la situazione fisica del problema è illustrata con un grafico, estrai dal grafico tutte le informazioni utili. In questo caso, dai grafici velocità-tempo abbiamo ottenuto le accelerazioni dei moti.

Prosegui tu

In quale istante i due motociclisti hanno la stessa velocità? Quale distanza ha percorso Alfredo fino a quell'istante?

[3,0 s; 18 m]

PROBLEMA **2**

L'esibizione di un giocoliere

Un giocoliere lancia verticalmente una palla con una velocità iniziale di 6,60 m/s.
Supponendo trascurabile la resistenza dell'aria, qual è l'altezza massima che raggiunge la palla rispetto al punto del lancio?
Quanto tempo rimane in volo prima di ritornare nel punto di partenza?

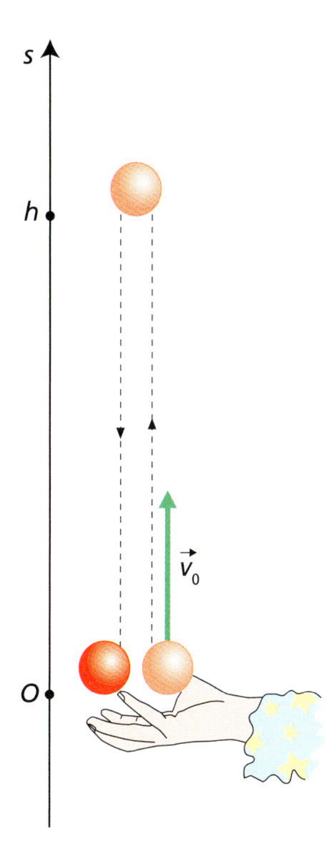

Analisi della situazione fisica

Fissiamo, come in figura, una retta *Os* orientata verso l'alto con origine nel punto di lancio della palla.
Ponendo $t_0 = 0$ nell'istante del lancio, le leggi che esprimono la velocità v e la coordinata s della palla in ogni istante sono:

$$v = v_0 - g\,t$$

$$s = v_0\,t - \frac{1}{2}\,g\,t^2$$

dove v_0 è la velocità iniziale della palla.
Ricaviamo t dalla prima equazione:

$$t = \frac{v_0 - v}{g}$$

Sostituiamo questa espressione nella seconda:

$$s = v_0\left(\frac{v_0 - v}{g}\right) - \frac{1}{2}\,g\left(\frac{v_0 - v}{g}\right)^2$$

Sviluppando il secondo membro troviamo:

$$s = \frac{v_0^2 - v^2}{2\,g}$$

Da questa equazione possiamo ricavare la massima altezza della palla, cioè la sua coordinata $s = h$ nel punto in cui la velocità v si annulla.
Per determinare il tempo di volo utilizziamo la legge oraria, osservando che nell'istante t in cui la palla torna in mano al giocoliere la sua coordinata è nulla.

Dati e incognite

$v_0 = 6{,}60$ **m/s**
$h = ?$
$t = ?$

Soluzione

Nel punto di massima altezza la velocità della palla è nulla. Perciò:

$$h = \frac{v_0^2}{2\,g} = \frac{(6{,}60\ \text{m/s})^2}{2\,(9{,}81\ \text{m/s}^2)} = 2{,}22\ \text{m}$$

Nell'istante t in cui la palla torna al punto di partenza si ha $s = 0$. Dalla legge oraria segue:

$$0 = v_0\,t - \frac{1}{2}\,g\,t^2 \qquad t\,(v_0 - \frac{1}{2}\,g\,t) = 0$$

Questa equazione è soddisfatta per $t = 0$ e per:

$$t = \frac{2\,v_0}{g} = \frac{2\,(6{,}60\ \text{m/s})}{9{,}81\ \text{m/s}^2} = 1{,}35\ \text{s}$$

In entrambi gli istanti la palla si trova nel punto di partenza. In $t = t_0 = 0$ il moto inizia, mentre in $t = 1{,}35$ s si conclude. Ciò vuol dire che la palla resta in volo per 1,35 s.

Impara la strategia

- Usando le equazioni:

$$v = v_0 + a\,t$$

$$s = v_0\,t + \frac{1}{2}\,a\,t^2$$

puoi calcolare, in funzione del tempo, la velocità v e la coordinata s di un punto materiale che si muove di moto rettilineo uniformemente accelerato con accelerazione a. Se il tempo non compare fra i dati e le incognite del problema, ti conviene utilizzare la seguente relazione fra s e v:

$$s = \frac{v^2 - v_0^2}{2\,a}$$

Questa relazione è una combinazione delle due precedenti: si ottiene ricavando t dalla prima e sostituendo la sua espressione nella seconda. Essa permette di determinare la coordinata s in cui il punto materiale assume una data velocità v o, viceversa, la velocità del punto materiale in una data posizione. Se è $a = -g$, la relazione diventa quella utilizzata in questo problema:

$$s = \frac{v_0^2 - v^2}{2\,g}$$

- Ricorda che la massima altezza h raggiunta da un corpo lanciato verticalmente verso l'alto è l'altezza alla quale la velocità del corpo è istantaneamente nulla. L'espressione di h si ottiene ponendo $s = h$ e $v = 0$ nella precedente equazione.

Prosegui tu

Qual è il tempo impiegato dalla palla per raggiungere la sua massima altezza? Qual è la velocità media della palla quando questa ritorna al punto di partenza?

[0,673 s; −6,60 m/s]

Progetti di fisica

LABORATORIO

Verifica delle proprietà del moto rettilineo uniforme

Da fare

Verificare che quando un carrello si muove di moto rettilineo uniforme, su una rotaia a cuscino d'aria disposta orizzontalmente, percorre distanze direttamente proporzionali agli intervalli di tempo impiegati a percorrerle.

Che cosa ti serve

- una rotaia a cuscino d'aria con compressore
- un carrello con bandierina
- un pesetto e un piattello ferma-peso
- due fotocellule
- un righello
- un cronometro
- un filo di nylon
- una carrucola

Da sapere

Mentre il carrello procede sulla rotaia a cuscino d'aria, gli attriti sono quasi del tutto eliminati. Infatti, lo strato d'aria che il compressore inietta continuamente attraverso i fori praticati sulle guide della rotaia tiene sospeso il carrello. Se la rotaia è orizzontale, il carrello, messo in movimento con una leggera spinta iniziale, si muove di moto rettilineo uniforme.

Procedimento

Aziona il compressore e controlla che la rotaia sia orizzontale: il carrello appoggiato sulla rotaia in diversi punti deve sempre restare in equilibrio. Misura con il righello la distanza Δs fra le due fotocellule poste sulla rotaia come in figura. Aggancia il filo di nylon al carrello e, dopo averlo fatto passare sulla gola della carrucola bloccata al tavolo, appendi all'estremità libera un pesetto. Questo, cadendo per un breve tratto, imprime una velocità iniziale al carrello. Regola la lunghezza del filo di nylon e la posizione del piattello in modo che l'arresto del pesetto avvenga prima che il carrello raggiunga la prima fotocellula. In tal modo il carrello percorre la distanza fra le due fotocellule a velocità costante: la stessa che ha al momento dell'arresto del pesetto.

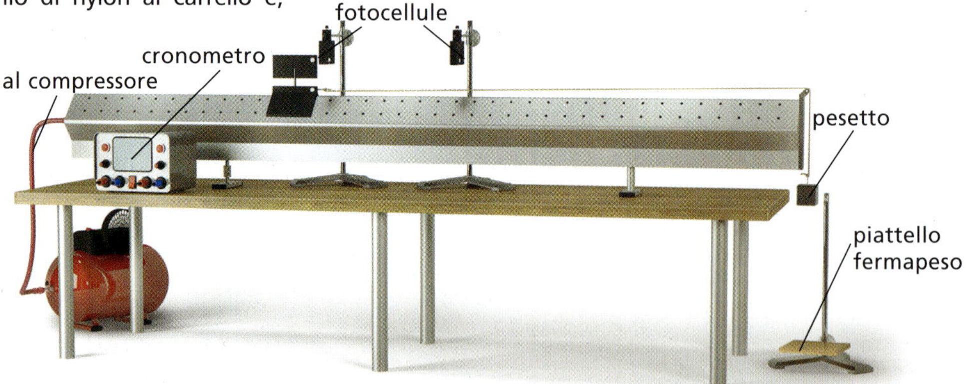

Quando il carrello passa davanti al primo traguardo ottico la bandierina posta su di esso interrompe il fascio luminoso; contemporaneamente viene inviato un segnale elettrico che fa partire il cronometro. Allo stesso modo la seconda fotocellula blocca il cronometro al passaggio del carrello. La lettura del cronometro fornisce l'intervallo di tempo Δt impiegato dal carrello a percorrere la distanza Δs. Per un fissato valore di Δs ripeti tre volte la misura e annota su una tabella i valori Δt_1, Δt_2 e Δt_3. Durante le misure il carrello deve partire sempre dallo stesso punto sulla rotaia ed essere trainato solo dal pesetto. Ripeti l'esperimento con altri valori di Δs.

Elaborazione dei dati

Compila la tabella seguente, annotando per ogni distanza Δs i valori dei tre intervalli di tempo misurati nelle tre prove:

distanza Δs (cm)	tempo prova 1 Δt_1 (s)	tempo prova 2 Δt_2 (s)	tempo prova 3 Δt_3 (s)	tempo medio Δt_m (s)	velocità $\Delta s/\Delta t_m$ (cm/s)

Come errore di misura sulla distanza Δs riporta la sensibilità del righello. Per quanto riguarda i tempi considera come errore la sensibilità del cronometro.
Calcola poi, e riporta in tabella, l'intervallo di tempo medio Δt_m come media dei tre valori Δt_1, Δt_2 e Δt_3, e come suo errore di misura considera la semidispersione dei tre valori misurati. Calcola infine, e riporta in tabella, il valore dei rapporti $\Delta s/\Delta t_m$ che fornisce la velocità del carrello. In questo caso l'errore deve essere determinato applicando la legge di propagazione degli errori. Come sono fra loro i valori dei rapporti $\Delta s/\Delta t_m$ al variare di Δs? Disegna un grafico riportando sull'asse delle ascisse di un diagramma cartesiano i valori Δt_m e sull'asse delle ordinate i corrispondenti valori di Δs.

SUL MEBOOK

Il moto rettilineo uniformemente accelerato

Come si può imprimere a un corpo posto su un piano orizzontale e inizialmente fermo un'accelerazione costante in modo che si muova di moto rettilineo uniformemente accelerato? Occorre ridurre al minimo l'attrito tra corpo e piano e si può fare in modo che il corpo sia trainato da un pesetto lasciato libero di cadere.

COMPETENZE

FISICA E REALTÀ

La pista di decollo

Sei un ingegnere e hai l'incarico di progettare la pista di decollo di un aeroporto. I velivoli che faranno uso della pista sono aeroplani che devono raggiungere, prima del decollo, una velocità di almeno 260 km/h e possono accelerare fino a 1,1 m/s².

Se lo ritieni utile, puoi visionare un vecchio progetto, fatto alcuni anni prima da un tuo collega, relativo a una pista lunga 1,9 km.

Secondo i tuoi calcoli quale deve essere la lunghezza minima della pista da progettare? Il vecchio progetto può essere utilizzato? Spiega perché.

Record di velocità

Su una rivista leggi questa informazione: "Il mammifero terreste più veloce è il ghepardo: quando sferra un attacco può raggiungere la velocità di 115 km/h. Fra gli umani potrebbe sfuggirgli solo l'uomo considerato attualmente il più veloce al mondo, il giamaicano Usain Bolt, primatista mondiale dei 100 metri piani con il tempo di 9,58 secondi".

È proprio vero che Usain Bolt corre più veloce di un ghepardo? Quali operazioni devi eseguire per sincerartene?

Fai una ricerca sui record di velocità nel mondo animale. Il mammifero terrestre più veloce è il ghepardo, ma lo è solo sulle distanze brevi: qual è, invece, l'animale più veloce sulla lunga distanza? Qual è e quale velocità può raggiungere il volatile più veloce? Scopri infine quali sono le velocità tipiche degli animali più lenti sulla Terra.

Un viaggio... spaziale

Scopri quanto tempo impiega la famiglia Guidoni a raggiungere la stella Proxima Centauri (la stella più vicina alla Terra, a parte il Sole, situata a 4,2 anni luce di distanza). Assumi che il mezzo di cui dispone la famiglia proceda alla velocità costante di 800 km/h, come un aereo di linea. Se nella famiglia le generazioni si succedessero ogni 25 anni, quante generazioni servirebbero per compiere l'impresa?

Documentati sulla distanza Terra-Sole e stabilisci anche in questo caso quanto tempo e quante generazioni servirebbero alla intraprendente famiglia per compiere, con la stessa velocità di prima, il viaggio.

Se i Guidoni volessero limitarsi a fare un "semplice" viaggio di andata e ritorno Terra-Luna, sempre alla consueta velocità di 800 km/h, quanto tempo trascorrerebbero in volo?

ESPERTI IN FISICA

Una top ten molto... veloce!

Contesto

Nel recensire i diversi modelli di automobili e motociclette presenti sul mercato, le riviste specializzate riportano due parametri: la massima velocità raggiungibile e il tempo minimo necessario per accelerare da 0 a 100 km/h (generalmente pochi secondi).

Entrambi sono indispensabili per caratterizzare le potenzialità del veicolo. Nei circuiti di Formula 1, per esempio, la presenza di numerose curve ravvicinate impone alle vetture continue frenate: è importante che il motore sia in grado di consentire accelerazioni molto elevate.

Un mezzo pesante destinato al trasporto merci su lunghe distanze, viceversa, non deve compiere accelerazioni frequenti: è più importante che sia in grado di mantenere a lungo una velocità elevata.

Esplora

Insieme ai tuoi compagni di classe stila una lista di automobili e moto che preferite. Poi documentati, su riviste e siti Web specializzati, su quali siano velocità massime e tempi minimi di accelerazione dei modelli più gettonati.

Cerca informazioni sui valori di questi due parametri anche per altri tipi di veicoli: aerei, navicelle spaziali, navi, mezzi militari ecc.

Elabora

Dopo aver stilato la classifica delle prime cinque automobili e delle prime cinque motociclette più apprezzate nella tua classe, compila una tabella in cui inserirai, per ciascun modello, la massima velocità raggiunta v_{max}, il tempo minimo di accelerazione t_{min} per passare da 0 a 100 km/h e l'accelerazione media a_m tenuta dal veicolo nell'intervallo di tempo t_{min}.

Calcola

Secondo le specifiche tecniche riportate dalla casa produttrice, una moto da corsa è in grado di accelerare da 0 a 100 km/h in 2,60 s.

Quanto vale la sua accelerazione in questo intervallo di tempo?

Quanto tempo è necessario, mantenendo l'accelerazione che hai calcolato, per passare da 0 a 200 km/h?

Quale distanza ha coperto la moto in questo intervallo di tempo e qual è stata la sua velocità media?

Facciamo il punto

Definizioni

Per un punto materiale in moto rettilineo, la **velocità media** v_m in un intervallo di tempo $\Delta t = t_2 - t_1$ è:

$$v_m = \frac{\Delta s}{\Delta t}$$

dove $\Delta s = s_2 - s_1$ è la differenza fra la coordinata s_2 del punto materiale nell'istante t_2 e la sua coordinata s_1 nell'istante t_1.

La **velocità istantanea** v in un istante t è la velocità media calcolata in un intervallo di tempo Δt infinitamente piccolo.
Nel SI l'unità di misura della velocità è il m/s.

Per un punto materiale in moto rettilineo, l'**accelerazione media** a_m in un intervallo di tempo $\Delta t = t_2 - t_1$ è:

$$a_m = \frac{\Delta v}{\Delta t}$$

dove $\Delta v = v_2 - v_1$ è la differenza fra le velocità istantanee v_2 e v_1 del punto in t_2 e t_1.

L'**accelerazione istantanea** a in un istante t è l'accelerazione media calcolata in un intervallo di tempo Δt infinitamente piccolo.
Nel SI l'unità di misura dell'accelerazione è il m/s^2.

Concetti, leggi e principi

Un oggetto è in moto rispetto a un altro, assunto come **sistema di riferimento**, quando la sua posizione in relazione a quest'ultimo varia nel tempo.

Un punto materiale si muove di **moto rettilineo uniforme** se descrive una traiettoria rettilinea a velocità costante v. Detta s_0 la coordinata del punto nell'istante $t_0 = 0$, la sua coordinata s in funzione del tempo t è:

$$s = s_0 + v\,t$$

Un punto materiale si muove di moto **rettilineo uniformemente accelerato** se descrive una traiettoria rettilinea con accelerazione costante a. Le equazioni del moto uniformemente accelerato sono:

$$v = v_0 + a\,t \qquad s = s_0 + v_0\,t + \frac{1}{2}a\,t^2$$

dove v_0 è la velocità in $t_0 = 0$ e s_0 la coordinata nello stesso istante.

La **caduta verticale per gravità** nel vuoto è un moto uniformemente accelerato. Tutti i corpi vicino alla superficie terrestre cadono nel vuoto con la stessa accelerazione $\vec{g}$ orientata verticalmente verso il basso, detta *accelerazione di gravità*. Il cui modulo g varia leggermente con la latitudine. Intorno ai 45° di latitudine è $g = 9{,}81$ m/s^2.

Applicazioni

Quali informazioni si traggono dal diagramma orario del moto rettilineo?
La velocità media in un intervallo di tempo $\Delta t = t_2 - t_1$ è la pendenza della secante del grafico nei punti di ascisse t_1 e t_2. La velocità istantanea in un istante t_3, è la pendenza della tangente al grafico nel punto di ascissa t_3.

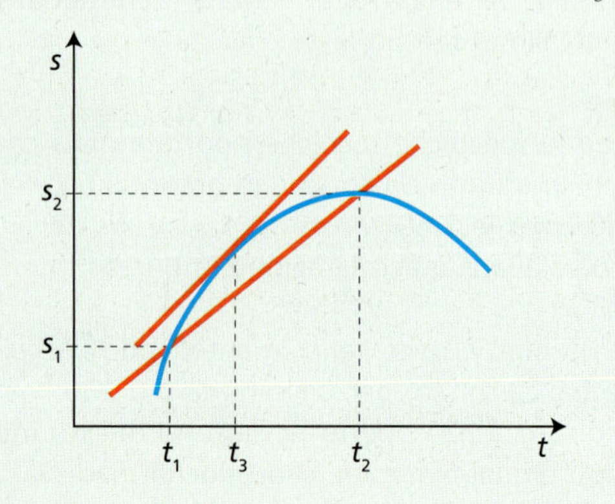

E quali dal grafico velocità-tempo del moto uniformemente accelerato?
L'accelerazione è la pendenza del grafico.
La distanza percorsa fino all'istante t è l'area della porzione di piano cartesiano, a forma di trapezio rettangolo, compresa sotto il grafico fino al punto di ascissa t.

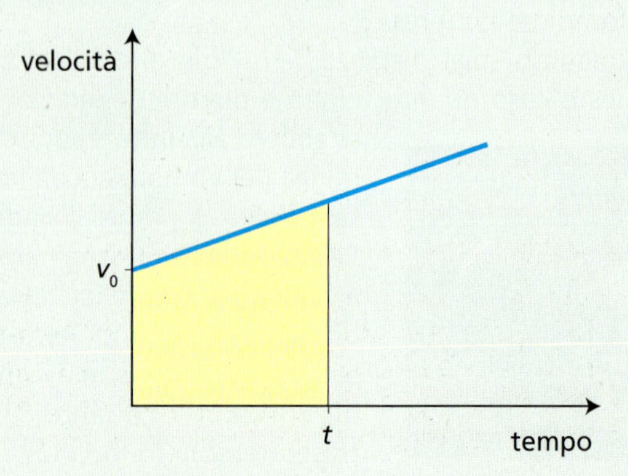

ESERCIZI

Esercizi di paragrafo

Flashcard

Ripassa i contenuti dell'Unità con le Flashcard del MEbook.

Esercizio commentato

Per gli esercizi contrassegnati da questa icona trovi sul MEbook la risoluzione commentata.

1 La descrizione del moto

1 Vero o falso?

a. Il moto di un oggetto dipende dal sistema di riferimento in cui lo si descrive. V F

b. Per descrivere il moto di un oggetto sono sempre necessari due assi cartesiani. V F

c. Per descrivere il moto di un oggetto sono necessarie misure di tempo e di distanza. V F

d. Per determinare la traiettoria di un punto materiale in movimento è sufficiente conoscere la sua posizione di partenza e quella di arrivo. V F

e. Un moto unidimensionale è necessariamente rettilineo. V F

2 "Poiché la Terra gira, noi non possiamo mai rimanere totalmente fermi." Questa frase è sbagliata. Perché?

RISPONDI IN BREVE *(in un massimo di 10 righe)*

3 Che cos'è un sistema di riferimento? Spiegalo in generale e mediante qualche esempio.

4 Immagina di essere a bordo di un treno in partenza. Se guardi fuori dal finestrino, vedi la stazione che si muove: in quale direzione e in quale verso? Spiega.

2 La velocità

5 FISICA PER IMMAGINI La figura mostra il diagramma orario di un punto che si muove di moto rettilineo lungo un asse x orientato.

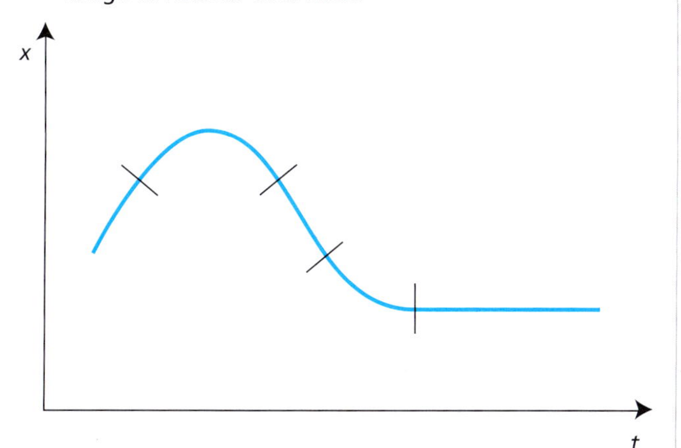

- Indica per ciascuno degli intervalli contrassegnati se la velocità media è positiva, negativa o nulla.
- Individua in quali punti del diagramma la velocità istantanea è nulla.

6 Vero o falso?

a. La velocità scalare media è la velocità costante tenuta da un corpo durante tutto il suo moto. V F

b. La velocità istantanea è la velocità media calcolata in un intervallo di tempo infinitamente piccolo comprendente l'istante considerato e molto piccolo rispetto alla durata del moto. V F

c. Lo spostamento scalare di un punto materiale in moto lungo una linea retta può assumere solo valori positivi. V F

d. La velocità scalare media di un punto materiale non può assumere valori negativi. V F

e. Se è nota la velocità scalare media tenuta da un cavallo su una certa distanza, si può determinare quanto tempo impiega l'animale a percorrere quella distanza. V F

7 Un'appassionata di nordic walking affronta un'escursione della durata complessiva di quattro ore. Percorre 6,0 km durante la prima ora e 3,0 km durante la seconda ora. Dopo essersi riposata per un'ora, la donna percorre 5,0 km durante la quarta ora. Calcola la sua velocità scalare media durante le prime due ore e durante le prime tre ore. Qual è la velocità scalare media dell'escursionista nelle intere quattro ore?

[4,5 km/h; 3,0 km/h; 3,5 km/h]

8 Un bagnino deve soccorrere una persona che si trova in acqua il più velocemente possibile. Percorre 30 m sulla sabbia alla velocità scalare media di 8,0 m/s e poi 10 m nell'acqua nuotando a 1,2 m/s. Quanto tempo impiega ad arrivare al bagnante in pericolo? [12 s]

9 INGLESE Simon wants to arrive at school as quickly as possible. He can walk 800 m along the sidewalk at a speed of 5.4 km/h or cycle 1.3 km on the busy cyclepath at 8.0 km/h. Which does he choose? [walking]

10 La velocità massima permessa in alcune aree dei centri urbani è di 30 km/h invece di 50 km/h. Esprimi questi valori in metri al secondo. A quante aule lunghe 7 m corrispondono, approssimativamente, le distanze percorse a queste velocità in 1 s? Quale limite sceglieresti per le aree urbane vicino alle scuole? Giustifica la tua scelta. [8,3 m/s; 14 m/s]

ESERCIZI

11 STIME Oggi Daniele ha deciso di rasarsi completamente, tagliando i suoi lunghi capelli lisci. Quanti anni dovrà aspettare perché la sua chioma giunga di nuovo a sfiorargli le spalle? Ricorda che i capelli di una persona crescono a una velocità media di circa $4{,}8 \cdot 10^{-9}$ m/s.

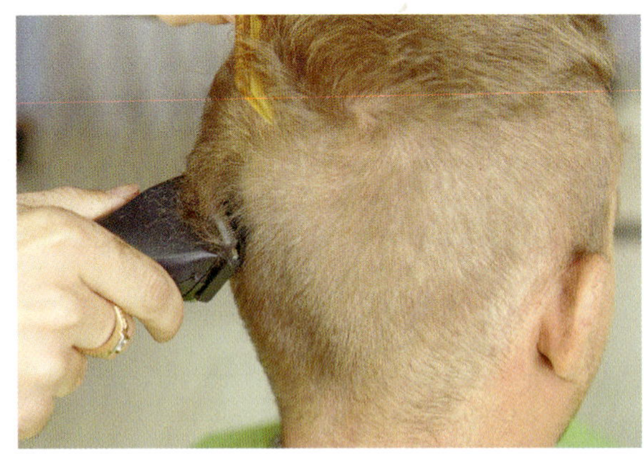

[2,6 anni]

12 FISICA PER IMMAGINI La figura indica la sequenza di spostamenti effettuati uno dietro l'altro, senza pause, da un calciatore durante una partita. Ogni spostamento vale 7,0 m e per spostarsi da A a B il calciatore ha impiegato complessivamente 6,0 s. Calcola il modulo della velocità media in ciascuno dei quattro spostamenti. Confrontalo con la velocità scalare media tenuta da un altro calciatore per andare direttamente da A a B, procedendo in linea retta per 6,0 s, e fai le tue osservazioni.

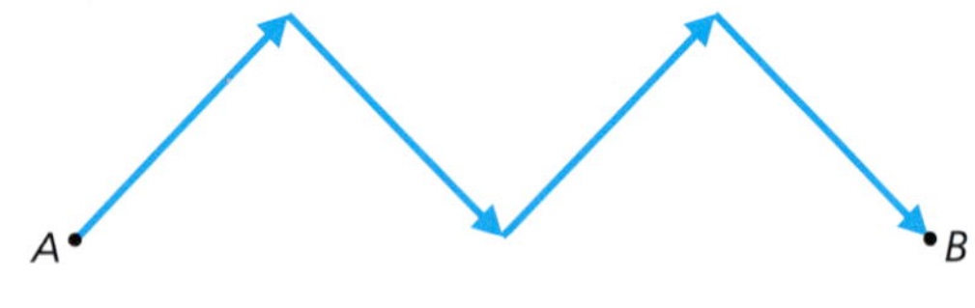

[4,7 m/s; 3,3 m/s]

13 La luce viaggia a una velocità di $3{,}00 \cdot 10^8$ m/s nell'aria e a $2{,}25 \cdot 10^8$ m/s nell'acqua. Durante una tempesta, si vede un lampo in una nuvola a 500 m di altezza. Quanto tempo impiegherebbe il bagliore ad arrivare in fondo a un lago sottostante, profondo 400 m? Qual è stata la velocità scalare media della luce nel percorso totale? Completa la tabella sottostante per chiarire la procedura di risoluzione.

	In aria	In acqua	Valori totali
distanza (m)	500	400	900
tempo (s)	...	...	...
velocità (m/s)	$3{,}00 \cdot 10^8$	$2{,}25 \cdot 10^8$	...

[3,45 μs; $2{,}61 \cdot 10^8$ m/s]

14 Un aereo deve completare il tragitto di 1660 km dall'aeroporto di Kastrup a Copenaghen, in Danimarca, fino all'aeroporto di Costa Smeralda a Olbia, in Sardegna, in 2 h e 15 min di volo. Dopo aver percorso 1000 km in 1 h e 15 min partendo da Copenaghen, il pilota decide di cambiare la velocità per poter atterrare in orario a Olbia. Con quale velocità scalare media, espressa in kilometri all'ora, deve procedere nel secondo tratto? Completa la tabella sottostante per chiarire la procedura di risoluzione.

[660 km/h]

	1° tratto	2° tratto	valori totali
distanza (km)	1000	...	1660
tempo (s)	4500	...	8100
velocità (km/h)	...	...	...

15 Per recarsi in una località di villeggiatura una famiglia affronta un viaggio in automobile di complessivi 480 km. Se la velocità scalare media dell'automobile è di 120 km/h durante la prima metà del percorso e di 60 km/h nella restante metà, qual è la velocità scalare media durante l'intero percorso e qual è il tempo di percorrenza? Se l'automobile procedesse, invece, a una velocità scalare media di 25 m/s durante l'intero percorso, con quanto anticipo i villeggianti giungerebbero a destinazione?

[80 km/h; 6,0 h; 40 min]

3 La rappresentazione grafica del moto

16 Vero o falso?

a. La legge oraria del moto è il grafico che mostra come varia la posizione di un punto materiale in funzione del tempo. V F

b. Il diagramma orario del moto è il grafico cartesiano che mostra la distanza dal punto di partenza in funzione del tempo. V F

c. Un punto sul diagramma orario ha come ordinata l'istante considerato e come ascissa la posizione occupata dal corpo in quell'istante. V F

d. Il diagramma orario di un moto è la rappresentazione grafica della legge oraria di quel moto. V F

e. Dal diagramma orario si può risalire alla velocità scalare media fra due istanti di tempo, ma non alla velocità istantanea. V F

17 INGLESE Draw a qualitative distance-time graph to illustrate the following situation: a billiard ball rolls straight against the edge of the table and rebounces four times, each time it takes a bit longer to reach the other side.

18 FISICA PER IMMAGINI Durante un allenamento un atleta si muove secondo il diagramma orario sotto riportato. Calcola la velocità scalare media:

- durante la 1ª ora;
- durante le prime 4 ore;
- fra la 5ª e la 7ª ora;
- fra la 4ª e la 5ª ora.

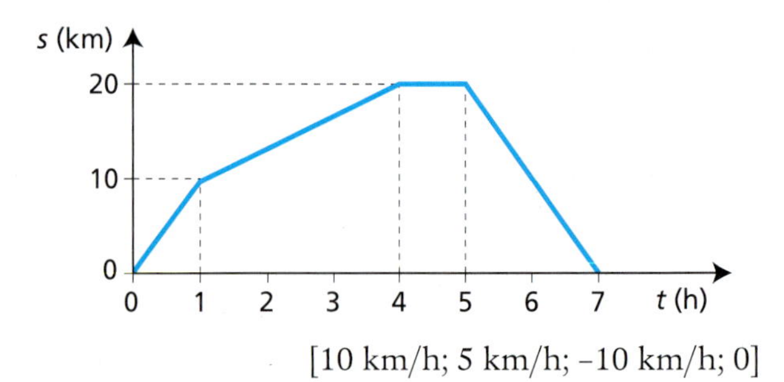

[10 km/h; 5 km/h; –10 km/h; 0]

19 FISICA PER IMMAGINI In figura è riportato il diagramma orario di una lucertola che si dirige verso un abbeveratoio e poi ritorna al sole, impiegando complessivamente 4,0 s. Calcola la sua velocità scalare media in andata. Valuta anche la sua velocità scalare media considerando il suo spostamento netto e il tempo totale impiegato.

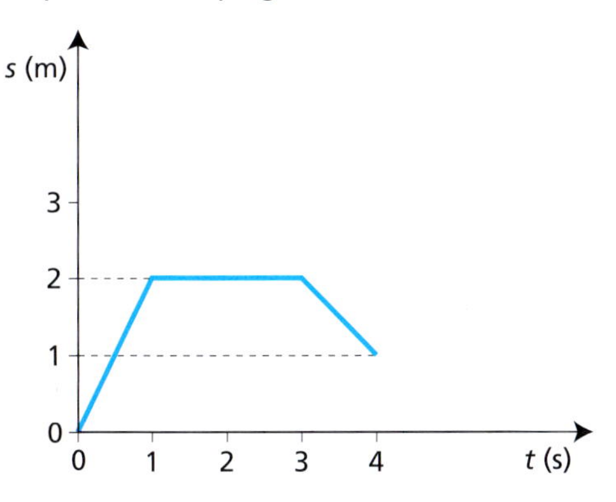

[2,0 m/s; 0, 25 m/s]

20 FISICA PER IMMAGINI Una podista si muove secondo una legge oraria il cui diagramma è riportato in figura. Traccia il grafico della velocità in funzione del tempo e calcola la velocità scalare media negli 8 min considerati. In quale istante la podista ha invertito la corsa?

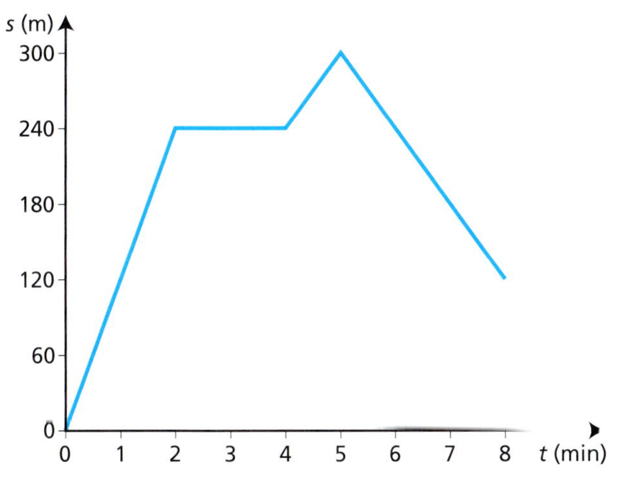

[0,25 m/s; $t = 5$ min]

21 FISICA PER IMMAGINI Uno studente sta aspettando i risultati degli scrutini finali per sapere se è stato promosso. Nell'attesa, cammina avanti e indietro davanti alla bacheca della scuola. Osserva il diagramma orario del suo moto e ricava per via grafica la sua velocità scalare media fra gli istanti $t_1 = 4,0$ s e $t_2 = 6,0$ s, e la sua velocità istantanea per $t = 8,2$ s.

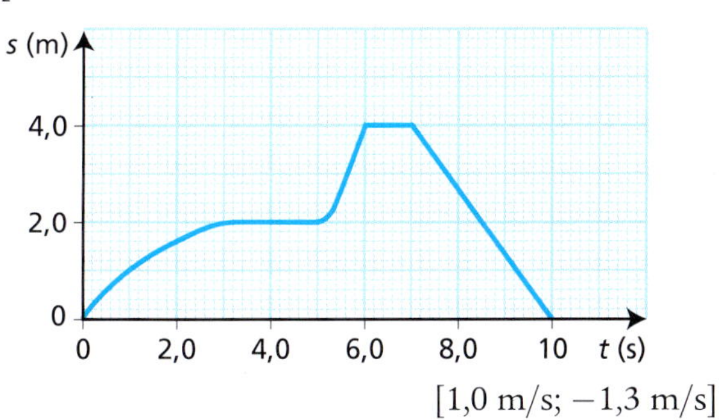

[1,0 m/s; −1,3 m/s]

22 Per un treno che collega Bologna ad Ancona si ricava, da un orario ferroviario, la seguente tabella.

	Distanza	Tempo impiegato
Bologna-Forlì	65,0 km	42,0 min
Forlì-Cesena	18,0 km	12,0 min
Cesena-Rimini	29,0 km	18,0 min
Rimini-Pesaro	33,0 km	20,0 min
Pesaro-Ancona	59,0 km	37,0 min

Traccia il diagramma orario, sapendo che in ogni stazione il treno effettua una sosta di 3,00 min e supponendo che fra una stazione e l'altra mantenga inalterata la sua velocità. Calcola inoltre le velocità medie del treno nei cinque tratti percorsi.

[92,9 km/h; 90,0 km/h; 96,7 km/h; 99,0 km/h; 95,7 km/h]

23 Un raggio di luce rimbalza decine di volte fra due specchi paralleli sempre con la stessa velocità ma in versi opposti. Rappresenta questo fenomeno fisico in un diagramma orario qualitativo.

RISPONDI IN BREVE *(in un massimo di 10 righe)*

24 Che cosa si intende per diagramma orario di un corpo in movimento?

25 Nei moti reali i cambiamenti di velocità non sono mai istantanei. Come si traduce questo fatto nei grafici teorici fin qui studiati?

4 Le proprietà del moto rettilineo uniforme

26 "Nel moto rettilineo uniforme diagramma orario e traiettoria coincidono sempre."
Questa frase è sbagliata. Perché?

27 FISICA PER IMMAGINI Nella figura è riportato il diagramma orario di un moto rettilineo uniforme. Risali per via grafica alla legge oraria del moto, e applicandola stabilisci qual è lo spazio percorso quando $t = 3,8$ s.

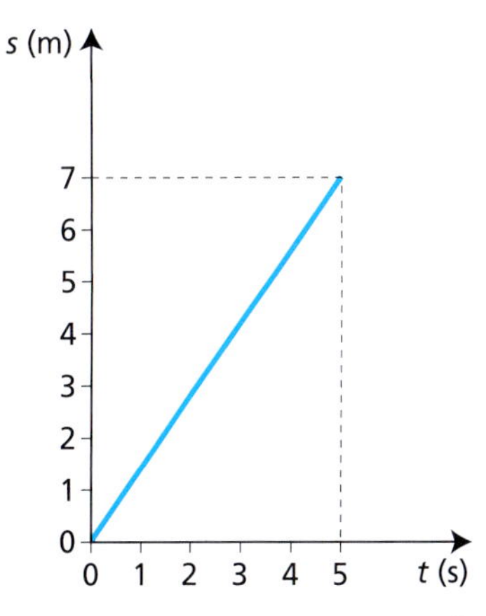

[$s = (1,4 \text{ m/s})\, t$; 5,3 m]

28 Considera le due leggi orarie $s = v\,t$ e $s = s_0 + v\,t$ con $v = 3$ m/s e $s_0 = 2$ m. Traccia i diagrammi orari. Che cosa hanno in comune e in che cosa si differenziano i corrispondenti moti?

ESERCIZI

29 Una motocicletta è lanciata lungo un rettilineo alla velocità costante di 50 m/s. Esprimi la sua velocità in km/h. Qual è lo spazio percorso in due minuti? Quanti minuti impiega per percorrere una distanza di 22 km?

[$1,8 \cdot 10^2$ km/h; 6,0 km; 7,3 min]

30 Due fratelli, Stefano e Giuseppe, frequentano la stessa palestra. Un pomeriggio Stefano decide di andare in palestra senza aspettare il fratello, che deve terminare di fare i compiti. Sono le 17:00 quando Stefano esce di casa e si dirige verso la palestra, tenendo una velocità di 1,0 m/s. Dopo 10 min anche Giuseppe esce di casa per recarsi in palestra. Raggiunge Stefano proprio mentre quest'ultimo sta arrivando davanti alla porta della palestra, alle 17:20. Assumendo che il moto di entrambi i fratelli sia rettilineo uniforme, stabilisci con quale velocità si è mosso Giuseppe e quanto dista la palestra dall'abitazione dei due ragazzi.

[2,0 m/s; 1,2 km]

31 STIME A causa del riscaldamento globale il livello del mare si sta innalzando a una velocità di $9,5 \cdot 10^{-11}$ m/s. Di quanti centimetri si innalzerà nei prossimi venti anni, se la velocità rimane costante?

[6,0 cm]

32 Disegna il diagramma orario di un ascensore che, dal pianterreno, sale di 9,0 m in 5,0 s, poi rimane fermo per 15 s e di seguito scende di nuovo a pianterreno in 5,0 s, restandovi per 15 s prima di ricominciare la salita, con la stessa modalità di prima. Trascura il tempo impiegato nell'accelerazione e frenaggio.

33 La scena conclusiva di un film mostra il ricongiungimento di due fidanzati che, dopo tante vicissitudini, si corrono incontro per abbracciarsi. Se il regista vuole che la corsa duri 30 s, da quale distanza reciproca devono partire i due attori, assumendo che, partendo nello stesso istante, corrano l'uno verso l'altra, entrambi alla velocità di 2,5 m/s?

[150 m]

34 Completa la seguente tabella, relativa al moto rettilineo di un aereo che viaggia a 850 km/h.

Tempo t	Spazio s
0 s	500 km
60 s	...... km
...... h	2625 km
8 h	...... km
...... h	9000 km

35 INGLESE A plane travels back and forth from Adelaide to Brisbane according to the following mathematical models:

$$s_{AB} = (800 \text{ km/h})\, t$$
$$s_{BA} = 1600 \text{ km} - (800 \text{ km/h})\, t$$

Find the distance between Adelaide and Brisbane in Australia. Calculate how long the flight takes. Express these models in the International System and explain why one of the velocities has a negative sign.

[1600 km; 2 h]

36 Due persone camminano lungo il viale di un parco. Le distanze dall'ingresso del parco alle quali si trovano in istanti successivi di tempo sono indicate in tabella. Dopo aver tracciato i diagrammi orari dei due moti, determina la velocità di ciascuna persona e trova il tempo dopo il quale la prima raggiunge la seconda.

t (s)	s_1 (m)	s_2 (m)
0	5,0	8,0
1,0	6,5	9,0
2,0	8,0	10
3,0	9,5	11
4,0	11	12

[1,5 m/s; 1,0 m/s; 6,0 s]

37 Due automobili viaggiano di moto uniforme lungo due strade rettilinee che formano fra loro un angolo retto. Calcola a quale distanza, in linea d'aria, si trovano dopo 10,0 min, supponendo che le automobili siano partite nello stesso istante dall'incrocio delle due strade con velocità rispettivamente di 90,0 km/h e 144 km/h. [28,3 km]

38 Una bufaga dal becco giallo, appollaiata sulla testa di un bufalo, sta beccando i piccoli insetti che infestano il manto del mammifero, quando vede sopraggiungere un secondo bufalo. Allora la bufaga inizia a svolazzare avanti e indietro fra i due animali che nel frattempo si avvicinano dirigendosi l'uno verso l'altro, entrambi alla velocità di 5,4 km/h. Se la bufaga inizia a volare fra i due bufali quando questi distano fra loro 60 m e il modulo medio della sua velocità è 4,0 m/s, quanti metri avrà percorso complessivamente nel momento in cui i due bufali si incontrano? Assumi che la bufaga voli sempre in orizzontale.

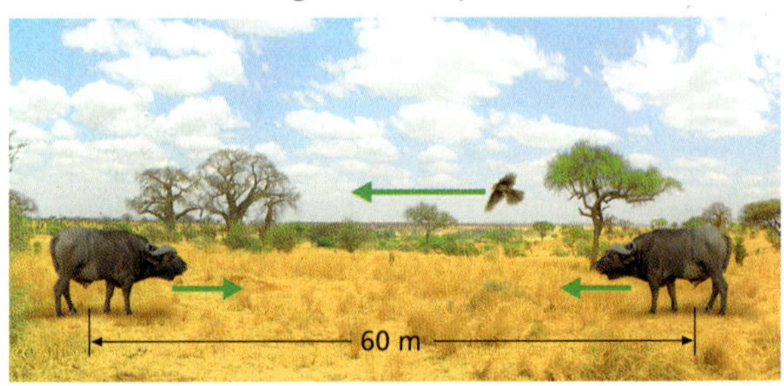

[80 m]

39 Alberta e Bruno vogliono trovarsi al ristorante per pranzo e partono dalle rispettive case in bicicletta. La casa di Alberta è a 7,0 km dal ristorante e quella di Bruno dista 5,0 km. Alberta pedala sempre a 18 km/h. Bruno parte cinque minuti dopo e arrivano simultaneamente a destinazione. Rappresenta graficamente la situazione con un diagramma orario usando la casa di Alberta come riferimento. Determina a quanti kilometri all'ora ha pedalato Bruno. [16 km/h]

Esercizio commentato

RISPONDI IN BREVE *(in un massimo di 10 righe)*

40 Da che cosa è caratterizzato un moto rettilineo uniforme?

41 Qual è la relazione matematica che esprime la legge oraria del moto rettilineo uniforme?

42 Che cosa rappresenta la pendenza del diagramma orario di un moto rettilineo uniforme?

43 Esiste una differenza fra velocità media e velocità istantanea nel moto rettilineo uniforme? Se sì, spiega qual è.

5 L'accelerazione

44 Vero o falso?

a. Nel moto rettilineo uniforme l'accelerazione può assumere qualsiasi valore, purché rimanga costante dall'inizio fino alla fine. V F

b. Nel grafico velocità-tempo la pendenza corrisponde all'accelerazione. V F

c. Nel moto accelerato la velocità aumenta sempre. V F

d. Tecnicamente, il termine accelerazione (con il segno negativo) potrebbe essere usato anche quando vengono azionati i freni di un treno. V F

e. In un moto uniformemente accelerato la velocità è sempre crescente. V F

45 INGLESE Acceleration can be positive and negative. Draw two velocity-time graphs to show a positive acceleration in the first one and a negative acceleration in the second one.

46 Un autista rallenta da 13,5 m/s a 2,80 m/s per leggere un cartello stradale senza bloccare il traffico. Se l'accelerazione di $-2{,}14$ m/s^2 è praticamente costante durante tutta la frenata, quanto tempo occorre per passare dalla velocità iniziale a quella finale? Traccia un diagramma velocità-tempo per illustrare la situazione. [5,00 s]

47 Un aereo atterra a 100 m/s e il periodo di rallentamento in pista è di 30 s fino all'arresto totale. Calcola la sua accelerazione e interpretane fisicamente il segno. Rappresenta questo cambiamento di velocità in un grafico velocità-tempo e spiega il significato dell'area sotto il grafico. [$-3{,}3$ m/s^2]

48 FISICA PER IMMAGINI In figura è rappresentato il grafico velocità-tempo di un punto materiale in movimento. Quanto spazio percorre complessivamente il punto?

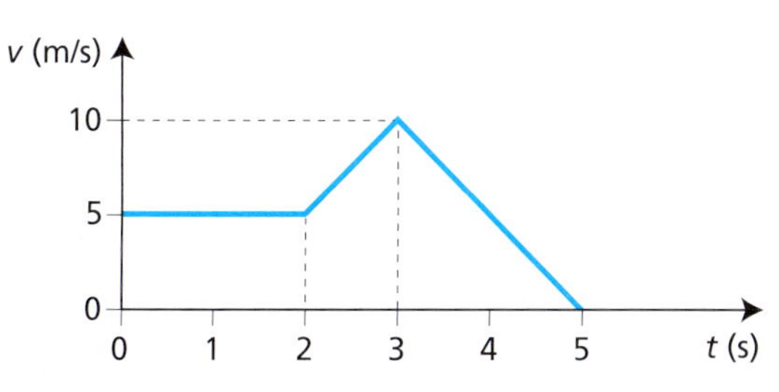

[27,5 m]

49 L'acqua scorre in un torrente a una velocità pari a 5,0 km/h, quando giunge a un tratto più ripido che causa un'accelerazione di 0,20 m/s^2. Calcola la sua velocità dopo 10 s. Valuta graficamente lo spazio percorso dall'acqua durante questo intervallo di tempo. [3,4 m/s; 24 m]

50 FISICA PER IMMAGINI Osserva il grafico velocità-tempo di un punto materiale rappresentato in figura. Qual è l'accelerazione media nell'intervallo di tempo compreso fra 2 s e 8 s? Puoi stabilire se i valori assunti dall'accelerazione istantanea agli estremi dell'intervallo considerato sono maggiori, uguali o minori dell'accelerazione media che hai calcolato? Spiega.

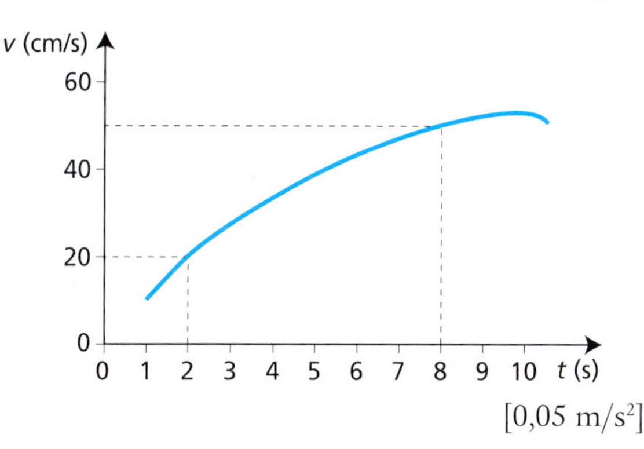

[0,05 m/s^2]

51 Una Ferrari deve accelerare per ritornare in pista dopo essersi fermata ai box per un cambio di gomme. Calcola il modulo dell'accelerazione media che deve mantenere se, partendo da ferma, deve arrivare a 100 km/h già nei primi 3,4 s del periodo di accelerazione. Disegna il grafico velocità-tempo per questo moto ed evidenzia l'area del triangolo che corrisponde allo spazio percorso. Quanti metri di pista percorre la Ferrari nell'intervallo di tempo considerato.

[8,2 m/s^2; 47 m]

52 La velocità di una moto appena prima del casello del pedaggio autostradale varia secondo la tabella:

t (s)	0	2	4	6	8	10	12	14
v (m/s)	25	18	12	7,0	3,0	2,0	1,0	0

Disegna il grafico velocità-tempo e traccia la curva che collega i punti. Calcola la pendenza in corrispondenza dell'istante $t = 5$ s. L'accelerazione è costante? Giustifica la risposta. [$-2{,}5$ m/s^2; no]

RISPONDI IN BREVE *(in un massimo di 10 righe)*

53 Spiega perché il grafico velocità-tempo nel moto rettilineo uniformemente accelerato è più utile del grafico spazio-tempo. Fai riferimento a spazio percorso e accelerazione.

54 Spiega, facendo un esempio, come si determina per via grafica lo spostamento nel moto rettilineo vario.

ESERCIZI

6 Le proprietà del moto uniformemente accelerato

55 Vero o falso?

a. Il diagramma orario di un moto uniformemente accelerato è un arco di parabola. V F

b. La legge oraria di un moto uniformemente accelerato non dipende dalla velocità iniziale. V F

c. In un moto uniformemente decelerato, l'accelerazione ha verso opposto a quello della velocità. V F

d. Nel moto rettilineo uniformemente accelerato, il vettore accelerazione è costante in modulo, direzione e verso. V F

e. Nel moto uniformemente accelerato, il grafico velocità-tempo è una retta che passa sempre per l'origine degli assi. V F

56 Un'automobile parte da ferma con accelerazione costante uguale a 2,00 m/s². Calcola lo spazio percorso dall'automobile quando ha raggiunto la velocità di 32,0 m/s. [256 m]

57 Un motorino, partendo da fermo, accelera e raggiunge la velocità di 45 km/h in 20 s. Poi prosegue a questa velocità per 10 minuti e infine impiega 5,0 s per fermarsi. Disegna un grafico velocità-tempo per illustrare il moto. Calcola lo spazio totale percorso. [7,7 km]

58 Durante la fase di decollo un aereo percorre un tratto di pista lungo 1,5 km in 30 s, partendo da fermo con accelerazione costante. Calcola l'accelerazione dell'aereo e la sua velocità quando si stacca dal suolo. [3,3 m/s²; 99 m/s]

59 Un ciclista pedala alla velocità di 36,0 km/h; durante gli ultimi 4,00 s dello sprint finale aumenta la velocità fino a 50,4 km/h. Calcola l'accelerazione media e, nell'ipotesi che l'accelerazione si mantenga costante, lo spazio percorso durante i 4,00 s finali. [1,00 m/s²; 48,0 m]

60 Clara sta guidando alla velocità di 72,0 km/h sull'autostrada da Ancona Sud a Bologna. Alla distanza di 2,00 km dall'uscita di Ancona Nord accelera di 0,200 m/s² per un minuto. Qual è la velocità che Clara leggerà sul tachimetro della sua automobile al termine del minuto considerato? A quale distanza dall'uscita di Ancona Nord si troverà al termine di questo intervallo di tempo? [115 km/h; 440 m]

61 I fuochi di artificio sono lanciati a una grande altezza ma devono accelerare in spazi molto ridotti. Un "vulcano" alto 50 cm è capace di lanciare verso l'alto del materiale incandescente alla velocità di 50 m/s. Quale deve essere l'accelerazione del materiale pirico al suo interno, ipotizzando che sia costante e che sia usata tutta la sua lunghezza? [2500 m/s²]

62 FISICA PER IMMAGINI Il grafico velocità-tempo di un ragazzo su uno skateboard è riportato in figura. Calcola lo spazio percorso dopo 2,0 s e dopo 4,0 s e la velocità media nei primi 4,0 s. Calcola inoltre l'accelerazione per $t = 1{,}0$ s e per $t = 3{,}0$ s e rappresenta il grafico accelerazione-tempo durante i primi 4,0 s.

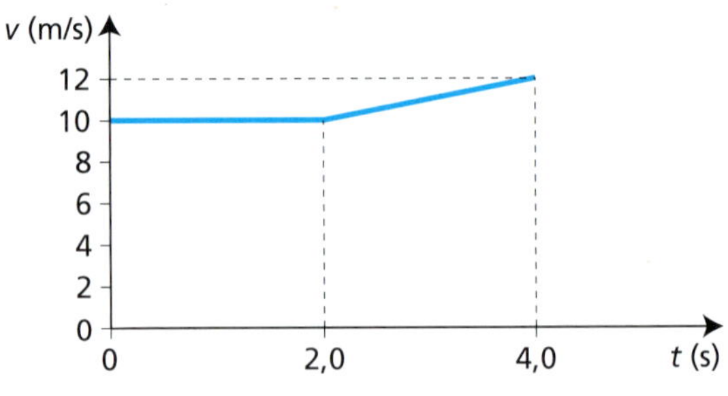

[20 m; 42 m; 11 m/s; 0; 1,0 m/s²]

63 FISICA PER IMMAGINI La velocità di una volpe in funzione del tempo è espressa dal grafico sotto riportato.

Determina l'accelerazione:
- durante i primi 2,0 s;
- fra il 2° e il 3° secondo;
- fra il 3° e il 4° secondo;
- fra il 4° e il 6° secondo.

Qual è lo spazio complessivamente percorso dalla volpe?

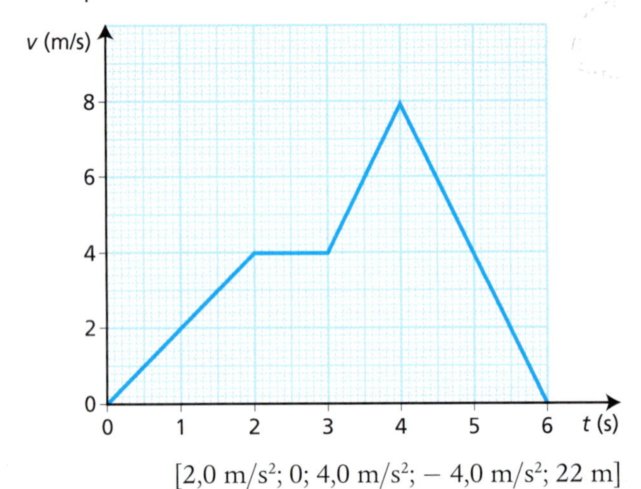

[2,0 m/s²; 0; 4,0 m/s²; – 4,0 m/s²; 22 m]

64 Un'automobile viaggia alla velocità di 72,0 km/h. Premendo il pedale dell'acceleratore la velocità aumenta con accelerazione costante fino ad arrivare a 144 km/h. Sapendo che lo spazio percorso durante la fase di accelerazione è 300 m, calcola l'accelerazione e l'intervallo di tempo in cui si è avuta la variazione di velocità. Successivamente di quanto avanza l'automobile se, una volta terminata la fase di accelerazione, procede a velocità costante per 3,5 min? [2,00 m/s²; 10,0 s; 8,40 km]

65 Le gomme UHP (*Ultra High Performance*) di un'auto sportiva che viaggia a 270 km/h permettono di frenare agevolmente con un'accelerazione di valore –5,5 m/s². Calcola il tempo di frenata e lo spazio necessario disegnando un grafico velocità-tempo e valutandone l'area. [14 s; 510 m]

66 INGLESE In an amusement park a bell is situated at the end of a rail whose lenght is 12,0 m. The bell will ring when struck by a weight travelling at 3,00 m/s. The rail can delay the weight moving over it with $a = -9{,}40\ m/s^2$. How fast must the weight be projected to ring the bell? How long does it take to reach it? [15,3 m/s; 1,31 s]

67 Un carrello trasportatore si muove lungo un binario rettilineo lungo 30 m. Il carrello parte da fermo, accelera con accelerazione di modulo pari a 2,1 m/s² per i primi 15 m, poi inizia a rallentare decelerando a 2,1 m/s² nei restanti 15 m. Sapendo che i tempi di accelerazione e decelerazione sono uguali, determina:
- il tempo impiegato dal carrello per percorrere l'intero binario;
- la massima velocità raggiunta dal carrello;
- dopo quanti secondi dalla partenza il carrello raggiunge la massima velocità.

Dimostra, inoltre, che il carrello si ferma esattamente dove il binario finisce.
[7,6 s; 8,0 m/s; 3,8 s]

Guida alla soluzione

Il carrello percorre i primi 15 m con accelerazione costante in un tempo

$$t_1 = \sqrt{\frac{2\,d}{a}} = \sqrt{\frac{2\,.....}{2{,}1\,\mathrm{m/s^2}}} = ...\ \mathrm{s}$$

Poiché tempo di accelerazione e tempo di decelerazione sono uguali, il tempo impiegato dal carrello per andare da un'estremità all'altra del binario è uguale al ...... di t_1, dunque pari a ...... s.

La massima velocità raggiunta dal carrello è proprio quella che esso possiede nell'istante t_1, prima cioè che inizi a decelerare:

$$v_1 = a\,t_1 = (2{,}1\,\mathrm{m/s^2})\ .... = \mathrm{m/s}$$

Per dimostrare che il carrello si ferma in corrispondenza della fine del binario, basta verificare che la velocità finale da esso raggiunta nel secondo tratto del percorso, che affronta con velocità iniziale v_1 e decelerazione costante, è nulla.

68 Una motocicletta sta viaggiando alla velocità sostenuta di 24 m/s, quando improvvisamente si presenta, a 50 m, un ostacolo. Il motociclista, azionando i freni, riesce a decelerare uniformemente di 6,0 m/s². La moto investe l'ostacolo? Giustifica la tua risposta. [No]

Suggerimento

Per rispondere devi stabilire se lo spazio percorso dalla motocicletta, dall'istante in cui il motociclista vede l'ostacolo fino all'istante in cui la moto si blocca, è maggiore o minore di ...... m.

69 Un pallone da calcio, quando afferrato dal portiere, rallenta da 90 km/h alla quiete in un decimo di secondo percorrendo una distanza equivalente alla lunghezza delle sue braccia o un po' di più se l'uomo si sposta all'indietro. Supponendo che l'accelerazione sia costante, calcolane il valore. Valuta se la distanza *d* percorsa dal pallone in frenata corrisponde alla lunghezza delle braccia del portiere o se invece si è spostato all'indietro.

Esercizio commentato

[−250 m/s²; 1,25 m]

RISPONDI IN BREVE *(in un massimo di 10 righe)*

70 Il modello matematico della legge della velocità $v = v_0 + a\,t$ potrebbe servire per descrivere il valore di uno stipendio mensile v che aumenta di a ogni anno che passa, a partire da un valore iniziale v_0. Quali differenze esisterebbero fra il grafico della velocità, con accelerazione costante, e il grafico che mostra come varia lo stipendio nel tempo?

71 La relazione $v^2 - v_0^2 = 2\,g\,s$ permette di calcolare la velocità di arrivo al suolo di un corpo fatto cadere con velocità iniziale v_0 conoscendo solo l'altezza di caduta s e l'accelerazione della gravità g. Riscrivila per una caduta che inizia dalla quiete e prova a tracciare un grafico della velocità in funzione dell'altezza di caduta. Di quale proporzionalità si tratta?

7 Corpi in caduta libera

72 Vero o falso?

a. La velocità di caduta è direttamente proporzionale all'altezza dalla quale cade l'oggetto. V F

b. Nella caduta da fermo velocità e tempo di caduta sono direttamente proporzionali. V F

c. Se la resistenza dell'aria è trascurabile, in uno stesso luogo tutti i corpi cadono con la stessa accelerazione costante. V F

d. La resistenza dell'aria riduce il tempo di discesa di un corpo in caduta libera. V F

e. In un esperimento per determinare l'accelerazione della gravità lasciando cadere un sasso dall'alto di una scala, graduata in centimetri, il dato che causa il maggior errore è la misura del tempo, perché è molto breve. V F

73 In un cartone animato, un barattolo di spinaci cade dal davanzale di una finestra a 4 m di altezza dal suolo. Traccia il grafico della velocità del barattolo in funzione del tempo dall'istante in cui cade, con velocità iniziale nulla, fino a quando tocca terra. Considera la resistenza dell'aria trascurabile. Traccia anche il diagramma orario.

ESERCIZI

74 INGLESE Kevin tosses a coin throwing it upwards with an initial velocity of 5,20 m/s. Neglecting air resistance, calculate the maximum height it reaches with two methods: calculate it with the appropriate mathematical model and measure the area under the velocity-time graph. Do both results coincide? [1.38 m]

75 Da quale altezza viene lasciata cadere una biglia di vetro, se la sua velocità di impatto con il suolo è di 16,9 m/s? Quanto tempo impiega a cadere? Trascura la resistenza dell'aria. [14,5 m; 1,72 s]

76 Un carpentiere sta lavorando sopra un'impalcatura quando un chiodo gli sfugge di mano. Se il chiodo cade da fermo da un'altezza di 6,4 m, dopo quanto tempo giunge a terra e qual è la sua velocità d'impatto con il suolo? [1,1 s; 11 m/s]

77 Un sasso viene lanciato verticalmente verso l'alto con velocità v_0.
Determina la condizione cui devono soddisfare i parametri v_0 e h affinché il sasso passi per il punto all'altezza h. Quante volte ci passa?

[passa una volta se è $h = \frac{v_0^2}{2g}$; due volte se è $h < \frac{v_0^2}{2g}$]

Suggerimento
Inizia supponendo che il punto sia collocato alla massima altezza raggiungibile: il sasso arriva lì una sola volta con velocità ....
Ad altezze inferiori, invece, il sasso passa due volte: una volta quando .... e un'altra quando ....

78 Un razzo viene sparato verticalmente verso l'alto con velocità iniziale uguale a 390 m/s. Se si trascura la resistenza dell'aria, qual è l'altezza massima raggiunta dal razzo e quanto tempo impiega a raggiungerla? Impiegherà lo stesso tempo anche per scendere dall'altezza massima fino a terra? Giustifica la tua risposta. [7,76 km; 39,8 s]

79 Consideriamo una nuvola carica di pioggia all'altezza di 1000 m sopra la superficie della Terra. Se non ci fosse la resistenza dell'aria, a che velocità cadrebbero le gocce di pioggia da quella altezza? Che danno recherebbero all'ambiente? Fortunatamente le gocce di pioggia cadono a velocità costante dopo un breve tratto di accelerazione e la loro velocità di arrivo è molto inferiore. [140 m/s]

80 Si vuole simulare un esperimento di caduta libera sulla Luna, dove l'accelerazione di gravità g vale 1,62 m/s^2. È necessario quindi filmare una scena sulla Terra, dove l'accelerazione vale 9,81 m/s^2, e rallentarla affinché l'effetto dell'accelerazione diventi credibile. Usiamo come esempio una caduta da 1,5 m, come se un astronauta lasciasse cadere un sasso. Quale sarà il tempo di caduta sulla Terra? E sulla Luna? Di quanto va rallentato il filmato terrestre? [0,55 s; 1,4 s; 2,5 volte più lento]

Problemi di riepilogo

Videotutorial

Per gli esercizi contrassegnati da questa icona trovi sul MEbook la risoluzione commentata in video.

Esercizio commentato

Per gli esercizi contrassegnati da questa icona trovi sul MEbook la risoluzione commentata.

81 Nell'aorta di un uomo il sangue scorre a una velocità scalare media di circa 35 cm/s. Esprimi questa velocità in km/h. Quanti millisecondi impiega un globulo rosso per avanzare lungo l'aorta di 23 mm? [1,3 km/h; 66 ms]

82 STIME Nel 2012 il recordman Felix Baugartner si è lanciato in caduta libera da un'altezza di 39000 m. Stima l'ordine di grandezza del tempo che avrebbe impiegato per arrivare a terra senza usare il paracadute. È maggiore o minore del tempo che impieghi a bere un bicchiere d'acqua? [100 s]

83 Un tale si reca da un concessionario e si interessa in particolare a due vetture, riguardo alle quali il venditore assicura che la prima raggiunge i 144 km/h in 200 m, mentre la seconda raggiunge i 216 km/h in 20,0 s. Quale delle due vetture ha la migliore accelerazione? Giustifica la tua risposta. [la prima]

84 STIME Una lumaca si muove a una velocità di circa 0,001 m/s. Assumendo che la lumaca si muova di moto rettilineo uniforme, stima se le bastano 24 ore di tempo per strisciare lungo la linea laterale di un campo da calcio regolamentare. Giustifica la tua risposta. [no]

Suggerimento
La linea laterale di un campo da calcio ha una lunghezza che può variare fra i 90 m e i 120 m.

85 La velocità e lo spazio percorso da un punto materiale che si muove lungo una retta sono espressi, a determinati istanti di tempo, dalla tabella seguente. Eseguendo opportune rappresentazioni grafiche, determina la legge spazio-tempo e la legge velocità-tempo del moto.

t (s)	s (m)	v (m/s)
0	0	0
4	32	16
8	128	32
12	288	48
16	512	64

[$s = (2\ \text{m/s}^2)\ t^2$; $v = (4\ \text{m/s}^2)\ t$]

86 Per rompere il guscio delle tartarughe che catturano, le aquile le lasciano cadere sulle rocce mentre sono in volo. Il guscio, per rompersi, deve urtare la roccia a una velocità di almeno 18,0 m/s. Da che altezza minima l'aquila deve lasciar cadere la tartaruga? [16,5 m]

87 STIME Il Sistema Solare si muove a una velocità di 720 000 km/h intorno al centro della galassia. Quanti kilometri percorre in un anno? Stima quanti kilometri ha percorso il Sistema Solare da quando sei nato a oggi. [$6{,}3 \cdot 10^9$ km]

88 La Bergensbana è la linea ferroviaria norvegese, lunga 493 km, che collega Oslo a Bergen. Un treno viaggia da Oslo verso Bergen mantenendo una velocità media costante di 110 km/h. Un'ora più tardi, un secondo treno parte da Bergen diretto verso Oslo, viaggiando con una velocità media costante di 90 km/h. A quale distanza da Oslo i due convogli si incrociano? [321 km]

Esercizio commentato

89 Un pullman percorre un rettilineo alla velocità costante di 63 km/h. La nebbia riduce la visibilità a 70 m quando il conducente vede comparire all'improvviso fra la nebbia un'auto ferma al centro della carreggiata. Supponendo trascurabile il tempo di reazione dell'autista, quanto vale la minima decelerazione che permetterebbe al pullman di fermarsi ed evitare l'urto? [$-2{,}2$ m/s^2]

90 Nel corso di un esperimento alcuni elettroni vengono accelerati uniformemente da fermi fino alla velocità di 40 000 km/s per un tratto di 10 cm. Qual è l'accelerazione degli elettroni e quanto tempo impiegano a raggiungere la velocità finale? [$8{,}0 \cdot 10^{15}$ m/s^2; $5{,}0 \cdot 10^{-9}$ s]

91 Dario sta giocando in casa, tutto solo, con la sua palla da rugby. Si stufa del gioco e si affaccia alla finestra, lanciandola verso l'alto, con una velocità di 5 m/s. Suo zio, che abita due piani sopra, proprio in quel momento è affacciato alla finestra e sta guardando davanti a sé. Sapendo che Dario lancia la palla da un'altezza di 12 m e che suo zio sta guardando a un'altezza di 19 m, stabilisci se lo zio vedrà la palla passare di fronte ai suoi occhi oppure no.

Videotutorial

[no]

92 Carlo si lascia cadere dal trampolino della piscina senza saltare. Il trampolino si trova a 2,5 m sul livello dell'acqua.

- Trascurando la resistenza dell'aria, con quale velocità Carlo giungerà in acqua?
- Per quanto tempo resterà in aria?
- Da quale altezza dovrebbe tuffarsi per giungere in acqua con una velocità di 50 km/h?

[7,0 m/s; 0,71 s; 10 m]

93 L'accelerazione massima di un levriero su un terreno asciutto è di 9,0 m/s^2. Usa la legge oraria per calcolare lo spazio minimo di cui il levriero ha bisogno per arrivare alla velocità di 45 km/h, partendo da fermo.
Disegna inoltre un grafico velocità-tempo e confronta la sua area con il valore ottenuto. [8,7 m]

94 Per scappare da un cane, un gatto scatta e percorre 8,0 m in 1,6 secondi. Supponi che la sua accelerazione sia costante. Abbozza un grafico qualitativo velocità-tempo ed evidenziane l'area. Valuta la velocità finale usando l'area del grafico e il valore del tempo. Calcola l'accelerazione del gatto e controlla il valore della velocità finale. [10 m/s; 6,3 m/s^2]

Esercizio commentato

95 Maria sta aspettando che il suo treno, appena entrato in stazione, si fermi per poter salire a bordo. Ha con sé una valigia e spera quindi che la porta della carrozza 7, che si trova a 50 m da lei, le si fermi proprio davanti. Se il treno sta viaggiando a una velocità di 36 km/h con una decelerazione di 0,85 m/s^2, la porta della carrozza si fermerà prima o dopo Maria? A quanti metri da lei?

Esercizio commentato

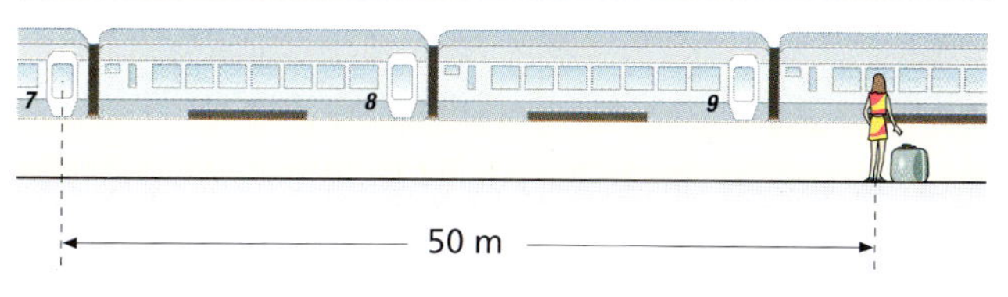

[dopo, a 8,8 m]

96 Il grafico in figura descrive il moto di un corpo tramite una rappresentazione cartesiana velocità-tempo; le velocità sono espresse in m/s e il tempo in secondi. Basandoti sul grafico proposto, determina:

- l'accelerazione media del corpo nei tratti *AB*, *BC* e *DE*;
- lo spazio percorso dal corpo nei tratti *AB* e *AE*.

Videotutorial

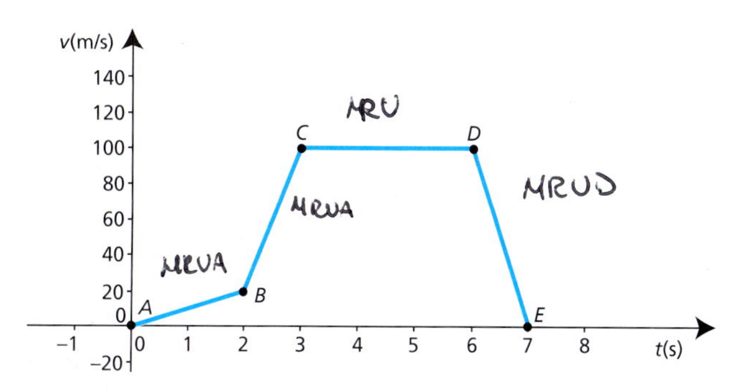

97 Un fuoco d'artificio, sparato verticalmente da terra a una velocità iniziale di 50,0 m/s, dovrebbe scoppiare nel punto di massima altezza raggiunta. Qual è questa altezza? Se lo scoppio ritarda di 2,00 s, a quale altezza avviene l'esplosione? [127 m; 107 m]

ESERCIZI

98 Due palloni da pallacanestro vengono lanciati verticalmente verso l'alto da uno stesso punto, entrambi con velocità iniziale 9,8 m/s. Sapendo che fra i due lanci intercorre un intervallo di tempo $\Delta t = 1{,}0$ s, determina dopo quanto tempo dal primo lancio i due palloni si incontrano. [1,5 s]

Suggerimento
La legge oraria del secondo pallone si ottiene da quella del primo sostituendo t con $t - \Delta t$. Oltre a fare uso di questo suggerimento, spiega la ragione della sua validità.

99 In una tappa del Tour de France, un ciclista parte da fermo con 5,0 s di ritardo rispetto a un altro concorrente. Il percorso prevede un primo tratto in salita lungo 1,0 km. Il ciclista che parte per primo, anch'egli da fermo, procede con un'accelerazione costante di 0,40 m/s², quello che parte per secondo mantiene un'accelerazione costante di 0,50 m/s². Chi arriverà per primo in cima alla salita? Con quanti secondi di vantaggio sull'altro? [il ciclista partito per secondo; 3,0 s]

Suggerimento
Quando il secondo ciclista parte, il primo si trova a $s_1 = \frac{1}{2} a_1 .... = ...$ m dalla partenza, e ha già una velocità $v_1 = a_1 ...... = ...$ m/s.

100 Un'auto parte da Milano in direzione Roma alle 9:30 con una velocità di 120 km/h. Alla stessa ora un'altra auto parte da Piacenza (50 km da Milano) alla velocità di 100 km/h. A che ora la prima macchina supererà la seconda? Questo evento avverrà prima o dopo Bologna (200 km da Milano)? [alle 12:00; dopo]

Videotutorial

101 Per testare l'efficienza del sistema frenante una vettura, inizialmente portata alla velocità di 144 km/h, viene fatta rallentare decelerando costantemente di 2 m/s², finché non si ferma.
- Quanto spazio percorre l'autoveicolo dall'istante in cui inizia a decelerare fino all'istante in cui si ferma?
- Quanto tempo impiega per fermarsi?
- Quanto tempo impiegherebbe per fermarsi se, a parità di decelerazione, la velocità iniziale valesse la metà?
- Quanto tempo impiegherebbe per fermarsi se, a parità di velocità iniziale, la decelerazione valesse il doppio.

[400 m; 20 s; 10 s; 10 s]

102 Un automobilista, mentre viaggia alla velocità di 108 km/h, si accorge della presenza di un cane alla distanza di 160 m. Se i riflessi consentono al conducente di iniziare la frenata con un ritardo di 0,200 s, e se l'automobile si ferma dopo 10,0 s dall'inizio della frenata decelerando uniformemente, qual è lo spazio percorso dall'automobile a partire dall'istante in cui l'autista ha visto il cane? [156 m]

103 INGLESE A lifeguard is standing on the edge of a swimming pool when she drops her whistle. The whistle falls 1.2 m from her hand to the water. It then sinks to the bottom of the pool at the same constant velocity with which it struck the water. It takes a total of 1.0 s to go from hand to bottom. With what velocity did the whistle strike the water and how deep was the pool? [4.8 m/s; 2.4 m]

104 Durante un allenamento in palestra, Miriam, stando in equilibrio sulla trave, lancia una palla medica verticalmente verso l'alto, da un'altezza di 1,70 m rispetto al livello del pavimento. Se Miriam ha impresso alla palla una velocità iniziale di 2,80 m/s e la palla tocca il soffitto della palestra proprio nell'istante in cui assume velocità nulla, quanto tempo ha impiegato la palla a salire? Quanto dista il soffitto dal pavimento della palestra? [0,285 s; 2,10 m]

Esercizio commentato

105 La figura mostra un'automobile A che passa alla velocità costante di 108 km/h davanti a un'auto P della polizia, ferma per il controllo della velocità degli autoveicoli. L'auto della polizia parte all'inseguimento di A dopo 7,20 s con accelerazione di 2,00 m/s². Nell'ipotesi che l'accelerazione si mantenga costante, calcola il tempo che impiega P per raggiungere A, misurato a partire dall'istante in cui A passa davanti a P, e la distanza che deve percorrere per raggiungerla.

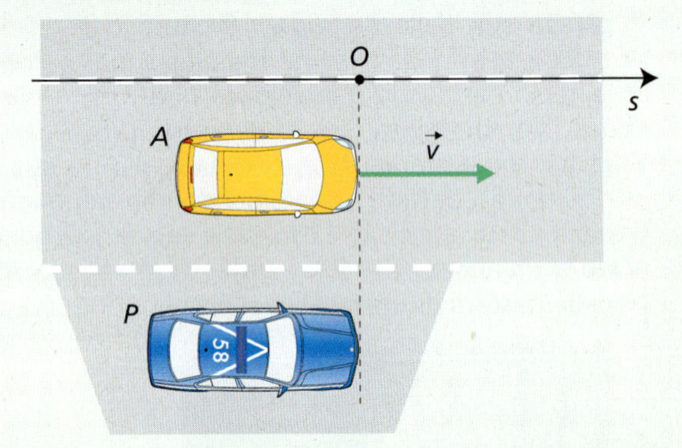

[43,2 s; 1,30 km]

Suggerimento
Fissa una retta orientata nel verso del moto, con origine O nella posizione iniziale dell'auto P, come indicato in figura. Ponendo come istante $t_0 = 0$ quello in cui A si trova in O, e chiamando s_A e s_P le coordinate di A e di P in un generico istante t, le leggi orarie che descrivono il moto delle due automobili sono, rispettivamente:

$$s_A = v\,t$$

e:

$$s_P = ...\,(t - \Delta t)^2$$

con $v = ...$ m/s, ... = ... m/s² e $\Delta t = ...$ s.
Imponendo $s_A = s_P$ e risolvendo rispetto a t, trovi l'istante in cui P raggiunge A; noto tale istante, ti sarà facile risalire alla distanza percorsa dall'auto della polizia per raggiungere A.

106 ●●● Un pallone viene calciato alla velocità di 80 km/h in direzione perfettamente verticale. Trascurando gli attriti, calcola la massima altezza raggiunta dal pallone.

Videotutorial

[25 m]

107 ●●● Durante una partita di pallavolo, l'alzatore alza una palla per lo schiacciatore. La palla, lanciata verticalmente verso l'alto da un'altezza di 1,8 m dal suolo, viene colpita dalla mano dello schiacciatore proprio nell'istante in cui, giunta a un'altezza di 2,5 m dal suolo, ha assunto velocità nulla. Qual è la velocità iniziale impressa dall'alzatore alla palla? Quanto tempo passa da quando la palla è lanciata dall'alzatore a quando è colpita dallo schiacciatore?

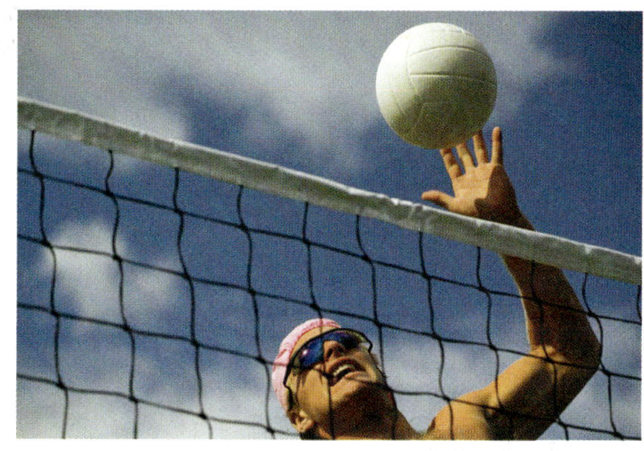

[3,7 m/s; 0,38 s]

108 ●●● Un giocoliere si esibisce in un teatro. In un certo momento dello spettacolo lancia verticalmente verso l'alto una palla che dopo 1,0 s raggiunge il soffitto con velocità nulla. Calcola la velocità iniziale con la quale il giocoliere lancia la palla e l'altezza del soffitto rispetto al punto di partenza della palla. Se il giocoliere lancia una seconda palla verso l'alto con la stessa velocità iniziale nell'istante in cui la prima è al soffitto, quanto tempo dopo il lancio della seconda palla questa passa accanto alla prima? In tale istante a che distanza si trovano le due palle al di sopra delle mani del giocoliere?

[9,8 m/s; 4,9 m; 0,50 s; 3,7 m]

Verso l'ammissione all'università

Test

Puoi simulare la parte di fisica di un test di ammissione svolgendo questa batteria di esercizi in 25 minuti. Per calcolare il tuo punteggio dai 1 punto alle risposte esatte, 0 punti a quelle non date e –0,25 punti a quelle errate. La griglia delle soluzioni è alla fine del libro.

Puoi esercitarti anche in modalità interattiva sul MEbook.

1 La velocità media di un atleta durante una gara di 400 m ha modulo uguale a 8,0 m/s. Quanto tempo impiega l'atleta per completare la gara?

- a 40 s
- b 50 s
- c 80 s
- d 32 s
- e 16 s

2 Per viaggiare da Lecce a Bari e ritorno si può scegliere fra due combinazioni di treni che viaggiano con le seguenti velocità scalari medie:

	Combinazione *S*	Combinazione *T*
andata	120 km/h	100 km/h
ritorno	130 km/h	150 km/h

La distanza fra le due città è 150 km. Quale delle combinazioni permette di effettuare l'intero viaggio di andata e ritorno in minor tempo?

- a S
- b *T*
- c È indifferente
- d Non si può rispondere perché non si conosce la massa del treno
- e Non si può rispondere perché non si conosce l'accelerazione del treno

3 Uno studente ha percorso la strada casa-università in *x* minuti. Nel ritorno, lungo lo stesso percorso, la sua velocità media è aumentata di un terzo. Quale delle seguenti espressioni indica il tempo complessivo in minuti impiegato per andata e ritorno?

- a $\frac{5}{3}x$
- b $\frac{3}{4}x$
- c $3x$
- d $\frac{4}{3}x$
- e $\frac{7}{4}x$

4 Un calciatore, durante il riscaldamento, corre rapidamente avanti e indietro in linea retta lungo un lato del campo. Considera la retta *Os* che ha per origine il punto *O* da cui parte l'atleta, orientata nel verso del suo moto. Se il percorso è di 60 m, e il tempo impiegato per tornare al punto di partenza è 1 min, qual è la velocità media dell'atleta lungo l'intero percorso?

- a 2 m/s
- b 1 m/s
- c 0,5 m/s
- d 0
- e 6 m/s

5 Il treno, a bordo del quale viaggia Diego, si sta muovendo alla velocità costante di 180 km/h, quando il ragazzo si appisola per 5 minuti. Di quanto avanza il treno nell'intervallo di tempo in cui Diego schiaccia un pisolino?

- a 15 km
- b 900 m
- c 25 km
- d 30 km
- e 60 km

6 Un vaso cade da un'altezza di 5 m. Trascurando l'attrito con l'aria, si può ritenere che la sua velocità al momento dell'impatto con il suolo sia circa:

- a 100 m/s
- b 20 m/s
- c 5 m/s
- d 50 m/s
- e 10 m/s

7 Se un oggetto giunge a terra con velocità *v* cadendo da fermo dall'altezza *h*, con quale velocità vi giunge cadendo dall'altezza 9 *h*?

- a v
- b $81\ v$
- c $3\ v$
- d $9\ v$
- e $1{,}5\ v$

ESERCIZI

8 La figura mostra il diagramma orario del moto di un punto materiale. In quali degli istanti t_1, t_2, t_3 e t_4 la velocità è nulla?

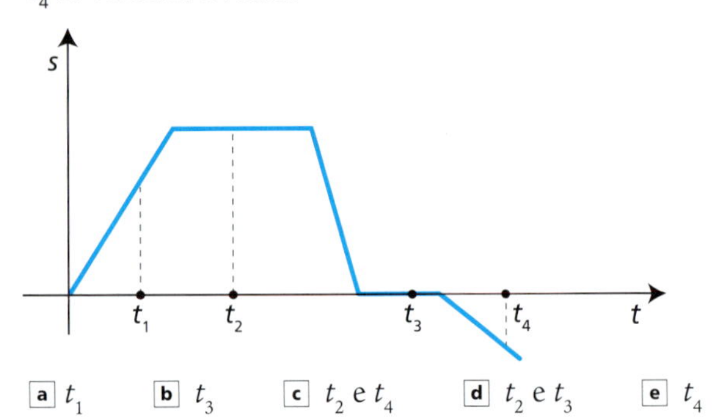

a t_1 b t_3 c t_2 e t_4 d t_2 e t_3 e t_4

9 In auto percorriamo un primo tratto in leggera discesa di 100 km alla velocità costante di 100 km/h, e un secondo tratto in salita di 100 km alla velocità costante di 50 km/h. Possiamo affermare che:

a la velocità media indicata dal tachimetro durante il moto è circa 66,7 km/h
b la velocità media indicata dal tachimetro durante il moto è circa 75 km/h
c dato che abbiamo tratti in discesa, è impossibile che la velocità possa rimanere costante
d nessuna delle altre risposte proposte è corretta, visto che non abbiamo tenuto conto della natura vettoriale della velocità
e il modulo del vettore velocità media può essere anche superiore a 100 km/h, dato che non ci muoviamo lungo una retta

10 Nel laboratorio della scuola, Giada e i suoi compagni di classe stanno studiando il moto di un carrello lungo una guida rettilinea. I ragazzi prendono nota della velocità del carrello negli istanti t_1 = 1,4 s e t_2 = 5,2 s, registrando i valori v_1 = 4,8 m/s e v_2 = 6,2 m/s. Poi Giada comunica all'insegnante il valore dell'accelerazione media del carrello tra gli istanti considerati, che risulta essere:

a 2,90 m/s² d 0,21 m/s²
b 0,37 m/s² e 0,70 m/s²
c 0,51 m/s²

11 INGLESE Acceleration is (change in velocity)/*x*, where *x* is:

a final displacement
b time taken for that change
c initial velocity
d final velocity
e initial displacement

12 Su una rivista specializzata leggi che un certo modello di autovettura è in grado di passare "da 0 a 100 in 8 secondi". Sapendo che 0 e 100 si riferiscono ai valori assunti dalla velocità dell'autovettura, espressi in km/h, sapresti indicare qual è l'accelerazione media dell'auto nell'intervallo di tempo considerato?

a 12,5 m/s² b 8,00 m/s²
c 3,47 m/s²
d No, perché non viene detto di quanti metri si è spostata l'auto
e No, perché non viene detto qual è la massa dell'auto

13 Una ghianda cade da un ramo di una quercia. Nell'ipotesi che la resistenza dell'aria sia trascurabile e che la ghianda abbia velocità iniziale nulla, quale dei grafici velocità-tempo indicati qui sotto può rappresentare il suo moto?

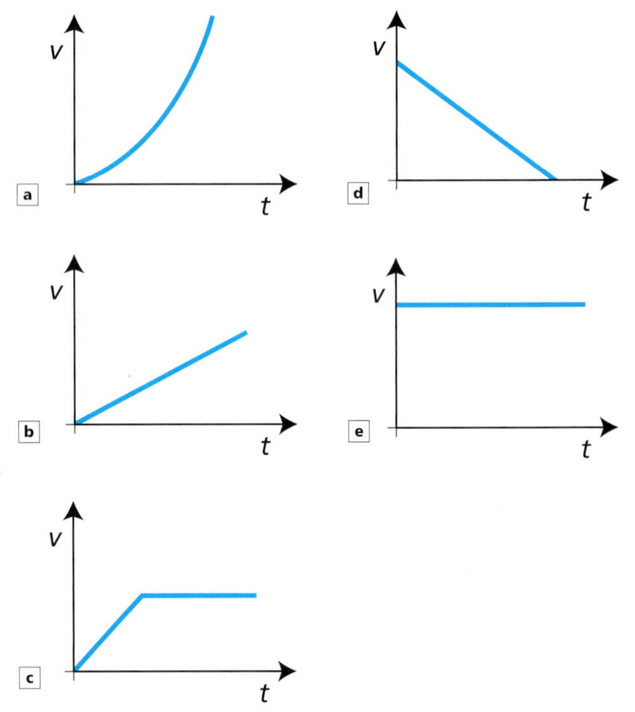

14 Un treno, che inizialmente si muove con velocità pari a 10 m/s, accelera per 10 s fino a raggiungere la velocità di 30 m/s. Qual è la sua accelerazione media nell'intervallo considerato?

a 10 m/s² d 2,0 m/s²
b 30 m/s² e 15 m/s²
c 20 m/s²

15 FISICA PER IMMAGINI Durante un viaggio in Olanda, Angela affitta una bicicletta per andare a vedere alcuni campi di tulipani in fiore. Il grafico qui sotto rappresenta il diagramma orario del suo moto. Analizzando il grafico, concludi che Angela:

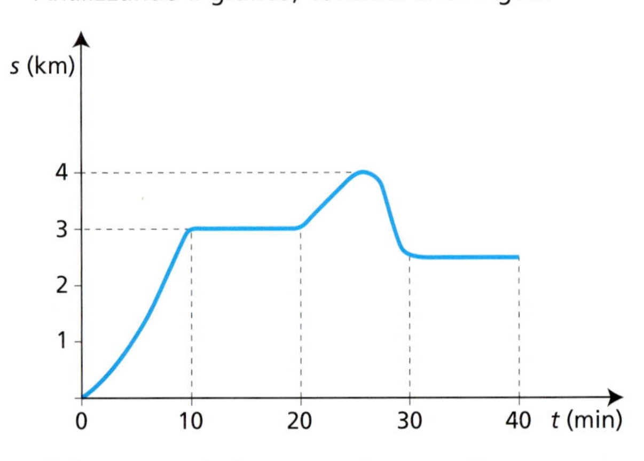

a dopo 40 min è tornata al punto di partenza
b sicuramente non ha seguito una pista ciclabile rettilinea
c non si è mai allontanata più di 4 km dal punto di partenza
d non si è mai fermata
e non è mai tornata indietro

Moti nel piano e moto armonico 8

La gittata è la distanza che un corpo, soggetto a un moto parabolico, raggiunge al punto di arrivo. Essa dipende dall'intensità e dalla direzione della velocità iniziale.

Qual è...

... la distanza che può coprire una pulce in un salto?
35 cm

104 m
... la distanza massima raggiunta in un lancio del giavellotto?

... la gittata di un mortaio?
3000 m-4700 m

... la distanza che può coprire un canguro in corsa con un balzo?
9 m

... la gittata massima di una balestra?
450 m

1 I moti nel piano

Il moto rettilineo, e in generale il moto che si svolge su un tracciato prefissato (strada, pista, binario ecc.), è un moto unidimensionale: per identificare la posizione di un oggetto lungo il tracciato è sufficiente conoscere il valore assunto da una singola coordinata. Se, invece, l'oggetto in moto può spostarsi su qualsiasi punto di una superficie, come per esempio una barca in mare [▸1], si ha un **moto bidimensionale**.
Per descrivere questo tipo di moto occorre conoscere i valori assunti, in funzione del tempo, da due variabili: le coordinate del punto materiale rispetto a un sistema di assi cartesiani *Oxy* [▸2].

Figura 1 Una barca può percorrere sull'acqua qualunque traiettoria.

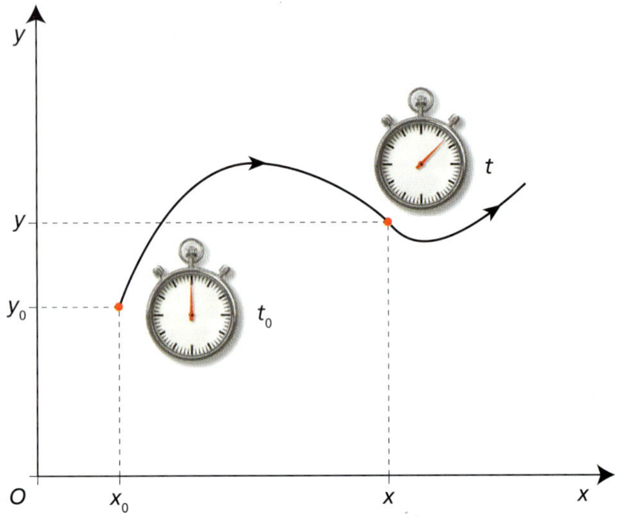

Figura 2 La traiettoria di un punto materiale su un piano è nota se sono note in ogni istante le coordinate x e y del punto.

Velocità media nel moto curvilineo

Consideriamo un punto materiale che percorre una traiettoria curvilinea su un piano [▸3]. Se P è la posizione del punto materiale in un certo istante e Q la sua posizione dopo un intervallo di tempo Δt, la sua **velocità media** durante Δt è il vettore

$$\vec{v}_m = \frac{\Delta\vec{s}}{\Delta t}$$

in cui $\Delta\vec{s}$ è lo spostamento, rappresentato dalla freccia con origine in P e punta in Q.

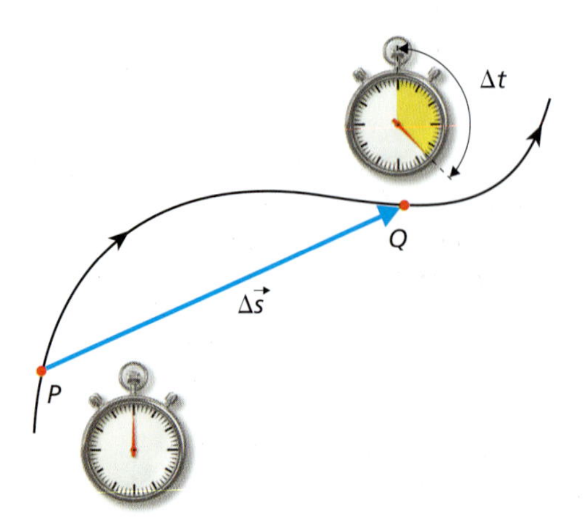

Figura 3 Spostamento di un punto materiale che percorre una traiettoria curvilinea su un piano.

1 Le risposte della fisica Un fiore di loto in acqua: come si sposta?

Nelle acque di una vasca ornamentale, un fiore di loto sospinto dal vento si sposta in 15 s da un punto *P* a un punto *Q*. In figura sono indicate le coordinate dei due punti rispetto a un sistema cartesiano *Oxy*.
Qual è, in modulo, la velocità media del fiore nell'intervallo di tempo considerato? Quali sono le componenti *x* e *y* di tale velocità?

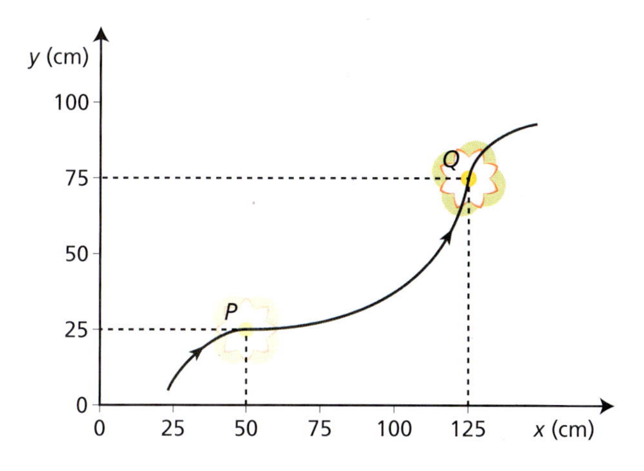

Dati e incognite

$\Delta t = 15$ s

$y_P = 25$ cm $x_P = 50$ cm

$y_Q = 75$ cm $x_Q = 125$ cm

$v_m = ?$

$v_{mx} = ?$

$v_{my} = ?$

Soluzione

I componenti cartesiani del vettore spostamento sono i segmenti orientati $\overrightarrow{PL}$ e $\overrightarrow{PH}$, le cui lunghezze sono:

$$\overline{PL} = x_Q - x_P = 125 \text{ cm} - 50 \text{ cm} = 75 \text{ cm}$$

$$\overline{PH} = y_Q - y_P = 75 \text{ cm} - 25 \text{ cm} = 50 \text{ cm}$$

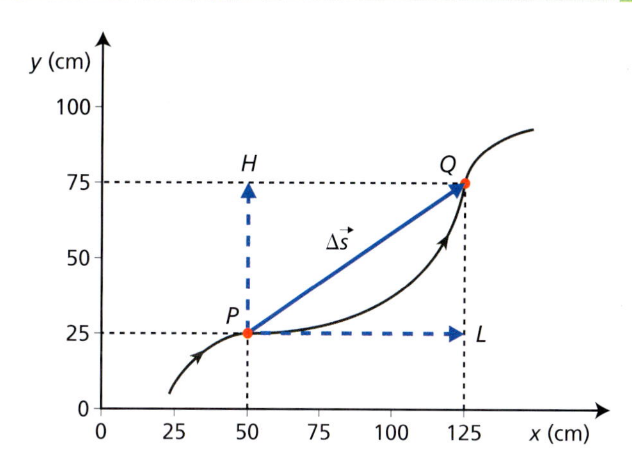

Il modulo dello spostamento è pertanto:

$$\Delta s = \sqrt{\overline{PL}^2 + \overline{PH}^2}$$

Il modulo della velocità media è invece:

$$v_m = \frac{\Delta s}{\Delta t} = \frac{\sqrt{\overline{PL}^2 + \overline{PH}^2}}{\Delta t} = \frac{\sqrt{(75 \text{ cm})^2 + (50 \text{ cm})^2}}{15 \text{ s}} =$$
$$= 6{,}0 \text{ cm/s} = 6{,}0 \cdot 10^{-2} \text{ m/s}$$

Il vettore $\vec{v}_m = \Delta\vec{s}/\Delta t$ si trova sommando al vettore $\vec{v}_{mx} = \overrightarrow{PL}/\Delta t$, parallelo e concorde in verso rispetto all'asse *x*, il vettore $\vec{v}_{my} = \overrightarrow{PH}/\Delta t$, parallelo e concorde rispetto all'asse *y*. Le componenti cartesiane della velocità media sono quindi:

$$v_{mx} = \frac{\overline{PL}}{\Delta t} = \frac{75 \text{ cm}}{15 \text{ s}} = 5{,}0 \text{ cm/s} = 5{,}0 \cdot 10^{-2} \text{ m/s}$$

$$v_{my} = \frac{\overline{PH}}{\Delta t} = \frac{50 \text{ cm}}{15 \text{ s}} = 3{,}3 \text{ cm/s} = 3{,}3 \cdot 10^{-2} \text{ m/s}$$

Velocità istantanea nel moto curvilineo

Per un punto materiale che si muove lungo una traiettoria rettilinea, la velocità media $\vec{v}_m$ ha sempre la stessa direzione: quella della traiettoria. Per un punto in moto lungo una traiettoria curvilinea, invece, $\vec{v}_m$ ha una direzione variabile, perché variabile è la direzione dello spostamento.
Se gli intervalli di tempo durante i quali si osserva il moto, a partire dall'istante *t* in cui il punto materiale si trova nel punto *P* della sua traiettoria, diventano sempre più piccoli, la velocità media tende alla **velocità istantanea** $\vec{v}$ assunta dal punto nell'istante *t*. Al diminuire dell'ampiezza dell'intervallo Δt, il punto *Q* si avvicina al punto *P* e la direzione dello spostamento $\Delta\vec{s}$ diventa quella della tangente alla traiettoria in *P* [▸4].

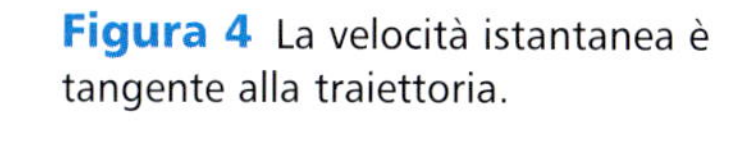

Figura 4 La velocità istantanea è tangente alla traiettoria.

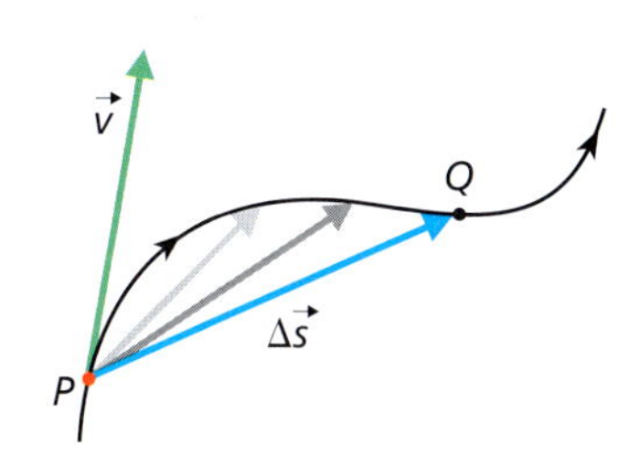

La direzione della velocità istantanea

La velocità istantanea $\vec{v}$ di un punto materiale, in qualunque punto *P* della sua traiettoria, è diretta secondo la tangente alla traiettoria in *P*.

Nel moto curvilineo la velocità istantanea cambia continuamente al passare del tempo. Anche se la traiettoria è percorsa con moto uniforme, cioè con velocità costante in modulo, il vettore velocità varia perché varia la sua direzione [▶5].

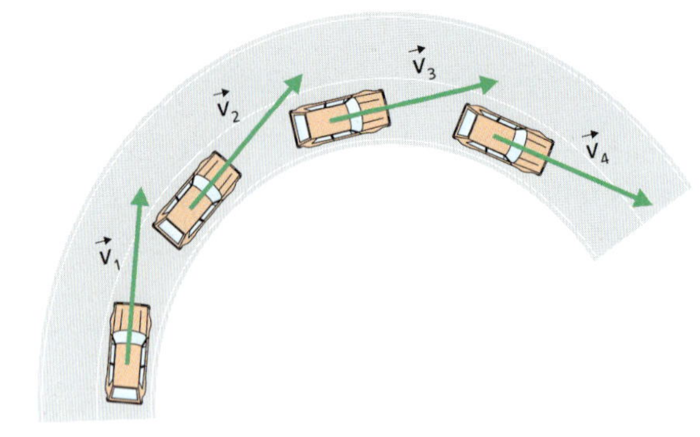

Figura 5 Nel moto curvilineo uniforme la velocità non cambia in modulo ma in direzione.

Adesso tocca a te

Rielabora il contenuto del paragrafo rispondendo a voce a queste domande.

1. Nel moto rettilineo uniforme la velocità media è sempre la stessa, per qualunque intervallo di tempo. Che cosa accade se il moto uniforme si svolge lungo una traiettoria curvilinea?

Prova a risolvere il problema, poi verifica sul MEbook i passaggi svolti e commentati.

2. Se durante un volo intercontinentale un aereo, mentre si sta dirigendo verso Nord alla velocità di 180 m/s, vira a Nord 60° Est e in 15,0 s si porta alla velocità di 220 m/s, qual è il modulo della sua accelerazione media in questo intervallo di tempo? [12,2 m/s²]

2 Il moto dei proiettili

Non sempre un corpo in caduta libera si muove in linea retta, lungo la direzione verticale: non succede nel caso dei proiettili sparati in direzione orizzontale o obliqua, e in molti altri casi [▶6].

Figura 6 Corpi che si muovono come proiettili.

Atleta che esegue un salto.

Scintille in un'officina.

Composizione di movimenti simultanei

La [▶7] mostra una fotografia stroboscopica di due biglie in movimento. Questa tecnica fotografica consiste nell'illuminare l'oggetto in movimento con una successione regolare di flash a obiettivo aperto. La pellicola si impressiona ripetutamente, registrando le diverse posizioni dell'oggetto. La biglia a sinistra è lasciata cadere da ferma nello stesso momento in cui quella a destra è lanciata orizzontalmente. Lo spostamento orizzontale della seconda biglia fra una ripresa e la successiva, a intervalli di tempo uguali, è sempre lo stesso. Pertanto il moto orizzontale della biglia è uniforme: avviene cioè a velocità costante.
In ogni ripresa, le due biglie si trovano, inoltre, alla stessa altezza. Ciò vuol dire che i loro moti verticali sono identici.
Il moto verticale e quello orizzontale della biglia lanciata orizzontalmente

Figura 7 Biglia che cade da ferma e biglia lanciata simultaneamente in orizzontale.

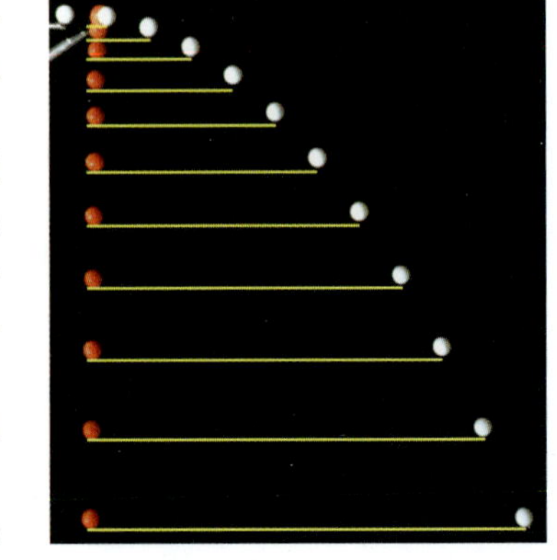

non si influenzano l'un l'altro: il moto complessivo è la composizione di un moto rettilineo uniforme in direzione orizzontale con un moto rettilineo uniformemente accelerato in direzione verticale.
Quanto abbiamo osservato può essere generalizzato a due moti simultanei qualsiasi, osservati rispetto a un prefissato sistema di riferimento.

Principio di indipendenza dei moti simultanei

Se un corpo è soggetto contemporaneamente a due movimenti, ciascuno si svolge come se l'altro non fosse presente.

Moto di un proiettile sparato orizzontalmente

Nell'istante $t_0 = 0$ un proiettile è sparato in direzione orizzontale con velocità $\vec{v}_0$. Fissiamo un sistema di assi cartesiani con l'origine O nel punto di lancio, l'asse x orientato come $\vec{v}_0$ e l'asse y orientato verso il basso [▸8].
Assumiamo che la resistenza dell'aria sia trascurabile. Per il principio di indipendenza dei moti simultanei, il moto lungo l'asse x si svolge a velocità costante, mentre quello lungo l'asse y è uniformemente accelerato con l'accelerazione di gravità $\vec{g}$ diretta lungo l'asse y.
In un istante t le componenti cartesiane della velocità del proiettile sono:

$$v_x = v_0 \qquad v_y = g\,t$$

Nello stesso istante le coordinate x e y del proiettile, che rappresentano rispettivamente lo spostamento orizzontale e quello verticale, sono:

$$x = v_0\,t \qquad y = \frac{1}{2}\,g\,t^2$$

Per la prima di queste due equazioni, è $t = x/v_0$. Sostituendo nella seconda si trova:

$$y = \frac{g}{2\,v_0^2}\,x^2 \qquad (1)$$

La (1) esprime la relazione fra le coordinate x e y del proiettile, cioè l'equazione della sua traiettoria.
Poiché g e v_0 sono costanti, y è direttamente proporzionale al quadrato di x. Nel piano cartesiano Oxy, la traiettoria del proiettile sparato orizzontalmente è il ramo discendente di una parabola che ha l'asse y come asse di simmetria [▸9].

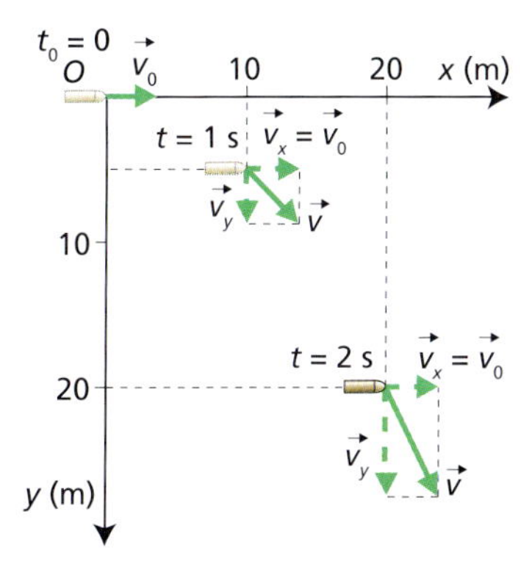

Figura 8 Proiettile sparato orizzontalmente: velocità e posizione in diversi istanti. La velocità iniziale è di 10 m/s.

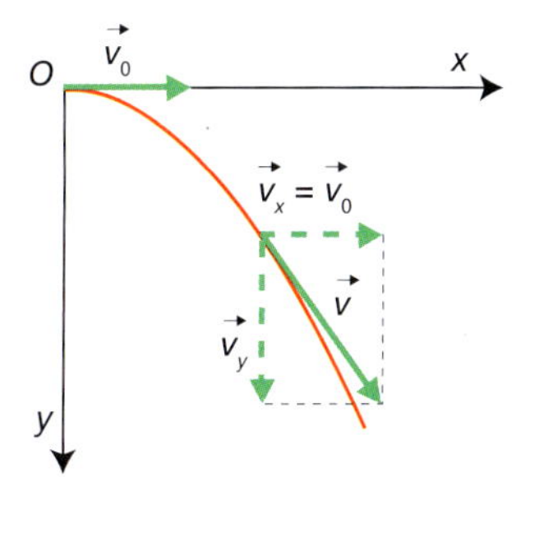

Figura 9 Traiettoria di un proiettile sparato orizzontalmente.

2 Le risposte della fisica — Aiuti dall'alto: dove sganciare il pacco?

Un aereo che vola a 406 m di altezza, alla velocità costante di 144 km/h in direzione orizzontale, trasporta un pacco di aiuti. Il pacco deve essere sganciato in modo che cada in un prestabilito punto di raccolta a terra. Nell'ipotesi che la resistenza dell'aria sia trascurabile, a quale distanza orizzontale dal punto di raccolta il pilota deve azionare il meccanismo di sgancio?

Dati e incognite

$h = 406$ m $v_0 = 144$ km/h $x = ?$

Soluzione

Nell'istante in cui è sganciato, il pacco possiede una velocità uguale a quella dell'aereo, diretta orizzontalmente con modulo $v_0 = 144$ km/h $= 40{,}0$ m/s. Rispetto al riferimento cartesiano *Oxy* indicato in figura l'equazione della sua traiettoria è la (1).

Nell'istante in cui il pacco giunge al suolo, la sua coordinata x è la distanza orizzontale fra il punto di lancio e il punto di impatto, mentre la sua coordinata y coincide con la quota h dell'aereo.

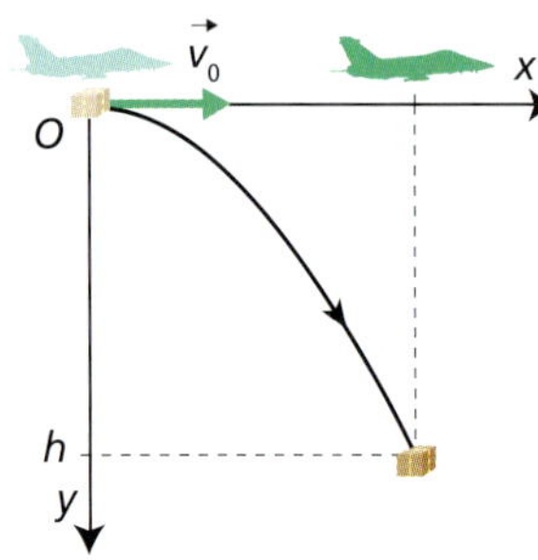

Vale cioè:

$$h = \frac{g}{2v_0^2}x^2$$

da cui:

$$x = \pm\sqrt{\frac{2h}{g}}\,v_0 = \pm\sqrt{\frac{2\,(406\text{ m})}{9{,}81\text{ m/s}^2}}(40{,}0\text{ m/s}) = \pm 364\text{ m}$$

Poiché lo spostamento orizzontale del pacco ha lo stesso verso dell'asse x, la coordinata orizzontale del punto di impatto con il suolo è positiva. Perciò, è significativa solo la soluzione con il segno più: il pacco deve essere sganciato a una distanza orizzontale di 364 m dal punto di raccolta.

Riflettiamo sul risultato

Rispetto al suolo, il moto del pacco risulta dalla composizione di un moto orizzontale a velocità costante $\vec{v}_0$ e di un moto verticale uniformemente accelerato con l'accelerazione di gravità $\vec{g}$. Pertanto la traiettoria descritta è una parabola.
Rispetto all'aereo, invece, il pacco ha una velocità iniziale nulla. Osservata dal pilota, la sua traiettoria è rettilinea in direzione verticale.

Prosegui tu

In quanto tempo il pacco giunge a terra? [9,10 s]

Moto di un proiettile sparato obliquamente

Un proiettile è sparato con un certo angolo rispetto alla direzione orizzontale. La sua velocità iniziale $\vec{v}_0$ può essere scomposta in un vettore orizzontale $\vec{v}_{0x}$ e uno verticale $\vec{v}_{0y}$.
Fissiamo un sistema di assi cartesiani come in [▶10] e immaginiamo che il moto del proiettile non sia influenzato dall'aria.

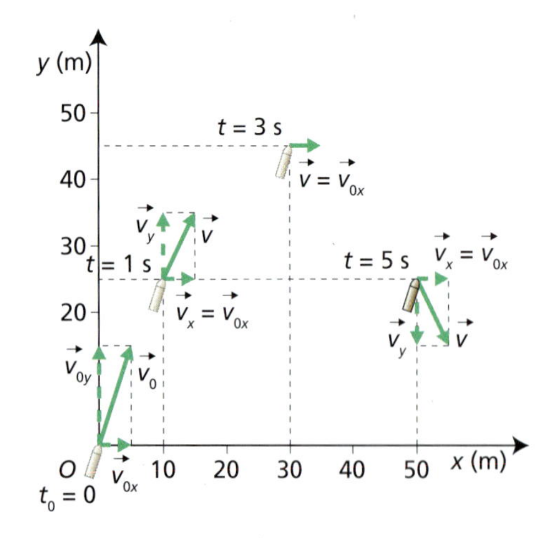

Figura 10 Proiettile sparato obliquamente: velocità e posizione in diversi istanti. La velocità iniziale ha componente orizzontale di 10 m/s e componente verticale circa tripla.

In direzione orizzontale il proiettile si muove uniformemente a velocità v_{0x}.
In direzione verticale, invece, si muove come un corpo lanciato verso l'alto con velocità iniziale v_{0y}. La componente y della velocità decresce, fino ad annullarsi nel punto più alto della traiettoria. Poi cambia segno e aumenta in valore assoluto.
In ogni istante t le componenti cartesiane della velocità sono:

$$v_x = v_{0x} \qquad v_y = v_{0y} - g\,t$$

Le coordinate della posizione occupata dal proiettile sono invece:

$$x = v_{0x}\, t \qquad y = v_{0y}\, t - \frac{1}{2} g t^2$$

Anche in questo caso la traiettoria è una parabola. Ha però un ramo che sale e un ramo che scende [▶11].

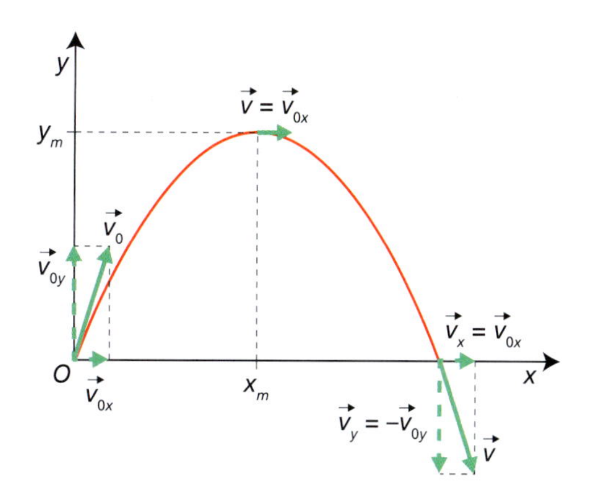

Figura 11 Traiettoria di un proiettile sparato obliquamente. Sono evidenziate le coordinate x_m e y_m del punto di massima altezza.

La gittata

L'equazione della traiettoria si ottiene combinando le due equazioni precedenti. Dalla prima si trova l'espressione $t = x/v_{0x}$, che, sostituita nella seconda, dà:

$$y = \frac{v_{0y}}{v_{0x}}\, x - \frac{g}{2\, v_{0x}^2}\, x^2 \qquad (2)$$

La distanza fra il punto di lancio (da terra) e il punto di atterraggio del proiettile prende il nome di **gittata**.
Dalla relazione (2), ponendo $y = 0$ (la coordinata verticale del punto in cui il proiettile tocca terra è nulla) e scartando la soluzione $x = 0$, che corrisponde al punto di lancio, si trova che la gittata G è espressa da:

$$G = \frac{2\, v_{0x}\, v_{0y}}{g}$$

La gittata è massima quando la velocità iniziale del proiettile, a parità di modulo, è inclinata di 45° rispetto alla direzione orizzontale; vediamo perché in 1. In tal caso si ha:

$$G = \frac{v_0^2}{g}$$

1 Come e perché

Velocità iniziali uguali in modulo, gittate diverse

Il doppio del prodotto fra le componenti cartesiane di un vettore $\vec{v}_0$ non è mai maggiore del quadrato del modulo del vettore:

$$2\, v_{0x}\, v_{0y} \leq v_0^2$$

Ciò si dimostra osservando che sempre è $(v_{0x} - v_{0y})^2 \geq 0$, e quindi:

$$v_{0x}^2 + v_{0y}^2 - 2\, v_{0x}\, v_{0y} = v_0^2 - 2\, v_{0x}\, v_{0y} \geq 0$$

Pertanto, la gittata $G = \dfrac{(2\, v_{0x}\, v_{0y})}{g}$ è sempre minore o uguale a $\dfrac{v_0^2}{g}$.

È uguale quando $v_{0x} = v_{0y} = \dfrac{v_0}{\sqrt{2}}$ cioè l'angolo fra $\vec{v}_0$ e l'asse x è di 45°.

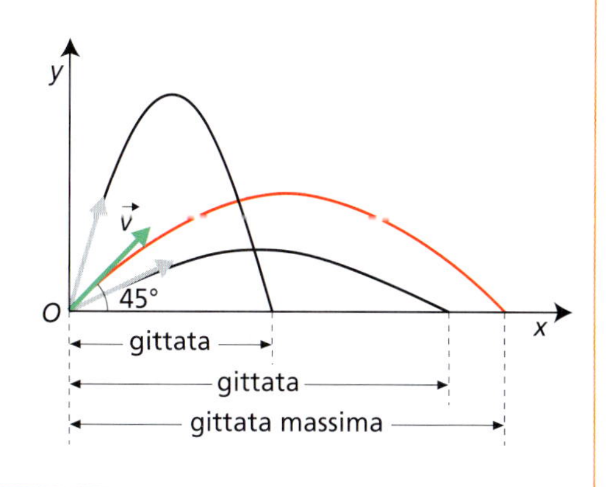

Adesso tocca a te

Rielabora il contenuto del paragrafo rispondendo a voce a queste domande.

3. Un proiettile è sparato da terra in direzione obliqua. Che relazione c'è fra il tempo di salita e il tempo di discesa?

4. Che relazione c'è fra la velocità di lancio e la velocità di atterraggio di un proiettile sparato obliquamente da terra? Qual è il modulo della velocità nel punto più alto della traiettoria?

Prova a risolvere il problema, poi verifica sul MEbook i passaggi svolti e commentati.

5. Un pallone viene calciato con una velocità iniziale di 8,7 m/s, che forma un angolo di 45° rispetto all'orizzontale. Quanto valgono la componente orizzontale e la componente verticale della sua velocità nell'istante in cui tocca nuovamente terra?

[6,2 m/s; −6,2 m/s]

3 Il moto circolare uniforme

Le estremità dell'elica di un elicottero in volo [▶12], osservate dal pilota, compiono un **moto circolare uniforme**. Descrivono, cioè, una traiettoria circolare con velocità costante in modulo.

Figura 12 Un esempio di moto circolare uniforme: quello di un punto dell'elica rispetto all'elicottero.

Moti periodici

Il moto circolare uniforme è un esempio di **moto periodico**: un moto che si ripete nel tempo con le stesse proprietà. Sono periodici i moti di rotazione e rivoluzione della Terra, l'oscillazione di un pendolo o di una molla.
Il minimo intervallo di tempo dopo il quale un moto periodico si ripete è detto **periodo**.

Periodo e frequenza

Il periodo della lancetta dei secondi di un orologio è 1 minuto, il periodo della Terra nella rotazione intorno all'asse è 1 giorno e quello della Terra nella rivoluzione intorno al Sole è 1 anno.
Nel moto circolare uniforme il periodo è l'intervallo di tempo impiegato a compiere un giro della traiettoria. Se il periodo è uguale a 1/5 di secondo, i giri compiuti in 1 secondo sono 5. Diciamo allora che la **frequenza** del moto è uguale a 5 giri al secondo. Se il periodo è 1/50 di secondo, la frequenza è di 50 giri al secondo.

Frequenza di un moto periodico

La frequenza f di un moto periodico esprime il numero di volte che il moto si ripete nell'unità di tempo ed è uguale al reciproco del periodo T:

frequenza (Hz)

$$f = \frac{1}{T} \quad (3)$$

periodo (s)

Le dimensioni fisiche della frequenza sono quelle del reciproco del tempo:

$$[f] = [t^{-1}]$$

La sua unità di misura, nel SI, è il s^{-1}, chiamato anche **hertz** (simbolo **Hz**), dal nome di Heinrich R. Hertz (1857-1894), che studiò le oscillazioni dei campi elettrici e magnetici.
In un moto circolare uniforme con frequenza di 1 Hz viene compiuto un giro della traiettoria ogni secondo.

La velocità nel moto circolare uniforme: tangente alla traiettoria e costante in modulo

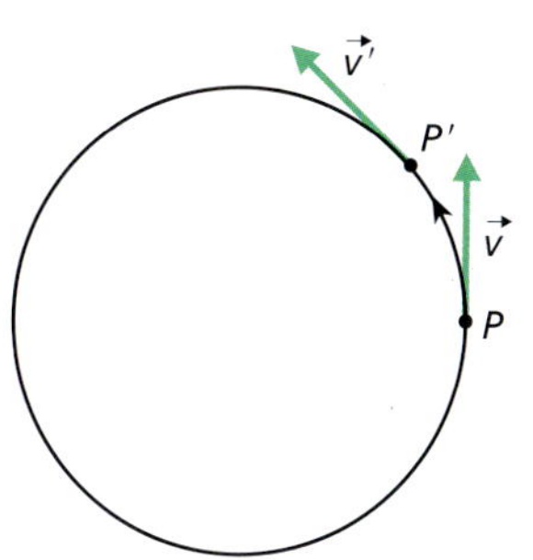

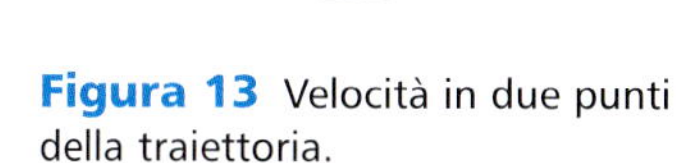
Figura 13 Velocità in due punti della traiettoria.

La velocità istantanea $\vec{v}$ di un punto materiale su una traiettoria circolare è un vettore tangente alla traiettoria [▸13].
Nel moto circolare uniforme il vettore velocità varia da un istante all'altro, ma il suo modulo v è costante.
Il valore di v è dato dal rapporto fra l'arco di circonferenza Δl percorso in un intervallo di tempo Δt e l'intervallo di tempo stesso **2**:

$$v = \frac{\Delta l}{\Delta t} \tag{4}$$

2 Come e perché

Archi percorsi e tempi di percorrenza

In un intervallo di tempo Δt, un punto materiale in moto circolare percorre un arco di circonferenza di lunghezza Δl. Se il moto è uniforme, gli archi sono direttamente proporzionali ai tempi impiegati a percorrerli. Pertanto, il rapporto:

$$\frac{\Delta l}{\Delta t}$$

non dipende dal particolare intervallo di tempo considerato.

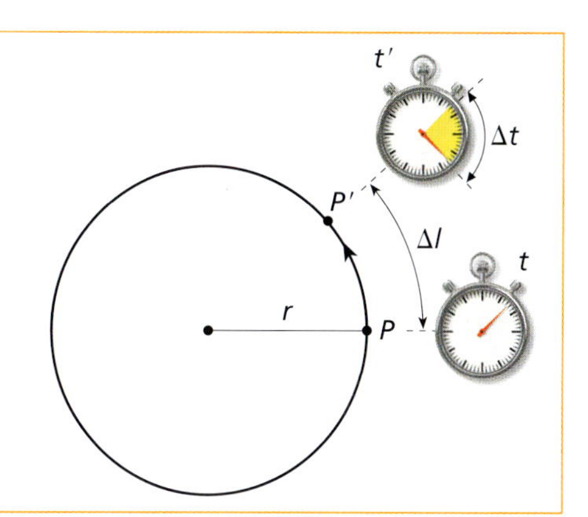

Indichiamo con r il raggio della traiettoria circolare. Per percorrere l'intera circonferenza $2\,\pi\,r$ serve un intervallo di tempo uguale al periodo T del moto. Possiamo, pertanto, esprimere il modulo della velocità nella forma:

$$v = \frac{2\,\pi\,r}{T} \tag{5}$$

oppure, utilizzando la relazione (3) fra periodo e frequenza, nella forma equivalente:

$$v = 2\,\pi\,r\,f \tag{6}$$

Se è noto il modulo v della velocità, la (4) consente di ricavare la lunghezza Δl dell'arco di circonferenza percorso in un dato intervallo di tempo Δt:

$$\Delta l = v\,\Delta t$$

Se, oltre a v, è noto anche il periodo T del moto, dalla (5) si ricava il raggio della traiettoria:

$$r = \frac{v\,T}{2\,\pi}$$

L'accelerazione nel moto circolare uniforme: sempre diretta verso il centro

In generale un punto materiale in movimento su una traiettoria curvilinea ha, in un certo istante, una velocità $\vec{v}$ e, dopo un intervallo di tempo Δt, una velocità $\vec{v}\,'$ [▸14]. Ponendo:

$$\Delta\vec{v} = \vec{v}\,' - \vec{v}$$

la sua **accelerazione media** durante il tempo Δt è il vettore:

$$\vec{a}_m = \frac{\Delta\vec{v}}{\Delta t}$$

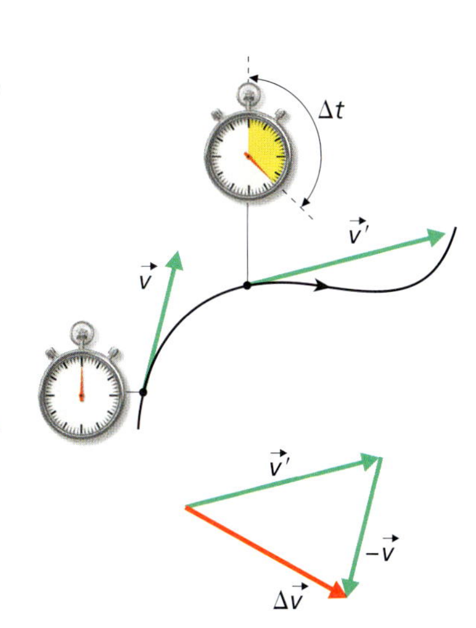

Figura 14 Variazione della velocità di un punto materiale lungo una traiettoria curvilinea.

L'accelerazione media calcolata in intervalli di tempo sempre più piccoli, a partire da un certo istante t, tende all'**accelerazione istantanea** $\vec{a}$ del punto materiale in t.
L'accelerazione ha sempre la direzione e il verso della variazione di velocità $\Delta\vec{v}$. Supponiamo che la traiettoria percorsa abbia forma circolare, e che la velocità si mantenga costante in modulo. In tal caso l'accelerazione istantanea è diretta verso il centro della traiettoria. Vediamo perché in **3**. Per questa proprietà l'accelerazione nel moto circolare uniforme è detta *centripeta*.

3 Come e perché

Variazione di velocità nel moto circolare uniforme

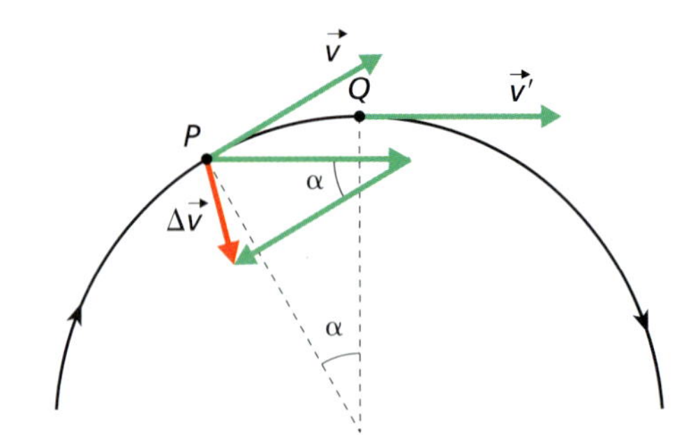

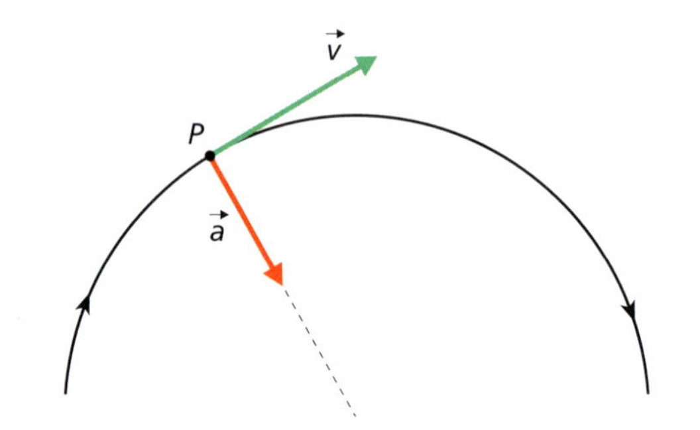

a. La velocità $\vec{v}$ nel punto P e la velocità $\vec{v}\,'$ nel punto Q sono vettori di uguale lunghezza: opportunamente traslati, individuano i lati di un triangolo isoscele, di cui il vettore differenza $\Delta\vec{v} = \vec{v}\,' - \vec{v}$ rappresenta la base.

b. Prendendo Q sempre più vicino a P, l'angolo α al vertice del triangolo tende ad annullarsi. Il vettore $\Delta\vec{v}$, e con esso l'accelerazione $\vec{a}$, diventano perpendicolari a $\vec{v}$ e orientati verso il centro della traiettoria.

Accelerazione centripeta

L'accelerazione centripeta di un punto materiale in moto con una velocità di modulo v su una traiettoria circolare di raggio r ha modulo:

$$a_c = \frac{v^2}{r} \qquad (7)$$

accelerazione centripeta (m/s²) · velocità (m/s) · raggio della traiettoria (m)

Vediamo in **4** come si ricava il modulo a_c di questa accelerazione.

4 Come e perché

Calcolo dell'accelerazione centripeta

Un punto materiale percorre una circonferenza con velocità di modulo v, spostandosi da P a P' in un intervallo di tempo Δt. Il triangolo isoscele OPP', di base Δs e con due lati uguali al raggio r della circonferenza, è simile a quello formato dai vettori $\vec{v}\,'$ (velocità in P'), $-\vec{v}$ (opposto della velocità in P) e dalla variazione $\Delta\vec{v} = \vec{v}\,' - \vec{v}$. Per la proporzionalità diretta fra i lati corrispondenti, tenuto conto che il modulo di $\Delta\vec{v}$ è $a_m\,\Delta t$, con a_m modulo dell'accelerazione media, si ha:

$$(a_m\,\Delta t) : v = \Delta s : r \qquad r\,a_m\,\Delta t = v\,\Delta s \qquad a_m = \frac{v}{r}\frac{\Delta s}{\Delta t}$$

Se Δt è abbastanza piccolo, a_m coincide con il modulo a_c dell'accelerazione centripeta e $\Delta s/\Delta t$ è uguale a v:

$$a_c = \frac{v^2}{r}$$

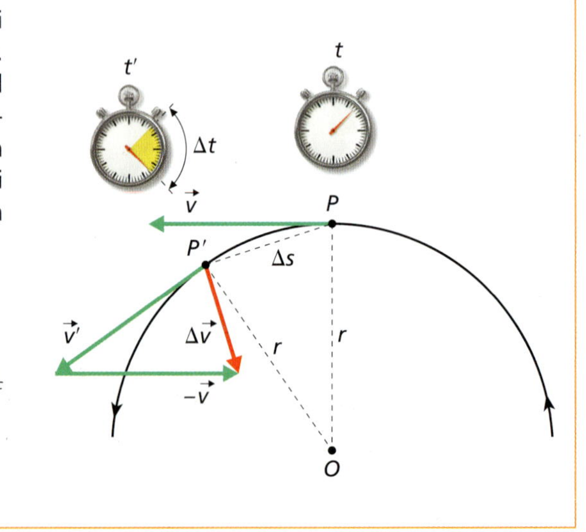

3 Le risposte della fisica — Come gira un satellite?

Un satellite artificiale percorre, a quota $5{,}00 \cdot 10^5$ m rispetto alla superficie terrestre, un'orbita circolare con periodo uguale a 94 min e 32 s. Sapendo che il raggio medio della Terra è di $6{,}38 \cdot 10^6$ m, quali sono la velocità e l'accelerazione centripeta del satellite?

Dati e incognite

$h = 5{,}00 \cdot 10^5$ m

$R_T = 6{,}38 \cdot 10^6$ m

$T = 94$ min + 32 s

$v = ?$

$a_c = ?$

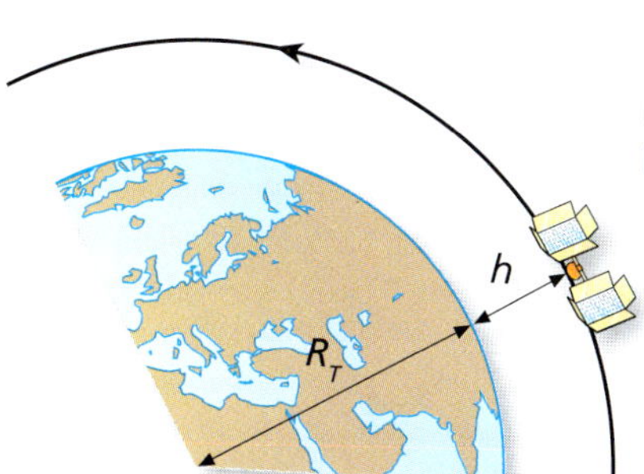

Soluzione

Il satellite percorre una traiettoria circolare di raggio:

$$r = R_T + h = (6{,}38 \cdot 10^6 \text{ m}) + (5{,}00 \cdot 10^5 \text{ m}) = 6{,}88 \cdot 10^6 \text{ m}$$

e il periodo del suo moto, espresso in secondi, è:

$$T = 94\ (60 \text{ s}) + 32 \text{ s} = 5{,}67 \cdot 10^3 \text{ s}$$

Per la (5) e la (7), il modulo della velocità e quello dell'accelerazione centripeta del satellite sono:

$$v = \frac{2\pi r}{T} = \frac{2\pi\,(6{,}88 \cdot 10^6 \text{ m})}{5{,}67 \cdot 10^3 \text{ s}} = 7{,}62 \cdot 10^3 \text{ m/s}$$

$$a_c = \frac{v^2}{r} = \frac{(7{,}62 \cdot 10^3 \text{ m/s})^2}{6{,}88 \cdot 10^6 \text{ m}} = 8{,}44 \text{ m/s}^2$$

Adesso tocca a te

Rielabora il contenuto del paragrafo rispondendo a voce a queste domande.

6. "Un'automobile in curva accelera anche se il tachimetro indica un valore costante". Questa affermazione è giusta o sbagliata?

7. Quale dei seguenti diagrammi può rappresentare, in un certo istante, l'accelerazione di un punto materiale in moto uniforme su una traiettoria circolare? Quale può rappresentare, invece, la velocità dello stesso punto materiale? Giustifica le tue risposte.

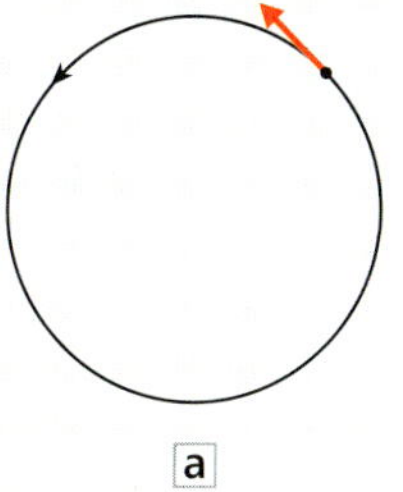

a

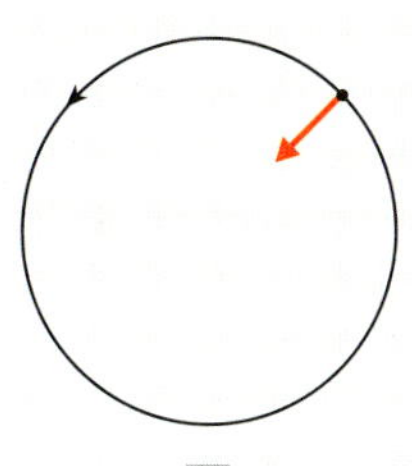

b

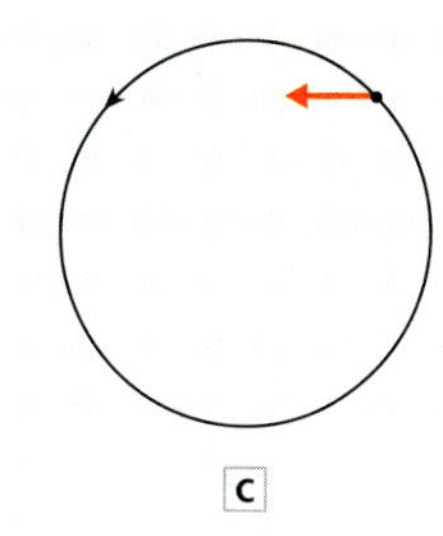

c

Prova a risolvere il problema, poi verifica sul MEbook i passaggi svolti e commentati.

8. Il motore di un aeroplano viene avviato per il collaudo. Le pale dell'elica sono lunghe 200 cm ciascuna. Sapendo che la frequenza delle pale è 450 giri/min, calcola la velocità degli estremi di una pala e di un punto della pala posto a 50,0 cm dall'asse di rotazione.

[94,2 m/s; 23,6 m/s]

4 La velocità angolare

Lungo una traiettoria circolare, la posizione di un punto materiale si sposta da P a P' in un intervallo di tempo Δt [▸15].

Il vettore che unisce il centro O della traiettoria alla posizione istantanea del punto spazza, nel frattempo, un angolo $\Delta\varphi$. (Δ è il simbolo che siamo soliti usare per rappresentare la variazione di una grandezza: in questo caso la grandezza che varia è la posizione angolare, che indichiamo con la lettera minuscola "phi" dell'alfabeto greco, del punto sulla circonferenza.)

L'angolo $\Delta\varphi$ costituisce lo **spostamento angolare** del punto materiale.

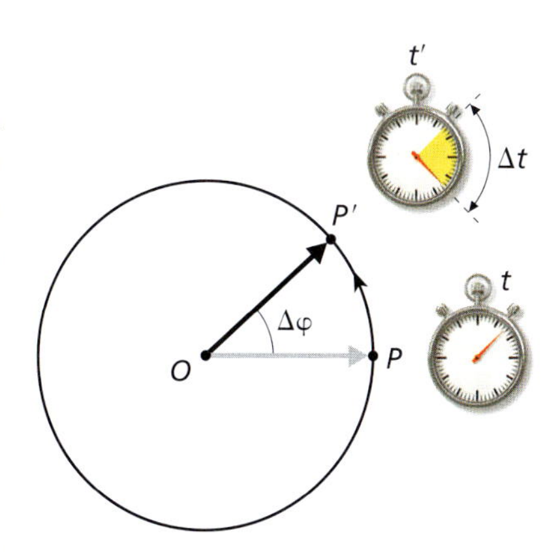

Figura 15 Spostamento angolare.

Misure di angoli

Comunemente gli angoli si misurano in **gradi** (simbolo °). Quando si descrive un moto circolare è tuttavia conveniente esprimerli in **radianti** (simbolo **rad**).

Consideriamo una circonferenza di centro O e raggio r, e un angolo φ con vertice in O i cui lati taglino un arco l sulla circonferenza [▶16].
La misura di φ in radianti è la quantità adimensionale uguale al rapporto l/r. Utilizzando il simbolo "rad", che serve a ricordare che l'angolo è espresso in radianti anziché in gradi, scriviamo:

$$\varphi = \frac{l}{r} \text{ rad} \tag{8}$$

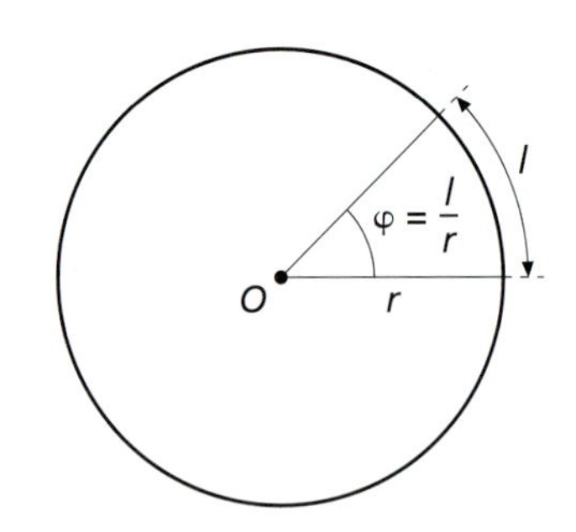

Figura 16 Misura di un angolo in radianti.

Se φ è l'angolo giro, al numeratore della (8) figura l'intera circonferenza ($l = 2\,\pi\,r$):

$$\varphi = \frac{2\,\pi\,r}{r} \text{ rad} = 2\,\pi \text{ rad}$$

D'altra parte, l'angolo giro misura 360°. Perciò, vale la relazione:

$$2\,\pi \text{ rad} = 360°$$

da cui si ottiene il valore in gradi di un radiante:

$$1 \text{ rad} = \frac{360°}{2\,\pi} \approx 57{,}3°$$

Per convertire in gradi la misura di un angolo data in radianti, o viceversa, si può anche usare la proporzione:

$$\varphi \text{ (in gradi)} : 360° = \varphi \text{ (in radianti)} : 2\,\pi$$

Nella [Tab. 1] sono indicati, per particolari angoli espressi in gradi, le corrispondenti misure in radianti.

Tabella 1 Gradi e radianti.

Angolo in gradi	Angolo in radianti
0°	0°
30°	$\frac{\pi}{6}$
45°	$\frac{\pi}{4}$
60°	$\frac{\pi}{3}$
90°	$\frac{\pi}{2}$
180°	π
270°	$\frac{3}{2}\pi$
360°	$2\,\pi$

La velocità angolare nel moto circolare uniforme: una costante

Avendo definito uno spostamento angolare, è naturale introdurre anche una **velocità angolare**.
In analogia con la velocità ordinaria, la velocità angolare, che indichiamo con la lettera greca minuscola ω (òmega), è il rapporto fra lo spostamento angolare $\Delta\varphi$ compiuto, espresso in radianti, e l'intervallo di tempo Δt impiegato a compierlo:

$$\omega = \frac{\Delta\varphi}{\Delta t}$$

Questa grandezza ha, come la frequenza, le dimensioni fisiche del reciproco del tempo:

$$[\omega] = [t^{-1}]$$

L'unità di misura con cui essa viene espressa, nel SI, è il **radiante al secondo** (simbolo **rad/s**).
Nel moto circolare uniforme la velocità angolare è costante, cioè non dipende dall'intervallo di tempo Δt in cui è calcolata.
Tenendo conto che lo spostamento angolare compiuto in un periodo T è uguale, in radianti, a $2\,\pi$, si ha:

$$\omega = \frac{2\,\pi}{T}$$

o anche:

$$\omega = 2\,\pi\,f$$

La velocità angolare può essere messa in relazione con il modulo della velocità, se confrontiamo la precedente espressione con la (6).

Relazione fra velocità e velocità angolare

Il modulo v della velocità di un punto materiale in moto circolare uniforme è il prodotto del raggio r della traiettoria per la velocità angolare ω:

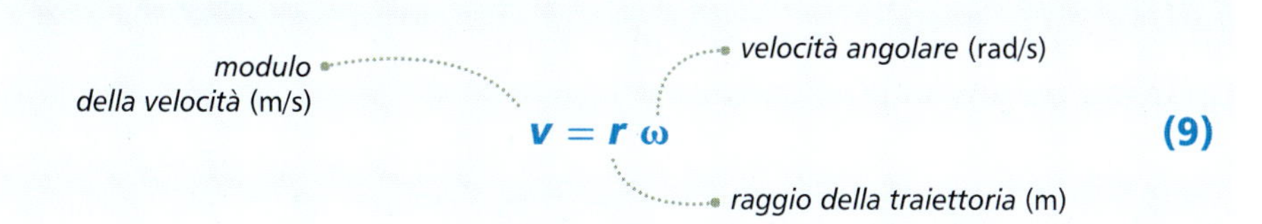

Velocità angolare e accelerazione centripeta

Come si esprime l'accelerazione centripeta del moto circolare uniforme in funzione della velocità angolare?
Combinando le equazioni (7) e (9) si ottiene:

$$a_c = r\,\omega^2$$

Dunque, l'accelerazione centripeta è direttamente proporzionale al raggio r della traiettoria e al quadrato della velocità angolare ω.

4 Le risposte della fisica — A quanto ruota il DVD? Tanti modi per dirlo!

Un DVD, del diametro di 12,5 cm, compie $3{,}00 \cdot 10^3$ giri al minuto. Quali sono il periodo e la velocità angolare del moto? A quale velocità si muove un punto sul bordo?

Dati e incognite

$d = 12{,}5 \text{ cm} = 0{,}125 \text{ m}$

$f = 3{,}00 \cdot 10^3 \text{ giri/min}$

$T = ?$ $\quad \omega = ?$ $\quad v = ?$

Soluzione

Il valore in hertz della frequenza è:

$$f = \frac{3{,}00 \cdot 10^3 \text{ giri}}{1 \text{ min}} = \frac{3{,}00 \cdot 10^3 \text{ giri}}{60 \text{ s}} = 50{,}0 \text{ Hz}$$

Poiché periodo e frequenza sono uno il reciproco dell'altra, il periodo della rotazione è:

$$T = \frac{1}{f} = \frac{1}{50{,}0 \text{ Hz}} = 2{,}00 \cdot 10^{-2} \text{ s}$$

La velocità angolare è invece:

$$\omega = 2\,\pi\,f = 2\,\pi\,(50{,}0 \text{ Hz}) = 314 \text{ rad/s}$$

Un punto sul bordo del disco descrive una circonferenza di raggio $r = d/2$. Perciò il modulo della sua velocità è:

$$v = r\,\omega = \frac{d}{2}\,\omega = \frac{0{,}125 \text{ m}}{2}\,(314 \text{ rad/s}) = 20{,}1 \text{ m/s}$$

Riflettiamo sul risultato

La frequenza e la velocità angolare differiscono solo per il fattore di proporzionalità $2\,\pi$, che è un numero puro. Sono tuttavia due grandezze diverse: la prima esprime il numero di giri percorsi in un secondo, la seconda misura, in radianti, lo spostamento angolare compiuto in un secondo.

Prosegui tu

Qual è l'accelerazione centripeta di un punto sul bordo?

[$6{,}16 \cdot 10^3$ m/s^2]

Adesso tocca a te

Rielabora il contenuto del paragrafo rispondendo a voce a queste domande.

9. Sei su una piattaforma che ruota con moto uniforme, a un passo dall'asse di rotazione. Come varia la tua velocità angolare se ti allontani di un altro passo dall'asse? Come varia invece il modulo della tua velocità?

Prova a risolvere il problema, poi verifica sul MEbook i passaggi svolti e commentati.

10. Per apportare gli ultimi ritocchi a un vaso di terracotta, un vasaio fa compiere alla ruota 7,5 giri. A quanti radianti equivale questa rotazione?

[47 rad]

5 Il moto armonico

La vibrazione di una corda di uno strumento musicale è un esempio di moto armonico. Oscillano di moto armonico anche le molecole dell'aria che sono investite dall'onda sonora prodotta dalla corda vibrante. Ed è armonico il moto che compiono le membrane dei nostri timpani quando ricevono il suono [▸17].

Figura 17 Il mondo della musica offre molti esempi di moti armonici.

Relazione fra moto armonico e moto circolare uniforme

Il moto armonico è un moto periodico strettamente imparentato con il moto circolare uniforme.
La [▸18] mostra un punto P che percorre una circonferenza a velocità costante: allora la sua proiezione Q su un diametro della circonferenza compie un moto armonico.

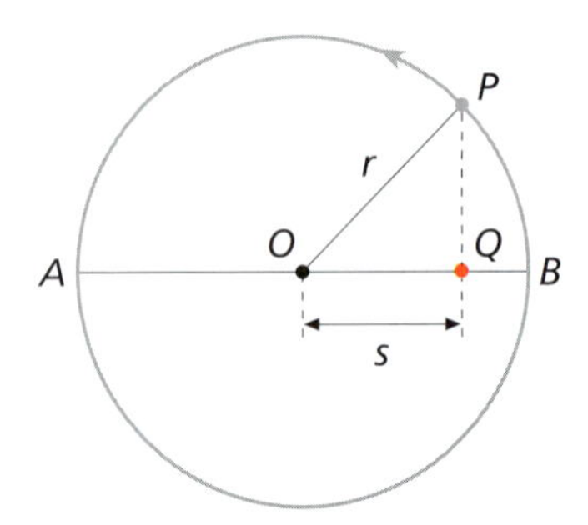

Quando Q si trova a destra di O, consideriamo positivo il suo spostamento s da O.

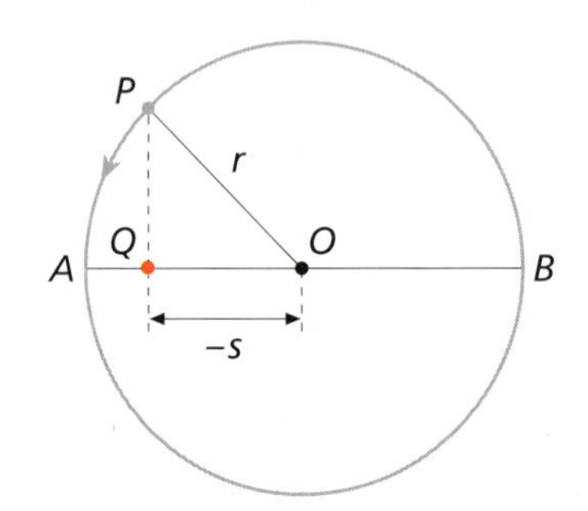

Quando Q si trova a sinistra di O, consideriamo lo spostamento s negativo.

Figura 18 Moto armonico come proiezione del moto circolare uniforme.

Il punto Q si muove avanti e indietro fra gli estremi A e B del diametro, detti **estremi di oscillazione**.
Il centro O della circonferenza rappresenta il **centro di oscillazione**. La distanza di O dai due estremi è detta **ampiezza** del moto armonico e coincide con il raggio r della circonferenza.
Il moto si ripete con identiche caratteristiche dopo un'**oscillazione completa**, cioè dopo che Q, partendo da B, ha raggiunto A e fatto successivamente ritorno in B. Il **periodo** T del moto armonico di Q è la durata di un'oscillazione completa. Poiché nel frattempo P descrive un giro della circonferenza, T coincide con il periodo del moto circolare uniforme di P.
La grandezza $\omega = (2\ \pi)/T$, che nel moto circolare uniforme rappresenta la velocità angolare, nel moto armonico prende il nome di **pulsazione**.

Diagramma orario, velocità e accelerazione

Il punto P percorre sulla circonferenza archi uguali in tempi uguali. Il moto di Q sul diametro AB, invece, non è uniforme: a intervalli di tempo uguali corrispondono tratti di lunghezza differente [▸19].

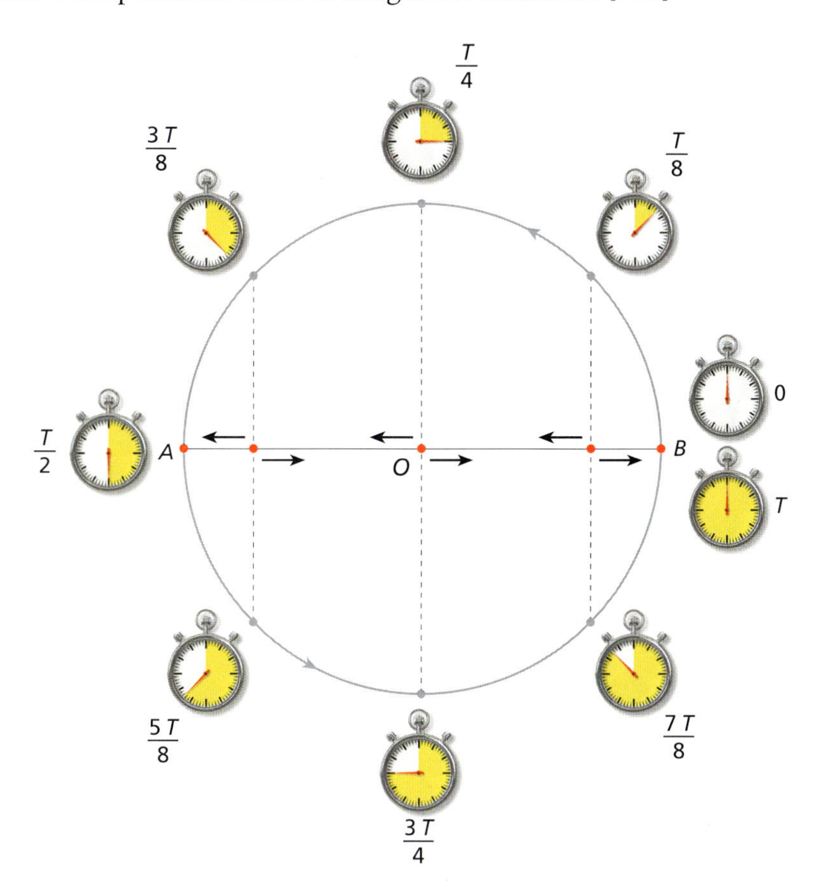

Figura 19 Posizioni del punto oscillante a intervalli di tempo di 1/8 del periodo.

Il diagramma orario del moto di Q, cioè il grafico dello spostamento scalare s di Q dal centro di oscillazione O in funzione del tempo, è mostrato in **5**. La curva tracciata è detta *cosinusoide*.

5 Come e perché

Diagramma orario del moto armonico

Il grafico mostra lo spostamento s del punto Q dal centro di oscillazione O negli istanti compresi entro un periodo T.
Nell'istante iniziale, in cui Q si trova nell'estremo B della sua traiettoria, lo spostamento è massimo ($s = r$). Dopo un quarto di periodo Q passa per O ($s = 0$), dopo mezzo periodo raggiunge l'estremo A della traiettoria ($s = -r$), dopo tre quarti di periodo passa nuovamente per O e dopo un periodo fa ritorno in B. Negli istanti successivi, il ciclo si ripete con identiche caratteristiche.

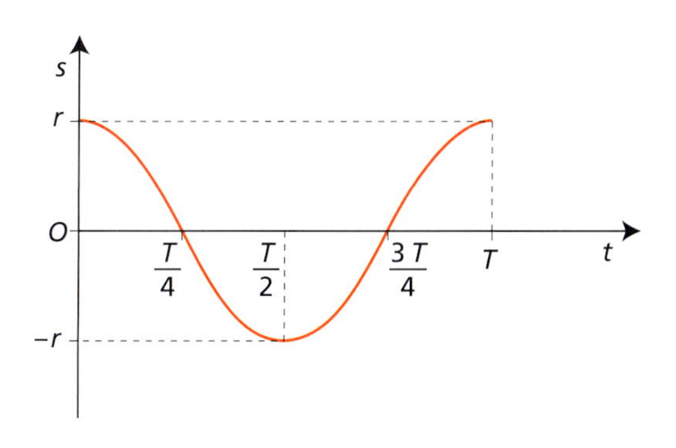

La velocità $\vec{v}$ di Q è, in ogni istante, la proiezione della velocità $\vec{v}_0$ di P sul diametro AB della circonferenza [▶20]. È nulla agli estremi di oscillazione, dove Q si ferma istantaneamente per invertire il suo moto. Ha modulo massimo, $v_{max} = v_0 = r\,\omega$, nel centro di oscillazione.

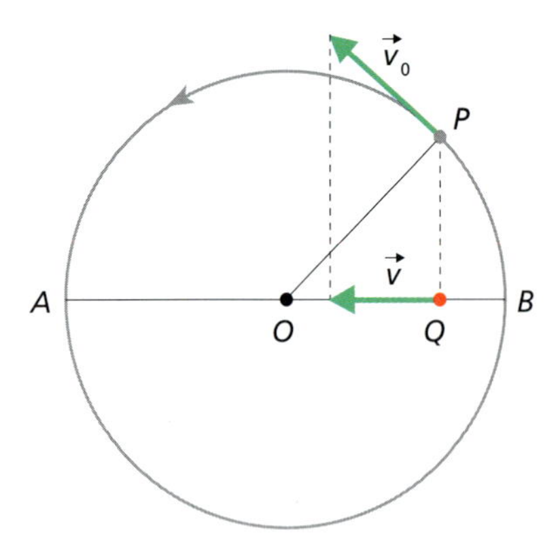

Figura 20 La velocità di Q è il vettore $\vec{v}$, componente nella direzione del diametro AB della velocità $\vec{v}_0$ di P.

Analogamente, l'accelerazione $\vec{a}$ di Q è la proiezione su AB dell'accelerazione centripeta $\vec{a}_c$ di P [▶21].

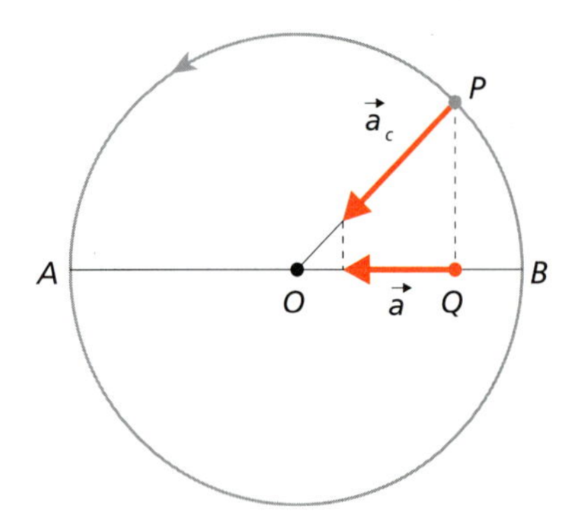

Figura 21 L'accelerazione di Q è il vettore $\vec{a}$, componente nella direzione del diametro AB dell'accelerazione centripeta $\vec{a}_c$ di P.

Poiché la direzione del vettore $\vec{a}$ è fissata e coincide con quella del diametro AB, per indicarne il verso rispetto allo spostamento s di Q, positivo a destra di O e negativo a sinistra, è sufficiente usare il segno meno e il segno più, ovvero utilizzare la componente cartesiana a del vettore $\vec{a}$ rispetto a tale riferimento.

In 6 vediamo come si ricava l'espressione di a in funzione della pulsazione ω e dello spostamento s.

6 Come e perché

Accelerazione del punto oscillante

Se lo spostamento s di Q da O è positivo, l'accelerazione a di Q è negativa: la quantità positiva $-a$ è la misura di un cateto del triangolo rettangolo LPM, la cui ipotenusa ha una lunghezza pari al modulo $a_c = r\,\omega^2$ dell'accelerazione centripeta di P. Dalla similitudine dei triangoli LPM e OPQ, segue:

$$(-a) : a_c = s : r$$

$$-a\,r = a_c\,s$$

$$-a\,r = r\,\omega^2\,s$$

$$a = -\omega^2\,s$$

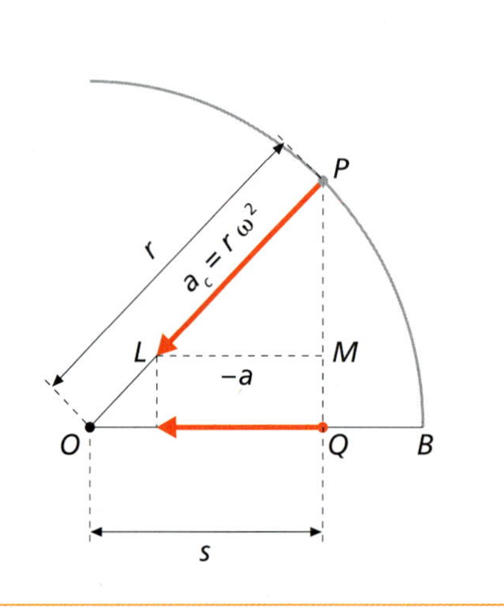

Accelerazione nel moto armonico

Se un punto materiale compie un moto armonico con pulsazione ω, ed s è il suo spostamento dal centro di oscillazione in un dato istante, la sua accelerazione in quell'istante è:

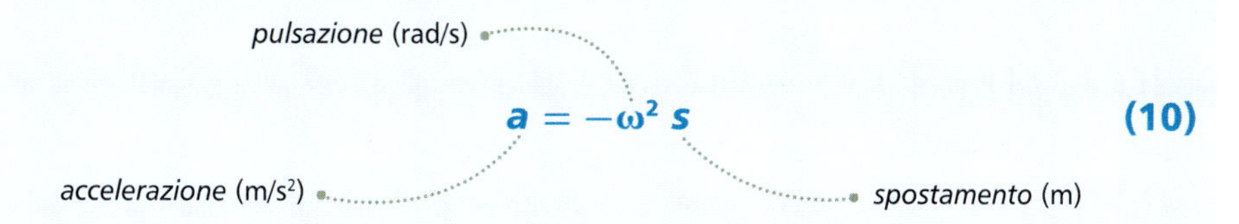

$$a = -\omega^2 s \quad (10)$$

Accelerazione e spostamento variano nel tempo allo stesso modo ma la prima è sempre diretta verso il centro di oscillazione, cioè si oppone allo spostamento. Questo spiega il significato del segno negativo nell'espressione dell'accelerazione scalare. Per esempio, quando lo spostamento ha valore negativo massimo $s = -r$, l'accelerazione ha valore positivo massimo $a = \omega^2 r$ e così via.
L'accelerazione è nulla nel centro di oscillazione, dove lo spostamento è nullo.

5 Le risposte della fisica Come vibra l'altoparlante?

Il diaframma di un altoparlante vibra di moto armonico alla frequenza del Do centrale, uguale a 262 Hz. L'ampiezza della vibrazione è $1{,}50 \cdot 10^{-4}$ m. Quanto valgono la velocità massima e l'accelerazione massima del diaframma?

Dati e incognite

$f = 262$ Hz $\quad r = 1{,}50 \cdot 10^{-4}$ m $\quad v_{max} = ?$ $\quad a_{max} = ?$

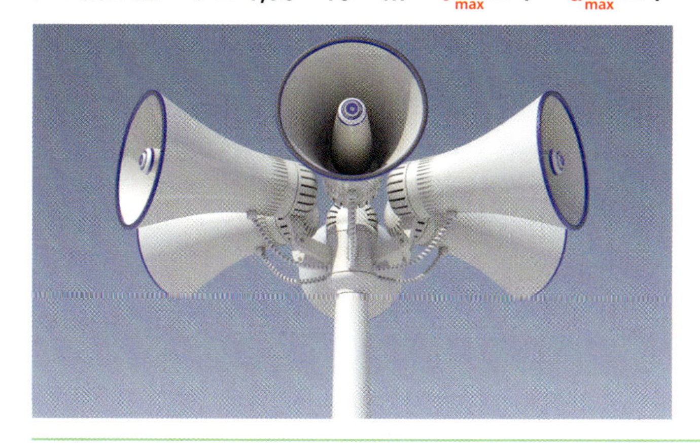

Soluzione

La pulsazione del moto armonico del diaframma è:

$$\omega = \frac{2\pi}{T} = 2\pi f = 2\pi\,(262\text{ Hz}) = 1{,}65 \cdot 10^3 \text{ rad/s}$$

La velocità massima è il prodotto della pulsazione per l'ampiezza di oscillazione, cioè:

$$v_{max} = \omega r = (1{,}65 \cdot 10^3 \text{ rad/s})\,(1{,}50 \cdot 10^{-4}\text{ m}) = 0{,}248 \text{ m/s}$$

L'accelerazione scalare $a = -\omega^2 s$ del diaframma ha valore assoluto massimo quando lo spostamento s dal centro di oscillazione uguaglia l'ampiezza r del moto:

$$a_{max} = \omega^2 r = (1{,}65 \cdot 10^3 \text{ rad/s})^2\,(1{,}50 \cdot 10^{-4}\text{ m}) = 408 \text{ m/s}^2$$

Adesso tocca a te

Rielabora il contenuto del paragrafo rispondendo a voce a queste domande.

11. Che cosa hanno in comune il moto circolare uniforme e il moto armonico? Quali sono le differenze fra i due moti?

12. Come variano la velocità e l'accelerazione nel corso di un'oscillazione completa di un moto armonico?

Prova a risolvere il problema, poi verifica sul MEbook i passaggi svolti e commentati.

13. Durante le vacanze al mare, Giovanni osserva le onde prima che si infrangano sul bagnasciuga e stima che fra un'onda e l'altra trascorrano 20 s. La distanza fra il massimo spostamento dell'onda e il suo minimo lungo il bagnasciuga è di 5 m. Stima la velocità massima dell'orlo dell'onda sulla sabbia considerando che il suo moto potrebbe essere un moto armonico semplice di ampiezza 2,5 m.

[0,78 m/s]

Strategie di problem solving

PROBLEMA 1

Occhio alle schegge!

Luca sta usando una sega elettrica circolare, di raggio 5,0 cm, per tagliare una tavola di legno posta in posizione orizzontale. Sapendo che le schegge di legno raggiungono una distanza massima dalla sega di 2,0 m e supponendo che la sega ruoti con velocità angolare costante, ricava il periodo e la frequenza di rotazione. Con quale velocità iniziale le schegge vengono lanciate in aria? Qual è il tempo di volo delle schegge che riescono a raggiungere la massima distanza dalla sega?

Analisi della situazione fisica

Quando i denti della sega penetrano nel legno, questi spingono via le schegge dalla superficie, lanciandole in aria come proiettili sparati obliquamente. Le schegge, nell'ipotesi che la resistenza dell'aria possa essere trascurata, si muoveranno dunque lungo traiettorie paraboliche di varie gittate, come mostrato in figura.

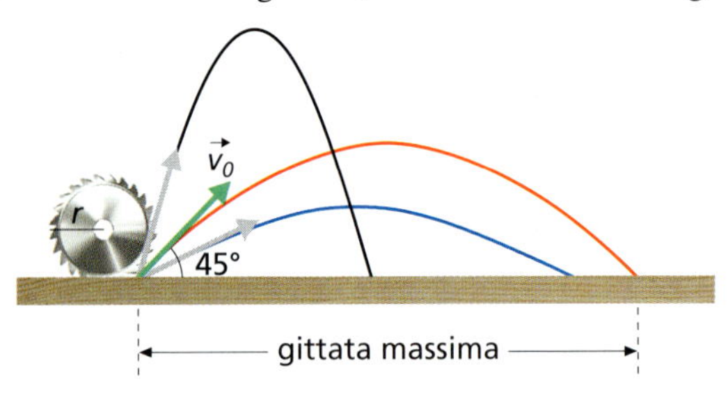

Sappiamo che la sega ruota con velocità angolare costante, ciò significa che i suoi denti compiono un moto circolare uniforme e che la loro velocità istantanea, diretta tangenzialmente alla traiettoria circolare, ha modulo costante. È proprio con questa velocità iniziale, il cui modulo indichiamo con v_0, che le schegge vengono lanciate in aria; i piccoli frammenti di legno vengono infatti raccolti dai denti e costretti a muoversi in maniera solidale con essi, fino al momento del distacco, quando schizzano in aria. Poiché la velocità iniziale v_0 è uguale per tutte le schegge, la gittata varierà solo in funzione dei diversi angoli di lancio rispetto alla direzione orizzontale e risulterà massima con un angolo di 45°, quando abbiamo visto, in 1, che vale:

$$G = v_0^2 / g$$

Poiché v_0 è la velocità con cui si muovono i denti, possiamo metterla in relazione con il periodo T, o con la frequenza f, di rotazione della sega:

$$v_0 = \frac{2\pi r}{T} = 2\pi r f$$

Il tempo di volo t_v, infine, corrisponde al tempo necessario alla scheggia per percorrere una distanza orizzontale pari alla gittata. Poiché sappiamo che in direzione orizzontale un proiettile si muove di moto rettilineo uniforme, la distanza percorsa è uguale al prodotto della componente orizzontale v_{0x} della velocità di lancio per il tempo necessario a percorrerla $G = v_{0x} t_v$ dove, come visto in 1, $v_{0x} = v_{0y} = v_0 \sqrt{2}$ quando l'angolo di lancio rispetto all'orizzontale vale 45°.

Dati e incognite

$r = 5,0$ cm $G = 2,0$ m $v_0 = ?$ $T = ?$ $f = ?$ $t_v = ?$

Soluzione

Calcoliamo innanzitutto il modulo della velocità iniziale v_0 delle schegge. Per avere la massima gittata, l'angolo deve valere 45° ed è quindi vero che $G = v_0^2 / g$ da cui

$$v_0 = \sqrt{G\,g} = \sqrt{(2,0\,\text{m})(9,81\,\text{m/s}^2)} = 4,4\,\text{m/s}$$

La velocità v_0 è la stessa con cui si muovono i denti della sega, per cui possiamo ricavare il periodo di rotazione T, essendo

$$v_0 = \frac{2\pi r}{T}$$

da cui

$$T = \frac{2\pi r}{v_0} = \frac{2\pi(0,050\,\text{m})}{(4,4\,\text{m/s})} = 0,071\,\text{s}$$

La frequenza f, ovvero i giri compiuti ogni secondo, è:

$$f = \frac{1}{T} = \frac{1}{0,071\,\text{s}} = 14\,\text{Hz}$$

Per quanto riguarda il tempo di volo t_v, sappiamo che il moto è parabolico e l'angolo d'inclinazione della velocità iniziale è 45°. In direzione orizzontale abbiamo un moto rettilineo uniforme:

$$G = v_{0_x} t_v = (v_0 \cos 45°)\,t_v$$

da cui

$$t_v = \frac{G}{v_0 \cos 45°} = \frac{2,0\,\text{m}}{(4,4\,\text{m/s})\cos 45°} = 0,64\,\text{s}$$

Impara la strategia

Una sega circolare, alimentata da un motore, non ha alcuna difficoltà a sollevare e lanciare in aria un piccolo oggetto come una scheggia di legno. Abbiamo visto che, al momento del distacco del frammento di legno dalla sega, possiamo determinare le grandezze cinematiche che caratterizzano il moto della scheggia se conosciamo quelle del sistema che lo ha lanciato. Ciò è vero più in generale anche per una mano che lancia un giavellotto, per una balestra che scaglia una freccia, e così via. Allo stesso modo, è possibile procedere a ritroso nel calcolo: se conosciamo il comportamento e le grandezze cinematiche che caratterizzano il moto dell'oggetto lanciato, possiamo trarre informazioni sul sistema che ha provveduto al lancio.

Prosegui tu

Determina il raggio di una sega che ruota con una frequenza di 10 Hz e che è in grado di far schizzare via delle schegge con una velocità iniziale di 2,0 m/s. [3,2 cm]

COMPETENZE

PROBLEMA 2

Spicchiamo il volo!

Nella pista di un aeroporto civile un aereo in fase di rullaggio, partendo da fermo, percorre 700 m in 15,0 s prima di alzarsi in volo. Supponendo che il suo moto sia uniformemente accelerato, quali sono i valori di velocità e accelerazione che il velivolo raggiunge prima di staccarsi da terra?
Non appena si è staccato dal suolo, l'aereo compie un arco di circonferenza l di ampiezza angolare 30° e raggio di 1500 m con velocità di modulo costante. Determina la lunghezza dell'arco di circonferenza percorso dall'aereo e la sua velocità angolare.

Analisi della situazione fisica

Il moto dell'aereo può essere suddiviso in due fasi: nella prima fase il velivolo si sposta lungo la pista, muovendosi di moto rettilineo uniformemente accelerato, compiendo dunque un moto unidimensionale; nella seconda fase, l'aereo si stacca da terra e inizia a percorrere un arco di circonferenza con moto circolare uniforme, compiendo quindi un moto bidimensionale.
Per calcolare il valore delle varie grandezze richieste nel problema, è importante cogliere come si "raccordano" questi due moti: la velocità finale raggiunta dall'aereo a conclusione del moto rettilineo uniformemente accelerato, coincide con la velocità iniziale con cui l'aereo inizia a muoversi lungo l'arco di circonferenza.
Nella prima fase, quella di rullaggio, in cui l'aereo si muove con velocità iniziale nulla per un intervallo di tempo Δt spostandosi di un tratto Δs, ricaviamo l'accelerazione dalla legge oraria:

$$\Delta s = \frac{1}{2} a \, \Delta t^2$$

Trattandosi di un moto rettilineo uniformemente accelerato, la velocità finale v_f raggiunta a conclusione dell'intervallo di tempo Δt, è data da:

$$v_f = a \, \Delta t$$

Dopodiché il moto diventa circolare uniforme: la velocità modificherà istante per istante la sua direzione, ma manterrà invariato il modulo, che indichiamo con v e che coincide con v_f.

Essendo noto il raggio della circonferenza, possiamo risalire alla velocità angolare:

$$\omega = \frac{v}{r}$$

e, dalla (8), alla lunghezza l dell'arco di circonferenza percorso dal velivolo:

$$l = (\varphi \, \text{rad}) r$$

Dati e incognite

$\Delta s = 700$ m $\Delta t = 15{,}0$ s $\varphi = 30°$ $r = 1500$ m
$a = ?$ $v_f = ?$ $\omega = ?$ $l = ?$

Soluzione

All'inizio il moto dell'aereo è rettilineo uniformemente accelerato, con velocità iniziale nulla. Il valore dell'accelerazione si ricava facilmente:

$$a = \frac{2\,\Delta s}{\Delta t^2} = \frac{2(700\,\text{m})}{(15{,}0\,\text{s})^2} = 6{,}22\,\text{m/s}^2$$

da cui la velocità a fine rullaggio:

$$v_f = a\,\Delta t = (6{,}22\ \text{m/s}^2)(15{,}0\,\text{s}) = 93{,}3\ \text{m/s}$$

Siamo così arrivati al distacco dell'aereo, che prosegue poi di moto circolare. Sappiamo che percorre un angolo di 30° lungo una circonferenza di cui conosciamo il raggio, ma dobbiamo stare attenti alla definizione di angolo che, per i nostri scopi, deve essere espresso in radianti. Dalla tabella 1 vediamo immediatamente che

$$\varphi = 30° = \omega/6$$

Pertanto l'arco di circonferenza percorso dall'aereo misura:

$$l = r(\varphi\,\text{rad}) = r\frac{\pi}{6} = (1500\,\text{m})\frac{\pi}{6} = 785\,\text{m}$$

Infine si ricava il valore della velocità angolare:

$$\omega = \frac{v}{r} = \frac{(93{,}3\,\text{m/s})}{(1500\,\text{m})} \approx 6{,}22 \cdot 10^{-3}\ \text{rad/s}$$

Impara la strategia

- È sempre necessario leggere attentamente il testo e vedere se il moto dell'oggetto studiato non sia scomponibile in più fasi distinte. Può infatti accadere un evento, come per esempio il decollo di un aereo, il rimbalzo di una pallina sul muro o il salto di una motocicletta che supera un fossato, in cui il moto dell'oggetto cambia. In questo caso le fasi si studiano separatamente e si determinano quelle grandezze che fanno da raccordo tra una fase e l'altra.
- Sappiamo che l'angolo giro vale 360° o, equivalentemente, 2 π rad. Il passaggio da un'unità di misura all'altra è sempre possibile ricordando la proporzione φ (in gradi) : 360° = φ (in radianti) : 2 π, cosicché moltiplicheremo φ (in radianti) per 360°/2 π se vogliamo passare da radianti a gradi, oppure moltiplicheremo φ (in gradi) per 2 π/360° se vogliamo passare da gradi a radianti.

Prosegui tu

Calcola il modulo dell'accelerazione centripeta del velivolo. [0,058 m/s²]

Progetti di fisica

LABORATORIO

Verifica delle proprietà del moto di un proiettile

Da fare

Verificare che la traiettoria descritta da un proiettile lanciato orizzontalmente è un arco di parabola.

Che cosa ti serve

- una guida metallica opportunamente sagomata con la parte terminale orizzontale
- aste o treppiedi per sostenere la guida
- una sferetta metallica
- una struttura in legno con scanalature a varie altezze
- una tavoletta di legno
- una livella a bolla
- alcuni pesi
- un foglio di carta carbone
- un metro a nastro o regolo

Da sapere

- Se un corpo è lasciato cadere a terra da un'altezza h rispetto al suolo con una velocità iniziale pari in modulo a v e diretta orizzontalmente, questo compirà un moto lungo una traiettoria parabolica.
- Tale moto è la composizione di due moti indipendenti: lungo l'asse orizzontale il moto è rettilineo uniforme con velocità $\vec{v}$ e legge oraria $x = v\,t$; lungo l'asse verticale è rettilineo uniformemente accelerato con accelerazione pari a $\vec{g}$ e legge oraria $y = \frac{1}{2} g\,t^2$.
- Ricavando il tempo dalla legge oraria del moto rettilineo uniforme e sostituendo la relazione ottenuta nella legge oraria del moto uniformemente accelerato si ricava l'equazione della traiettoria descritta dal corpo:

$$y = \frac{g}{2v^2}\,x^2$$

Procedimento

Fissa la guida ai treppiedi assicurandoti attraverso la livella che la parte finale della guida sia in posizione esattamente orizzontale rispetto al pavimento.
Abbi cura di allineare l'estremità della guida al bordo del banco di lavoro e assicurati che sia stabile; se necessario àncora i treppiedi al banco di lavoro caricando su di essi alcuni pesi.
Fissa sulla tavoletta di legno il foglio di carta millimetrata e quello di carta carbone, quindi inseriscila sulla scanalatura più alta della struttura in legno. Poni la struttura lungo la traiettoria della sferetta metallica che lascerai cadere dal punto più alto della guida; la sferetta cadendo sulla carta carbone lascerà impressa la sua posizione sulla carta millimetrata. Misura accuratamente l'altezza y del foglio di carta millimetrata rispetto al punto in cui la sferetta abbandona la guida e lo spostamento x in orizzontale del segno lasciato dalla sferetta sul foglio di carta millimetrata in corrispondenza di tale altezza. Ripeti poi le misure ponendo la tavoletta su ogni scanalatura e spostando opportunamente la struttura in legno.

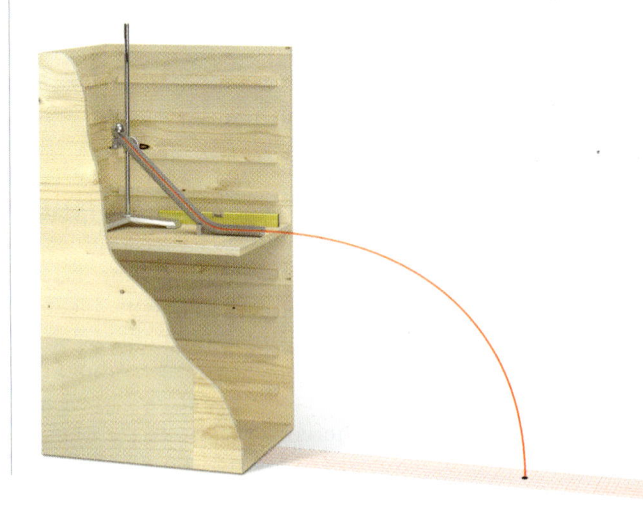

Elaborazione dei dati

Per maggiore accuratezza per ogni altezza della tavoletta effettua tre distinti lanci della sferetta e ricava il valor medio dello spostamento orizzontale. Riporta le misure nella tabella seguente:

altezza y (cm)	spostamento prova 1 x_1 (cm)	spostamento prova 2 x_2 (cm)	spostamento prova 3 x_3 (cm)	spostamento medio x_m (cm)	spostamento medio quadro x_m^2 (cm²)	rapporto x_m^2/y (cm)

Calcola quindi lo spostamento medio al quadrato x_m^2 e il rapporto x_m^2 / y e riporta i valori in tabella. Per ciascuna grandezza determina il relativo errore applicando la legge di propagazione degli errori. Come sono fra loro i valori dei rapporti x_m^2 / y al variare di y?
Disegna ora due grafici, il primo riportando l'altezza y in funzione dello spostamento medio x_m; e il secondo riportando l'altezza y in funzione dello spostamento quadratico medio x_m^2.
A partire dalle curve che ottieni illustra quale tipo di proporzionalità esse descrivono.

FISICA E REALTÀ

Galileo e i proiettili

Prima degli studi di Galileo, si pensava che un proiettile sparato da un cannone orizzontalmente si sarebbe mosso in tale direzione fino a quando, perso il suo "impeto", sarebbe caduto al suolo, descrivendo una traiettoria curvilinea che, però, non era ancora conosciuta.

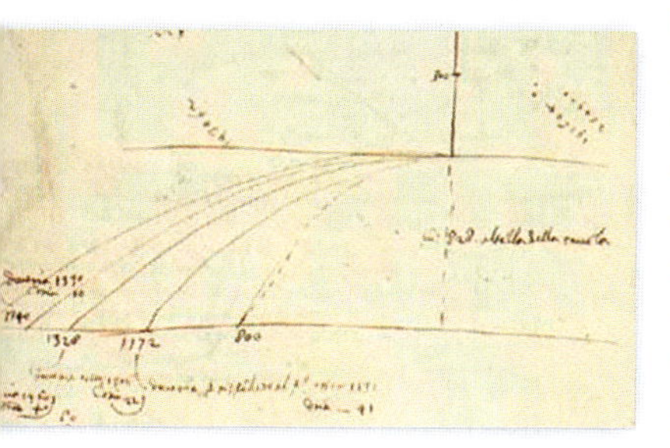

Effettuando una ricerca stabilisci in che anno e in quale opera Galileo risolve il problema del moto dei proiettili. Che cosa dimostra, per primo, lo scienziato pisano circa la traiettoria di un proiettile sparato orizzontalmente?

Rotazioni celesti

Determina la velocità angolare dei quattro pianeti terrestri del Sistema Solare, Mercurio, Venere, Terra e Marte, a partire dalla durata del giorno solare medio di ciascuno. Trovi dei valori tra loro confrontabili o molto differenti? Quali sono il più lento e il più veloce? Ruotano tutti nello stesso verso?
Cerca poi il valore del diametro medio di ognuno e, con tale dato, calcola il valore della velocità di rotazione all'equatore. Anche in questo caso che commenti puoi fare circa i risultati ottenuti?

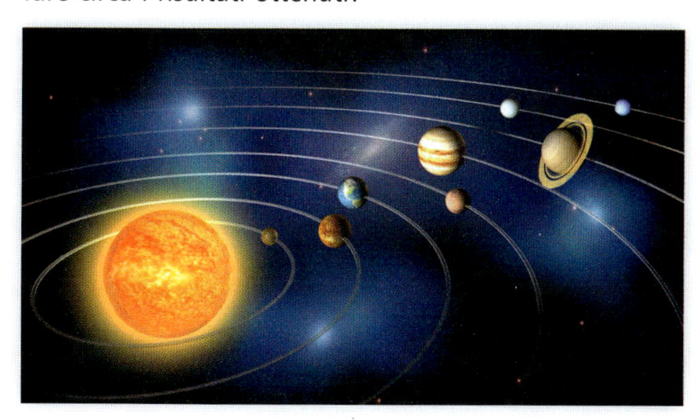

Oscillazioni... in quota

In natura è possibile osservare numerosissimi fenomeni oscillatori. Oscillatorio è il moto ondoso del mare e quello di un corpo sospeso attraverso un cavo, ma oscillano anche gli atomi e i cristalli che costituiscono un corpo solido. Tra le opere dell'ingegno umano, una che sfida le leggi della natura sono gli imponenti grattacieli ben più alti di 500 m. Quando soffia un vento forte, la cima di un grattacielo può oscillare sensibilmente. Determina di quanto si può spostare l'estremità di una costruzione del genere e quali sono i tipici periodi di oscillazione.

ESPERTI IN FISICA

I satelliti artificiali

Contesto

L'era spaziale si è aperta la notte del 4 ottobre 1957, quando i sovietici lanciarono il primo satellite artificiale, il celebre *Sputnik*. Pochi anni dopo, nel 1964 fu la volta del primo satellite in orbita geostazionaria, per la trasmissione tv delle Olimpiadi di Tokyo. Al ritmo di circa 200 lanci di nuovi satelliti l'anno, il numero attuale di oggetti artificiali in orbita ha superato le 6000 unità. Di questi oggi solo un migliaio sono operativi, gli altri, abbandonati o andati distrutti, sono etichettati come detriti spaziali.

Esplora

Effettua una ricerca per stabilire quante e quali diverse tipologie di satelliti artificiali sono operanti nello spazio. Poi, partendo dal presupposto che la traiettoria che descrivono nel loro moto attorno al nostro pianeta è considerata circolare, chiarisci che cosa si intende per:

- orbita geostazionaria;
- orbita geosincrona;
- orbita polare;
- orbita terrestre media;
- orbita terrestre bassa;

Rispondi poi alle seguenti domande:

- qual è la principale differenza tra un'orbita geostazionaria e un'orbita terrestre bassa?
- per quali scopi principali è usata un'orbita polare?

Sarà vero?

Svolgendo le proprie ricerche sulle orbite dei satelliti artificiali, un tuo compagno ha trovato questa affermazione: "Tutte le missioni spaziali con equipaggi umani a bordo dei satelliti artificiali hanno avuto come obiettivo il raggiungimento della quota ove è possibile mantenere un'orbita geostazionaria. Tale altezza è stata superata solo dalle missioni lunari del programma *Apollo*". È attendibile a tuo avviso quanto riportato dal tuo compagno?

Elabora

Leggi questo brano e cancella i termini errati.
Un'orbita geosincrona che sia **polare/equatoriale**, **circolare/ellittica** e **prograda/retrograda** è detta geostazionaria. Per ricavare il **raggio/diametro** dell'orbita geosincrona, bisogna imporre che la **velocità/accelerazione** angolare della satellite lungo la sua orbita, che si suppone sia **circolare/ellittica**, sia proprio pari alla **velocità/accelerazione** angolare di rotazione della Terra.

Calcola

L'orbita geostazionaria ha un raggio di 42 168 km.
Sapendo che questo raggio si calcola dal centro del pianeta e che il raggio medio terrestre è di 6371 km, calcola a quale altezza dalla superficie terrestre si trova tale orbita.
Calcola il diametro del cerchio terrestre che è visto da un satellite posto in tale orbita, ricordando che è equatoriale.

Facciamo il punto

Definizioni

Per descrivere il moto di un punto materiale su un piano bisogna conoscere, in ogni istante t, le coordinate x_P e y_P della sua posizione P rispetto a un sistema di assi cartesiani Oxy. Se in un intervallo di tempo Δt il punto compie uno spostamento $\Delta\vec{s}$, la sua **velocità media** in Δt è:

$$\vec{v}_m = \frac{\Delta\vec{s}}{\Delta t}$$

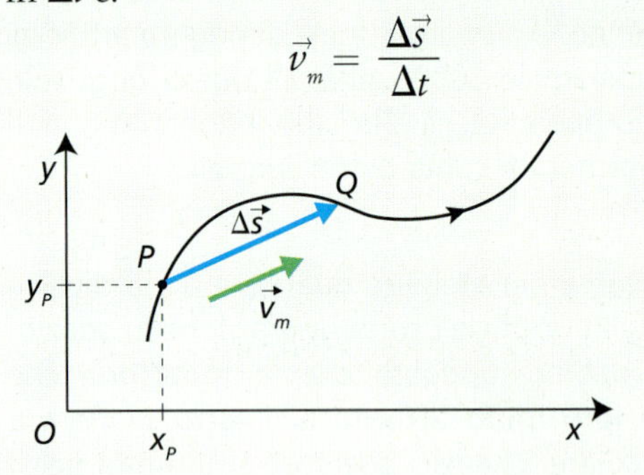

La **velocità istantanea** $\vec{v}$ nel moto lungo una traiettoria curvilinea è un vettore tangente alla traiettoria.

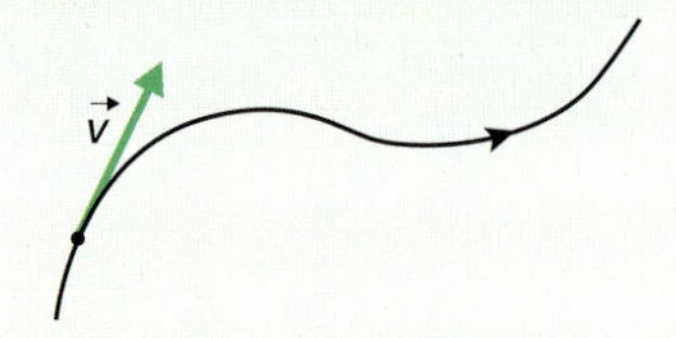

Un **moto periodico** è costituito da cicli identici che si ripetono nel tempo. La durata T di un ciclo è detta **periodo**. Il numero f di cicli compiuti nell'unità di tempo è la **frequenza** del moto, la cui unità di misura, nel SI, è il s^{-1}, o hertz (Hz). Si ha:

$$f = \frac{1}{T}$$

Se un punto P compie un moto circolare uniforme, la sua proiezione Q su un diametro della traiettoria si muove di **moto armonico**. Mentre P percorre la circonferenza, Q oscilla lungo il diametro.

Concetti, leggi e principi

Il **moto di un proiettile** è quello di un corpo, soggetto all'accelerazione di gravità $\vec{g}$, lanciato con una velocità iniziale $\vec{v}_0$ di componente orizzontale $\vec{v}_{0x}$ e componente verticale $\vec{v}_{0y}$. Se la resistenza dell'aria è trascurabile, il moto è la sovrapposizione di due moti indipendenti: uno *rettilineo uniforme* con velocità $\vec{v}_{0x}$ in orizzontale e uno *rettilineo uniformemente accelerato*, con accelerazione $\vec{g}$ e velocità iniziale $\vec{v}_{0y}$, in verticale. La traiettoria del proiettile è una parabola con asse verticale.

L'accelerazione centripeta $\vec{a}_c$ di un punto materiale di massa m in moto con una velocità di modulo v su una traiettoria circolare di raggio r ha modulo: $a_c = v^2/r$

Il **moto circolare uniforme** è il moto periodico di un punto materiale che percorre su una circonferenza archi uguali in tempi uguali. Se r è il raggio della circonferenza e T il periodo del moto, il modulo della velocità è:

$$v = \frac{2\,\pi\, r}{T}$$

L'accelerazione a di un punto materiale che compie un moto armonico con pulsazione ω è sempre diretta verso il centro di oscillazione, cioè si oppone allo spostamento s: $a = -\omega^2 s$

Applicazioni

Come si risolvono i problemi sul moto dei proiettili?

Se il proiettile è sparato orizzontalmente, si fissa un sistema di assi cartesiani con origine nel punto di lancio, asse x nel verso della velocità iniziale $\vec{v}_0$ e asse y orientato verso il basso. Si applicano quindi le equazioni:

$$v_x = v_0 \qquad v_y = g\,t \qquad x = v_0\,t \qquad y = \frac{1}{2}g\,t^2$$

Se è sparato obliquamente verso l'alto, si fissa un sistema cartesiano con origine nel punto di lancio, asse x nel verso di $\vec{v}_{0x}$ e asse y orientato verso l'alto. Si applicano quindi le equazioni:

$$v_x = v_{0x} \qquad v_y = v_{0y} - g\,t \qquad x = v_{0x}\,t \qquad y = v_{0y}\,t - \frac{1}{2}g\,t^2$$

Quanto vale la gittata del proiettile?

$$G = \frac{2\,v_{0x}\,v_{0y}}{g}$$

Esercizi di paragrafo

Flashcard

Ripassa i contenuti dell'Unità con le Flashcard del MEbook.

Esercizio commentato

Per gli esercizi contrassegnati da questa icona trovi sul MEbook la risoluzione commentata.

1 I moti nel piano

1 Un acquascooter si sposta di 20 km in 15 min in direzione Nord 45° Est. Quali sono modulo e direzione della sua velocità media? Esprimi la risposta in kilometri all'ora. Disegna il vettore spostamento e indica la scala usata.

[80 km/h; Nord 45° Est]

2 Un team di biologi ha applicato un radiocollare a un lupo, in modo da monitorarne gli spostamenti. Il lupo si è spostato in 2,0 s da *P* a *Q* come mostrato nel grafico in basso. Traccia in figura il vettore spostamento $\Delta\vec{s}$. Calcola il modulo di $\Delta\vec{s}$ e quello della velocità media $\vec{v}_m$ del lupo nell'intervallo di tempo considerato.

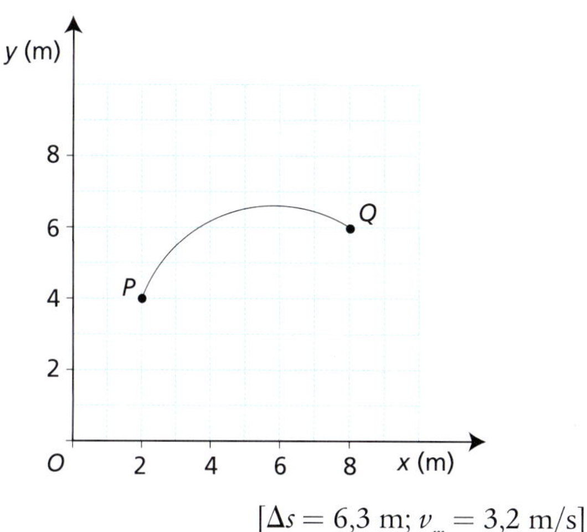

[$\Delta s = 6{,}3$ m; $v_m = 3{,}2$ m/s]

3 Un operatore radar individua, in un certo istante, un aereo a 69,3 km dalla sua posizione, in direzione Nord. Dopo 5 min intercetta lo stesso aereo a 120 km in direzione Nord 30° Est. Determina, con una rappresentazione in scala e con il calcolo, modulo e direzione della velocità media dell'aereo nell'intervallo di tempo considerato.

[832 km/h; Nord 60° Est]

4 Rispetto a un sistema cartesiano *Oxy* un punto materiale si trova, in un certo istante, nel punto *P* di coordinate $x_P = 1{,}0$ m, $y_P = 1{,}0$ m. Dopo 2,0 s si trova nel punto *Q*, di coordinate $x_Q = 5{,}0$ m, $y_Q = 7{,}0$ m. Trova lo spostamento e la componente della velocità nella direzione *x*. Determina lo spostamento e la componente della velocità nella direzione *y*. Calcola infine modulo e direzione della velocità media da *P* a *Q*. Traccia posizioni e spostamento in una rappresentazione in scala.

[4,0 m, 2,0 m/s; 6,0 m, 3,0 m/s; 3,6 m/s, Est 56° Nord]

Suggerimento

Misura l'angolo formato dal vettore velocità con la direzione orizzontale con il goniometro.

RISPONDI IN BREVE *(in un massimo di 10 righe)*

5 Qual è la direzione della velocità istantanea di una particella che descrive una traiettoria curvilinea?

6 Nel moto uniforme lungo una traiettoria curvilinea, il vettore velocità media coincide con il vettore velocità istantanea?

2 Il moto dei proiettili

7 Scomponi una velocità di modulo 10 m/s nella direzione Est 30° Nord nelle sue componenti orizzontale v_x e verticale v_y. Disegna il vettore velocità in scala 1 cm → 1 m/s e controlla con il disegno che i calcoli siano corretti.

[$v_x = 8{,}7$ m/s; $v_y = 5{,}0$ m/s]

8 Disegna in un unico diagramma usando una scala 1 cm → 5 m/s i seguenti quattro vettori, di ciascuno dei quali viene indicato modulo e angolo formato con la direzione orizzontale. Poi completa la tabella calcolando le loro componenti cartesiane.

	Modulo (m/s)	α	$v_x = v \cos \alpha$ (m/s)	$v_x = v \sin \alpha$ (m/s)
a	60,0	30		
b	42,4	45		
c	34,6	60		
d	30,0	90		

9 Un aereo decolla con una velocità di 80 m/s diretta a 30° rispetto l'orizzontale. Trova le componenti cartesiane della sua velocità. Rappresenta il vettore velocità in scala e misura le proiezioni orizzontale e verticale per illustrare e controllare la risoluzione.

[$v_x = 69$ m/s; $v_y = 40$ m/s]

10 Immagina che un oggetto sia lanciato orizzontalmente con una velocità di 100 cm/s. Scrivi l'equazione della traiettoria rispetto a un sistema cartesiano con l'asse *x* diretto come la velocità iniziale, l'asse *y* diretto verticalmente verso il basso e l'origine coincidente con la posizione iniziale del razzo. Disegna il sistema di riferimento cartesiano e traccia la traiettoria.

[$y = (4{,}9 \cdot 10^{-2}\ \text{cm}^{-1})\, x^2$]

ESERCIZI

11 La tabella esprime, in istanti di tempo diversi, le coordinate di una biglia lanciata orizzontalmente, rispetto a un sistema cartesiano con l'asse *x* orizzontale, l'asse *y* verticale orientato verso il basso e l'origine coincidente con la posizione iniziale della biglia. Determina la velocità di lancio della biglia e l'equazione della sua traiettoria.

t (s)	0	1	2	3	4
x (m)	0	0,7	1,4	2,1	2,8
y (m)	0	4,9	19,6	44,1	78,4

[0,7 m/s; $y = (10 \text{ m}^{-1})\, x^2$]

12 Un calciatore imprime una velocità di 80 km/h al pallone. Se lo lancia a 45° quale sarà la sua gittata?

[50 m]

13 Nel Pacifico nordoccidentale, il calamaro volante riesce a rimanere in volo 3 s per eludere i suoi predatori. Quando esce dall'acqua, le componenti della sua velocità valgono 10,0 m/s nella direzione orizzontale e 7,50 m/s nella direzione verticale. Calcola il modulo della velocità e trova l'angolo che forma con l'orizzontale.

[12,5 m/s; 37°]

14 STIME La gittata massima di una balestra è 450 m. Stima se la velocità iniziale con cui viene lanciato il dardo per raggiungere quella distanza è tale da superare il limite di velocità in vigore sulle autostrade italiane.

[239 km/h]

15 Un proiettile, sparato orizzontalmente dalla cima di una montagna, descrive una traiettoria parabolica la cui equazione è $y = (1{,}22 \cdot 10^{-4} \text{ m}^{-1})\, x^2$, rispetto a un sistema di assi cartesiani con l'asse *x* diretto orizzontalmente nel verso della velocità iniziale, l'asse *y* diretto verticalmente verso il basso e l'origine nella posizione iniziale del proiettile. Quanto valgono modulo e componenti cartesiane della velocità dopo 20,0 s dal lancio?

[$v = 281$ m/s; $v_x = 201$ m/s; $v_y = 196$ m/s]

16 Matilde lancia orizzontalmente una gomma da sopra un banco, a un'altezza di 80,0 cm da terra. Se nel lancio la gomma percorre una distanza orizzontale di 150 cm, determina tempo di caduta e modulo della velocità iniziale, nell'ipotesi che la resistenza dell'aria possa essere trascurata. [0,404 s; 3,71 m/s]

17 Il tempo di volo di una pallottola sparata da un fucile è talmente breve che si ha l'impressione che la sua traiettoria sia orizzontale. Invece, a causa della gravità, cade come qualsiasi altro corpo in caduta libera. Pensa a una pallottola che deve percorrere una distanza orizzontale di 50 m fino al bersaglio, dopo essere stata sparata orizzontalmente alla velocità di 250 m/s. Di quanto cade la pallottola durante il breve tempo di questo moto parabolico? [20 cm]

18 Mentre insegue una pallina, un cane salta il muretto di una fioriera alta 60,0 cm con una velocità iniziale di 5,00 m/s nella direzione orizzontale. Quanto tempo impiega per raggiungere il suolo? Durante questo intervallo di tempo di quanto si sposta orizzontalmente? [0,350 s; 1,75 m]

19 Un potente getto d'acqua viene utilizzato per annaffiare un campo quadrato di granoturco di lato 200 m. Il getto viene sparato da un angolo del campo in modo che, facendolo ruotare di 90°, possa coprire tutto il campo. Quanto vale la diagonale del campo? Con quale velocità iniziale minima l'acqua deve essere lanciata per coprire tutta l'area? Trascura la resistenza dell'aria.

[283 m; 52,7 m/s]

Suggerimento

Considera la gittata massima e uguagliala alla diagonale del campo.

20 FISICA PER IMMAGINI Un'aquila sta volando orizzontalmente al di sopra del suo nido quando, giunta in prossimità di esso, sgancia la sua preda. Nella situazione mostrata in figura, l'aquila riesce a centrare il nido? E se no, di quanti metri manca il bersaglio?

Esercizio commentato

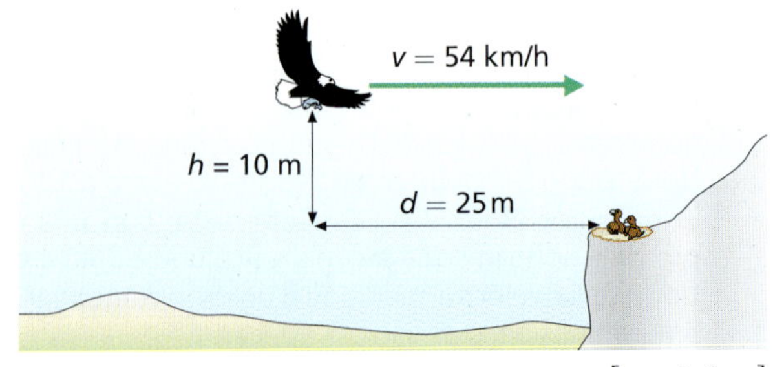

[no; 3,6 m]

RISPONDI IN BREVE *(in un massimo di 10 righe)*

21 In quali discipline sportive ci sono lanci con angolo iniziale di circa 45° per massimizzare la gittata?

22 Considera la massa degli attrezzi che sono lanciati ed elencali in ordine crescente di velocità iniziale.

23 La resistenza dell'aria rallenta il moto nel lancio obliquo. Per ottenere una gittata massima considerando l'effetto dell'attrito, l'angolo deve essere maggiore o minore di 45°? Spiega il tuo ragionamento.

3 Il moto circolare uniforme

24 Vero o falso?

a. In un moto periodico il periodo è uguale al reciproco della frequenza. V F

b. Tutti i moti periodici avvengono su traiettorie circolari. V F

c. Nel moto circolare uniforme la velocità è direttamente proporzionale all'accelerazione centripeta. V F

d. Quando un punto si muove di moto circolare uniforme, il rapporto fra la lunghezza dell'arco di circonferenza che percorre e il tempo impiegato a percorrerlo si mantiene costante. V F

e. Dire che l'elica di un elicottero giocattolo ruota a una frequenza di 2 Hz equivale a dire che l'elica impiega mezzo secondo per compiere un giro completo. V F

25 FISICA PER IMMAGINI Un punto materiale descrive una traiettoria circolare con moto circolare uniforme. Cerchia in figura il vettore che, secondo te, può rappresentare l'accelerazione nel punto P.

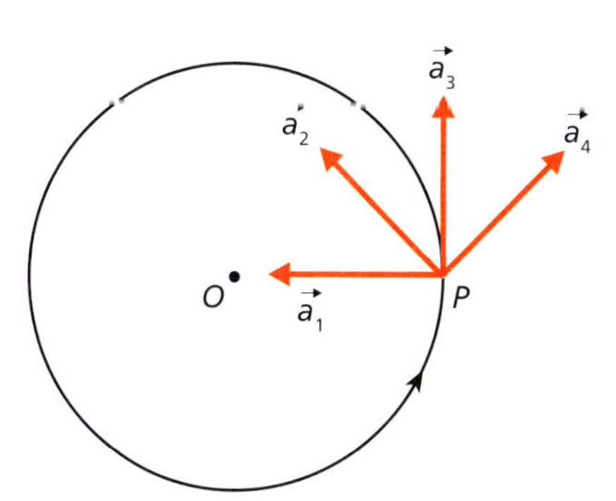

26 Un punto materiale si muove lungo una circonferenza di raggio 20 cm con frequenza 5,0 Hz. Qual è il modulo della sua velocità? Quanti giri completi compie in 20 s?

[6,3 m/s; 100 giri]

27 Una motocicletta corre lungo una pista circolare piana di raggio 10,0 m alla velocità di 108 km/h. Calcola l'accelerazione centripeta e la frequenza del suo moto.

[90,0 m/s²; 0,477 Hz]

28 FISICA PER IMMAGINI La giostra qui raffigurata ruota di moto circolare uniforme. Traccia il vettore velocità e il vettore accelerazione di due ragazzi che siedono su seggiolini diametralmente opposti. Confronta i due vettori velocità che hai tracciato: che cosa hanno in comune e in che cosa si differenziano? Fai analoghe considerazioni anche per i vettori accelerazione.

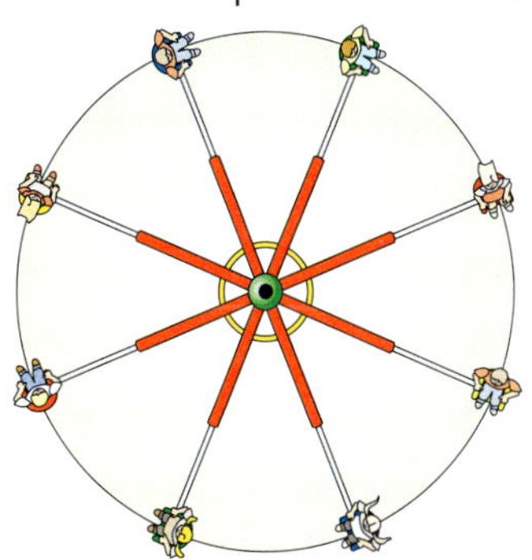

29 FISICA PER IMMAGINI Un punto materiale percorre, con moto uniforme, una traiettoria circolare partendo dalla posizione A. Se il punto impiega 10,0 s per andare da A in B, qual è la sua velocità media in tale intervallo di tempo e qual è la sua velocità scalare media istantanea in A? Traccia in figura i due vettori, orientandoli opportunamente.

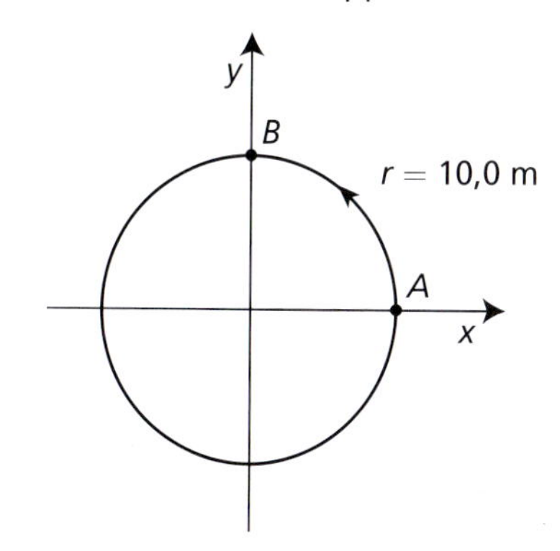

[1,41 m/s; 1,57 m/s]

30 Assumendo che la Terra si muova intorno al Sole lungo un'orbita circolare di raggio $1,50 \cdot 10^8$ km, e che impieghi 365 giorni per compiere una rivoluzione completa, qual è il modulo della sua velocità? Quanto vale la sua accelerazione centripeta?

[29,9 km/s; $5,96 \cdot 10^{-3}$ m/s²]

31 STIME Un canguro in corsa riesce a coprire con un salto una distanza di 9 m. Prova a stimare quanti giri farebbe in due minuti e mezzo su una pista circolare di 400 m correndo con la stessa velocità con cui si è staccato da terra per saltare.

[3,5 giri]

ESERCIZI

32 Supponi che un satellite artificiale ruoti intorno a Venere su un'orbita circolare alla velocità di 6,89 km/s, impiegando 1 h e 45 min per compiere un giro completo. Assumendo che il raggio di Venere sia pari a $6{,}31 \cdot 10^6$ m, qual è la quota del satellite rispetto alla superficie venusiana?

[598 km]

4 La velocità angolare

33 La velocità angolare della ruota di un'auto rispetto al proprio asse è 100 rad/s. Esprimi in kilometri orari la velocità di un punto della ruota che dista 15 cm dall'asse.

[54 km/h]

34 Un punto materiale si muove di moto circolare uniforme. Se per compiere uno spostamento angolare di 3,2 rad il punto impiega 2,0 s, qual è il periodo del moto?

[3,9 s]

35 Se il disco smerigliato di un frullino da marmista ruota rispetto al proprio asse alla velocità angolare costante di 2,0 rad/s, quant'è lungo l'arco descritto in 3,0 s da un punto del disco distante 2 cm dall'asse?

[0,12 m]

36 Per ragioni di sicurezza, l'accelerazione massima permessa in un parco giochi per bambini è di 20 m/s². Questo valore viene raggiunto quando i carrelli di una montagna russa compiono una curva orizzontale di raggio 5,0 m. Qual è il valore massimo della velocità di percorrenza in questa curva per non superare l'accelerazione di punta? Calcola questo valore in metri al secondo e kilometri all'ora.

Esercizio commentato

[10 m/s; 36 km/h]

37 Nella vetrina di una oreficeria alcuni gioielli sono stati collocati su una piattaforma che gira alla velocità angolare costante di 0,69 rad/s. Sapendo che l'anello e la spilla mostrati in figura sono collocati rispettivamente alla distanza di 20 cm e 40 cm dall'asse di rotazione, completa la tabella inserendo i valori assunti dalle varie grandezze elencate.

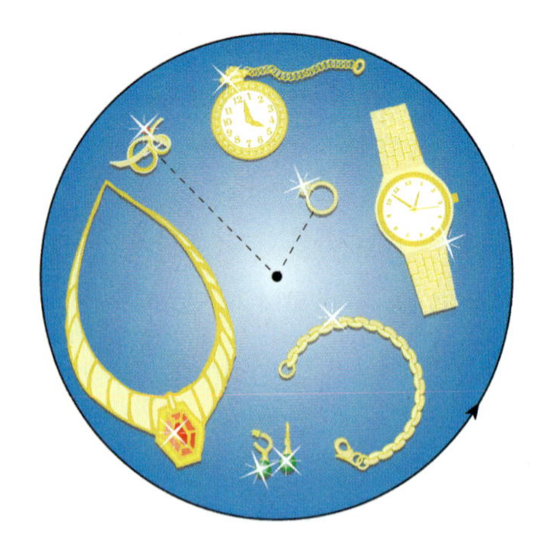

	Anello	Spilla
modulo della velocità	$v =$ ...... m/s	$v =$ ...... m/s
accelerazione centripeta	$a_c =$ ...... m/s²	$a_c =$ ...... m/s²
periodo di rotazione	$T =$ ...... s	$T =$ ...... s
frequenza di rotazione	$f =$ ...... Hz	$f =$ ...... Hz

5 Il moto armonico

38 Un punto materiale si muove con velocità angolare costante, uguale a 2,00 rad/s, sopra una circonferenza lunga 31,4 cm. Determina il massimo valore della velocità e dell'accelerazione del moto armonico che si ottiene come proiezione di questo moto circolare sopra un diametro della traiettoria.

[10,0 cm/s; 20,0 cm/s²]

39 Associa a ciascuna delle seguenti frasi la formula che meglio ne esprime il contenuto.

a. Nel moto armonico prodotto da una forza elastica l'accelerazione è direttamente proporzionale al quadrato della pulsazione.

b. Nel moto armonico la velocità massima è il prodotto della pulsazione per l'ampiezza di oscillazione.

c. Nel moto armonico periodo e pulsazione sono inversamente proporzionali.

d. L'accelerazione di un corpo soggetto a una forza elastica è orientata in verso opposto allo spostamento e cresce, in valore assoluto, al diminuire della massa del corpo.

1. $a = -\dfrac{k}{m} s$

2. $T = \dfrac{2\pi}{\omega}$

3. $a = -\omega^2 s$

4. $v_{max} = \omega r$

40 In un presepe, la statuina meccanizzata che raffigura un fabbro regge in mano un piccolo martello, il quale viene fatto muovere di moto armonico con frequenza uguale a 2,0 Hz e ampiezza di 4,0 cm. Qual è il massimo valore della velocità del martello?

[0,50 m/s]

41 Laura si allena sulla cyclette. Mentre pedala immagina che, approssimativamente, il moto delle sue ginocchia si possa assimilare a un moto armonico semplice di ampiezza 15,0 cm e periodo di 0,750 s. Quali sono la frequenza e la pulsazione di questo moto? Per illustrarlo disegna un grafico della posizione in funzione del tempo. [1,33 Hz; 8,38 rad/s]

42 In un moto armonico semplice la distanza fra i punti estremi dell'oscillazione vale 16 cm. Calcola l'ampiezza del moto. Sapendo che il suo periodo è pari a 0,50 s, trova frequenza, pulsazione e velocità massima del moto. [8,0 cm; 2,0 Hz; 13 rad/s; 1,0 m/s]

Problemi di riepilogo

Videotutorial

Per gli esercizi contrassegnati da questa icona trovi sul MEbook la risoluzione commentata in video.

Esercizio commentato

Per gli esercizi contrassegnati da questa icona trovi sul MEbook la risoluzione commentata.

43 Sulla torre municipale di un paese c'è l'orologio di piazza, la cui lancetta delle ore misura 110 cm. Quanti metri è lungo l'arco di circonferenza che deve percorrere l'estremità della lancetta delle ore, per passare dalla posizione ore 3 del mattino alla posizione ore 5, sempre del mattino? E per passare, invece, alle ore 5 del pomeriggio? [1,15 m; 8,06 m]

44 La Stazione Spaziale Internazionale (ISS), visibile come una stella di prima grandezza, è in orbita a un'altezza media di 420 km dalla superficie terrestre (raggio terrestre: 6380 km). La sua velocità è circa 28 000 km/h. Calcola in quanto tempo compie un'orbita completa.

[1 h 32 min]

45 Quando il contagiri segnala 3000 rpm, il pistone nel cilindro di un'automobile si muove di moto armonico semplice con frequenza di 50 Hz e ampiezza di 4,0 cm. Calcola la velocità massima del pistone. [12,6 m/s]

46 La fontana più potente del mondo, a Gedda in Arabia Saudita, è alimentata con l'acqua del mare che viene sparata verticalmente a 375 km/h. Se, invece, l'angolo di lancio fosse di 45°, quale sarebbe la gittata? Trascura gli effetti della resistenza dell'aria per semplificare i calcoli, anche se non è un'ipotesi realistica.

[1,1 km]

47 Se un saltatore in lungo si stacca dalla pista con una velocità di 9,8 m/s e un angolo di 30° rispetto all'orizzontale, qual è la lunghezza del suo salto? [8,5 m]

48 Stai leggendo il manuale con le caratteristiche tecniche di un computer, quando scorgi una nota in cui si dichiara che il disco rigido ruota a 7200 rpm. Qual è la velocità angolare del disco? Qual è il periodo di rotazione? [754 rad/s; $8{,}33 \cdot 10^{-3}$ s]

Suggerimento
L'abbreviazione rpm sta per *rivoluzione al minuto*, ovvero 1 rpm = 1 giro/min = ... Hz.

ESERCIZI

49 Un giocatore di golf effettua un tiro dal green con inclinazione di 30° rispetto all'orizzontale. Sapendo che la palla nel punto di massima altezza sfiora la cima di un albero alto 8,0 m, determina il modulo della velocità con cui il golfista l'ha colpita e calcola la gittata del tiro.

[25 m/s; 55 m]

50 Un ragazzo fa roteare su un piano orizzontale una corda di 50 cm, inestensibile e di peso trascurabile, con una pallina attaccata all'estremità.
La pallina descrive una traiettoria circolare. Se l'accelerazione centripeta è pari a 3,0 m/s^2, quanti giri avrà compiuto la pallina in 10 s?

[3,9 giri]

51 Con una canna per l'acqua inclinata di 60° rispetto alla verticale si riesce a lanciare l'acqua a un'altezza massima di 4,5 m. Trascurando la resistenza dell'aria, quanto tempo impiega l'acqua a salire? Qual è la componente verticale della velocità iniziale dell'acqua? Qual è la velocità iniziale dell'acqua?

[0,96 s; 9,4 m/s; 11 m/s]

52 Un pallone da pallavolo è lanciato verso l'alto con una velocità iniziale di 25,0 m/s e con un angolo di 10° rispetto all'orizzonte. Determina le componenti orizzontale e verticale della velocità iniziale. Quale componente cambia a causa dell'accelerazione di gravità? Dopo quanto tempo si annulla la componente verticale della velocità? In questo intervallo di tempo, qual è stato lo spostamento del pallone nella direzione orizzontale?

[v_y = 4,34 m/s; v_x = 24,6 m/s; 0,44 s; 10,8 m]

53 Calcola la gittata di un mortaio che spara con un'inclinazione di 60° rispetto all'orizzontale, sapendo che la gittata massima vale 4700 m.

[4069 m]

54 Una piscina per tuffi è lunga 15 m. Il trampolino più alto è posto a 10 m dalla superficie dell'acqua. Supponiamo che il bordo del trampolino sia allineato con il bordo della piscina. Quanto tempo impiega un tuffatore ad arrivare in acqua? Qual è la massima velocità orizzontale permessa per non atterrare oltre il bordo opposto della piscina?

Esercizio commentato

[1,43 s; 10,5 m/s]

55 Un pallone viene calciato con una velocità di 70 km/h con un'inclinazione di 30°. Quali saranno la massima altezza e la distanza raggiunte? [4,8 m; 33 m]

Videotutorial

56 Il getto d'acqua verso l'alto di una fontana possiede una velocità iniziale di 10 m/s in direzione 60° rispetto alla linea orizzontale. Quali sono le componenti orizzontale e verticale della velocità iniziale? Quanto tempo impiega l'acqua a raggiungere il punto più alto della sua traiettoria? Quanto varrà la gittata?

[5,0 m/s; 8,7 m/s; 0,89 s; 8,8 m]

57 Il cestello di una lavatrice ha un diametro di 40 cm e ruota, in fase di centrifuga, a una frequenza di 1000 giri al minuto; lavatrici con velocità di rotazione più alte sono poco diffuse e possono comportare una maggiore usura meccanica dell'elettrodomestico. Calcola la velocità (angolare e lineare) che hanno i panni schiacciati contro il cestello durante la fase di centrifuga e qual è la forza che essi subiscono, sapendo che la loro massa complessiva è di 2,7 kg.

Videotutorial

[104,7 rad/s; 41,88 m/s; 11839 N]

58 In una macchina industriale una ruota dentata del diametro di 60,0 cm è accoppiata a una ruota il cui diametro misura 40,0 cm. Se la frequenza di rotazione della ruota più grande è 4200 giri/min, con quale frequenza gira la ruota più piccola? Stabilisci quanti giri completi effettua quest'ultima in mezz'ora di funzionamento.

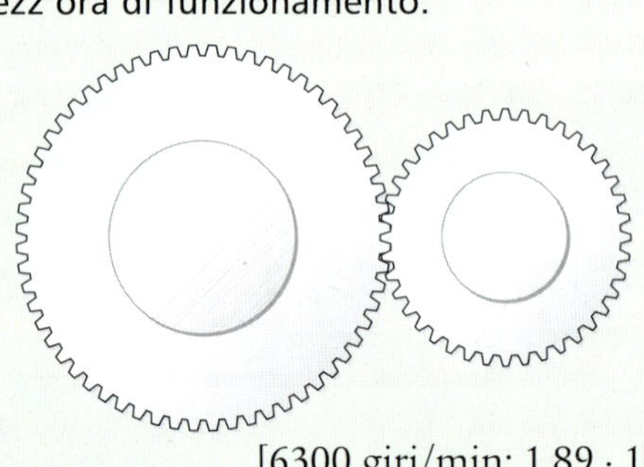

[6300 giri/min; 1,89 · 10^5 giri]

Soluzione

Dal momento che le ruote sono accoppiate, le loro velocità periferiche sono uguali.

59 Una pallottola sparata orizzontalmente a 300 m/s deve colpire un bersaglio posto a 60 m di distanza. Calcola il tempo di volo della pallottola. In questo intervallo di tempo, a causa dell'accelerazione di gravità, di quanto cambia la velocità verticale il cui valore iniziale è nullo? Durante questo moto accelerato, di quanti centimetri "cade" la pallottola?

[0,20 s; 2,0 m/s; 20 cm]

60 Il mese siderale, di 27 giorni, 7 ore e 43 minuti, è il periodo di rotazione della Luna intorno alla Terra rispetto alle stelle fisse. Il raggio della sua orbita è 3,844 · 10^8 m. Calcola la velocità della Luna, in m/s e km/h, e la sua accelerazione centripeta.

[1022 m/s; 3679 km/h; 2,717 · 10^{-3} m/s^2]

61 Una palla da tennis è lanciata con una velocità di 90,0 km/h e nella direzione di 30° rispetto all'orizzontale. Calcola le componenti orizzontale e verticale della velocità iniziale. Quale componente non cambia durante la traiettoria, se si trascura la resistenza dell'aria?
Dopo quanto tempo diventa nulla la componente verticale della velocità? Spiega perché il tempo totale di volo è il doppio di questo valore e calcola la gittata.

[21,7 m/s; 12,5 m/s; 1,27 s; 55 m]

62 In una competizione di motocross un motociclista percorre un tracciato orizzontale che, a un certo punto, è interrotto da un fossato di 3,00 m di larghezza. Al di là del fossato il terreno si trova più in basso di 1,00 m, come indicato in figura. Qual è la velocità minima con cui il motociclista deve affrontare il salto?

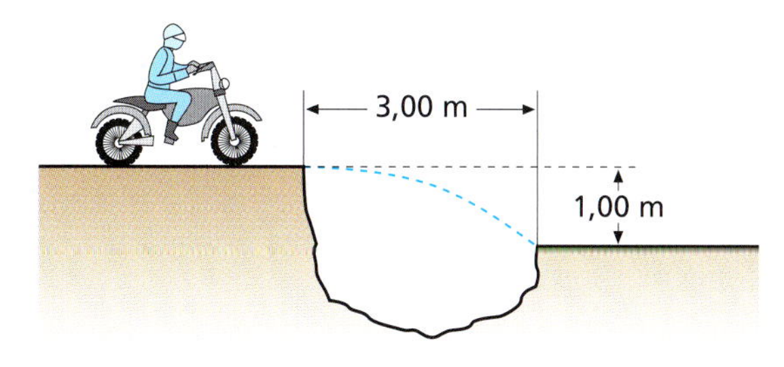

[6,64 m/s]

63 Un bambino, dopo aver attaccato una biglia di vetro all'estremità di una corda, la fa ruotare di moto circolare uniforme lungo una circonferenza orizzontale di raggio 0,300 m. Il piano in cui giace la circonferenza si trova a un'altezza di 1,20 m da terra. A un certo istante la corda si rompe e la biglia cade a una distanza orizzontale di 2,00 m dal punto in cui si trovava in quell'istante. Calcola l'accelerazione centripeta della biglia durante il suo moto circolare.

[54,5 m/s²]

Suggerimento
La biglia, cadendo, si comporta come un proiettile sparato orizzontalmente.

Verso l'ammissione all'università

Puoi simulare la parte di fisica di un test di ammissione svolgendo questa batteria di esercizi in 25 minuti. Per calcolare il tuo punteggio dai 1 punto alle risposte esatte, 0 punti a quelle non date e –0,25 punti a quelle errate. La griglia delle soluzioni è alla fine del libro.

Puoi esercitarti anche in modalità interattiva sul MEbook.

1 Una palla, lasciata libera di cadere da una certa altezza, arriva al suolo dopo 1 s. Se la palla è lanciata dalla stessa altezza orizzontalmente con velocità uguale a 4 m/s, dopo quanto tempo tocca il suolo? Trascura la resistenza dell'aria.
- a 1 s
- b 4 s
- c 2 s
- d 8 s
- e Non si può rispondere, perché non si conosce da quale altezza viene lanciata la palla

2 Un proiettile, lanciato da una certa altezza h con velocità $\vec{v}_0$ diretta orizzontalmente, raggiunge il suolo dopo un tempo t. Se la sua velocità iniziale, sempre diretta orizzontalmente, diventa 2 $\vec{v}_0$ e l'altezza resta inalterata, dopo quanto tempo il proiettile raggiunge il suolo?
- a $2\,t$
- b $4\,t$
- c $t/2$
- d t
- e $t/4$

3 Una moneta, lanciata verticalmente verso l'alto con velocità di modulo v, ricade al suolo dopo un tempo t. Con quale angolo rispetto all'orizzontale deve essere lanciata una seconda moneta, con velocità di modulo 2 v, perché possa ricadere al suolo dopo lo stesso tempo t?
- a 30°
- b 60°
- c 45°
- d 90°
- e Non si può rispondere perché non si conosce il valore di v

4 Da un motoscafo in avaria viene sparato un razzo di segnalazione, in direzione obliqua rispetto all'orizzontale. Le componenti orizzontale e verticale della velocità sono entrambe uguali a 200 m/s. Dopo quanto tempo il razzo raggiunge la sua massima altezza?
- a 9,81 s
- b 20,4 s
- c 40,8 s
- d 10,2 s
- e 5,10 s

5 Le lame di un frullatore girano intorno all'asse di rotazione compiendo 120 giri al minuto. Qual è la loro frequenza?
- a $0{,}50\ s^{-1}$
- b 2,0 Hz
- c 60 Hz
- d $120\ s^{-1}$
- e 20 Hz

6 Una fionda è costituita da un sasso vincolato a percorrere 5 giri al secondo lungo una circonferenza di raggio $L = 1$ m per mezzo di una corda rigida. Quando il sasso si stacca dalla corda la sua velocità è:

a pari alla velocità del suono
b di 5/s
c di circa 300 m/s
d diversa per sassi di massa diversa
e di circa 30 m/s

7 Due punti materiali P e Q descrivono due traiettorie circolari aventi lo stesso raggio con accelerazioni centripete rispettivamente di modulo a_c e $4\,a_c$. Quanto vale il rapporto fra le velocità angolari di P e di Q?

a 2
b 1/2
c 1/4
d 4
e Non si può rispondere perché non si conosce il valore del raggio

8 Quale dei grafici qui sotto può rappresentare la relazione fra la velocità v di un punto di una giostra, posto a una fissata distanza dall'asse di rotazione, e la frequenza f con cui ruota la giostra?

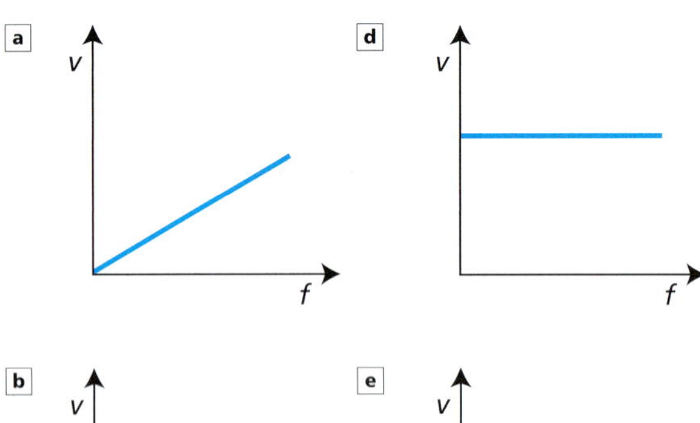

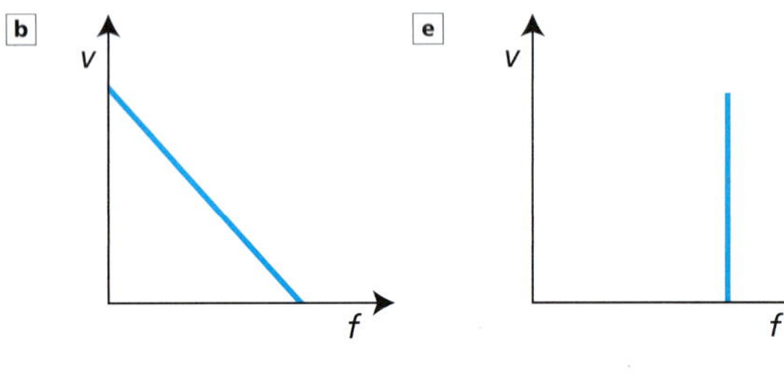

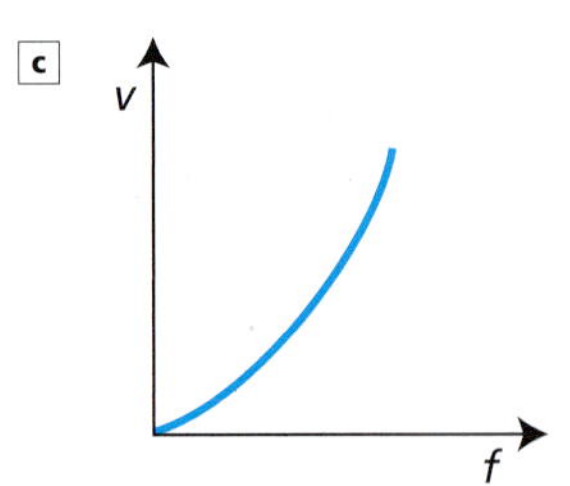

9 La relazione che, in un moto circolare uniforme, lega l'accelerazione centripeta alla frequenza di rotazione f e al raggio r della traiettoria è:

a $a_c = 4\,\pi^2 f r$
b $a_c = 4\,\pi f r^2$
c $a_c = 4\,\pi f^2 r$
d $a_c = 4\,\pi^2 f^2 r$
e nessuna delle precedenti

10 INGLESE How long does it take a point to travel at 5.0 m/s around a circle whose radius is 2.4 m?

a 6.2 s
b 3.0 s
c 3.6 s
d 0.33 s
e 12 s

11 Qual è la velocità angolare delle lancette dei minuti di un orologio?

a $1{,}75 \cdot 10^{-2}$ rad/s
b $1{,}75 \cdot 10^{-3}$ rad/s
c $2{,}26 \cdot 10^{4}$ rad/s
d 226 rad/s
e Non si può rispondere, perché dipende dalle dimensioni del quadrante dell'orologio

12 Una biglia si muove di moto circolare uniforme con frequenza f. Nel moto armonico che si ottiene come proiezione di questo moto circolare sopra un diametro della traiettoria, quanto vale il minimo intervallo di tempo fra due massimi della velocità?

a $\dfrac{1}{2f}$
b $\dfrac{1}{f}$
c $\dfrac{2}{f}$
d $\dfrac{3}{2f}$
e $4/f$

13 Due punti P e Q di un CD in rotazione con velocità angolare costante distano dall'asse di rotazione, rispettivamente, $2\,r$ ed r. Quanto vale il rapporto fra le frequenze di rotazione dei punti P e Q?

a 2
b 1
c 1/2
d 1/4
e Non è calcolabile perché non si conosce il valore della velocità angolare del CD

14 Un punto materiale si muove di moto armonico con velocità di modulo v nel centro di oscillazione. Se l'ampiezza di oscillazione e il periodo raddoppiano entrambi, che valore assume la velocità nel centro di oscillazione?

a $v/4$
b $v/2$
c $2\,v$
d v
e $4\,v$

15 Un giradischi si muove a 45 giri al minuto. Per calcolare la velocità angolare in radianti al secondo, quale dei seguenti calcoli è corretto?

a velocità angolare $= 45\left(\dfrac{2\,\pi}{60}\right) = 4{,}7$ rad/s
b velocità angolare $= 45\left(\dfrac{2\,\pi}{360}\right) = 0{,}8$ rad/s
c velocità angolare $= \dfrac{45}{60} = 0{,}75$ rad/s
d velocità angolare $= 45\left(\dfrac{2\,\pi}{180}\right) = 1{,}6$ rad/s
e Manca il valore del raggio del disco per poter eseguire il conto

La dinamica newtoniana

9

Tutte le volte che una forza non equilibrata agisce su un corpo, la velocità del corpo varia nel tempo, cioè viene prodotta un'accelerazione. La forza gravitazionale della Terra, per esempio, fa cadere un oggetto che si trova in prossimità della superficie terrestre, con un'accelerazione costante di intensità $g = 9{,}81\ \text{m/s}^2$, detta accelerazione gravitazionale.

Quanto vale l'accelerazione…

... nella brusca frenata finale sul seggiolino dell'attrazione Space Vertigo, a Gardaland?
−3 g

... massima che un uomo può sopportare prima di perdere conoscenza?
5 g

... di un proiettile nella canna di una pistola *Parabellum*?
31 000 g

... di picco a terra registrata durante il terremoto dell'11 marzo 2011 in Giappone?
2,99 g

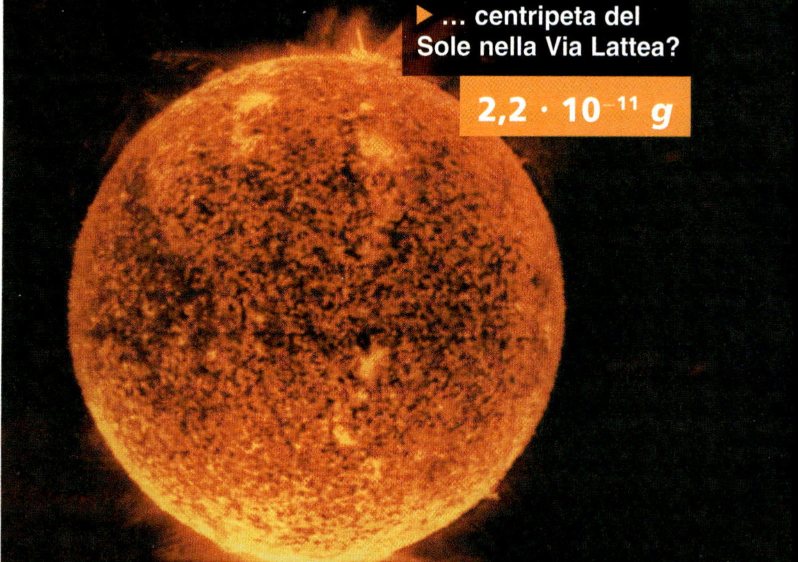

... centripeta del Sole nella Via Lattea?
$2{,}2 \cdot 10^{-11}$ g

1 Dalla descrizione del moto alle sue cause

Ora che sappiamo come mettere in relazione il tempo, lo spostamento, la velocità e l'accelerazione non abbiamo tuttavia esaurito lo studio del moto. Ne abbiamo descritta solo una parte.

La cinematica

La cinematica è la parte della fisica che studia il moto senza occuparsi delle cause che lo producono.

Un nuotatore, che impiega 36 s a coprire i 50 m di una corsia in una piscina olimpionica, procede a una velocità media di 5,0 km/h, pari a circa 1,4 m/s; se, partendo da fermo, impiega i primi 5,0 s a raggiungere la velocità di 1,0 m/s, allora in quell'intervallo di tempo ha avuto un'accelerazione media di 0,20 m/s^2. Questa è una descrizione *cinematica* del moto del nuotatore. Ma perché il nuotatore non affonda? E come fa ad avanzare nell'acqua? E ancora, in che modo l'attrito fra corpo del nuotatore e acqua influenza il movimento? Per rispondere a queste domande [▶1] dobbiamo allargare il nostro campo di studio.

La dinamica

La dinamica è la parte della fisica che descrive le relazioni fra il moto dei corpi e le forze che agiscono su di essi.

Il nuotatore fermo in acqua galleggia (anche se male), perché il corpo umano ha una densità media inferiore a quella dell'acqua. Quando nuota invece, il movimento di braccia e gambe è tale da creare, al di sopra e al di sotto del suo corpo, una differenza di pressione che produce una spinta netta verso l'alto facendolo galleggiare meglio.

Figura 1 La dinamica di una nuotata.

Per poter avanzare il nuotatore crea con le braccia dei vortici d'acqua responsabili di una spinta all'indietro verso i piedi. Così l'acqua, per reazione, esercita la spinta in avanti che fa avanzare il nuotatore.

Per ridurre la resistenza dell'acqua al movimento, il nuotatore deve assumere una posizione il più possibile parallela alla superficie dell'acqua. Anche l'utilizzo di aderenti tute idrofobiche può aiutare a limitare l'attrito.

Finora ci siamo interessati delle forze per studiare i casi in cui quelle applicate a uno stesso corpo bilanciano a vicenda i loro effetti dinamici. Abbiamo esaminato, cioè, le condizioni necessarie affinché un corpo permanga in uno stato di quiete.

La statica

La statica si occupa delle condizioni di equilibrio dei corpi soggetti a un sistema di forze ed è un caso particolare della dinamica.

Grandezze cinematiche e grandezze dinamiche

Accanto alle quattro grandezze cinematiche (tempo, spostamento, velocità e accelerazione), con la dinamica entrano in scena altre due grandezze fisiche: la forza e la massa.
La forza descrive l'interazione tra i corpi ed è la *causa* delle variazioni del moto: un oggetto fermo può essere messo in movimento da una forza e una forza può frenare un oggetto in movimento.
La massa, invece, è la grandezza che misura la *resistenza* opposta dai corpi all'azione delle forze.

La meccanica classica

La cinematica e la dinamica sono due aspetti della **meccanica classica**, la teoria che predice le modalità e spiega le cause dei moti di tutti i corpi macroscopici [▸2].
La meccanica classica non è applicabile ai moti che si svolgono a velocità vicine a quella della luce, per i quali si deve ricorrere alla teoria della relatività, e ai moti su scala microscopica [▸3], descritti dalla meccanica quantistica.

Figura 2 La meccanica classica descrive appropriatamente il moto di un satellite.

Figura 3 Molecola di DNA fotografata con un microscopio elettronico a effetto tunnel. Questo tipo di microscopio sfrutta moti degli elettroni che la meccanica classica non riesce a spiegare.

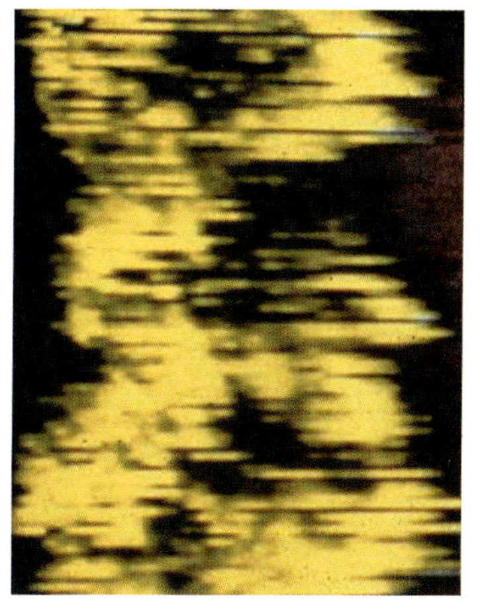

Adesso tocca a te

Rielabora il contenuto del paragrafo rispondendo a voce a queste domande.

1. Quali sono, dal momento in cui un pallone viene calciato a quello in cui finisce in rete, le forze che agiscono su di esso? Com'è influenzato da ciascuna forza il moto del pallone?
2. La statica studia le condizioni necessarie per la quiete mentre la dinamica studia le cause del moto.
Ti sorprende che la prima debba essere considerata un aspetto particolare della seconda? Perché?

2 Il primo principio della dinamica

La dinamica si fonda su tre princìpi, formulati da Isaac Newton nella sua opera *Philosophiae naturalis principia mathematica*.
Il primo, noto anche come **principio di inerzia**, riguarda la tendenza dei corpi a conservare il proprio stato di quiete o di moto.

Primo principio della dinamica

Quando la risultante delle forze agenti su un corpo è nulla, esso rimane fermo oppure, se in movimento, continua a muoversi di moto rettilineo uniforme.

L'inerzia di un corpo

L'**inerzia** è la proprietà di ogni corpo di conservare, se indisturbato, la propria velocità.
Per mettere in movimento un corpo fermo, e per frenare o deviare un corpo che si muove, bisogna necessariamente che intervenga una forza. Questa dovrà essere tanto più intensa quanto maggiore è l'inerzia del corpo.
Viceversa, se un corpo è fermo o in moto rettilineo uniforme, vuol dire che su di esso non agiscono forze oppure che la somma di tutte le forze $\vec{F}_1, \vec{F}_2, ...$ agenti su di esso è nulla [▸4]:

$$\vec{F}_1 + \vec{F}_2 + ... = 0$$

Figura 4 Perché una motoslitta viaggi a velocità costante in linea retta, la forza motrice $\vec{F}$ sviluppata dal motore deve bilanciare la forza di attrito dinamico $\vec{F}_d$ esercitata dal ghiaccio sulle lame della motoslitta e la forza di resistenza dell'aria $\vec{F}_a$. Il peso e la reazione normale del suolo (non rappresentate) si bilanciano lungo la direzione verticale.

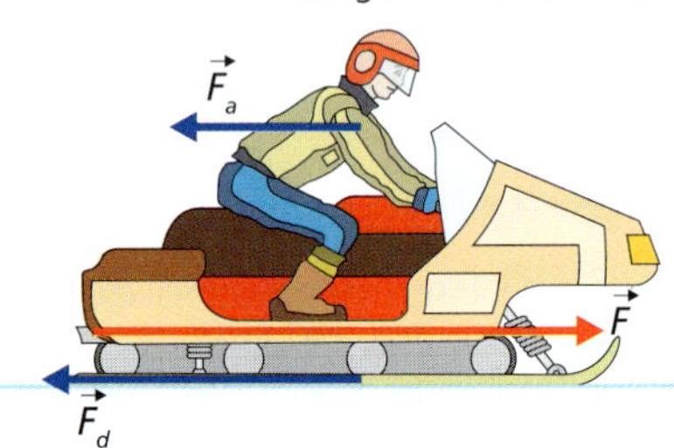

1 Le risposte della fisica — Quanta forza serve per trainare una slitta?

Giovanna traina a velocità costante una slitta da neve, tendendo una fune lungo un pendio che è inclinato, rispetto all'orizzontale, di un angolo pari a 10°. Lo slittino ha una massa di 10 kg e il coefficiente di attrito dinamico tra le lame e la neve è 0,10. Se la fune è parallela al piano, qual è l'intensità della forza di traino?

Dati e incognite

$\alpha = 10°$ $k_d = 0{,}10$ $m = 10$ kg $F = ?$

Soluzione

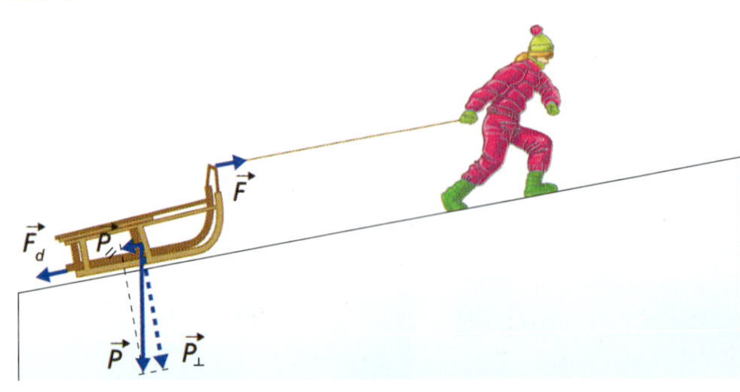

Poiché la velocità è costante, il moto lungo il piano è rettilineo e uniforme e la risultante delle forze lungo tale direzione è nulla. La componente parallela al piano $\vec{P}_{//}$ della forza peso $\vec{P}$ e la forza d'attrito dinamico $\vec{F}_d$ bilanciano la forza di traino $\vec{F}$:

$\vec{F} + \vec{P} + \vec{F}_d = 0$ ovvero, in modulo $F - P_{//} - F_d = 0$

Il modulo di $\vec{P}_{//}$ è

$$P_{//} = P \sin \alpha$$

dove $P = m\,g$ con $g = 9{,}81$ N/kg.
Il modulo della forza di attrito è $F_d = k_d\,N$ dove $\vec{N}$ è la reazione normale del piano che equilibra la componente $\vec{P}_\perp$ della forza peso perpendicolare al piano:

$$N = P_\perp = P \cos \alpha$$

L'intensità della forza di traino è pertanto:

$F = P_{//} + F_d = m\,g\,(\sin \alpha + k_d \cos \alpha) =$
$= (10{,}0 \text{ kg})\,(9{,}81 \text{ m/s}^2)[(\sin 10°) + 0{,}10\,(\cos 10°)] = 27$ N

Prosegui tu

Quanto vale F se la fune forma un angolo di 30° rispetto al pendio? [$F = 31$ N]

Primo principio e sistema di riferimento

Immaginiamo che su un sedile di un'automobile sia appoggiato un pacco. Se l'automobile viaggia a velocità costante su una strada rettilinea, il pacco è fermo rispetto all'automobile e in moto rettilineo uniforme rispetto alla strada. Che cosa succede se l'automobile fa una brusca frenata? Il pacco

cade in avanti. Dunque esso accelera rispetto all'automobile, pur non essendoci alcuna forza che lo spinga in avanti. Rispetto alla strada, invece, tende a conservare la velocità che aveva prima della frenata [▶5].
Ciò vuol dire che il principio di inerzia è valido nel sistema di riferimento della strada, ma non in quello dell'automobile. Più precisamente, nel sistema dell'automobile è valido fintanto che l'automobile è in moto rettilineo uniforme rispetto alla strada, mentre non è più valido durante la frenata.

Figura 5 Il primo principio per un automobilista.

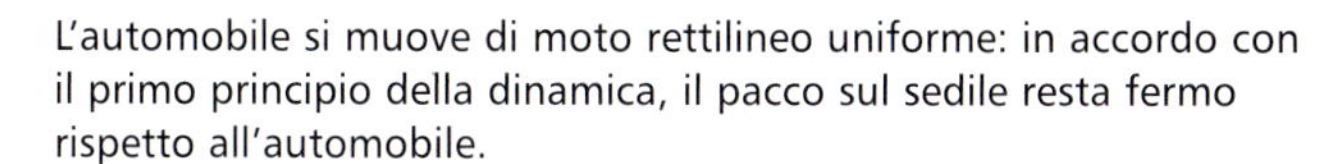

L'automobile si muove di moto rettilineo uniforme: in accordo con il primo principio della dinamica, il pacco sul sedile resta fermo rispetto all'automobile.

L'automobile frena: il pacco accelera in avanti rispetto all'automobile, senza che nessuna forza lo spinga in avanti. Per l'automobilista il primo principio non è più valido.

Sistemi di riferimento inerziali

Per rimanere fermi o muoversi di moto rettilineo uniforme, rispetto a un sistema di riferimento fermo o in moto rettilineo uniforme, non è necessaria alcuna forza. Se si pretende di farlo in un sistema di riferimento accelerato allora è necessario esercitare o subire forze (per esempio, in un'automobile in partenza, la spinta del sedile dove si è seduti).
Possiamo generalizzare così: *se il principio di inerzia è valido in un sistema di riferimento, esso è valido in qualsiasi altro sistema in moto rettilineo uniforme rispetto al primo*. Non è invece valido in un sistema di riferimento in moto accelerato rispetto al primo.
Tutti i sistemi in cui è valido il principio d'inerzia si chiamano **sistemi inerziali**.

La Terra è un sistema di riferimento approssimativamente inerziale

Con gli strumenti a nostra disposizione non saremmo in grado di rilevare l'accelerazione di una stella neanche se le nostre osservazioni durassero un secolo. Le stelle sono considerate, per convezione e ai fini pratici, un sistema di riferimento inerziale, spesso detto "delle stelle fisse".
Nel sistema di riferimento delle stelle il nostro pianeta si muove di moto accelerato, in quanto ruota intorno al proprio asse e intorno al Sole. Perciò, a rigore, la Terra non è un sistema inerziale.
Tuttavia l'accelerazione della Terra è abbastanza piccola da non compromettere vistosamente la validità del principio di inerzia.

Adesso tocca a te

Rielabora il contenuto del paragrafo rispondendo a voce a queste domande.

3. Giudica la veridicità della seguente affermazione, motivando la tua risposta:
"Se la risultante di più forze applicate a un corpo è nulla, il corpo è fermo".
☐ Vero
☐ Falso

4. Sei su una giostra. Dal tuo punto di vista, è valido il principio di inerzia?

Prova a risolvere il problema, poi verifica sul MEbook i passaggi svolti e commentati.

5. I due vignaioli, Alfio e Bruno, riescono a sollevare la cassetta d'uva di peso $\vec{P}$ se applicano rispettivamente le forze $\vec{F}_A$ ed $\vec{F}_B$? E a spostarla orizzontalmente? Giustifica la tua risposta.

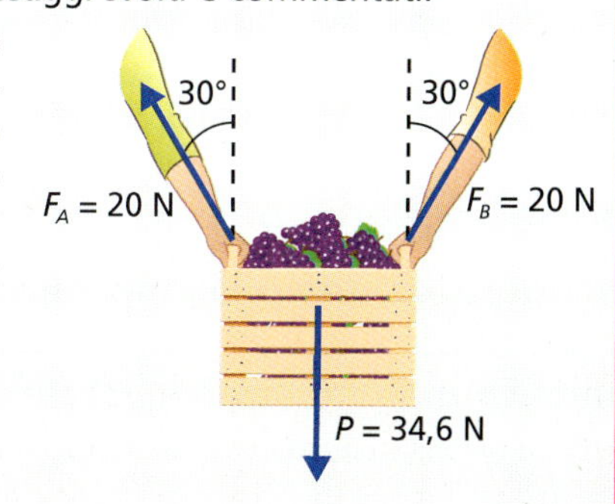

3 Il secondo principio della dinamica

Se un corpo è fermo o si muove a velocità costante lungo una linea retta vuol dire che la forza risultante che agisce su di esso è nulla. Quando il corpo è soggetto a una forza o a più forze con risultante non nulla, la sua velocità cambia: il corpo accelera o decelera a seconda che la forza applicata sia nella direzione del moto o in direzione opposta.
Che relazione c'è fra la forza applicata e l'accelerazione prodotta?

Una forza costante produce un'accelerazione costante

Fissiamo un dinamometro a un carrello poggiato su un piano orizzontale e manteniamo allungato il dinamometro sempre dello stesso tratto durante il moto del carrello [▶6]. Ciò assicura che la forza applicata sia costante. Il suo valore può essere direttamente letto sulla scala dello strumento.

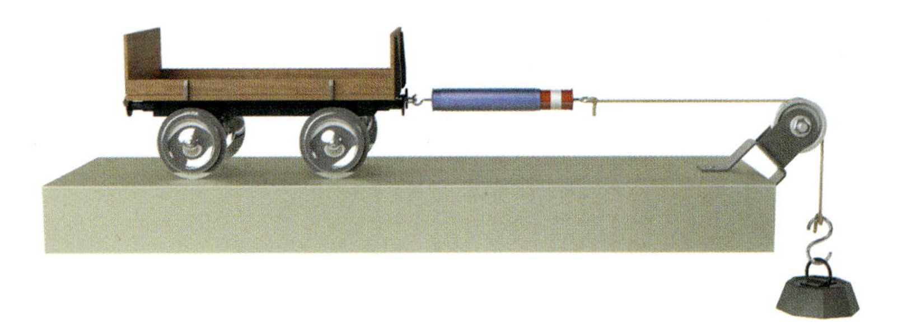

Figura 6 Applicare al carrello una forza costante è facile: basta lasciare che a tirarlo sia un peso che cade.

Per la misura dell'accelerazione possiamo registrare la posizione del carrello a intervalli di tempo uguali con una fotografia stroboscopica [▶7].

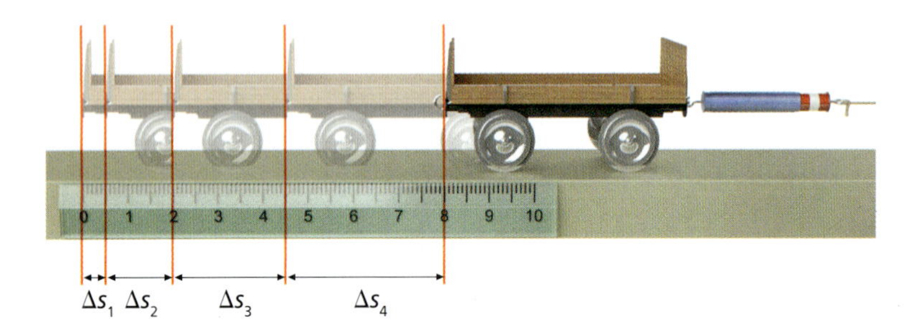

Figura 7 In figura sono rappresentate le posizioni occupate a intervalli di tempo regolari da un carrello uniformemente accelerato. Sono indicate le posizioni che si registrerebbero ogni 0,5 s, nei primi 2 s, se l'accelerazione fosse 0,04 m/s^2 e il carrello partisse da fermo.

Le diverse posizioni del carrello sono impresse nella pellicola a intervalli di tempo uguali. Come nel caso dello spostamento verticale di un oggetto in caduta libera, osserviamo che lo spostamento orizzontale fra un'immagine e la successiva aumenta all'aumentare del tempo. Se a tirare il carrello è un peso che cade, l'accelerazione del carrello è costante. In generale, osserviamo che se la forza applicata è costante l'accelerazione assume lo stesso valore in ogni intervallo di tempo.
A una forza costante corrisponde dunque un'accelerazione costante.

Forze diverse applicate a uno stesso corpo

Per riuscire a mettere in moto un oggetto, e dunque variare la sua velocità, è necessario che intervenga una forza. Più la forza è intensa, più è facile mettere in moto (accelerare) un oggetto: la spinta di due uomini sposta un'autovettura molto più rapidamente della spinta di un solo uomo; quella di tre è ancora più efficace e così via.

Se ripetiamo l'esperimento con il carrello applicando forze di intensità diversa, produciamo accelerazioni diverse, sempre proporzionali alle forze stesse; se la forza raddoppia, raddoppia anche l'accelerazione del carrello; se la forza triplica, triplicherà l'accelerazione prodotta. *Forza e accelerazione sono dunque direttamente proporzionali*: al variare dell'una varia anche l'altra, ma il loro rapporto si mantiene costante.

Forze uguali applicate a corpi diversi

Come reagiscono due corpi diversi all'azione di una stessa forza?
Continuiamo a utilizzare i nostri carrelli, e agganciamone insieme due uguali: raddoppiamo cioè la massa m dell'oggetto su cui applichiamo la forza [▸8].
Se tiriamo il dinamometro sempre con la stessa intensità, troviamo che l'accelerazione a si dimezza. Con tre carrelli si riduce a un terzo, e così via.

Figura 8 Raddoppiando il numero dei carrelli e lasciando invariata la forza applicata, l'accelerazione si dimezza.

Ciò vuol dire che *l'accelerazione prodotta è inversamente proporzionale alla massa del carrello*.
Combinando i due risultati (il modulo dell'accelerazione a è direttamente proporzionale alla forza F e inversamente proporzionale alla massa m) possiamo scrivere:

$$a = \frac{F}{m} \qquad \text{da cui:} \qquad F = m\,a$$

Massa inerziale e massa gravitazionale

La massa m è il coefficiente di proporzionalità fra la forza applicata e l'accelerazione prodotta, e varia da un corpo all'altro.
Questo coefficiente quantifica l'inerzia di un corpo: esprime, cioè, la misura di quanto sia difficile metterlo in movimento se è fermo, oppure fermarlo o cambiarne la direzione del moto se è in movimento. L'inerzia è, per Newton, la "disposizione a resistere" della materia ed è per questo che la massa associata a questa proprietà viene chiamata **massa inerziale**.
Che differenza c'è fra la massa che già conosciamo e la massa inerziale?
Le due grandezze hanno definizioni operative differenti. La prima è la grandezza che si misura con una bilancia a bracci uguali, sfruttando il fatto che ogni corpo è attratto dalla Terra. Per questo è anche chiamata **massa gravitazionale**. La massa inerziale, invece, si ricava misurando l'accelerazione prodotta da una data forza. Il suo valore è il rapporto F/a fra il modulo della forza e quello dell'accelerazione.
Ogni corpo possiede una massa gravitazionale e una massa inerziale, che in linea di principio potrebbero essere distinte fra loro (vedi 1, a pagina seguente).
Gli esperimenti dimostrano che, se un corpo A ha una massa inerziale doppia rispetto a un corpo B, la sua massa gravitazionale è il doppio della massa gravitazionale di B. Massa inerziale e massa gravitazionale sono, cioè, direttamente proporzionali fra loro.
Possiamo fare in modo, allora, che le due grandezze risultino uguali. Basta definire come massa inerziale unitaria quella del kilogrammo campione: lo stesso corpo la cui massa gravitazionale è assunta come unitaria.
Con questa scelta, le due masse di ogni corpo risultano espresse, in kilogrammi, dallo stesso numero. In pratica diventano la stessa grandezza: la **massa**. Sulla sua natura, inerziale o gravitazionale, non occorre più fare alcuna distinzione.

1 Come e perché

Con quale massa abbiamo a che fare?

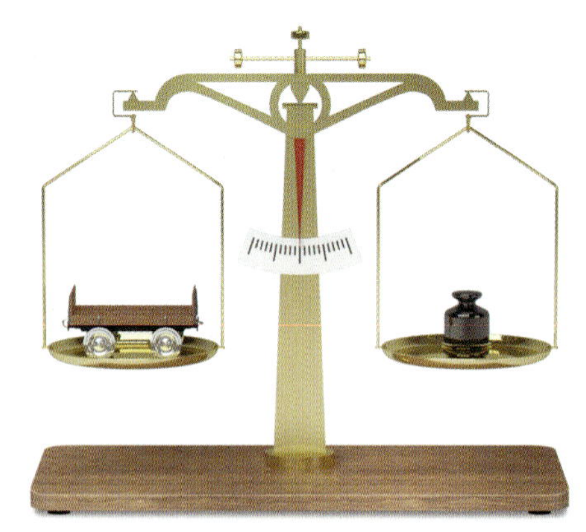

a. Per mettere in movimento un carrello su un tavolo orizzontale con una data accelerazione, dobbiamo applicare una forza muscolare tanto maggiore quanto più grande è la massa inerziale del carrello. In questa azione non dobbiamo contrastare la gravità: se operassimo sulla Luna, dove l'effetto della gravità è minore, la forza richiesta sarebbe la stessa.

b. Se teniamo il carrello fermo in mano, dobbiamo esercitare una forza che contrasti la gravità. Ciò che conta in questo caso non è l'inerzia del carrello, ma la sua massa gravitazionale. Più questa è grande, maggiore è il nostro sforzo muscolare. Sulla Luna lo sforzo sarebbe minore; ma ciò non vuol dire che sarebbe minore la massa gravitazionale del carrello.

c. Soppesando il carrello con la mano, valutiamo la forza di gravità che lo attrae verso il basso. Per misurare la sua massa gravitazionale dobbiamo invece confrontarlo con un campione mediante una bilancia a bracci uguali. Sulla Luna il campione necessario a equilibrare la bilancia sarebbe lo stesso che sulla Terra: verificheremmo così che la massa gravitazionale non cambia.

Unità di misura e dimensioni della forza

In base alla relazione $F = m\,a$ possiamo esprimere le dimensioni fisiche della forza:

$$[F] = [m]\,[a] = [m]\,[l]\,[t^{-2}]$$

Possiamo, inoltre, precisare la definizione del newton (N), l'unità di forza del SI. Una forza di 1 N è quella che imprime a un corpo di massa 1 kg un'accelerazione pari a 1 m/s^2:

$$1\ \text{N} = 1\ \text{kg} \cdot \text{m/s}^2$$

2 Le risposte della fisica **Saltiamo sul bob!**

Un bob ha una massa di 280 kg. L'equipaggio, prima di saltarci dentro, lo spinge per 15,0 m in 4,00 s. Nell'ipotesi che il bob acceleri da fermo in modo uniforme, qual è l'intensità della forza risultante che agisce su di esso durante la spinta?

Dati e incognite

$m = 280$ kg

$s = 15{,}0$ m

$t = 4{,}00$ s

$F = ?$

Soluzione

Durante la spinta, il bob compie un moto uniformemente accelerato con accelerazione scalare a lungo la pista. La legge oraria del moto, essendo nulla la velocità iniziale, è:

$$s = \frac{1}{2}a\,t^2$$

Da questa equazione si ricava l'accelerazione, espressa in funzione dello spostamento s compiuto e del tempo t impiegato:

$$a = \frac{2\,s}{t^2}$$

L'intensità della forza totale che agisce sul bob è pertanto:

$$F = m\,a = m\,\frac{2\,s}{t^2} = \frac{2\,m\,s}{t^2} =$$

$$= \frac{2(280\ \text{kg})(15{,}0\ \text{m})}{(4{,}00)^2} =$$

$$= 525\ \text{N}$$

Il secondo principio della dinamica è una legge vettoriale

L'accelerazione prodotta da una forza ha la direzione e il verso della forza. Pertanto il secondo principio della dinamica può essere espresso in forma vettoriale.

Secondo principio della dinamica

La risultante $\vec{F}$ delle forze applicate a un corpo è uguale al prodotto fra la massa m del corpo e l'accelerazione $\vec{a}$ da esso acquistata:

forza (N) — *massa* (kg) — *accelerazione* (m/s²)

$$\vec{F} = m\,\vec{a} \qquad (1)$$

In modo equivalente si può dire che *l'accelerazione acquistata da un corpo è direttamente proporzionale alla forza risultante a esso applicata e inversamente proporzionale alla sua massa.*

Il secondo principio esprime una legge valida, istante per istante, anche nel caso in cui la forza e l'accelerazione non siano costanti nel tempo.

3 Le risposte della fisica — Quanto accelera il disco da hockey?

Un disco da hockey di massa pari a 0,300 kg scivola con attrito trascurabile sulla superficie orizzontale di una pista di ghiaccio. Due giocatori colpiscono contemporaneamente il disco con le loro mazze, esercitando su di esso le forze rappresentate in figura, rispettivamente di intensità 4,00 N e 8,00 N. Le due forze sono fra loro perpendicolari e sono entrambe parallele alla superficie della pista. Qual è, in modulo, l'accelerazione impressa al disco?

$\vec{F}_2$, $\vec{F}_1$ — $\vec{F}_2$, $\vec{F}$, $\vec{F}_1$

Dati e incognite

$m = 0{,}300$ kg
$F_1 = 4{,}00$ N
$F_2 = 8{,}00$ N
$a = ?$

Soluzione

La forza risultante $\vec{F} = \vec{F}_1 + \vec{F}_2$ che agisce sul disco, rappresentata nel diagramma vettoriale, è stata ricavata con il metodo del parallelogramma. Il parallelogramma costruito sui due vettori $\vec{F}_1$ ed $\vec{F}_2$ è un rettangolo. Per il teorema di Pitagora la lunghezza della sua diagonale, uguale al modulo di $\vec{F}$, è:

$$F = \sqrt{F_1^2 + F_2^2}$$

Il modulo dell'accelerazione è pertanto:

$$a = \frac{F}{m} = \frac{\sqrt{F_1^2 + F_2^2}}{m} = \frac{\sqrt{(4{,}00\ \text{N})^2 + (8{,}00\ \text{N})^2}}{0{,}300\ \text{kg}} = 29{,}8\ \text{m/s}^2$$

Riflettiamo sul risultato

Essendo

$$\vec{F} = \vec{F}_1 + \vec{F}_2$$

si ha:

$$\vec{a} = \frac{\vec{F}}{m} = \frac{\vec{F}_1}{m} + \frac{\vec{F}_2}{m} = \vec{a}_1 + \vec{a}_2$$

I vettori $\vec{a}_1 = \vec{F}_1/m$ e $\vec{a}_2 = \vec{F}_2/m$ sono i due componenti dell'accelerazione $\vec{a}$ secondo le direzioni individuate da $\vec{F}_1$ ed $\vec{F}_2$. Inoltre, $\vec{a}_1$ e $\vec{a}_2$ rappresentano le accelerazioni che sarebbero prodotte dalle forze $\vec{F}_1$ ed $\vec{F}_2$ se queste agissero indipendentemente l'una dall'altra.

Possiamo concludere che l'azione di una forza su un corpo non è modificata dalla simultanea azione di una seconda forza sullo stesso corpo. L'accelerazione impressa è la somma vettoriale delle accelerazioni prodotte dalle singole forze.

Prosegui tu

Calcola i moduli dei vettori $\vec{a}_1$ e $\vec{a}_2$, componenti dell'accelerazione secondo le direzioni individuate da $\vec{F}_1$ ed $\vec{F}_2$.

[13,3 m/s²; 26,7 m/s²]

Il primo principio è un caso particolare del secondo

Il primo principio della dinamica è compreso nel secondo. Per $\vec{F} = 0$, infatti, dalla (1) si ha $\vec{a} = 0$. Se dunque la risultante delle forze applicate a un corpo è nulla, il corpo mantiene invariata la propria velocità, in modulo, direzione e verso, essendo nulla la sua accelerazione.
È evidente che nei sistemi non inerziali, in cui non vale il primo principio della dinamica, non vale nemmeno il secondo: se quest'ultimo fosse valido dovrebbero esserlo anche tutte le sue conseguenze (fra cui il primo principio). Invece come confermano gli esperimenti, la (1) è verificata in *qualunque* sistema di riferimento inerziale.
Il secondo principio è detto anche **legge fondamentale della dinamica**. Dalle forze applicate, esso permette di calcolare l'accelerazione di un corpo di massa nota; dopodiché, conoscendo la velocità e la posizione del corpo in un istante, si possono trovare la sua velocità e la sua posizione in ogni altro istante, cioè determinare tutte le proprietà del moto.

Adesso tocca a te

Rielabora il contenuto del paragrafo rispondendo a voce a queste domande.

6. "La massa è una misura dell'inerzia di un corpo." Spiega questa affermazione.

7. La massa inerziale e la massa gravitazionale del kilogrammo campione, misurate sulla Terra, hanno entrambe lo stesso valore di 1 kg. Cambierebbe qualcosa se le due grandezze fossero misurate sulla Luna, dove la gravità è più debole?

8. Un corpo, soggetto a un'unica forza $\vec{F}_1$, si muove con una certa accelerazione. Se una seconda forza $\vec{F}_2$, della stessa intensità della prima, è contemporaneamente applicata allo stesso corpo, questo si muove con un'accelerazione doppia?

Prova a risolvere il problema, poi verifica sul MEbook i passaggi svolti e commentati.

9. Un'anatra di 2,0 kg, che si muove orizzontalmente alla velocità di 3,0 m/s, si posa sull'acqua di un fiumiciattolo. La corrente, diretta in verso opposto al moto dell'anatra, la ferma dopo 1,0 s. Quanto vale l'intensità della forza costante che la corrente esercita sull'anatra? Qual è lo spazio percorso dal pennuto in acqua in questo intervallo di tempo?
[6,0 N; 1,5 m]

4 Il terzo principio della dinamica

La forza applicata a un corpo è sempre applicata da un altro corpo: un chiodo si conficca in una parete perché è colpito da un martello e un trolley scivola perché tirato da una persona. Anche il chiodo esercita una forza sul martello, dato che la sua velocità si riduce durante il contatto; allo stesso modo quando tiriamo un trolley la nostra mano si deforma, indice del fatto che anche la mano subisce una forza.
Due corpi che interagiscono esercitano una forza l'uno sull'altro. Chiamando **azione** la forza agente su un corpo e **reazione** la forza agente sull'altro, possiamo enunciare il terzo principio della dinamica, o **principio di azione e reazione**.

Terzo principio della dinamica

A ogni azione corrisponde sempre una reazione contraria di uguale intensità.

Consideriamo due oggetti A e B [▶9]: se $\vec{F}_{AB}$ è la forza che A esercita su B, quest'ultimo reagisce su A con una forza $\vec{F}_{BA}$ di uguale intensità, orientata in verso opposto lungo la stessa retta di azione:

$$\vec{F}_{BA} = -\vec{F}_{AB}$$

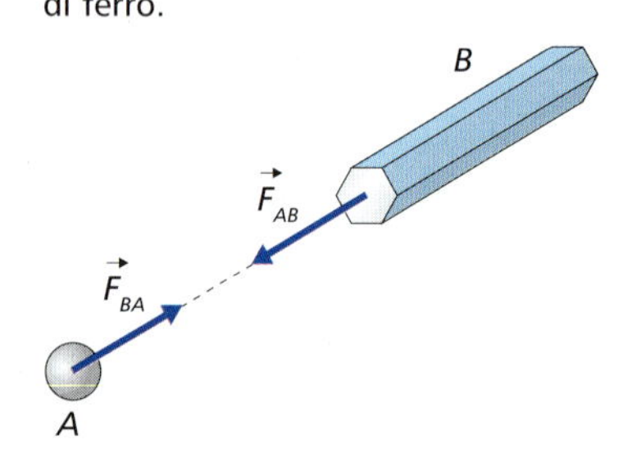

Figura 9 Azione e reazione fra una barretta magnetica e una biglia di ferro.

Il terzo principio vale sia nel caso delle interazioni a distanza, sia nel caso in cui due corpi vengano in diretto contatto.

L'esempio del cavallo di Newton

Per illustrare il principio di azione e reazione, Newton usò l'esempio di un cavallo che tira una pietra tramite una corda [▸**10**].
Essendo tesa da entrambe le parti, la corda tira allo stesso tempo il cavallo verso la pietra e la pietra verso il cavallo.
Ma se le due forze hanno la stessa intensità, come fa il cavallo ad accelerare in avanti la pietra? Ci riesce perché azione e reazione, pur essendo di uguale intensità e verso opposto, non sono due forze che si bilanciano. Esse sono infatti applicate a due corpi distinti.
Consideriamo, per semplicità, solo i componenti orizzontali delle forze *esercitate dal* cavallo e *agenti sul* cavallo.
Il cavallo A, per muoversi in avanti, deve spingere gli zoccoli contro il suolo B con una forza $\vec{F}_{AB}$ (azione) e il suolo reagisce con la forza di attrito statico $\vec{F}_{BA}$ (reazione). Inoltre il cavallo tira la pietra C con la forza $\vec{F}_{AC}$ e subisce la reazione $\vec{F}_{CA}$ della pietra.
Le forze che agiscono sul cavallo sono $\vec{F}_{BA}$, orientata in avanti, e $\vec{F}_{CA}$, orientata all'indietro. L'animale accelera in avanti se l'attrito statico $\vec{F}_{BA}$ sviluppato dal suolo sugli zoccoli è più intenso della forza $\vec{F}_{CA}$.

Figura 10 Il cavallo che tira la pietra.

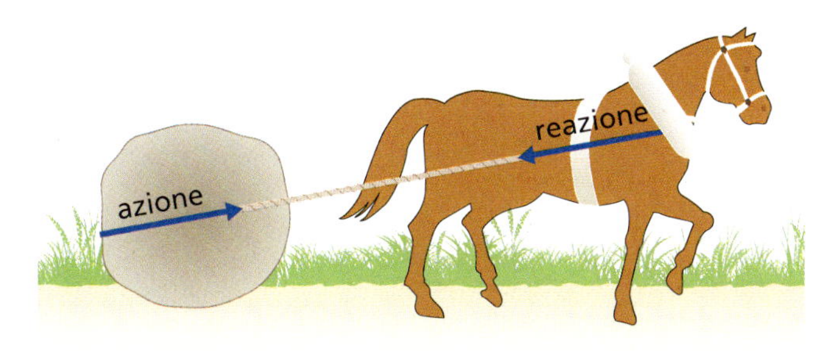

L'azione del cavallo sulla pietra e la reazione della pietra sul cavallo sono due forze di uguale intensità, uguale direzione e versi opposti.

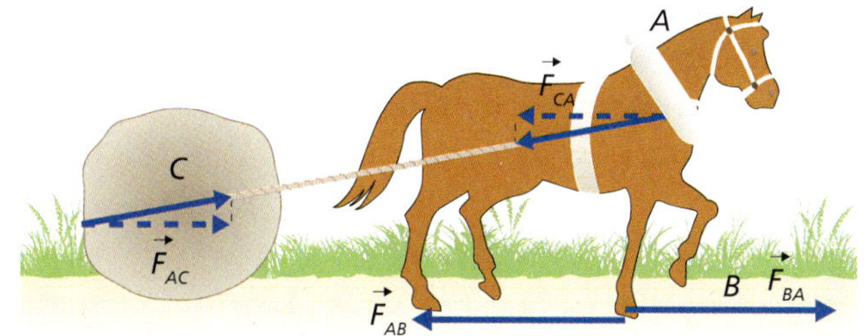

In direzione orizzontale, il cavallo esercita una forza $\vec{F}_{AB}$ sul suolo e una forza $\vec{F}_{AC}$ sulla pietra. Il suolo e la pietra reagiscono sul cavallo con le forze $\vec{F}_{BA}$ ed $\vec{F}_{CA}$.

Azione e reazione: forze ugualmente intense con effetti anche molto diversi

Il peso $\vec{P}$ di una mela è l'azione esercitata su di essa dalla Terra [▸**11**]. La mela a sua volta attrae la Terra con una forza opposta.
A causa dell'enorme differenza di massa, i due corpi rispondono alle due forze di uguale intensità in modo diverso: mentre la mela acquista l'accelerazione di gravità $\vec{g}$, la Terra è praticamente insensibile alla forza della mela. Questo accade sempre quando l'inerzia di un corpo è molto più grande di quella dell'altro.

Figura 11 Interazione fra la Terra e una mela.

4 Le risposte della fisica Dura la vita in Antartide!

I pinguini non sanno volare e camminano goffamente, ma si spostano sulle distese di ghiaccio dell'Antartide slittando sulla pancia e remando con le ali.
Sdraiati sulla pancia, due pinguini si spingono l'un l'altro. Il pinguino più grosso, che ha massa 40,5 kg, esercita su quello più piccolo, che ha massa 22,4 kg, una forza orizzontale di 80,4 N. Supponendo trascurabile l'attrito con il ghiaccio, di quanto accelera ciascuno dei due pinguini?

Dati e incognite

$m_1 = 40,5$ kg $m_2 = 22,4$ kg $F = 80,4$ N

$a_1 = ?$ $a_2 = ?$

Soluzione

Se il pinguino più grosso esercita sul più piccolo una forza di intensità F, quest'ultimo risponde, per il principio di azione e reazione, esercitando sul primo una forza della stessa intensità. Poiché gli attriti sono trascurabili, queste forze sono le uniche parallele al suolo ghiacciato e quindi le uniche che fanno accelerare i pinguini.
In accordo con il secondo principio della dinamica, i due animali hanno accelerazioni inversamente proporzionali alle rispettive masse.
Ricordando che vicino ai poli (siamo in Antartide) l'accelerazione di gravità g vale 9,83 m/s², dalla (1) troviamo che l'accelerazione del pinguino di massa maggiore è, in modulo:

$$a_1 = \frac{F}{m_1} = \frac{80,4\,\text{N}}{40,5\,\text{kg}} = 1,99\,\frac{\cancel{\text{kg}}\cdot\text{m/s}^2}{\cancel{\text{kg}}} = 1,99\,\text{m/s}^2$$

e quella del pinguino di massa minore è:

$$a_2 = \frac{F}{m_2} = \frac{80,4\,\text{N}}{22,4\,\text{kg}} = 3,59\,\frac{\cancel{\text{kg}}\cdot\text{m/s}^2}{\cancel{\text{kg}}} = 3,59\,\text{m/s}^2$$

Le due accelerazioni sono orientate come le forze: sono due vettori che giacciono sulla stessa retta secondo versi opposti.

Adesso tocca a te

Rielabora il contenuto del paragrafo rispondendo a voce a queste domande.

10. Alla luce del terzo principio, che cosa spinge in avanti una persona che cammina? E che cosa fa spostare una ruota mentre gira sul terreno?

11. In un collisore, un protone interagisce con un'altra particella. Da che cosa dipende il rapporto fra i moduli delle accelerazioni delle due particelle, se tutte le forze eccetto quelle che si sviluppano durante l'interazione sono trascurabili?

Prova a risolvere il problema, poi verifica sul MEbook i passaggi svolti e commentati.

12. Un uomo di 90 kg e suo figlio di 20 kg pattinano sulla superficie di un lago ghiacciato. Padre e figlio stanno in piedi uno di fronte all'altro con le mani accostate. Poi l'uomo comincia a spingere il bambino. Trascurando l'attrito, calcola il modulo dell'accelerazione del bambino sapendo che l'accelerazione dell'uomo è di 0,10 m/s². Se, a parità di accelerazione dell'uomo, il padre pesasse 20 kg di meno e il figlio 20 kg di più, come varierebbe il modulo dell'accelerazione del bambino? Giustifica la tua risposta.

[0,45 m/s²]

5 Applicazioni dei principi della dinamica

Ogni volta che mettiamo in relazione il moto di un corpo con le forze che agiscono su di esso facciamo uso delle leggi della dinamica. Quali forze determinano lo scivolamento di un corpo lungo un piano inclinato? Qual è la forza necessaria a mantenere un oggetto in moto circolare? Quale forza permette a un corpo di muoversi di moto armonico?

Il secondo principio e la caduta libera

Se l'unica forza che agisce su un corpo è il suo peso $\vec{P}$, diciamo che il corpo compie una **caduta libera**. Il secondo principio della dinamica, applicato alla caduta libera di un corpo di massa m, fornisce la relazione fra il peso e l'accelerazione di gravità.

Peso e accelerazione di gravità

Il peso $\vec{P}$ di un corpo è uguale al prodotto fra la massa m del corpo e l'accelerazione di gravità $\vec{g}$:

$$\vec{P} = m\,\vec{g} \qquad (2)$$

peso (N) — *massa* (kg) — *accelerazione di gravità* (m/s²)

L'accelerazione di gravità g può essere espressa tanto in m/s² quanto in N/kg e vale, approssimativamente:

$$g = 9{,}81\ \mathrm{m/s^2} = 9{,}81\ \frac{\mathrm{kg \cdot m/s^2}}{\mathrm{kg}} = 9{,}81\ \mathrm{N/kg}$$

Poiché l'accelerazione di gravità è la stessa per tutti i corpi che si trovano in uno stesso luogo, l'equazione precedente mostra che corpi di uguale massa hanno anche lo stesso peso e, più in generale, che *il peso e la massa sono direttamente proporzionali fra loro.*
In un luogo fissato, la forza peso è l'unica forza che mette in movimento con la stessa accelerazione corpi di qualunque massa. L'accelerazione prodotta da tutti gli altri tipi di forze cambia da un corpo all'altro in proporzione inversa alla massa.
In molti casi, il moto di un corpo è determinato dall'azione simultanea del peso e di altre forze, come spinte, trazioni, forze vincolari, attriti. Ciò che determina l'accelerazione del corpo è sempre la forza risultante.

Un piano inclinato rallenta il moto di caduta

Un blocco di massa m scivola con attrito trascurabile lungo un piano inclinato.
Nella [▸12] sono rappresentate le forze che agiscono sul blocco: il peso $\vec{P}$ e la reazione normale $\vec{N}$ del piano.
La forza $\vec{N}$ bilancia $\vec{P}_{\perp}$, componente di $\vec{P}$ nella direzione perpendicolare al piano. Il moto del blocco lungo il piano dipende, pertanto, solo da $\vec{P}_{//}$, componente di $\vec{P}$ nella direzione parallela al piano e risultante del sistema di forze cui è soggetto il blocco.
Indicando con h l'altezza del piano inclinato e con l la sua lunghezza, il modulo di $\vec{P}_{//}$ è:

$$P_{//} = \frac{h}{l}\,P$$

Essendo $P = m\,g$, possiamo anche scrivere:

$$P_{//} = \frac{h\,m\,g}{l}$$

L'accelerazione con cui il blocco si muove lungo il piano inclinato ha modulo:

$$a = \frac{P_{//}}{m} = \frac{h}{l}\,g$$

Poiché il rapporto h/l fra l'altezza e la lunghezza del piano inclinato è sempre minore di 1, a è sempre minore di g. Ciò vuol dire che la discesa lungo un piano inclinato è un moto più lento rispetto alla caduta libera.

Figura 12 Le forze su un blocco che scivola con attrito trascurabile su un piano inclinato.

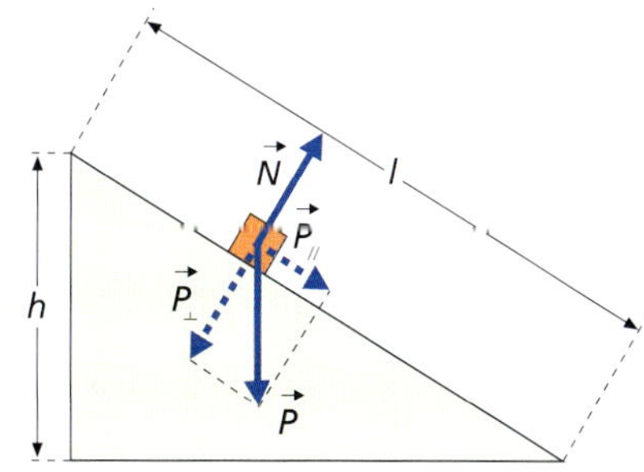

Discesa lungo un piano inclinato con attrito

Consideriamo ora un blocco di massa m che scivola lungo un piano inclinato in presenza di attrito. Nella [▶13] sono rappresentate le forze che agiscono sul blocco: il peso $\vec{P}$, la reazione normale $\vec{N}$, la forza di attrito dinamico $\vec{F}_d$. La risultante delle forze lungo il piano inclinato è ora $m\,\vec{a} = \vec{P}_{//} + \vec{F}_d$. La forza $\vec{F}_d$ è parallela al piano ma ha verso opposto alla componente di $\vec{P}$ lungo il piano. L'accelerazione con cui si muove il blocco ha così modulo:

$$a = \frac{P_{//} - F_d}{m}$$

Il modulo della forza di attrito è direttamente proporzionale al modulo N della reazione normale:

$$F_d = k_d N$$

Indicando con b la base del piano inclinato, dalla similitudine dei triangoli rettangoli ABC e $A'B'C'$ segue la relazione:

$$N = P_{\perp} = \frac{b}{l} P$$

Ricordando che $P_{//} = \frac{h}{l} P$, possiamo scrivere:

$$a = \frac{\frac{h}{l} P - k_d \frac{b}{l} P}{m} = \frac{m\,g}{l\,m}\left(h - k_d\, b\right) = \frac{g}{l}\left(h - k_d\, b\right)$$

Se $h = b\,k_d$ ne segue $a = 0$: il blocco si muove di moto rettilineo uniforme.

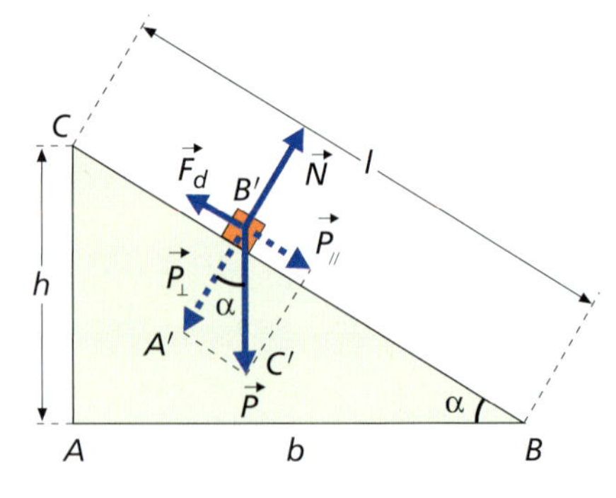

Figura 13 Le forze su un blocco che scivola su un piano inclinato con attrito.

La forza che causa il moto circolare

L'aeroplanino della [▶14] si muove a velocità v su una traiettoria circolare di raggio r. Ha pertanto un'accelerazione centripeta $\vec{a}_c$, di modulo $a_c = v^2/r$. Se m è la massa dell'aeroplanino, si chiama **forza centripeta** la forza:

$$\vec{F}_c = m\,\vec{a}_c$$

Se cessa l'azione di questa forza, l'aeroplanino prosegue di moto rettilineo uniforme con velocità v, in accordo con il primo principio della dinamica.

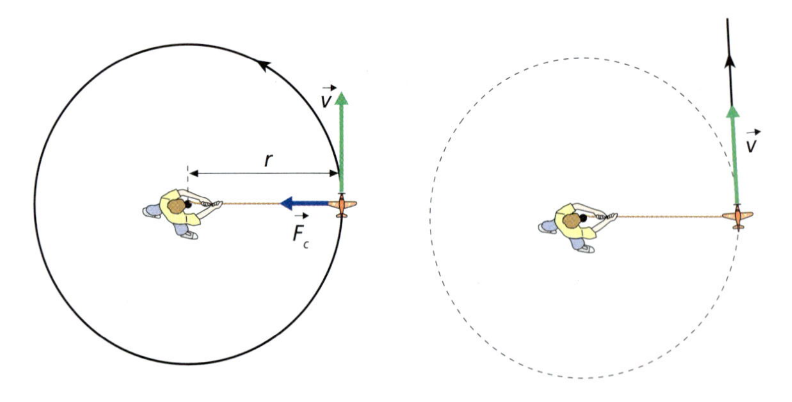

Figura 14 Un aeroplanino in moto circolare uniforme.

Forza centripeta

La forza centripeta $\vec{F}_c$ è la forza necessaria a mantenere un oggetto in moto circolare, diretta in ogni istante verso il centro della traiettoria. Per un corpo di massa m con velocità v su una circonferenza di raggio r, la sua intensità è:

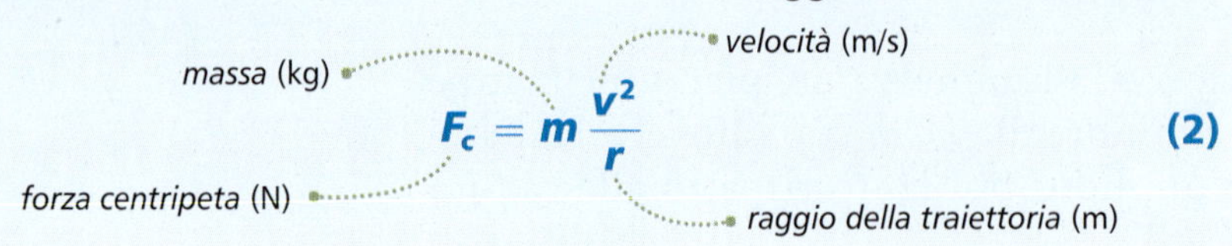

$$F_c = m\frac{v^2}{r} \quad (2)$$

In funzione della velocità angolare ω del moto, l'intensità della forza centripeta è espressa da:

$$F_c = m\, r\, \omega^2$$

La forza centripeta che agisce sull'aeroplanino è la tensione del filo.
La forza centripeta che agisce su un oggetto in moto su una traiettoria curvilinea è, in generale, la somma delle forze dirette verso il centro di curvatura della traiettoria.

Forza centripeta e forza centrifuga

Quando un'automobile percorre una curva, tra gli pneumatici e il fondo stradale è presente una forza d'attrito che fornisce la forza centripeta necessaria per affrontarla in sicurezza. Se non vi fosse attrito, l'automobile non sarebbe in grado di percorrere la curva e scivolerebbe via, in direzione rettilinea. Un automobilista che affronta la curva ha però la sensazione di essere spinto verso l'esterno. Eppure la forza esercitata su di lui è solo quella del sedile che lo costringe a seguire lo stesso percorso curvilineo dell'automobile.
Perché la sensazione dell'automobilista non rispecchia la realtà? Nella [▶15] la situazione fisica è schematizzata rispetto al sistema di riferimento inerziale della strada e a quello non inerziale dell'automobile.

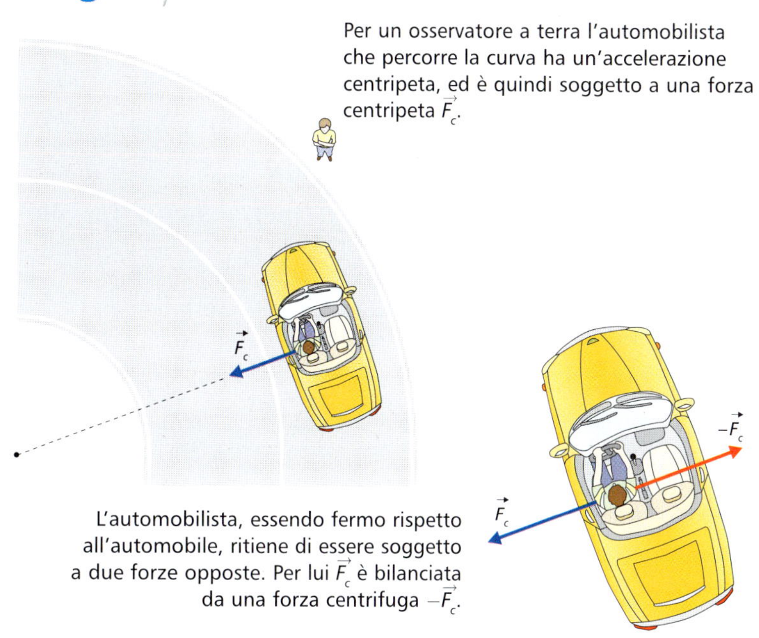

Per un osservatore a terra l'automobilista che percorre la curva ha un'accelerazione centripeta, ed è quindi soggetto a una forza centripeta $\vec{F}_c$.
$\vec{F}_c$
$-\vec{F}_c$
$\vec{F}_c$
L'automobilista, essendo fermo rispetto all'automobile, ritiene di essere soggetto a due forze opposte. Per lui $\vec{F}_c$ è bilanciata da una forza centrifuga $-\vec{F}_c$.

Figura 15 La forza centripeta è reale, quella centrifuga apparente.

5 Le risposte della fisica Una curva pericolosa!

Per permettere velocità medie elevate, il vecchio tracciato dell'Autodromo di Monza aveva due curve semicircolari con un raggio di 320 m e un angolo di inclinazione massimo di 39°. Qual è la velocità massima consentita per poter percorrere queste curve senza sfruttare l'attrito tra gomme e pista?

Dati e incognite

$r = 320$ m $\quad \alpha = 39°\quad v = ?$

Soluzione

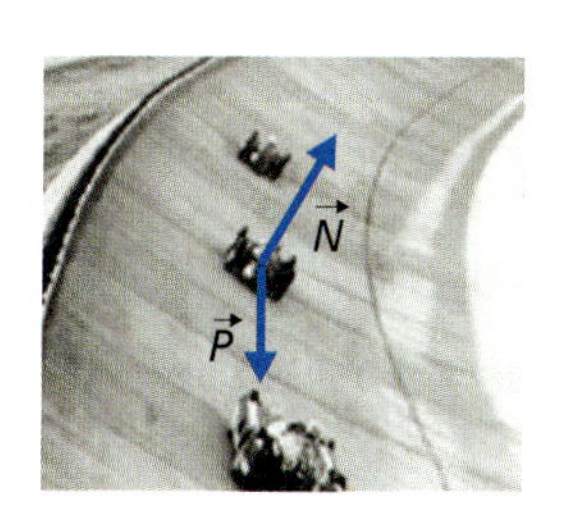

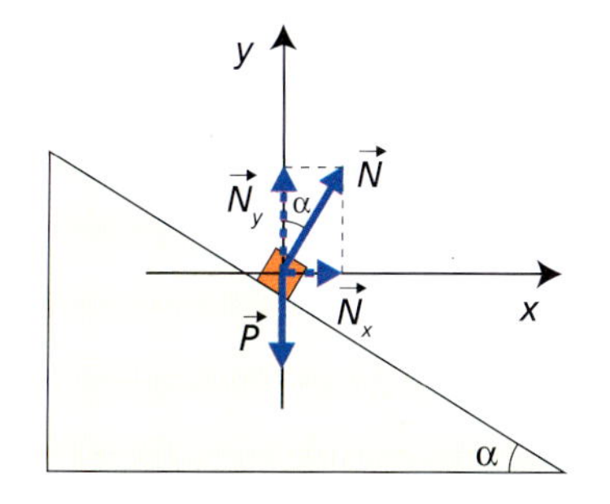

Le forze che agiscono sull'automobile sono la forza peso $\vec{P}$, diretta verticalmente verso il basso, e la forza normale $\vec{N}$, diretta perpendicolarmente alla superficie della curva. L'angolo di inclinazione della curva è il medesimo angolo tra la forza normale e l'asse delle y. I moduli delle componenti della forza normale in funzione dell'angolo di inclinazione sono:

$$N_x = N \sin\alpha \qquad N_y = N\cos\alpha$$

La componente lungo y equilibra la forza peso dell'automobile e del pilota:

$$N\cos\alpha = P = m\, g$$

dove m è la somma delle masse dell'automobile e del pilota. La componente lungo x è l'intensità della forza centripeta necessaria a mantenere in moto circolare l'automobile con velocità v su una curva di raggio r. Vale:

$$N\sin\alpha = F_c = m\frac{v^2}{r}$$

Il modulo del quadrato della velocità nel punto di inclinazione massimo è:

$$v^2 = \frac{N}{m}\, r\sin\alpha = \frac{m\,g}{m}\, r\, \frac{\sin\alpha}{\cos\alpha} = g\, r\tan\alpha =$$

$$= (9{,}81\ \text{m/s}^2)\ (320\ \text{m})\ (\tan 39°) = 2{,}54\cdot 10^3\ \text{m}^2/\text{s}^2$$

Il modulo della velocità è quindi:

$$v = \sqrt{2{,}54\cdot 10^3} = 50{,}4\ \text{m/s}$$

L'automobilista avverte il contatto con il sedile, e quindi sa di ricevere una spinta verso il centro della curva. Deve tuttavia giustificare il fatto di essere fermo rispetto al proprio sistema di riferimento.
Per lui esiste un'altra forza che bilancia la prima: una forza che punta verso l'esterno della curva, detta per questo **forza centrifuga**. La forza centrifuga è una forza apparente: si manifesta solo nei sistemi di riferimento che possiedono un'accelerazione centripeta rispetto a un sistema inerziale, che quindi non sono inerziali.

La fisica che stupisce — Una pompa centrifuga

Le pompe centrifughe sono macchine idrauliche capaci di sollevare l'acqua per effetto della forza centrifuga. Sono impiegate, per esempio, per spegnere incendi e prosciugare locali allagati.
Per costruirne una ti basterà far ruotare... una cannuccia!

Quel poco che serve

- una cannuccia da frappè non pieghevole
- uno spiedo di legno
- una scodella d'acqua
- nastro adesivo
- un cutter

ATTENZIONE Per non tagliarti o causare inavvertitamente danni ai tuoi compagni, usa la lama del cutter con cautela.

Come procedere

- Incidi con il cutter la cannuccia, senza reciderla completamente, a un terzo e a due terzi della sua lunghezza.
- Trafiggi trasversalmente la cannuccia con lo spiedo a metà del segmento centrale.
- Piega il primo e il terzo segmento a formare un triangolo equilatero. Senza ostruire le aperture, fissa le due estremità allo spiedo, dalla parte della punta, con il nastro adesivo.
- Tuffa la punta dello spiedo nell'acqua, assicurandoti che le aperture inferiori della cannuccia siano immerse. Le aperture superiori, invece, devono restare fuori dall'acqua. Tieni lo spiedo in verticale con le dita di una mano e fallo girare, sempre nello stesso verso, con le dita dell'altra.

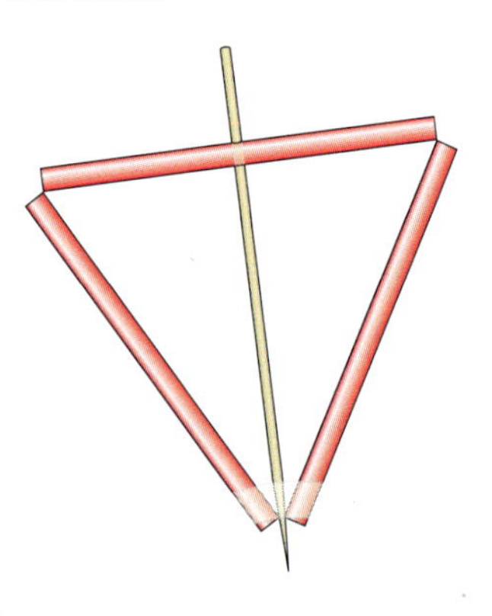

Che cosa osserverai

Mentre girerai lo spiedo l'acqua salirà su per la cannuccia.
Se girerai abbastanza rapidamente, l'acqua comincerà a sprizzare dai fori superiori.

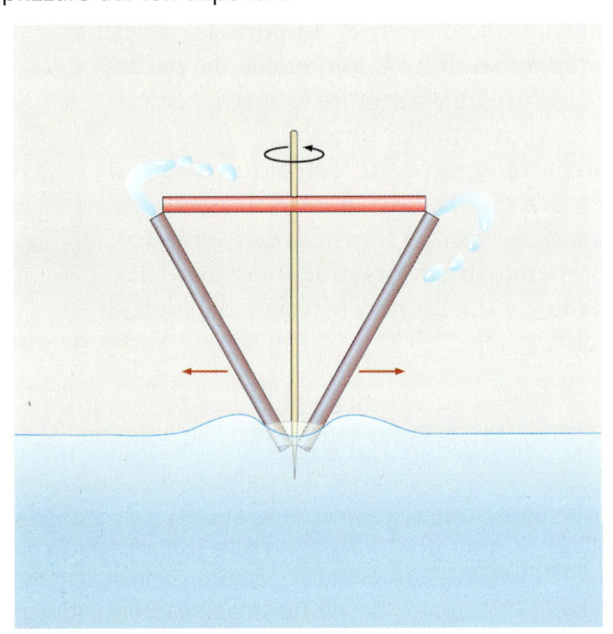

Come si spiega?

Rispetto a un sistema di riferimento inerziale, si vede l'acqua contenuta entro la cannuccia girare insieme alla cannuccia. La forza centripeta che obbliga l'acqua a ruotare è fornita dalla parete dei tratti obliqui della cannuccia stessa.
Ma la forza esercitata dalla parete (reazione normale) è a essa perpendicolare: oltre a un componente orizzontale diretto verso l'asse di rotazione, possiede anche un componente verticale che contrasta la forza di gravità e spinge l'acqua verso l'alto.
Per comprendere il funzionamento della nostra pompa possiamo alternativamente assumere come sistema di riferimento la cannuccia ruotante. La forza centrifuga che si manifesta in questo sistema non inerziale spinge l'acqua verso l'esterno, e l'unico modo perché l'acqua possa allontanarsi dall'asse di rotazione è che salga su per i tratti obliqui.

Moto armonico e forza elastica

Consideriamo un blocco di massa m appoggiato su un tavolo orizzontale e fissato a una molla di costante elastica k [▶16].
Supponiamo che la superficie di appoggio sia lubrificata, così da poter ritenere trascurabile l'attrito da essa sviluppato, e che il moto del blocco sia scarsamente disturbato dalla resistenza dell'aria.
Le forze che agiscono sul blocco in direzione verticale sono il suo peso e la reazione vincolare del tavolo, che si bilanciano. Orizzontalmente la molla, se allungata o compressa, esercita invece una forza $\vec{F}$ non bilanciata.
La forza elastica è direttamente proporzionale allo spostamento del blocco dalla posizione O in cui la molla è a riposo e orientata in verso opposto. Se, lungo la direzione orizzontale, fissiamo una retta orientata con origine in O, e indichiamo con s la coordinata del blocco, la componente scalare di $\vec{F}$ rispetto alla retta è:

$$F = -k\,s$$

Per il secondo principio della dinamica si ha:

$$-k\,s = m\,a$$

da cui:

$$a = -\frac{k}{m}s$$

Ponendo:

$$\omega^2 = \frac{k}{m}$$

si vede che l'accelerazione è quella di un moto armonico:

$$a = -\omega^2 s$$

Figura 16 Oscillazioni armoniche di una molla.

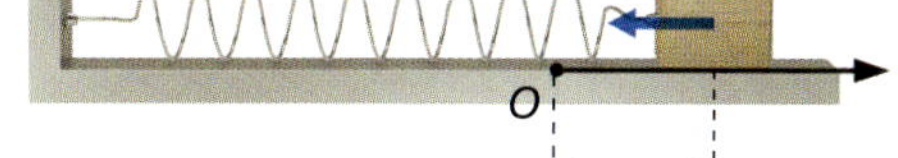

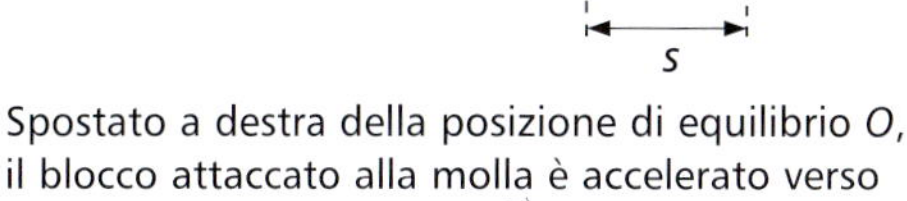

Spostato a destra della posizione di equilibrio O, il blocco attaccato alla molla è accelerato verso sinistra dalla forza elastica $\vec{F}$.

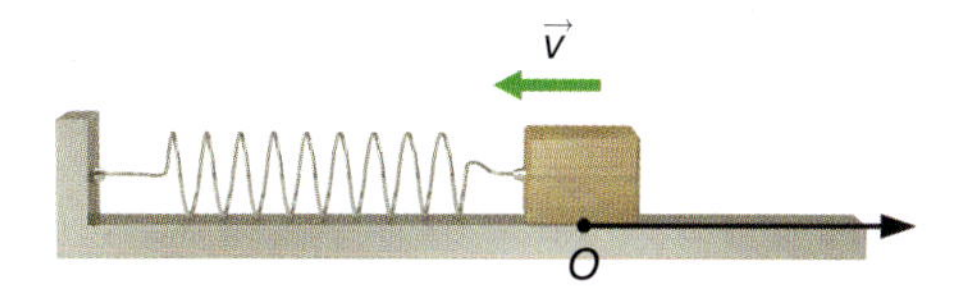

In O il blocco ha velocità massima e accelerazione nulla. Il suo moto verso sinistra continua per inerzia.

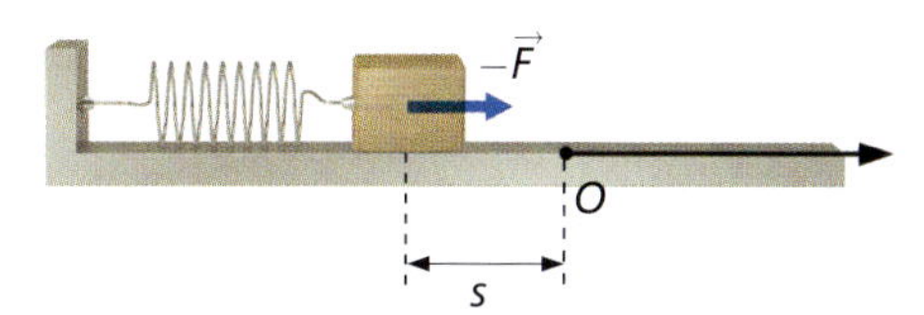

A sinistra di O la forza elastica si inverte e rallenta il blocco. Questo si arresta un istante nel punto simmetrico a quello di partenza e torna indietro.

Moto armonico prodotto da una forza elastica

Un corpo di massa m, soggetto a una forza elastica di costante elastica k, si muove di moto armonico con pulsazione:

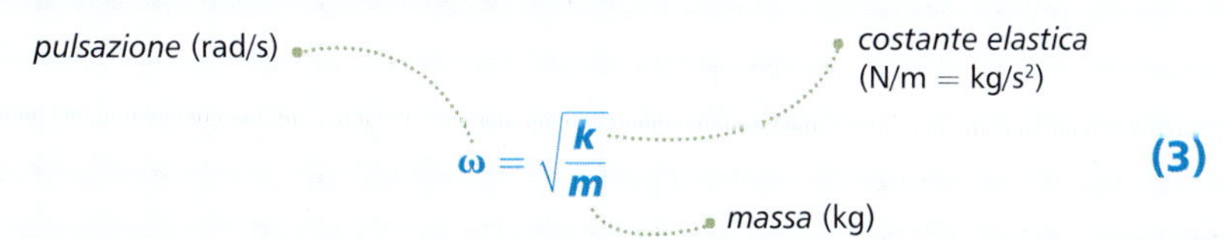

$$\omega = \sqrt{\frac{k}{m}} \quad (3)$$

Esprimendo il periodo del moto in funzione della pulsazione si trova:

$$T = \frac{2\pi}{\omega} = 2\pi\sqrt{\frac{m}{k}}$$

Adesso tocca a te

Rielabora il contenuto del paragrafo rispondendo a voce a queste domande.

13. Nel lancio del martello l'atleta fa girare l'attrezzo su una traiettoria circolare. Perché, quando il lanciatore lascia la presa, il martello si allontana lungo la tangente alla traiettoria?

14. Da che cosa dipende la frequenza di oscillazione di un corpo fissato all'estremità libera di una molla?

Prova a risolvere il problema, poi verifica sul MEbook i passaggi svolti e commentati.

15. Una bambina di 20 kg scende lungo uno scivolo lungo 3,0 m e alto 1,8 m. Calcola l'accelerazione della bambina sia in assenza di attrito, sia in presenza di una forza d'attrito costante di intensità 50 N.

[5,9 m/s²; 3,4 m/s²]

Strategie di problem solving

PROBLEMA 1

Due masse e una carrucola

Un carrello di 0,500 kg poggia sul tavolo del laboratorio ed è fissato, con un filo che passa su una carrucola, a un blocco di massa 0,200 kg sospeso fuori dal bordo del tavolo.
Le masse del filo e della carrucola sono trascurabili, ed è trascurabile anche l'attrito fra il tavolo e il carrello. Quali sono le accelerazioni del blocco e del carrello? Qual è la tensione del filo?

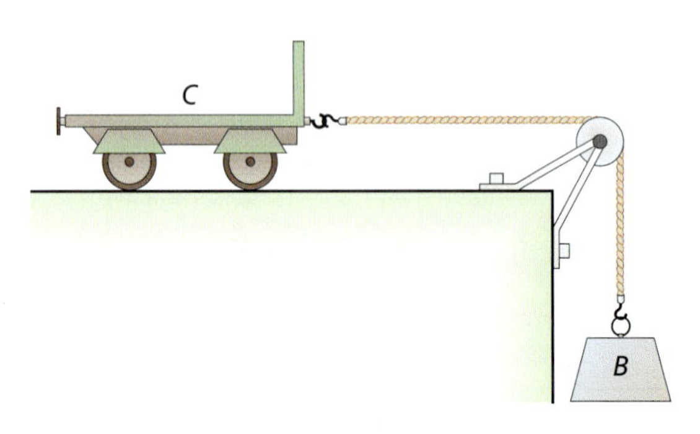

Analisi della situazione fisica

Mentre il blocco B cade verso il basso per effetto del suo peso $\vec{P}_B$, il carrello C è accelerato verso destra. In ogni intervallo di tempo i due corpi si spostano della stessa distanza, quindi il moto verticale dell'uno si svolge come il moto orizzontale dell'altro: le accelerazioni $\vec{a}_B$ e $\vec{a}_C$ dei due corpi hanno direzioni diverse, ma sono uguali in modulo.
Nel diagramma vettoriale sono rappresentate tutte le forze che agiscono sul carrello e sul blocco.
Il peso del carrello $\vec{P}_C$ è bilanciato dalla reazione normale $\vec{N}$ del tavolo. La forza che accelera C verso destra è dunque la tensione $\vec{T}_C$ del filo.
Se un filo ha massa trascurabile, la tensione sviluppata ai suoi estremi è la stessa. Questo è vero anche se il filo passa sopra una carrucola, purché essa abbia massa trascurabile. La carrucola serve solo a modificare la direzione della forza sviluppata dal filo. Dunque la forza $\vec{T}_B$ esercitata dal filo su B ha lo stesso modulo di $\vec{T}_C$.

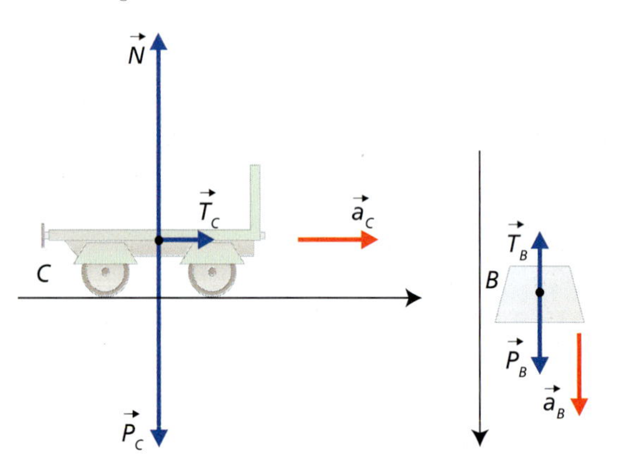

Indichiamo con T il modulo della tensione del filo e con a il modulo dell'accelerazione del sistema blocco-carrello, e applichiamo il secondo principio della dinamica al moto del blocco e a quello del carrello. Otterremo così due equazioni da cui ricavare le incognite a e T.

Dati e incognite

$m_C = 0{,}500$ kg $\quad m_B = 0{,}200$ kg $\quad a = ?\quad T = ?$

Soluzione

Rispetto a una retta orientata verso il basso, la componente scalare del peso del blocco B è positiva, mentre quella della forza esercitata su B dal filo è negativa. Applicando il secondo principio della dinamica al moto di B, possiamo scrivere:

$$m_B g - T = m_B a$$

Rispetto a una retta orientata verso destra, la componente scalare della forza esercitata dal filo sul carrello C è positiva. Per il moto di C vale dunque l'equazione:

$$T = m_C a$$

Sostituendo questa espressione di T nella prima equazione, troviamo:

$$m_B g - m_C a = m_B a \qquad a\,(m_B + m_C) = m_B g$$

$$a = \frac{m_B\, g}{m_B + m_C} = \frac{(0{,}200\ \text{kg})(9{,}81\ \text{m/s}^2)}{0{,}200\ \text{kg} + 0{,}500\ \text{kg}} = 2{,}80\ \text{m/s}^2$$

L'accelerazione del sistema è dunque minore di g, come era logico aspettarsi dal momento che l'inerzia del carrello impedisce al blocco di muoversi come in caduta libera. Sostituendo il valore di a nell'espressione di T otteniamo:

$$T = m_C a = (0{,}500\ \text{kg})\ (2{,}80\ \text{m/s}^2) = 1{,}40\ \text{N}$$

Impara la strategia

- Ricorda che un filo di massa trascurabile sviluppa, alle due estremità, forze ugualmente intense.
- Nel caso esaminato, il carrello e il blocco non si muovono lungo la stessa direzione, ma il moto di ciascun oggetto è rettilineo. Poiché il secondo principio della dinamica deve essere applicato a ogni corpo separatamente, la retta orientata *Os* può essere fissata indipendentemente per ciascuno: fissala nella direzione del moto.

Prosegui tu

Qual è l'intensità della forza risultante che agisce sul carrello? E quella della forza risultante che agisce sul blocco? [1,40 N; 0,562 N]

PROBLEMA 2

Una cassa ne spinge un'altra

Due casse di masse 20,0 kg e 40,0 kg sono una davanti all'altra su un pavimento, a contatto fra loro. La prima viene spinta con una forza orizzontale costante di 120 N, e spinge a sua volta la seconda.
Il coefficiente di attrito dinamico fra le casse e il pavimento è 0,200. Qual è l'accelerazione delle due casse? E qual è l'intensità della forza di contatto che esse esercitano l'una sull'altra?

Analisi della situazione fisica

Nel diagramma sono rappresentate le forze applicate in direzione orizzontale a ciascuna delle due casse. Sulla prima agiscono la spinta $\vec{F}$, la forza di attrito dinamico $\vec{F}_{d1}$ e la forza di contatto $\vec{R}_{21}$ esercitata dalla seconda cassa. Su quest'ultima agiscono, invece, la forza di attrito dinamico $\vec{F}_{d2}$ e la forza di contatto $\vec{R}_{12}$ esercitata dalla prima.
Per il terzo principio della dinamica, si ha:

$$\vec{R}_{21} = -\vec{R}_{12}$$

Chiamiamo R il modulo di queste due forze. Poiché la spinta viene data alla cassa che sta dietro, le due casse si mettono entrambe in movimento rimanendo a contatto. Acquistano cioè la stessa accelerazione, di modulo a. Applichiamo quindi il secondo principio della dinamica a ciascuna delle due casse e utilizziamo le due equazioni ottenute per determinare a ed R.

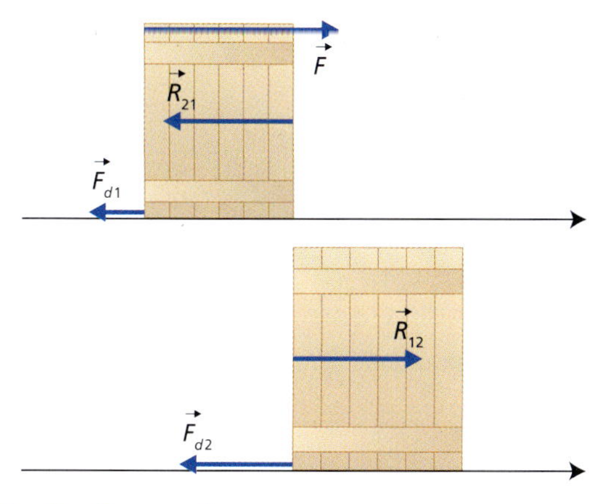

Dati e incognite

$m_1 = 20,0$ kg **$m_2 = 40,0$ kg**
$F = 120$ N **$k_d = 0,200$**
$a = ?$ $R = ?$

Soluzione

Rispetto alla retta orientata indicata nel diagramma, la legge fondamentale della dinamica assume, per la prima cassa, la forma:

$$F - F_{d1} - R = m_1 a$$

Per la seconda cassa, invece, diventa:

$$R - F_{d2} = m_2 a$$

Le intensità delle forze di attrito che agiscono sulle due casse sono:

$$F_{d1} = k_d m_1 g \qquad F_{d2} = k_d m_2 g$$

Utilizzando queste espressioni, riscriviamo le due equazioni precedenti:

$$F - k_d m_1 g - R = m_1 a \qquad R - k_d m_2 g = m_2 a$$

Ricavando R dalla seconda troviamo:

$$R = k_d m_2 g + m_2 a$$

Sostituendo nella prima otteniamo infine:

$$F - k_d m_1 g - k_d m_2 g - m_2 a = m_1 a$$

$$(m_1 + m_2) a = F - k_d (m_1 + m_2) g$$

$$a = \frac{F}{m_1 + m_2} - k_d g =$$
$$= \frac{120 \text{ N}}{20,0 \text{ kg} + 40,0 \text{ kg}} - 0,200 (9,81 \text{ m/s}^2) =$$
$$= 3,80 \cdot 10^{-2} \text{ m/s}^2$$

Essendo ora nota l'accelerazione, possiamo trovare il valore di R:

$$R = k_d m_2 g + m_2 a = m_2 (k_d g + a) =$$
$$= (40,0 \text{kg}) [0,200 (9,81 \text{ m/s}^2) + 3,80 \cdot 10^{-2} \text{m/s}^2] =$$
$$= 80,0 \text{ N}$$

Impara la strategia

- Traccia uno schema del sistema da studiare. Per ciascun oggetto, disegna separatamente il diagramma delle forze, facendo attenzione a includere tutte e sole le forze che agiscono su quell'oggetto.
- Se il moto è rettilineo, esprimi *in forma scalare*, rispetto a un asse orientato nel verso del moto, le forze applicate a ciascun oggetto. Usa quindi l'equazione $F = m\,a$, dove F è la somma *algebrica* delle singole forze e a l'accelerazione scalare dell'oggetto.
- Risolvi le equazioni rispetto alle incognite, ricordando che, per ottenere una soluzione completa, si devono avere tante equazioni indipendenti quante sono le incognite.

COMPETENZE

Progetti di fisica

LABORATORIO

L'accelerazione prodotta da una forza

Da fare

Studiare la relazione tra forza, accelerazione e massa.

Che cosa ti serve

- quattro carrelli ad attrito ridotto
- una bilancia elettronica
- alcuni pesetti
- un cronometro
- un filo di nylon
- una carrucola
- alcuni foglietti adesivi
- un metro a nastro

Da sapere

- Il secondo principio della dinamica stabilisce che, se si applica a un corpo una forza F, l'accelerazione a prodotta è inversamente proporzionale alla massa m del corpo come espresso dalla relazione $F = m\,a$.
- Se la forza è costante, anche l'accelerazione è costante e il corpo si muove di moto uniformemente accelerato.
- Se il corpo parte da fermo, detti s lo spostamento e t il tempo, l'accelerazione è data da $a = \dfrac{2\,s}{t^2}$ cioè è inversamente proporzionale al quadrato del tempo.

Procedimento

Misura le masse dei quattro carrelli ad attrito ridotto accertandoti che i valori coincidano o siano molto simili tra loro essendo i carrelli uguali. Dopodiché, sul tavolo di lavoro orizzontale, disponi i foglietti adesivi in modo da individuare un traguardo posto a 60 cm dalla posizione di partenza del carrello [▶A].

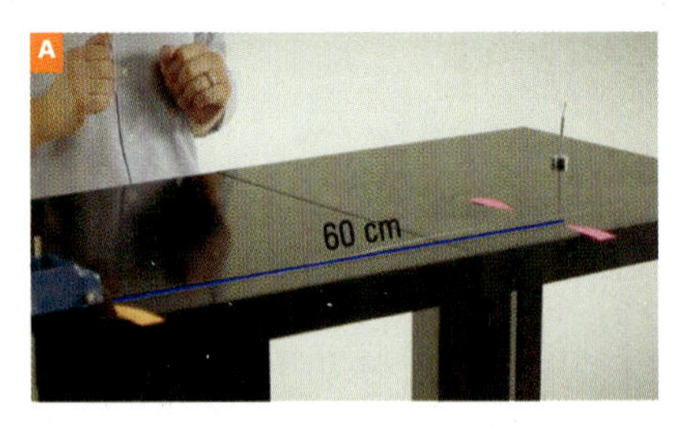

Collega con il filo di nylon l'estremità del carrello con un pesetto. Fai passare il filo attraverso la guida della carrucola fissata sul bordo del tavolo in modo che un singolo pesetto sia sospeso in posizione verticale.
Lascia libero di muoversi il carrello e misura con il cronometro il tempo che impiega per coprire la distanza segnata [▶B].

Per migliorare la precisione effettua alcune prove, annota i tempi e calcola il tempo medio risultante dalla serie di misure.
Ora quadruplica la forza traente aggiungendo altri tre pesetti al precedente [▶C].

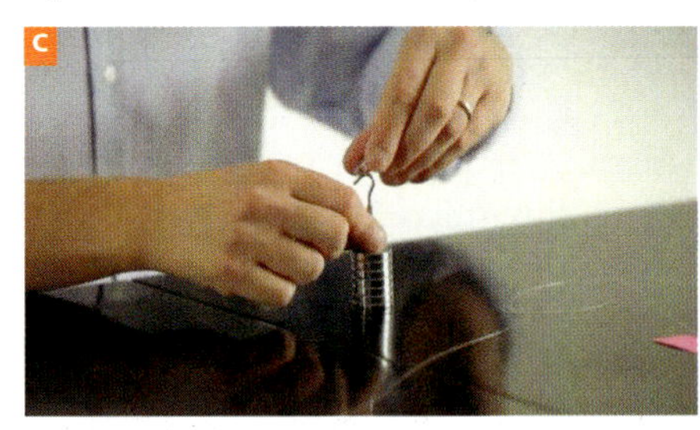

Effettua una seconda serie di misure del tempo di percorrenza e calcola il tempo medio risultante.
Infine disponi i quattro carrelli uno sull'altro: in questo modo quadruplichi la massa [▶D]. Anche in questo caso, calcola il tempo medio di percorrenza dopo un'opportuna serie di prove lasciando un solo pesetto sospeso al filo.

Elaborazione dei dati

A partire dai valori misurati, compila la tabella seguente calcolando i valori delle diverse accelerazioni:

distanza Δs (cm)	massa carrello m (kg)	tempo medio con 1 pesetto t_m (s)	accelerazione a (m/s²)	tempo medio con 4 pesetti t_m (s)	accelerazione a (m/s²)	tempo medio con 4 carrelli t_m (s)	accelerazione a (m/s²)

Che relazione sussiste tra il tempo medio misurato lasciando che il carrello sia trainato da quattro pesetti e il tempo medio misurato quando la forza traente è data da un solo pesetto?
Che relazione sussiste tra le rispettive accelerazioni?

Qual è invece la relazione tra il tempo medio misurato con quattro carrelli e quello con uno solo essendo la forza traente sempre data da un solo pesetto?
Che relazione sussiste tra le rispettive accelerazioni?
Che conclusioni generali puoi trarre da quest'esperienza?

COMPETENZE

LABORATORIO

Il principio di azione e reazione

Da fare

Studiare le proprietà del terzo principio della dinamica, o principio di azione e reazione.

Che cosa ti serve

- due cilindri metallici di uguale peso
- due fili di nylon
- due morsetti dotati di carrucole
- un morsetto dotato di gancio
- un dinamometro
- due aste metalliche di sostegno fissate al tavolo

Da sapere

- La tensione a cui è soggetto il filo si trasmette inalterata attraverso lo stesso.
- Il dinamometro è uno strumento che, attraverso l'allungamento di una molla, permette di misurare l'intensità della forza applicata alle sue estremità.

Procedimento

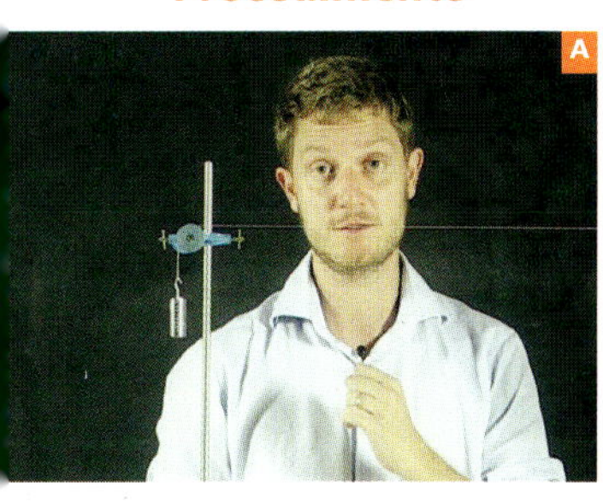

Dopo aver fissato le due aste al tavolo di lavoro in modo che siano perfettamente verticali, monta sulla prima il morsetto con il gancio e sull'altra quello con la carrucola in modo che siano entrambi alla stessa altezza.
Assicura il filo di nylon al gancio e fallo passare nella guida della carrucola; all'estremità libera del filo aggancia il cilindro metallico [▸A].
Per quale motivo il cilindretto non cade?

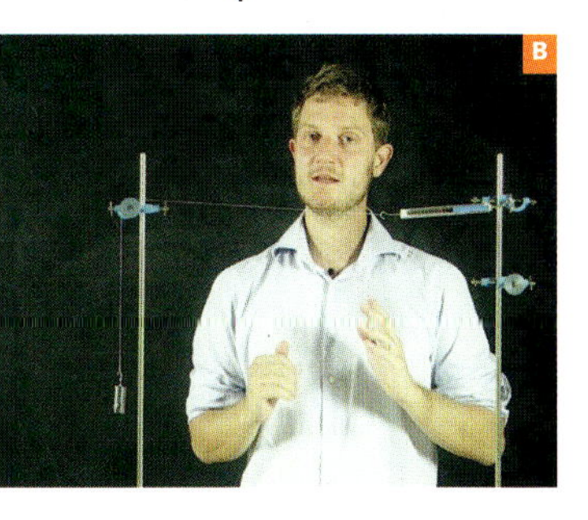

Quale forza lo tiene in equilibrio bilanciando la sua forza peso? Quale corpo esercita questa forza?
Per valutare sperimentalmente l'intensità di tale forza inserisci il dinamometro tra gancio e filo e leggi il valore indicato sulla scala graduata [▸B].
Ora modifica il dispositivo sostituendo al gancio la seconda carrucola. Fai scorrere nella carrucola il secondo filo e aggancia alla sua estremità un cilindretto identico al primo.
Aggancia ora il filo al dinamometro e, ancora prima di leggere il valore indicato, chiediti quanto potrà valere l'intensità della forza in questo caso [▸C].

La trazione esercitata dal secondo pesetto è uguale o diversa rispetto a quella esercitata dal gancio?
Come puoi interpretare i risultati sperimentali alla luce del principio di azione e reazione?

FISICA E REALTÀ

Testa a testa

Quali sono le forze in gioco nel sistema fisico ritratto nella foto? Includi nel sistema, oltre alle due antilopi, anche il suolo calpestato dai loro zoccoli. Traccia sull'immagine i vettori che rappresentano le forze, facendo attenzione a individuare il corretto punto di applicazione di ciascuna forza.
Tra le forze che hai rappresentato, raggruppa a due a due quelle che costituiscono coppie azione-reazione. Specifica, per ogni forza, chi la esercita e su quale oggetto agisce.

Riuscirebbero le due antilopi a portare a termine il combattimento se i loro zoccoli poggiassero una superficie perfettamente liscia e scivolosa? Giustifica la tua risposta.

Il megascivolo

Due scalatori, giunti sulla cima dell'Everest, fantasticano di costruire un megascivolo perfettamente liscio che permetta loro di scivolare giù dalla vetta fino al livello del mare, stando comodamente seduti. Nel progetto degli scalatori il megascivolo è un piano inclinato la cui base si raggiunge in 45 min.
Quanto è lungo il megascivolo? (Se non ricordi l'altitudine della vetta dell'Everest sfoglia un atlante o un libro di geografia.)
Gli scalatori non si preoccupano di valutare quale sarebbe la velocità di arrivo di un corpo alla base del megascivolo. Fallo tu, e poi spiega se ti sembra che i due abbiano avuto o no una buona idea.

Abbattiamo le barriere architettoniche

L'amministratore del tuo condominio intende realizzare una rampa che faciliti l'accesso alle persone costrette sulla sedia a rotelle. Ma non ha idea di quale debba essere l'angolo di inclinazione della rampa. Assumendo che una sedia a rotelle con una persona a bordo non superi i 100 kg, e volendo fare in modo che chi spinge la carrozzina in salita non debba esercitare una forza più intensa di 40 N, quale consiglio puoi dare all'amministratore in merito all'angolo massimo di inclinazione con cui costruire la rampa? Ignora l'attrito.

Se tieni conto anche della forza d'attrito fra ruote della carrozzina e rampa, l'angolo di inclinazione deve essere più o meno ampio di quanto hai appena stimato?

Facciamo il punto

Definizioni

Si chiama **cinematica** la parte della fisica che descrive il movimento indipendentemente dalle cause, mettendo in relazione fra loro quattro grandezze fisiche: tempo, spostamento, velocità e accelerazione.

Si chiama **dinamica** la parte della fisica che si occupa delle cause del moto, mettendo in relazione le forze che agiscono sui corpi con la loro massa e la loro accelerazione. La statica, in particolare, studia i casi in ci le forze si bilanciano e i corpi conservano il loro stato di quiete.

Concetti, leggi e principi

Il **primo principio della dinamica** afferma che, se la risultante delle forze agenti su un corpo è nulla, esso rimane fermo oppure, se in movimento rispetto al sistema di riferimento prescelto, continua a muoversi di moto rettilineo uniforme.

Per il **secondo principio della dinamica** la risultante $\vec{F}$ delle forze applicate a un corpo è il prodotto fra la massa m del corpo e l'accelerazione $\vec{a}$ da esso acquistata, ossia: $\vec{F} = m\,\vec{a}$.

Il **terzo principio della dinamica** afferma che ogni volta che un corpo esercita una forza (*azione*) su un altro corpo, quest'ultimo esercita sul primo una forza (*reazione*) di uguale intensità, che agisce lungo la stessa retta ma in verso opposto.

Un sistema di riferimento in cui sia valido il primo principio della dinamica è chiamato **sistema inerziale**. Sono inerziali tutti i sistemi in moto rettilineo uniforme rispetto alle stelle. Non lo sono quelli in moto accelerato. La Terra può essere considerata solo approssimativamente un sistema inerziale.

La **massa** è uno scalare che si misura in kilogrammi. Esprime la resistenza di un corpo a essere accelerato da una forza (inerzia). È una proprietà intrinseca del corpo e quindi non cambia da un luogo all'altro.

Il **peso** è una grandezza vettoriale misurata in newton. È la forza, direttamente proporzionale alla massa e all'accelerazione di gravità, con cui la Terra attrae un corpo. Poiché l'accelerazione di gravità varia da un luogo a un altro, anche il peso varia.

Applicazioni

Quale forza è necessaria per mantenere un corpo in moto circolare uniforme?

Su un corpo di massa m, che si muove a velocità v su una circonferenza di raggio r, agisce una forza centripeta $\vec{F}_c$ di intensità:

$$F_c = m\,v^2/r$$

e diretta in ogni istante verso il centro della traiettoria.

Qual è l'accelerazione del corpo?

L'accelerazione centripeta ha modulo:

$$a_c = v^2/r = \omega^2\,r$$

dove $\omega = v/r$ è la velocità angolare.

Da che cosa è causato il moto di un corpo che scende lungo un piano inclinato?

L'accelerazione del corpo è determinata dalla risultante delle forze. Se l'attrito è trascurabile, le forze agenti sono il peso $\vec{P} = m\,\vec{g}$ e la reazione normale $\vec{N}$ del piano. Poiché $\vec{N}$ bilancia $\vec{P}_\perp$, la forza risultante coincide con $\vec{P}_{//}$.

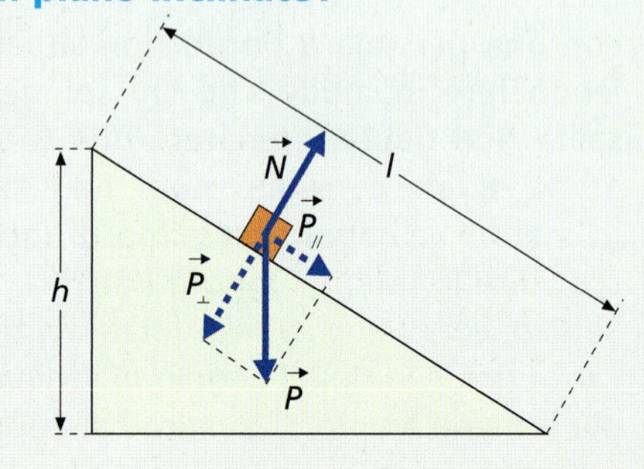

Qual è l'accelerazione del corpo?

Essendo $P_{//} = m\,g\,h/l$, il modulo dell'accelerazione è:

$$a = \frac{P_{//}}{m} = g\,\frac{h}{l} < g$$

Qual è la forza che produce un moto armonico?

Il moto armonico è sempre causato da una forza elastica $\vec{F} = -\,k\,\vec{s}$.

Il moto armonico di un corpo di massa m appoggiato su un piano orizzontale e attaccato a una molla di costante elastica k, è caratterizzato da una pulsazione:

$$\omega = \sqrt{\frac{k}{m}}$$

Qual è l'accelerazione del corpo?

L'accelerazione $\vec{a}$ del corpo è sempre diretta verso la posizione di riposo della molla, cioè si oppone allo spostamento s, in modulo:

$$a = -\omega^2 s$$

ESERCIZI

Esercizi di paragrafo

Flashcard

Ripassa i contenuti dell'Unità con le Flashcard del MEbook.

Esercizio commentato

Per gli esercizi contrassegnati da questa icona trovi sul MEbook la risoluzione commentata.

1 Dalla descrizione del moto alle sue cause

1 Stabilisci se le grandezze fisiche elencate, relative a una mela che cade dal ramo di un albero, vanno considerate o no nella descrizione cinematica del moto della mela.

a. Velocità Sì No
b. Peso Sì No
c. Spostamento Sì No
d. Massa Sì No
e. Accelerazione Sì No
f. Tempo Sì No

2 Vero o falso?

a. La cinematica studia il moto dei corpi senza prendere in esame le cause che lo producono. V F
b. La cinematica e la dinamica sono due aspetti della meccanica classica. V F
c. La forza è una grandezza cinematica. V F
d. Le leggi della statica possono essere applicate per studiare tutti i tipi di moto. V F
e. La dinamica studia le cause del moto. V F

3 "Se tutte le forze applicate a un corpo si bilanciano a vicenda, il corpo non può essere in movimento." Questa frase è sbagliata. Perché?

4 Durante una partita di hockey su ghiaccio un giocatore dà una spinta al disco con la mazza. Al cessare della spinta, quali forze agiscono sul disco? Rappresenta graficamente la situazione, tracciando il diagramma vettoriale delle forze agenti sul disco prima e dopo la spinta. Prova inoltre a spiegare che ruolo hanno le forze da te individuate nel moto del disco.

RISPONDI IN BREVE *(in un massimo di 10 righe)*

5 Disegna un diagramma di Venn con un cerchio più grande e uno più piccolo totalmente contenuto nel precedente. In quale cerchio puoi scrivere statica e in quale dinamica?

6 Le grandezze fisiche usate nella cinematica sono quattro. Elencale e spiega perché la dinamica richiede anche il concetto di massa e di forza.

2 Il primo principio della dinamica

7 Vero o falso?

a. Il primo principio della dinamica è valido in qualsiasi sistema di riferimento. V F
b. L'inerzia è la proprietà di un corpo di conservare, se indisturbato, la sua accelerazione. V F
c. Per stabilire se un sistema di riferimento è inerziale, basta verificare se in esso è valido il primo principio della dinamica. V F
d. La Terra può essere considerata un sistema di riferimento inerziale perché si muove a velocità costante. V F
e. La Terra può essere considerata un sistema di riferimento inerziale perché la sua accelerazione rispetto alle stelle non è tanto grande da compromettere la validità del primo principio della dinamica. V F

8 In autunno, le foglie cadono dagli alberi a velocità praticamente costante, dopo un breve intervallo di tempo in cui cadono di moto accelerato. Se la forza peso di una foglia di quercia è 0,01 N, quanto vale la forza di attrito con l'aria che si oppone al suo moto e quali sono la sua direzione e il suo verso?

[0,01 N, verticalmente verso l'alto]

9 FISICA PER IMMAGINI Su un tavolo da biliardo una palla si sta muovendo a velocità costante quando, a un certo istante, per effetto degli urti con le altre palle, su di essa agiscono contemporaneamente tre forze, di cui è riportata la rappresentazione vettoriale in figura. La palla subirà o no una variazione di velocità? Perché?

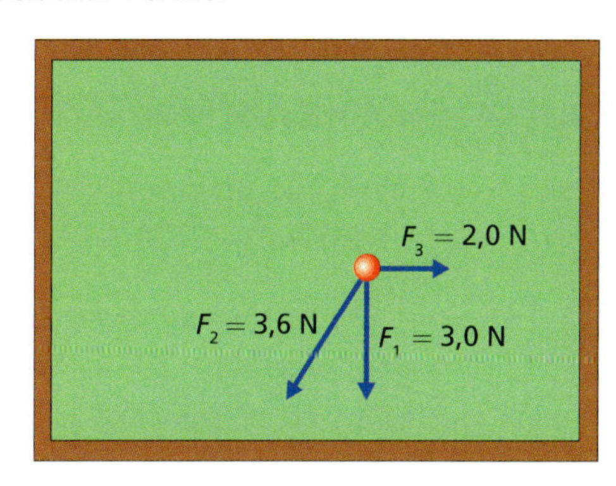

10 Un'auto procede lungo una strada rettilinea. Per mantenere la velocità costante, il motore esercita una forza di intensità 400 N nella direzione e verso del moto, mentre il vento contrario esercita una forza di intensità 100 N nel verso opposto. Da questa affermazione è possibile dedurre il valore della risultante delle altre forze di attrito che agiscono sull'auto? Se sì, qual è la sua intensità? Giustifica la tua risposta.

[−300 N]

11 INGLESE Three forces act on a moving crate. One force has a magnitude of 120 N and is directed due west. The second force has a magnitude of 160 N and is directed due north. What must be the magnitude and direction of the third force, if the crate is moving at a constant velocity?

[200 N, 53° south of east]

ESERCIZI

12 Le forze di attrito che agiscono su una barca che si sposta verso Nord e che si oppongono al suo moto valgono 3000 N e sono dirette verso Sud. Il vento soffia perpendicolarmente alla rotta della barca e la sospinge con una forza di 500 N verso Ovest. Con quale forza il motore della barca deve agire sull'acqua per mantenere l'imbarcazione a velocità costante sulla rotta desiderata? Disegna un diagramma delle forze per illustrare la situazione. [3041 N]

RISPONDI IN BREVE *(in un massimo di 10 righe)*

13 Tiziana e Claudio passeggiano in bicicletta e vogliono mantenere costante la loro velocità. Spiega come devono agire nel caso di vento a favore e nel caso di vento contrario. La tua risposta cambia se il vento a favore è molto intenso?

14 "Se la risultante delle forze agenti su un corpo è nulla, il corpo non accelera." Questa affermazione include anche il caso di un corpo già in moto rettilineo uniforme? Giustifica la tua risposta.

3 Il secondo principio della dinamica

15 Vero o falso?

a. La forza applicata a un corpo e l'accelerazione prodotta da quella forza sono inversamente proporzionali fra loro. V F

b. A forze uguali corrispondono accelerazioni uguali, qualunque sia la massa del corpo cui le forze sono applicate. V F

c. Qualsiasi corpo soggetto a una forza non equilibrata subisce una variazione di velocità. V F

d. Per conoscere l'entità della forza che agisce su un corpo, è sufficiente misurare l'accelerazione prodotta. V F

e. Il coefficiente di proporzionalità fra la forza applicata a un corpo e l'accelerazione impressa a quel corpo è detto massa inerziale. V F

16 Durante un esperimento di laboratorio la stessa forza viene applicata a oggetti di massa diversa, ottenendo accelerazioni diverse. Completa la tabella inserendo i valori mancanti.

Massa (kg)	1	2	5	...	...
Accelerazione (m/s²)	...	10	...	2	0,8

17 STIME Durante una manovra, il pilota di un cacciabombardiere subisce l'accelerazione limite di 5 g. Stima la forza cui è sottoposto il militare sapendo che ha una massa corporea di 80 kg. [4 kN]

18 Le forze di attrito che si oppongono al moto di un vagone hanno intensità 4,0 kN. Alla partenza, il valore della forza trainante esercitata dal motore elettrico aumenta lentamente e, quando vale 4,2 kN, l'accelerazione del vagone è di 0,025 m/s². Calcola la massa del vagone. [8000 kg]

19 Un battello scivola sull'acqua per l'azione di due forze orizzontali. Una è la spinta del motore di 2000 N. L'altra è una forza costante di 1800 N, diretta in verso opposto al moto, dovuta alla resistenza dell'acqua. Se il battello ha massa 1000 kg, qual è la sua accelerazione? Se parte da fermo, quanto valgono spostamento e velocità dopo 10 s dalla partenza? [0,20 m/s²; 10 m; 2,0 m/s]

20 Un'automobile di 1500 kg procede in autostrada a 90,0 km/h; le forze di attrito valgono complessivamente 800 N nel verso opposto a quello di avanzamento del veicolo. L'autista vuole accelerare per passare a 120 km/h in 10,0 s. Calcola l'accelerazione e la forza risultante necessaria. Considerando la forza di resistenza dell'aria, calcola la spinta che il motore deve applicare per poter vincere le forze di attrito. [0,833 m/s²; 1250 N; 2,05 kN]

Suggerimento
Disegna due diagrammi distinti con le forze che agiscono sull'auto: il primo con la forza trainante e la forza di attrito, e l'altro solo con la forza risultante, che puoi ricavare essendo noti massa e accelerazione. Ora è più facile applicare la seconda legge: la differenza tra forza trainante e forza d'attrito è uguale alla forza risultante.

21 Lia e Alessandro vogliono spingere un armadio di 150 kg con un'accelerazione iniziale di 0,200 m/s². La forza di attrito che si oppone alla partenza vale 600 N. Calcola la forza risultante necessaria per iniziare a muovere l'armadio, la forza trainante e la forza che ogni persona deve esercitare all'inizio del moto. Assumi che Lia e Alessandro esercitino forze di uguale intensità. [30,0 N; 630 N; 315 N]

22 Fabrizio vuole alzare lo stendino che, carico di biancheria appena stesa, ha una massa complessiva di 5,0 kg. Egli applica una forza iniziale di 55 N sul filo che regge lo stendino per metterlo in moto ascendente. Calcola il peso dello stendino carico, la forza risultante e la sua accelerazione iniziale. Quanto deve valere la forza trainante per rendere costante la velocità dopo i primi istanti di accelerazione, trascurando le forze di attrito? [49 N; 6,0 N; 1,2 m/s²; 49 N]

23 INGLESE A helicopter has a mass of 1200 kg. During take off, its initial acceleration upwards is 2.00 m/s². Calculate the weight force of the helicopter, the resultant force required for this acceleration and the force the engine must exert to start the flight. [11.8 kN; 2400 N; 14.2 kN]

ESERCIZI

24 Fra due stazioni della metropolitana un treno di massa 150 000 kg accelera fino alla velocità di 60 km/h in 20 s, per poi procedere a velocità costante e infine rallentare arrestandosi in 15 s. Disegna un grafico velocità-tempo e calcola le forze risultanti sul treno e su un passeggero di massa 70 kg, sia in accelerazione sia in frenata. [125 kN; −166,5 kN; 58,1 N; −77,7 N]

RISPONDI IN BREVE *(in un massimo di 10 righe)*

25 Come si definisce operativamente la massa inerziale di un corpo? E quella gravitazionale?

26 Che tipo di relazione lega la massa inerziale a quella gravitazionale?

4 Il terzo principio della dinamica

27 Vero o falso?

a. Le forze di azione e reazione agiscono sempre sullo stesso corpo. V F

b. A ogni forza esercitata da un corpo *A* su un corpo *B*, corrisponde una forza contraria di uguale intensità esercitata dal corpo *B* su *A*. V F

c. Il terzo principio della dinamica non vale, se a interagire sono due corpi molto distanti fra loro. V F

d. Per il terzo principio della dinamica tutte le forze sono bilanciate. V F

e. A differenza del secondo principio, il terzo principio della dinamica non è una legge vettoriale. V F

28 Due ragazzi giocano al tiro alla fune. Individua, per ogni azione, la corrispondente reazione. Rappresenta graficamente la situazione, tracciando il diagramma vettoriale delle forze agenti su ciascun ragazzo. Cambia qualcosa se i due ragazzi si sfidano su un pavimento perfettamente liscio?

29 INGLESE A rifle shoots a 10 g bullet with an average force of 900 N which acts during a fraction of a second. Compare the acceleration of the bullet to the acceleration of the system composed by the rifle and the shooter, which have a combined mass of 80 kg. [$9.0 \cdot 10^4$ m/s^2; 11 m/s^2]

30 Due pagliacci sui pattini, Ciccion di 100 kg e Magrin di 60 kg, litigano e si spingono a vicenda con una forza di modulo 200 N. Applica il terzo principio della dinamica a questa situazione e calcola l'accelerazione di ciascun pagliaccio. Dopo la spinta, che dura 0,30 s, quale sarà la distanza che li separa? [2,0 m/s^2; 4,0 m/s^2; 0,27 m]

31 La famiglia di Claudia parte per le vacanze con l'automobile, di massa 1600 kg, e un trailer da 650 kg a rimorchio. L'accelerazione in partenza è di 1,5 m/s^2. Con quale forza l'auto deve tirare il trailer? Quanto vale la forza esercitata dal trailer sull'auto? Quanto vale la forza totale del motore? Qual è la forza risultante che agisce sull'automobile? [975 N; −975 N; 3375 N; 2400 N]

32 L'accelerazione iniziale di un atleta di massa 70,0 kg alla partenza di una corsa è di 6,00 m/s^2. Calcola l'intensità della forza risultante che l'atleta esercita sul terreno per accelerare e per mantenersi sulla superficie della pista in quell'istante e la forza totale che il terreno esercita su di lui per sostenerlo e per fornire la forza necessaria per accelerare. Perché queste due forze opposte non si annullano? [805 N]

33 STIME Per saltare all'altezza di circa 20 cm verso l'alto, eserciti una forza sul pavimento di 1000 N. Se tutti gli italiani decidessero di saltare simultaneamente, quale sarebbe la forza complessiva esercitata sulla Terra? Assumendo che la massa della Terra valga circa $6 \cdot 10^{24}$ kg , quanto varrebbe la sua accelerazione? [$1 \cdot 10^{-14}$ m/s^2]

Suggerimento
Calcola la forza totale esercitata dagli italiani e poi rapportala alla massa della Terra.

5 Applicazioni dei principi della dinamica

34 Vero o falso?

a. Il corpo *A* ha una forza peso di 600 N sulla Luna e il corpo *B* ha una forza peso di 600 N sulla Terra, quindi *A* ha una massa minore di *B*. V F

b. Scendendo lungo un piano inclinato, un corpo lasciato libero non avrà mai un'accelerazione superiore a quella di gravità. V F

c. La forza centripeta è direttamente proporzionale al raggio della circonferenza descritta da un corpo in un moto circolare uniforme. V F

d. Quando la forza centripeta non agisce più in un moto circolare, il corpo si allontana dal centro della circonferenza di riferimento lungo uno dei suoi raggi. V F

e. Nel moto armonico semplice la forza elastica contrasta lo spostamento rispetto alla posizione centrale di equilibrio. V F

35 FISICA PER IMMAGINI Qual è la forza centripeta che agisce su un bob di 300 kg in corrispondenza dei punti *A* e *B* della pista ghiacciata qui raffigurata? Assumi che la velocità del bob rimanga invariata lungo la pista.

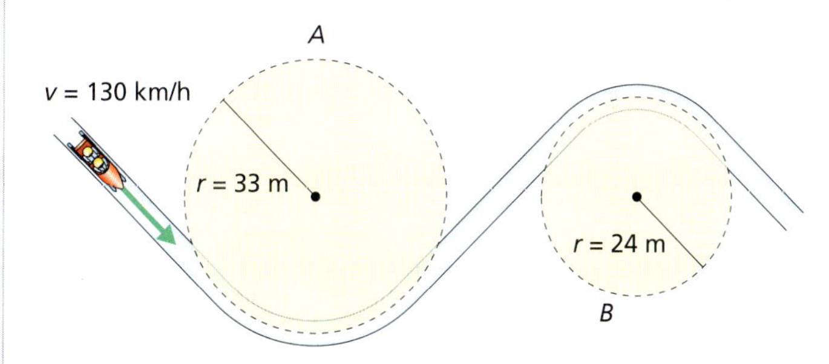

[$F_{cA} = 1{,}2 \cdot 10^4$ N; $F_{cB} = 1{,}6 \cdot 10^4$ N]

ESERCIZI

36 Quanto vale l'accelerazione centripeta necessaria per farti affrontare una curva di 50,0 m di raggio alla velocità di 90,0 km/h? Paragonala con l'accelerazione di gravità. Quanto vale la forza centripeta corrispondente, considerando una massa di circa 60,0 kg? Confronta questa forza con il tuo peso. [12,5 m/s²; 1,27 *g*; 750 N]

37 INGLESE In a science exhibition, a centripetal force of 12 N is required to keep a ball in a circular orbit. What is the mass of the ball if it is moving with a constant speed of 24 km/h and the radius of the path is 10 m? [2.7 kg]

38 Un sasso di 50 g, legato all'estremità di una corda, descrive una circonferenza orizzontale di raggio pari a 100 cm a velocità angolare costante. Sapendo che la frequenza di rotazione del sasso è pari a 2,0 Hz, calcola l'intensità della forza centripeta agente sul sasso. Se, a parità di altre condizioni, la frequenza di rotazione dovesse raddoppiare, che valore assumerebbe la forza centripeta? [7,9 N; 32 N]

39 Giada, di massa 55,0 kg, si trova a bordo di un'automobile che percorre una curva di raggio 12,0 m alla velocità di 18,0 km/h. Determina il modulo della forza centripeta necessaria per farle affrontare la curva e traccia in figura il vettore $\vec{F}_c$ indicando la scala usata e il suo verso.

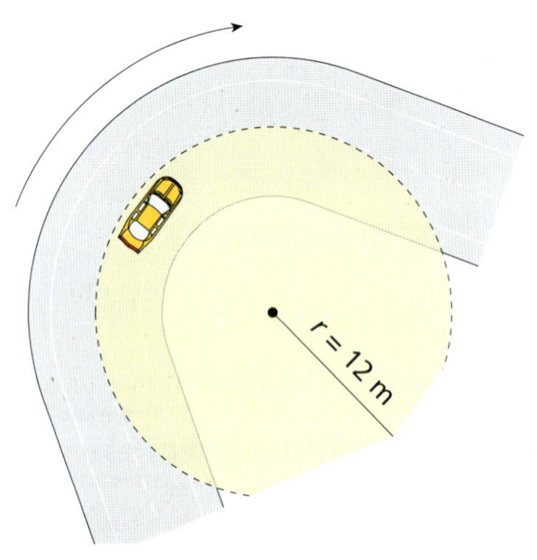

[115 N]

40 Se un aeroplanino di 1,0 kg, per effetto di una forza centripeta, descrive una traiettoria circolare di diametro pari a 2,0 m con un periodo di 10 s, qual è l'intensità della forza centripeta? [0,39 N]

41 Un manicotto di 1,00 kg si muove di moto armonico con ampiezza 10,0 cm. Sapendo che il valore massimo dell'accelerazione è 3,94 m/s², calcola la frequenza del moto e la forza agli estremi di oscillazione. [1,00 Hz; 3,94 N]

42 Una sfera di massa 2,0 kg, appesa a una molla verticale, produce un allungamento di 50 cm. Quanto vale la costante elastica della molla? Se si toglie la sfera e se ne fissa un'altra di massa doppia, qual è il periodo del moto armonico che si produce spostando la sfera dalla posizione di equilibrio? [39 N/m; 2,0 s]

43 Una molla, disposta verticalmente con un estremo fisso, si allunga di 10,0 cm se si appende alla sua estremità libera un blocchetto di massa *m*. La stessa molla, posta su un piano orizzontale privo di attrito, con un estremo fissato a un supporto, imprime allo stesso blocchetto un moto oscillatorio. Calcolane la frequenza. [1,58 Hz]

44 Durante un esperimento di laboratorio due biglie vengono lasciate cadere da un'altezza di 70 cm. Una biglia cade liberamente lungo la verticale, mentre l'altra scivola giù per un piano inclinato. Se il tempo di caduta della biglia che scende lungo il piano è doppio rispetto al tempo di caduta dell'altra biglia, quanto è lungo il piano inclinato? Supponi che la resistenza dell'aria e l'attrito del piano siano trascurabili. [1,4 m]

45 Quanto tempo impiega un blocco a scivolare giù da un piano inclinato di altezza *h* e lunghezza *l* e qual è la sua velocità quando raggiunge la base del piano? In quanto tempo e con quale velocità il blocco arriverebbe a terra, se cadesse liberamente da fermo dalla stessa altezza *h*?

$$\left[t = l\sqrt{\frac{2}{h\,g}};\ v = \sqrt{2\,g\,h};\ t' = \sqrt{\frac{2\,h}{g}};\ v' = \sqrt{2\,g\,h}\right]$$

Suggerimento

Le equazioni cinematiche cui obbedisce il blocco in caduta lungo un piano inclinato di altezza *h* e lunghezza *l* sono quelle del moto uniformemente accelerato con accelerazione di modulo $a = \dots g/\dots$.

Se invece il blocco è in caduta libera, allora le sue equazioni cinematiche sono quelle del moto uniformemente accelerato con accelerazione di modulo ....

46 Una mongolfiera di 300 kg sta ferma in aria senza subire alcuna accelerazione verticale verso l'alto. Quanta zavorra bisogna eliminare per ottenere un'accelerazione verso l'alto di 0,500 m/s²? [14,5 kg]

Guida alla soluzione

Prima di eliminare la zavorra, la mongolfiera è ferma perché la forza ascensionale che la spinge verso l'alto è equilibrata dal .... diretto verticalmente verso il basso. Indicando con *m* la massa della mongolfiera prima di rilasciare la zavorra, la forza ascensionale deve avere intensità $F = m$ ...... Rilasciata la zavorra, di massa m_z, la massa totale della mongolfiera, che comincia a salire verso l'alto con accelerazione *a*, è pari a $m - m_z$. Applicando il secondo principio della dinamica alla mongolfiera che sale si ha:

$$F - (\dots\dots - \dots\dots)\,g = (\dots\dots - \dots\dots)\,a$$

ossia, ricordando l'espressione di *F* e semplificando:

$$\dots\dots\,g = (\dots\dots - \dots\dots)\,a$$

da cui:

$$m_z = m\frac{\dots\dots}{\dots\dots + \dots\dots} =$$

$$= (\dots\dots\ \text{kg})\frac{\dots\dots}{(\dots\dots\ \text{m/s}^2) + (\dots\dots\ \text{m/s}^2)} = \dots\dots\ \text{kg}$$

47 Per affrontare una curva in sicurezza, l'accelerazione centripeta deve essere bassa. Calcola il raggio delle curve percorse a velocità crescente per uno stesso valore di accelerazione centripeta di 2,0 m/s² e completa la tabella sottostante. Poi calcola la forza centripeta considerando un'automobile di massa di 1500 kg. Che tipo di proporzionalità esiste fra velocità di percorrenza e raggio della curva, a parità di accelerazione e forza centripeta?

Velocità (km/h)	Velocità (m/s)	Raggio (m)
18	5,0	12,5
36	...	...
54	15	...
72	...	...
90	...	...

[3000 N; proporzionalità quadratica]

RISPONDI IN BREVE *(in un massimo di 10 righe)*

48 L'accelerazione di gravità, considerata come un vettore, sulla Terra ha praticamente lo stesso modulo a parità di latitudine. Come si presentano direzione e verso del vettore $\vec{g}$? Disegna la Terra e indica il vettore $\vec{g}$ in quattro posizioni ben distinte.

49 Quando un corpo viene spinto da una forza esterna per riuscire a salire lungo un piano inclinato, la forza di attrito e la componente del peso parallela al piano hanno lo stesso verso. Paragona questa situazione con la discesa lungo lo stesso piano inclinato quando agiscono la forza peso (scomponila nelle sue componenti) e la forza di attrito.

50 Qual è l'effetto prodotto su un oggetto da una forza centripeta? Fai qualche esempio.

51 La forza centripeta che agisce su un corpo in moto circolare uniforme è una forza apparente? E quella centrifuga? Spiega.

52 La forza elastica è anche chiamata forza di richiamo, perché tira il corpo verso una posizione centrale di equilibrio stabile. Paragona questa situazione con il moto di una pallina che oscilla in una scodella: quali sono i punti in comune e quali sono le differenze fra le due situazioni?

Problemi di riepilogo

Videotutorial

Per gli esercizi contrassegnati da questa icona trovi sul MEbook la risoluzione commentata in video.

Esercizio commentato

Per gli esercizi contrassegnati da questa icona trovi sul MEbook la risoluzione commentata.

53 In un cantiere edile un muratore sposta orizzontalmente un carrello applicando una forza costante di 12,0 N per 1,0 s fino a raggiungere una velocità di 0,75 m/s. Supponendo che il carrello parta da fermo con attrito trascurabile e acceleri in modo uniforme, qual è la sua massa? E il suo peso?

[16,0 kg; 157 N]

54 **STIME** Fai una stima dell'ordine di grandezza della massa del Sole noti i valori della sua accelerazione centripeta nella via Lattea, pari a $2{,}2 \cdot 10^{-11}\ g$ e dell'intensità della forza centripeta, uguale a $4{,}0 \cdot 10^{20}$ N.

[10^{30} kg]

55 Al supermercato un signore spinge un carrello della spesa di 40,0 kg sopra il pavimento orizzontale. Calcola, trascurando gli attriti, l'intensità della forza orizzontale necessaria per accelerare uniformemente il carrello in modo che, partendo da fermo, in 4,00 s possa raggiungere la velocità di 1,00 m/s. Quanto vale la reazione del suolo sul carrello?

[10,0 N; 392 N]

56 Un pallone ha una massa di 0,50 kg. Quanto deve essere intensa la forza con cui lo devi sostenere per impedire che cada dalle tue mani? Lo calci poi in avanti con una forza orizzontale di 2,0 N. Calcola la sua accelerazione. Ora immagina di ripetere le stesse operazioni sulla Luna, dove l'accelerazione di gravità vale 1,6 m/s². Con che forza devi tenerlo per impedire che cada? E quale sarà la sua accelerazione quando lo calci in avanti?

[4,9 N; 4,0 m/s²; 0,80 N; 4,0 m/s²]

57 **INGLESE** A toboggan slides at a constant velocity down an incline. The incline slopes above the horizontal at an angle of 15°. What is the coefficient of friction between the toboggan and the incline?

[0.27]

58 Per portare un veicolo di massa 1750 kg da 0 a 100 km/h lungo un tratto di pista rettilineo, il motore deve fornire al veicolo una spinta media di 3,5 kN. Quanto è lungo il tratto di pista? [190 m]

59  Esercizio commentato

Una coppia di pattinatori si sta esibendo in pista. La donna è ferma e a un certo istante l'uomo la spinge, imprimendole un'accelerazione costante che la fa spostare di 9,0 m in 3,0 s. Supponendo che la donna pesi 540 N e che l'attrito fra i suoi pattini e la pista sia trascurabile, quanto è intensa la forza che l'uomo applica su di lei?

[110 N]

ESERCIZI

60 Una cassa, alla quale è stata impressa una velocità iniziale di 2,8 m/s, scivola su un pavimento orizzontale finché non si arresta dopo aver percorso 1,0 m di distanza. Calcola il coefficiente di attrito dinamico k_d fra pavimento e cassa. [0,40]

Guida alla soluzione

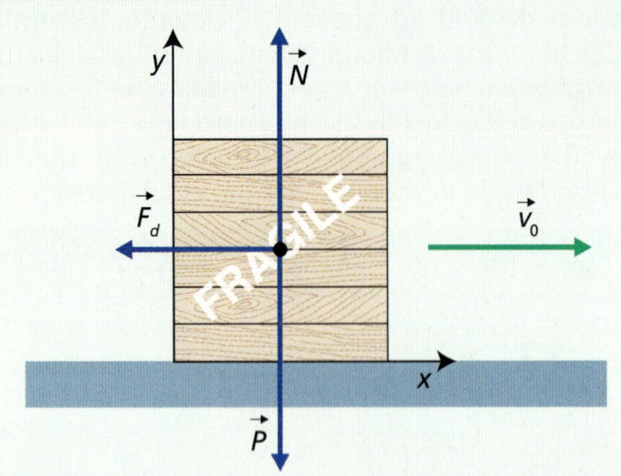

Come indicato in figura, sulla cassa agiscono il peso $\vec{P}$ e la reazione normale $\vec{N}$, che si fanno equilibrio lungo la direzione verticale (asse y), e la forza di attrito dinamico $\vec{F}_d$, diretta lungo la direzione orizzontale (asse x) in verso opposto a quello della velocità iniziale $\vec{v}_0$. La forza normale uguaglia, in modulo, il peso della cassa:

$$N = ...\, g$$

e il modulo della forza di attrito è dato da:

$$F_d = ...\, N = ...\, g$$

Indicato con a il modulo dell'accelerazione lungo l'asse x, per il secondo principio della dinamica si ha:

$$-F_d = m\,a \qquad \text{cioè:} \qquad -.....\, g = m\,a$$

da cui: $a = -\,k_d\, ...$

Poiché l'accelerazione è costante, si possono applicare le equazioni cinematiche del moto uniformemente accelerato. Se v_0 è la velocità scalare iniziale della cassa, v quella finale ed s lo spostamento, si ha:

$$v^2 = v_0^2 + 2\, ...$$

Da cui, poiché $v = 0$:

$$a = -\frac{v_0^2}{2\, ...}$$

Hai così ottenuto due diverse espressioni di a; uguagliandole ricavi:

$$k_d = \frac{v_0^2}{2\, ...} = \frac{(......\ \text{m/s})^2}{2(......\ \text{m})(......\ \text{m/s}^2)} = ...$$

61 INGLESE A sled is moving at 15 km/h along a horizontal stretch of snow. How far does the sled go before stopping, if the coefficient of static friction is 0.040?

[22 m]

62 Un carrello di 0,500 kg poggia sul tavolo del laboratorio ed è fissato, con un filo che passa su una carrucola, a un blocco di massa 0,200 kg sospeso fuori dal bordo del tavolo.
Le masse del filo e della carrucola sono trascurabili, ed è trascurabile anche l'attrito fra il tavolo e il carrello. Quali sono le accelerazioni del blocco e del carrello? Qual è la tensione del filo?

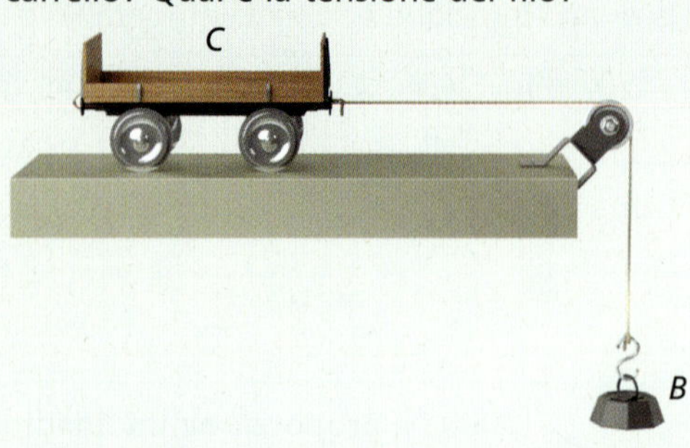

[2,80 m/s²; 1,40 N]

Guida alla soluzione

Mentre il blocco B cade verso il basso per effetto del suo peso $\vec{P}_B$, il carrello C è accelerato verso destra. In ogni intervallo di tempo i due corpi si spostano della stessa distanza, quindi il moto verticale dell'uno si svolge come il moto orizzontale dell'altro: le accelerazioni $\vec{a}_B$ e $\vec{a}_C$ dei due corpi hanno direzioni diverse, ma sono uguali in modulo. Bisogna inoltre ricordare che un filo di massa trascurabile sviluppa alle due estremità forze ugualmente intense. Questo è vero anche se il filo passa sopra una carrucola, purché essa abbia massa trascurabile. Dunque la forza $\vec{T}_B$ esercitata dal filo su B ha lo stesso modulo della forza $\vec{T}_C$ che accelera C verso destra ed è la tensione T del filo.

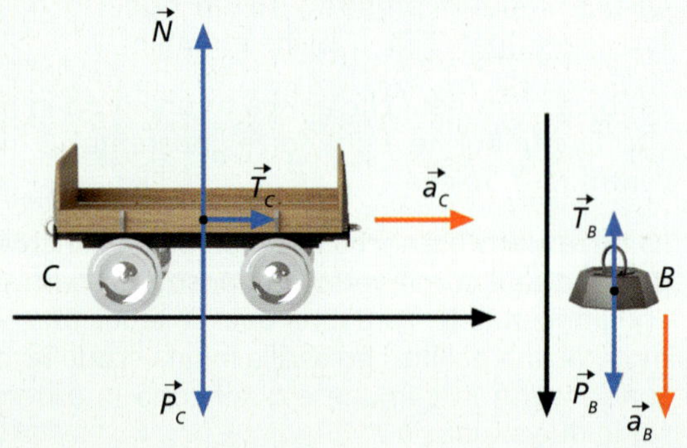

Rispetto a una retta orientata verso il basso, applicando il secondo principio della dinamica al moto di B, si ha:

$$m_B\, g - T = m_B\, a$$

Rispetto a una retta orientata verso destra, la componente scalare della forza esercitata dal filo sul carrello C è positiva. Per il moto di C vale dunque l'equazione:

$$T = m_C\, a$$

Sostituendo questa espressione di T nella prima equazione, si ottiene l'accelerazione del sistema:

$$a = \frac{.....g}{m_B + ...} = \frac{.....\ (9{,}81\ \text{m/s}^2)}{..... + ...} = ...\ \text{m/s}^2$$

Sostituendo il valore di a nell'espressione di T, risulta:

$$T = m_C\, a = (0{,}500\ \text{kg})\ ..... = ...\ \text{N}$$

ESERCIZI

63 Un ascensore di 4000 kg sale con un'accelerazione di 1,0 m/s^2. Determina l'intensità della tensione del cavo che regge l'ascensore. [$4{,}32 \cdot 10^4$ N]

Suggerimento

A differenza di quanto accade quando un corpo è sospeso a una fune in condizioni di equilibrio, la tensione della fune non è uguale, in modulo, al peso del corpo. Disegna due diagrammi delle forze separati: uno con la tensione e la forza peso, l'altro con la sola forza risultante diretta verso l'alto, e di intensità pari al prodotto $m\,a$. Applica quindi il secondo principio della dinamica facendo attenzione ai versi delle forze: se scrivi l'uguaglianza prendendo come verso positivo delle forze quello orientato verso l'alto, la tensione T è positiva, la forza peso $m\,g$ è negativa, mentre la forza risultante $m\,a$ è positiva. Dunque puoi scrivere $T -$ ...... $= m\,a$ da cui risalire a T.

64 Due blocchi, di masse m_1 ed m_2, sono collegati con un filo inestensibile di massa trascurabile. Uno di essi poggia sopra un tavolo orizzontale e l'altro pende dal tavolo, come in figura. In assenza di attrito, se l'accelerazione del sistema è pari a $g/3$, quanto vale il rapporto m_2/m_1?

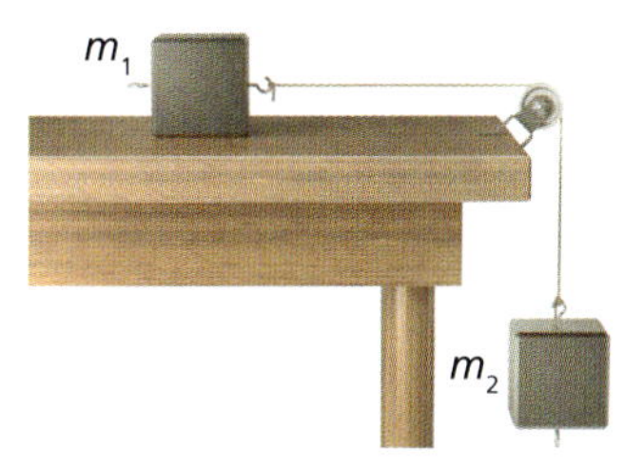

[1/2]

65 Un'auto ha massa di 1200 kg, di cui il 40% grava sull'asse posteriore. Le gomme posteriori devono sopportare al massimo una forza di 3000 N ciascuna per rimanere entro i limiti di sicurezza. Calcola quanta massa si può caricare nel baule prima di raggiungere questi valori, considerando che il carico del baule grava sulle ruote posteriori. [132 kg]

Esercizio commentato

66 STIME L'accelerazione di picco al suolo (PGA) misurata durante il terremoto in Giappone nel 2011 è stata di 2,99 g. Stima la PGA, espressa attraverso l'unità di misura g, relativa al terremoto avvenuto all'Aquila nel 2009. Il valore dell'accelerazione misurato fu di 647 cm/s^2. Valuta il rapporto fra le PGA dei due terremoti. [0,659 g; 4,54]

67 Durante un test di impatto un manichino di massa 100 kg rallenta bruscamente da una velocità di 25 m/s fino a fermarsi in 0,15 s. Calcola l'accelerazione, la forza durante l'impatto e lo spazio percorso con l'area di un grafico velocità-tempo. [167 m/s^2; 16,7 kN; 1,86 m]

Esercizio commentato

68 Un ascensore sale con accelerazione 1,00 m/s^2. Se un uomo di 80,0 kg si trova all'interno dell'ascensore, quanto è intensa la reazione vincolare che il pavimento dell'ascensore esercita su di lui? E se invece l'ascensore scendesse con accelerazione pari a 2,00 m/s^2? [865 N; 625 N]

69 Mentre stai seguendo un documentario dedicato agli Aracnidi, senti il commentatore affermare che è sufficiente un piccolo movimento perché la tela di un ragno inizi a vibrare con una frequenza di circa 12 Hz. Sapendo che la massa del ragno è uguale a 0,48 g, ricava la costante elastica della ragnatela.

[2,7 N/m]

70 Quando un tassista sale a bordo della sua auto insieme a due passeggeri e ai loro bagagli, le sospensioni si abbassano di 5,5 mm. Quanto vale la costante elastica di ciascuna delle quattro sospensioni, se tassista, passeggeri e bagagli hanno una massa complessiva di 280 kg? Se su una sospensione gravasse il peso di una massa di 1500 kg, quale sarebbe la frequenza delle sue vibrazioni? [$1{,}2 \cdot 10^5$ N/m; 1,4 Hz]

Esercizio commentato

71 STIME Prova a stimare la velocità con cui il proiettile di una pistola *Parabellum* fuoriesce dalla canna al momento dello sparo, assumendo che lungo la canna si muova di moto rettilineo con accelerazione pari a 31 000 g. [circa 250 m/s]

Suggerimento

Per poter determinare la velocità del proiettile dovresti conoscere la lunghezza della canna. Per fare una stima, puoi assumere che questa sia lunga una decina di centimetri circa.

72 Uno skateboard viene lasciato andare lungo una discesa che ha un'inclinazione di 30°. Con che accelerazione si muove? [4,9 m/s^2]

Videotutorial

73 Un eschimese di massa 75 kg è seduto sulla sua slitta, trainata su un lago ghiacciato da una muta di cani. Se la slitta ha una massa di 95 kg, quale forza devono esercitare i cani per imprimerle un'accelerazione di 3,5 m/s^2? Qual è la forza che agisce sul solo eschimese? [595 N; 262,5 N]

Videotutorial

74 Un pescatore estrae un pesce dall'acqua con una accelerazione di 4,5 m/s^2, usando un filo da pesca molto sottile che può resistere solo fino a una forza di 22 N. Il pescatore perde il pesce perché il filo si spezza. Qual è il valore massimo della massa del pesce che il pescatore riesce ad alzare senza rompere il filo? [1,5 kg]

75 ●●● Due carrelli, di masse $m_1 = 5{,}0$ kg ed $m_2 = 10$ kg, sono legati con una fune inestensibile di massa trascurabile e tirati da una forza $\vec{F}$, come mostrato in figura.

Il sistema si muove con accelerazione di 1,0 m/s² senza incontrare attrito.

- Calcola l'intensità di $\vec{F}$.
- Determina la tensione della fune con la quale sono legati i due carrelli.
- Se la fune si rompe, quale sarà la nuova accelerazione del carrello di massa m_2?

[15 N; 5,0 N; 1,5 m/s²]

76 ●●● Giorgia sta scendendo lungo un pendio inclinato di 30°; la sua massa, compresi gli sci, è 70,0 kg e il coefficiente di attrito fra gli sci e la neve è 0,100.

Esercizio commentato

- Calcola l'intensità della forza di attrito che agisce su Giorgia e la sua accelerazione.
- Se parte da ferma, qual è la sua velocità dopo 5,00 s?
- Quale distanza Giorgia percorrerebbe su un tratto pianeggiante prima di fermarsi, se vi giungesse con la velocità appena trovata e se il coefficiente di attrito fosse lo stesso del pendio?

[59,5 N; 4,06 m/s²; 20,3 m/s; 210 m]

77 ●●● Due carrelli, a contatto fra loro, si trovano su un tavolo con attrito trascurabile. A uno dei carrelli viene applicata una forza $\vec{F}$, come rappresentato in figura. Sapendo che l'accelerazione del sistema è 2,0 m/s² e che le masse dei carrelli sono $m_1 = 3{,}0$ kg ed $m_2 = 2{,}0$ kg, determina l'intensità della forza $\vec{F}$ e quella della forza di contatto fra i due carrelli. Quanto vale la forza di contatto se invertiamo la posizione dei carrelli?

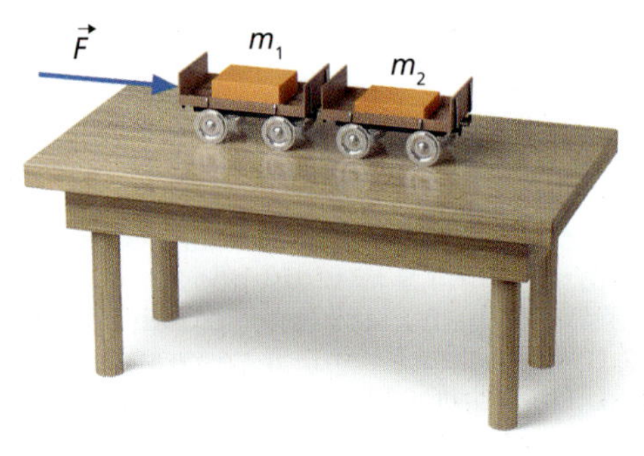

[10 N; 4,0 N; 6,0 N]

Verso l'ammissione all'università

Test

Puoi simulare la parte di fisica di un test di ammissione svolgendo questa batteria di esercizi in 25 minuti. Per calcolare il tuo punteggio dai 1 punto alle risposte esatte, 0 punti a quelle non date e –0,25 punti a quelle errate. La griglia delle soluzioni è alla fine del libro.

Puoi esercitarti anche in modalità interattiva sul MEbook.

1 Quale dei seguenti grafici può rappresentare il moto di un oggetto sul quale agisce un sistema di forze equilibrato?

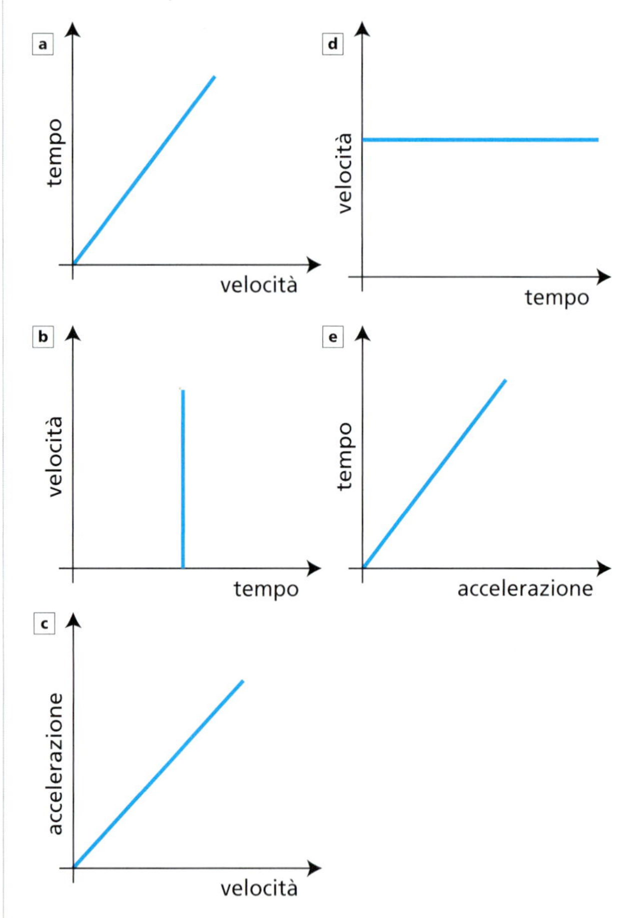

2 Se la risultante di tutte le forze agenti su un corpo è nulla, quel corpo:

a) è in quiete rispetto a qualsiasi sistema di riferimento
b) è in quiete, oppure si muove di moto rettilineo uniforme
c) si muove di moto uniformemente accelerato rispetto a qualsiasi sistema di riferimento
d) è in quiete solo se la sua inerzia è grande
e) deve necessariamente muoversi

3 Quando una forza di intensità 150 N agisce su un oggetto di massa 12,0 kg, gli imprime un'accelerazione di modulo:

a) 1,04 m/s²
b) 800 cm/s²
c) 180 m/s²
d) 12,5 m/s²
e) 2,50 m/s²

4 Il Titanic aveva una massa di $6 \cdot 10^7$ kg. Quale forza applicata era necessaria per imprimere un'accelerazione di 0,1 m/s² (senza tener conto degli attriti a cui poteva essere sottoposto)?
- a Una forza pari al suo peso
- b $6 \cdot 10^7 / 0{,}1 = 6 \cdot 10^8$ N
- c $6 \cdot 10^7 \cdot 9{,}8 = 5{,}9 \cdot 10^8$ N
- d $6 \cdot 10^7 \cdot 9{,}8 \cdot 0{,}1 = 5{,}9 \cdot 10^7$ N
- e $6 \cdot 10^7 \cdot 0{,}1 = 6 \cdot 10^6$ N

5 INGLESE When a net force acts on a object, the acceleration that results is:
- a directly proportional to the mass of the object
- b directly proportional to the net force
- c inversely proportional to the net force
- d always very small
- e zero

6 Immagina di applicare la stessa forza a due pacchi, di masse $m_1 = 0{,}25$ kg ed $m_2 = 0{,}50$ kg. Qual è il rapporto a_2/a_1 delle corrispondenti accelerazioni?
- a 2
- b 1/2
- c 1/4
- d 1
- e 4

7 Un carrello di 2 kg è fermo sopra un piano orizzontale. Una forza costante fa assumere al carrello, dopo 5 s, la velocità di 10 m/s. Quanto vale l'intensità della forza applicata al carrello?
- a 20 N
- b 10 N
- c 50 N
- d 4 N
- e 2 N

8 Un blocco di massa 2 kg è sottoposto a una forza $F = 2$ N costante e parallela al piano di appoggio; si verifica che il moto risultante è uniformemente accelerato con accelerazione pari a 0,5 m/s². Se ne conclude che la forza d'attrito:
- a è nulla
- b vale 1 N
- c è perpendicolare al piano di appoggio
- d è metà della forza F ed ha la stessa direzione e verso
- e varia lungo il percorso

9 Se un veicolo di massa 833 kg accelera da 23,5 km/h a 77,5 km/h in 5,00 s, qual è la spinta fornita dal motore?
- a 2,50 kN
- b 9,00 kN
- c 278 kN
- d $3{,}45 \cdot 10^6$ N
- e 300 N

10 Una piccola moto radiocomandata di massa 500 g si muove secondo la seguente tabella oraria:

t (s)	0	1	2	3	4
s (m)	0	1	4	9	16

Quanto vale l'intensità della forza motrice che fa spostare il giocattolo?
- a 0,5 N
- b 1 N
- c 2 N
- d 0
- e Non si può calcolare con i soli dati a disposizione

11 Una forza di 10 N applicata a una massa di 20 kg inizialmente ferma e appoggiata su di un piano orizzontale da ritenersi ad attrito trascurabile, produce:
- a un aumento di massa del 10%.
- b una velocità costante di 0,5 m/s
- c una velocità costante di 2 m/s
- d un'accelerazione costante di 2 m/s²
- e un'accelerazione costante di 0,5 m/s²

12 FISICA PER IMMAGINI Se il piano inclinato mostrato in figura fosse posto in verticale risulterebbe:

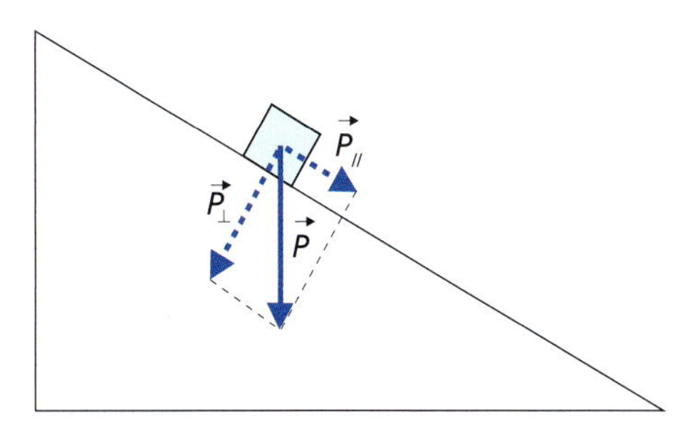

- a $P_{\perp} = 0, P_{//} = P$
- b $P_{\perp} = P, P_{//} = 0$
- c $P_{\perp} = 0, P_{//} = 0$
- d $P_{\perp} = P/2, P_{//} = P/2$
- e $P_{\perp} = P_{//} = P$

13 Una biglia scivola giù da un piano inclinato senza attrito con accelerazione di modulo *a*. Di quale fattore è necessario variare la lunghezza del piano, mantenendo invariata l'altezza, perché l'accelerazione diventi *a*/2?
- a 4
- b 2
- c 1/4
- d 1/2
- e 1/3

14 Un pallone, scendendo da quota *h* giù da un pendio lungo *l*, impiega un tempo *t* per arrivare alla base del pendio. Supponendo che l'attrito sia trascurabile, quanto dovrebbe essere lungo il pendio affinché il pallone, partendo sempre dalla stessa quota, scenda fino in fondo in un tempo pari a 2 *t*?
- a 2 *l*
- b *l*/2
- c *l*/4
- d 4 *l*
- e *l*/3

15 Un cosmonauta "galleggia" senza sforzo all'interno di una stazione spaziale che orbita intorno alla Terra a velocità angolare costante. Questo avviene principalmente perché:
- a la sua accelerazione centripeta è uguale a quella della stazione spaziale
- b è sufficientemente lontano dalla Terra da non risentire dell'attrazione di gravità terrestre
- c essendo la sua velocità costante, la sua accelerazione è nulla, quindi per il secondo principio della dinamica non è soggetto a forze esterne
- d si muove all'interno di un veicolo ad atmosfera compensata nel quale la pressurizzazione è tale da equilibrare la forza gravitazionale
- e la stazione spaziale viene in realtà fatta ruotare sul suo asse per compensare la forza di attrazione gravitazionale della Terra

Approfondimenti

PERSONE E IDEE DELLA FISICA

La prima volta del metodo sperimentale: Galileo e la caduta dei gravi

C'è una legge fisica cui non si sottrae alcuna forma di materia: tutti i corpi in prossimità della superficie terrestre sono soggetti alla gravità. Lasciata andare da una certa altezza, raggiunge più rapidamente il suolo una piuma o una pietra? Attraverso l'aria, la piuma cade lentamente, svolazzando e descrivendo una traiettoria complessa, mentre la pietra scende verticalmente con un moto molto più rapido. Per questo siamo portati a credere che la gravità terrestre agisca più efficacemente su un oggetto pesante che su uno leggero e usiamo solitamente il termine "grave" per indicare qualcosa di pesante.

La gravità nel vuoto

In realtà la piuma merita quanto la pietra di essere considerata un grave, perché, se lasciata cadere in un tubo a vuoto [▶A] raggiunge il fondo nello stesso istante della pietra. Ai tempi di Galileo non c'era la possibilità di produrre il vuoto, e arrivare a questa scoperta richiese immaginazione e metodo.

Figura A Una pietra e una piuma lasciate cadere simultaneamente.

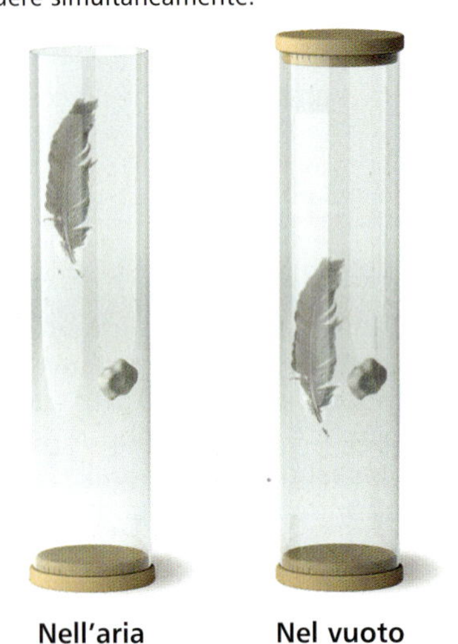

Galileo rifiuta il principio di autorità

Nel XVI secolo la cultura occidentale era ancora dominata dal pensiero di Aristotele (384-322 a.C.). Al filosofo greco era attribuita un'autorità indiscutibile e la verità delle sue affermazioni ritenuta immutabile.

Aristotele si era pronunciato anche sulla caduta dei gravi.

Egli aveva affermato che un corpo lasciato libero da un'altezza fissata giunge a terra con una velocità tanto più grande quanto maggiore è il suo peso.

Galileo contestò le idee di Aristotele, convinto che la logica delle "dimostrazioni matematiche" e la "sensata esperienza", cioè gli esperimenti, dovessero prevalere su ogni riflessione astratta.

Un esperimento ideale

Il primo strumento con cui Galileo avanzò la sua critica ad Aristotele fu il ragionamento, condotto sotto forma di **esperimento ideale**.

Un esperimento ideale è un esperimento non realmente eseguito bensì sviluppato con argomenti logici, un mezzo per immaginare come un fenomeno si svolgerebbe in condizioni più semplici rispetto a quelle reali.

Se fosse vera l'idea di Aristotele, ogni corpo avrebbe una caratteristica velocità di caduta, dipendente solo dal proprio peso. Allora, legando insieme due corpi di peso diverso, il più leggero, essendo più lento, ritarderebbe il più veloce. D'altra parte, il sistema composto dai due corpi legati è un corpo più pesante di entrambi i corpi di partenza, quindi la sua velocità di caduta dovrebbe essere maggiore delle velocità di ciascuno dei due corpi preso separatamente. L'assunto di Aristotele porta dunque a due conclusioni contraddittorie, e quindi è inaccettabile sul piano logico.

L'esperimento del piano inclinato

Stabilito che la velocità con cui un corpo cade a terra è indipendente dal peso, ma è influenzata dall'azione di disturbo dell'aria, Galileo affrontò il problema di descrivere in forma matematica le proprietà del moto di caduta. A condizione di poter trascurare l'effetto dell'aria, egli ipotizzò che ogni corpo percorresse, cadendo da fermo, una distanza s direttamente proporzionale al quadrato del tempo t impiegato:

$$s \propto t^2$$

Con gli strumenti di cui disponeva, Galileo non poteva misurare con sufficiente precisione i brevi intervalli di tempo in cui si svolge la caduta libera di un oggetto nei limitati spazi di un laboratorio. Ciò nonostante, riuscì a realizzare un esperimento che confermasse la sua ipotesi.

Utilizzò un piano inclinato per rallentare il moto di caduta [▶B]. Servendosi, inoltre, di una guida ben levigata, e facendovi rotolare sferette di bronzo molto lisce, ridusse quanto possibile l'effetto frenante dell'aria e l'attrito sviluppato dal piano.

Come espose nei suoi *Discorsi*, Galileo verificò la proporzionalità diretta fra la distanza e il quadrato del tempo fissando diverse inclinazioni della guida, e ottenendo costanti di proporzionalità differenti a seconda dell'inclinazione.

Generalizzò infine i risultati anche al moto di caduta libera, che è il limite a cui tende il moto di rotolamento sul piano inclinato man mano che l'inclinazione rispetto all'orizzontale si avvicina ai 90°.

Figura B Una riproduzione del piano inclinato di Galileo (Istituto e Museo di Storia della Scienza, Firenze).

COMPETENZE

Le fasi preparatorie degli esperimenti

Il metodo ideato da Galileo fu poi chiamato **metodo sperimentale** o *scientifico*.

L'indagine di un fenomeno inizia con la sua **osservazione** e con la definizione del problema da studiare. Per questo occorre separare i fatti essenziali da quelli di disturbo, come la resistenza dell'aria nel caso della caduta dei gravi.

È poi necessario individuare alcune caratteristiche misurabili del fenomeno che siano efficaci per la sua descrizione quantitativa. Si deve effettuare, cioè, la **scelta delle grandezze fisiche** su cui concentrare le analisi successive. Galileo scelse di misurare la distanza percorsa dalle sfere lungo il piano inclinato e il tempo impiegato.

Un esperimento non serve a scoprire fenomeni non ancora osservati, ma a sottoporre a verifica un'**ipotesi** precedentemente formulata sulle relazioni fra le grandezze fisiche.

Quando un'ipotesi diventa legge

Le conclusioni che si possono trarre da un singolo esperimento necessitano di essere ulteriormente accertate ripetendo le procedure. Per questo si deve ricorrere non a uno, ma a una **serie di esperimenti**.

Galileo riferì di aver ripetuto le sue prove "cento volte", cambiando l'inclinazione della guida e facendo percorrere alle sfere spazi diversi.

Egli si convinse che la legge di proporzionalità quadratica fosse vera indipendentemente dalle condizioni particolari delle prove effettuate e, per estrapolazione, la considerò applicabile nel caso della caduta libera.

Un'ipotesi confermata dagli esperimenti è considerata una **legge sperimentale**. Al contrario, se gli esperimenti smentiscono l'ipotesi, è necessario formularne una nuova da sottoporre a verifica.

Le leggi sperimentali riguardano fenomeni particolari, ma trovano una più generale giustificazione nelle **teorie fisiche**. La legge di Galileo sulla caduta dei gravi può essere infatti dedotta dai principi su cui si fonda la meccanica classica, formulati successivamente da Newton.

Adesso tocca a te

Prepara una scheda in cui descrivi come riprodurre l'esperimento del piano inclinato di Galileo utilizzando il materiale che hai a disposizione nel laboratorio della tua scuola. Illustra lo scopo dell'esperienza, il materiale necessario per realizzarla, le fasi di esecuzione e fornisci la spiegazione fisica del fenomeno. Utilizza, se necessario, anche rappresentazioni grafiche.

PERSONE E IDEE DELLA FISICA

Aristotele, Galileo e il ruolo delle forze

Scoprire perché un corpo si muove è un problema che ha impegnato scienziati e filosofi fin dall'antichità. Ancora una volta, vediamo Galileo confutare l'autorità aristotelica mediante un esperimento ideale.

Forza e velocità secondo Aristotele

Per Aristotele lo stato naturale dei corpi era la quiete, e il principio fondamentale che regolava i moti nel mondo terrestre, o sublunare, era la tendenza dei quattro elementi (terra, acqua, aria e fuoco) a ritornare alla propria sfera di appartenenza. Aristotele sosteneva che per far muovere un oggetto e mantenerlo in movimento fosse necessaria una forza. Al cessare della forza il moto si sarebbe arrestato. Questo non è vero, ma a prima vista può sembrare plausibile: per far muovere un carro i cavalli non devono mai smettere di tirare. In realtà la forza dei cavalli serve a bilanciare gli attriti. Se si considerano tutte le forze in gioco, comprese la resistenza dell'aria e l'attrito fra le ruote e il suolo, quando il carro si muove a velocità costante la forza complessiva agente su di esso è nulla.

I piani inclinati di Galileo

Se facciamo rimbalzare una pallina di gomma sul pavimento, questa risale quasi fino allo stesso punto da cui l'abbiamo lasciata cadere.

Anche Galileo aveva notato che un corpo, messo in condizioni di risalire per effetto della velocità acquistata nella caduta, torna all'altezza iniziale indipendentemente dalla traiettoria seguita.

Una sferetta che rotola giù da un piano inclinato, se fatta risalire lungo un secondo piano inclinato, ritorna praticamente alla quota di partenza. Inoltre, l'altezza raggiunta è sempre all'incirca la stessa anche se il piano in salita ha inclinazione via via minore [▶A]. Galileo era convinto che, in assenza di attrito, la quota di partenza e quella di arrivo sarebbero state esattamente uguali.

Figura A Nell'esperimento dei piani inclinati di Galileo, la quota raggiunta dalla sferetta sui piani inclinati *A*, *B*, *C*, ... è sempre la stessa. La distanza percorsa, invece, aumenta al diminuire dell'inclinazione del piano in salita rispetto all'orizzontale.

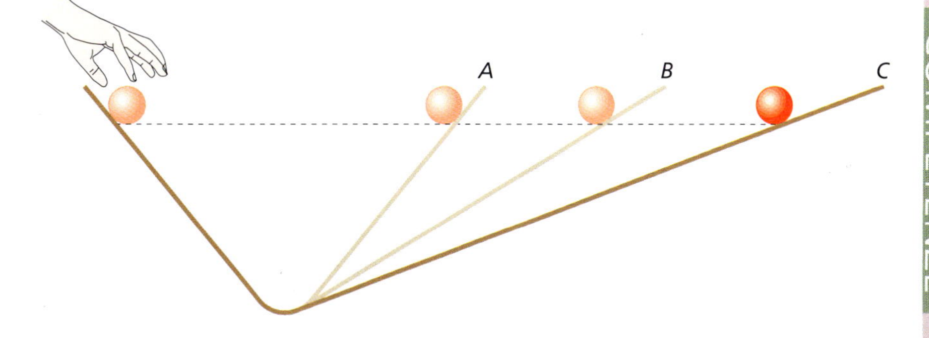

COMPETENZE

L'estrapolazione al caso ideale

L'esperimento dei piani inclinati indicava che, al diminuire dell'inclinazione del piano in salita, la sferetta era decelerata sempre meno. Essa viaggiava per una distanza e per un tempo di volta in volta più lunghi prima di ritornare all'altezza iniziale. Che cosa sarebbe successo se al posto di un piano in salita alla base della discesa la sferetta avesse trovato un piano orizzontale? E se non ci fossero stati gli attriti a disturbare il moto? Nel *Dialogo sopra i due massimi sistemi del mondo* Galileo fa chiedere a uno dei personaggi:
«Ora ditemi quel che accadrebbe del medesimo mobile sopra una superficie che non fusse né acclive né declive».

E giunge alla risposta che il moto sarebbe perpetuo e avverrebbe sempre alla stessa velocità.
Una situazione molto prossima a quella ideale può essere ottenuta con un disco a ghiaccio secco appoggiato su un tavolo orizzontale [▶B]: basta un piccolo impulso iniziale perché il disco acquisti una certa velocità e la conservi pressoché costante nel tempo.

Figura B Il disco a ghiaccio secco risente di un attrito trascurabile.

Un disco a ghiaccio secco è formato da una base metallica ben levigata sormontata da un serbatoio riempito di anidride carbonica solida.

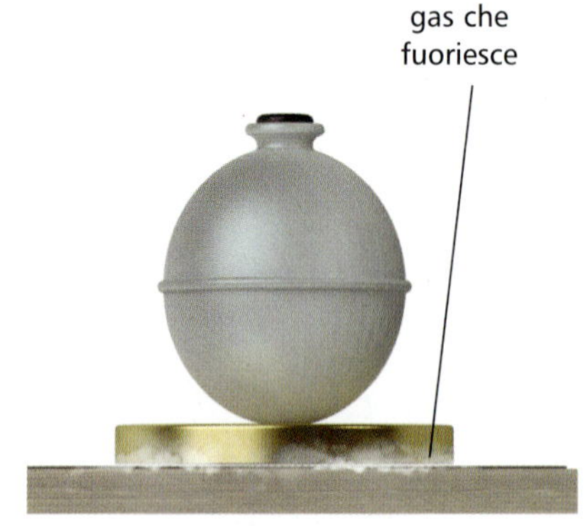

A temperatura ambiente il ghiaccio secco sublima, cioè passa direttamente allo stato gassoso. Il gas che fuoriesce dalla base mantiene il disco sospeso.

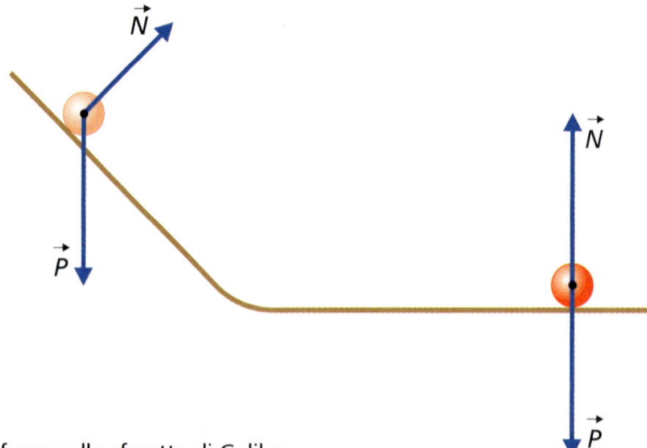

Figura C Le forze sulla sferetta di Galileo.

Galileo confuta Aristotele ma rinuncia a scoprire le cause del moto

C'è dunque bisogno di una forza, come sosteneva Aristotele, perché un oggetto venga mantenuto in movimento?
Trascurando l'attrito, le forze sulla sferetta di Galileo sono il peso $\vec{P}$ e la reazione normale $\vec{N}$ del piano di appoggio [▶C]. E sul piano orizzontale, dove la sferetta ha una velocità costante, queste due forze si bilanciano.
La conclusione è che lo stato di un corpo non soggetto ad alcuna forza, oppure soggetto a un sistema di forze con risultante nulla, può essere tanto la quiete quanto il moto uniforme. Ciò che una forza produce non è una velocità costante, ma una variazione della velocità, e quindi un'accelerazione.
Questa, che può sembrare la logica conseguenza dei ragionamenti e delle esperienze di Galileo, non fu tuttavia tratta esplicitamente dallo scienziato pisano. Il vero intento di Galileo era stabilire come e non perché gli oggetti si muovano. Nei *Discorsi* si legge:

«Non mi par tempo opportuno di entrare al presente nell'investigazione della causa della accelerazione del moto naturale [di caduta], intorno alla quale da vari filosofi varie sentenzie sono state prodotte, riducendole alcuni all'avvicinamento al centro, altri a restar successivamente manco parti del mezzo da fendersi, altri a certa intrusione del mezzo ambiente, il quale, nel ricongiungersi a tergo del mobile, lo va premendo e continuamente scacciando; le quali fantasie con altre appresso, converrebbe andar esaminando e con poco guadagno risolvendo».

Fu Isaac Newton, che nacque nell'anno della morte di Galileo, a formulare con linguaggio matematico la relazione che intercorre fra le forze applicate a un corpo e la sua accelerazione.
Newton definì, inoltre, una proprietà del moto che Galileo aveva mancato di precisare: se su un corpo già in movimento la risultante delle forze diventasse in un determinato istante rigorosamente nulla, il moto proseguirebbe su una traiettoria rettilinea. Se il corpo si trovasse a terra, non proseguirebbe con un moto uniforme lungo la superficie curva della Terra, bensì un moto *rettilineo* uniforme.

Adesso tocca a te

Tra le leggi della dinamica, l'unica che è opera originale di Newton è la terza. Le altre due, di cui Newton fa risalire la scoperta al solo Galileo, sono in realtà un lavoro di sistematizzazione e formalizzazione di conoscenze in parte già acquisite (alcune per merito di Descartes) e figlie del confronto con Christiaan Huygens e dello scontro con Robert Hooke.
Ricostruisci e riporta in un breve testo il contributo alla meccanica di Descartes e metti a confronto, in particolare, le sue tre leggi della natura (enunciate nei *Principia Philosophiae*) con i tre principi della dinamica.

Il lavoro e l'energia 10

Qualunque sia la forma sotto cui si presenta o quella in cui si trasforma, l'energia è sempre legata in modo indissolubile al concetto di lavoro. In fisica, infatti, l'energia viene definita come la capacità di compiere un lavoro e del lavoro possiede la stessa unità di misura: il joule.

Quanta energia...

... cinetica è associata al moto orbitale della Terra intorno al Sole?
$2,7 \cdot 10^{33}$ J
... cinetica acquisisce un pallone da calcio regolamentare lasciato cadere da un'altezza di 5 m?
20 J
... spende una femmina di puma contro la forza di gravità per arrivare a saltare in alto fino a 4 m da terra?
1600 J
... rilascia in un secondo di tempo un tornado con venti che soffiano a 300 km/h?
100 000 000 J
... cinetica è posseduta da un aereo di linea, come l'Airbus A380, che procede alla velocità di crociera?
$2,3 \cdot 10^{10}$ J
A380
A380 AIRBUS
Love at first flight

1 Il lavoro di una forza costante

Studiare stanca, ma non c'è da meravigliarsi perché studiare significa eseguire un lavoro.
In fisica, il **lavoro** è una grandezza che descrive l'azione di una *forza* applicata a un corpo mentre questo esegue uno spostamento. Un pescatore che estrae dall'acqua una rete, per esempio, compie un lavoro sulla rete, mentre l'acqua di un ruscello che fa girare la ruota di un mulino compie un lavoro sulla ruota [▶1]. Più lunga è la rete, maggiore sarà il lavoro compiuto dal pescatore per estrarla interamente dall'acqua. Più è intensa la forza di spinta dell'acqua, maggiore è il lavoro che esegue sulla ruota.

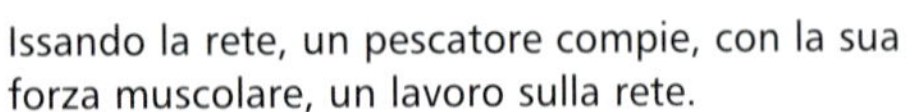

Issando la rete, un pescatore compie, con la sua forza muscolare, un lavoro sulla rete.

Mantenendo in moto la ruota di un mulino, la spinta dell'acqua che scorre compie un lavoro sulla ruota.

Figura 1 Una forza compie lavoro se l'oggetto cui è applicata si sposta nella direzione della forza.

Allo stesso modo il lavoro svolto durante lo studio è il risultato dell'azione di tutte le forze che spostano oggetti microscopici (molecole, ioni, elettroni) attraverso le nostre cellule. Tenendo conto di questi processi, si stima che il lavoro speso in mezz'ora di studio sia circa pari a quello compiuto da una gru per sollevare di 20 m un carico di 1000 kg!

Forza parallela a uno spostamento

Supponiamo che una forza $\vec{F}$, costante in intensità, direzione e verso, sia applicata a un corpo che compie uno spostamento $\vec{s}$, e consideriamo il caso in cui i due vettori $\vec{F}$ ed $\vec{s}$ siano paralleli.

- Se la forza e lo spostamento hanno verso concorde [▶2] il lavoro L è il prodotto del modulo F della forza per il modulo s dello spostamento:

$$L = F s$$

  Indipendentemente da quanto è intensa la forza, se il modulo dello spostamento è nullo, lo è anche il lavoro: $L = F s = 0$.
- Se la forza agisce in un verso e lo spostamento avviene nel verso opposto [▶3], il lavoro da essa compiuto è per definizione negativo perché contrario al moto.

$$L = -F s$$

Figura 2 Una forza applicata nella stessa direzione e nello stesso verso dello spostamento.

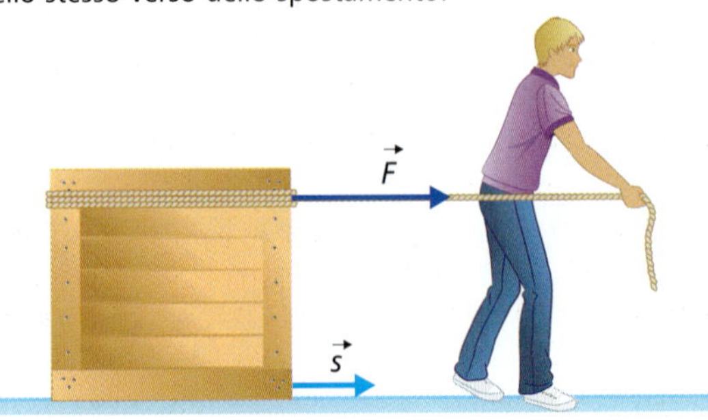

Figura 3 Forze frenanti: a ruote bloccate, le forze di attrito agiscono sugli pneumatici in verso opposto rispetto allo spostamento che l'automobile compie durante la frenata.

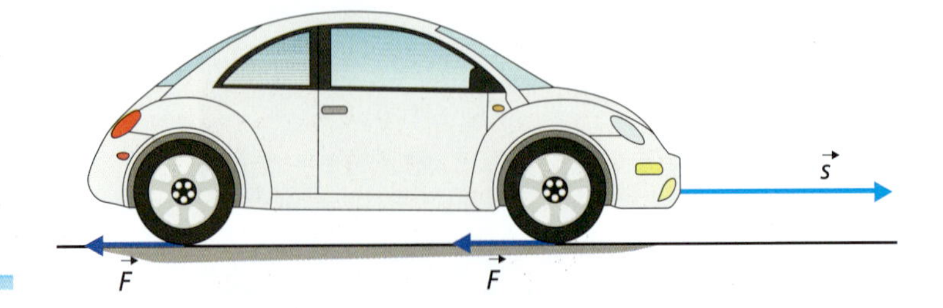

Nel SI le dimensioni fisiche del lavoro sono

$$[L] = [F]\,[l] = [m]\,[l^2]\,[t^{-2}]$$

e la sua unità di misura è il **N · m**, cioè il prodotto fra l'unità di forza e l'unità di lunghezza. Questa unità è chiamata **joule** (simbolo **J**), in onore del fisico inglese James Prescott Joule (1818-1889), autore di studi che chiarirono la relazione fra calore e lavoro:

$$1\ \text{J} = 1\ \text{N} \cdot \text{m}$$

Il lavoro di 1 J è quello compiuto da una forza costante di 1 N quando il suo punto di applicazione subisce, nella stessa direzione e nello stesso verso della forza, lo spostamento di 1 m.
Una quantità di lavoro dell'ordine del joule è sufficiente per sollevare di poche decine di centimetri un tablet o per spostare sul banco, sempre di poche decine di centimetri, il tuo libro di fisica.

Figura 4 Una forza inclinata rispetto alla direzione dello spostamento.

Forza in una direzione qualsiasi rispetto allo spostamento

Consideriamo una viaggiatrice che trascina il suo trolley con una forza costante $\vec{F}$ inclinata rispetto alla direzione orizzontale in cui avviene lo spostamento [▸4]. Se scomponiamo la forza nei suoi vettori componenti $\vec{F}_{//}$, parallelo al suolo, ed $\vec{F}_{\perp}$, perpendicolare, appare immediatamente evidente come a influenzare il moto orizzontale del trolley sia solo la componente scalare $F_{//}$ della forza $\vec{F}$ lungo la direzione del moto.

Lavoro di una forza costante

Il lavoro L compiuto da una forza costante $\vec{F}$ il cui punto di applicazione esegua uno spostamento $\vec{s}$ è il prodotto della componente scalare $F_{//}$ di $\vec{F}$ lungo la direzione dello spostamento per il modulo s dello spostamento:

$$L = F_{//}\, s \qquad (1)$$

lavoro (J): L
componente scalare della forza lungo la direzione dello spostamento (N): $F_{//}$
spostamento (m): s

In modo del tutto equivalente, il lavoro può essere espresso come il prodotto fra il modulo F della forza e la componente scalare $s_{//}$ di $\vec{s}$ lungo la direzione della forza [1]: $L = F s_{//}$

1 Come e perché

Calcolo del lavoro di una forza costante

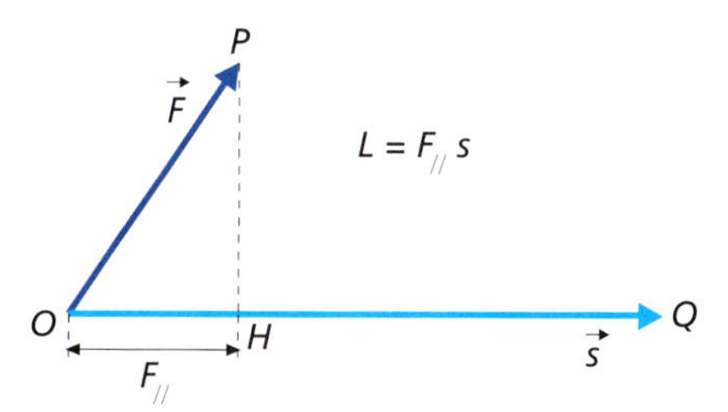

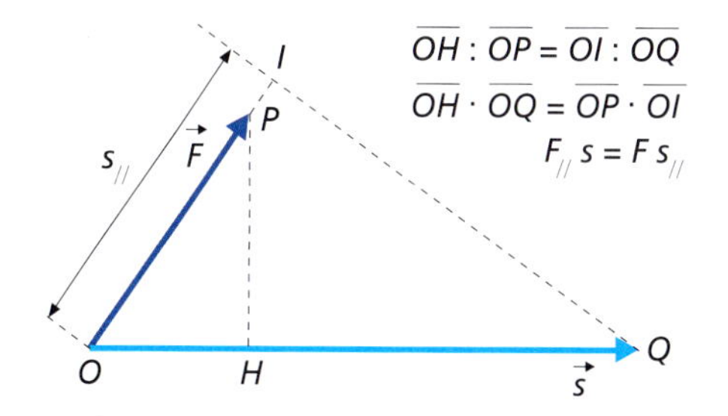

a. Rappresentati la forza $\vec{F}$ e lo spostamento $\vec{s}$ come vettori $\overrightarrow{OP}$ e $\overrightarrow{OQ}$ aventi origine nello stesso punto O, il lavoro $L = F_{//}\, s$ è uguale al prodotto fra la componente $\overline{OH} = F_{//}$ del primo vettore lungo la direzione del secondo e il modulo $\overline{OQ} = s$ del secondo.

b. Per la similitudine dei triangoli rettangoli OHP e OIQ, si ha che il prodotto $\overline{OH} \cdot \overline{OQ} = F_{//}\, s$ è uguale al prodotto $\overline{OP} \cdot \overline{OI} = F\, s_{//}$. Il lavoro può essere pertanto espresso anche come prodotto $L = F\, s_{//}$ fra il modulo F della forza e la componente $s_{//}$ dello spostamento lungo la direzione della forza.

Lavoro motore e lavoro resistente

Come illustrato in [▶5], una forza $\vec{F}$ favorisce lo spostamento $\vec{s}$ di un corpo se il suo vettore componente $\vec{F}_{//}$ nella direzione di $\vec{s}$ ha lo stesso verso di $\vec{s}$, cioè se l'angolo α compreso fra $\vec{F}$ ed $\vec{s}$ è minore di 90°.

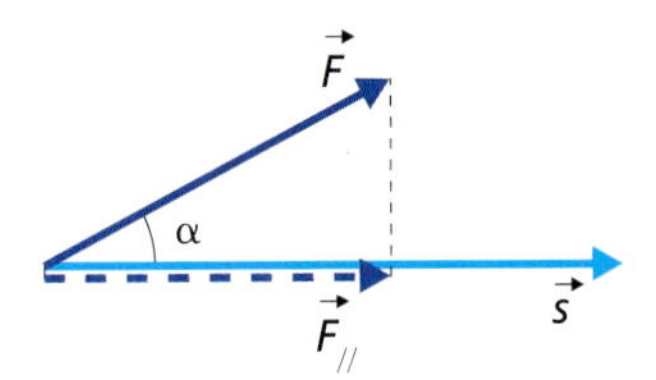

Se $\vec{F}_{//}$ ha lo stesso verso di $\vec{s}$ allora il lavoro è positivo.

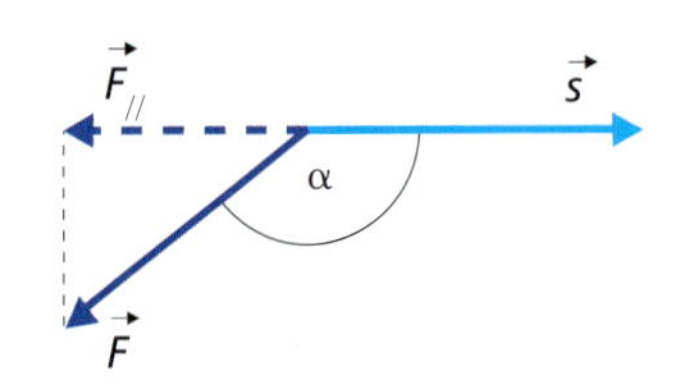

Se $\vec{F}_{//}$ ha verso opposto rispetto a $\vec{s}$ il lavoro è negativo.

Figura 5 Il segno del lavoro dipende dall'orientazione reciproca della forza e dello spostamento.

In questo caso il lavoro della forza è positivo ed è chiamato **lavoro motore**:

$$L = F_{//}\, s > 0$$

Al contrario, la forza ostacola lo spostamento se $\vec{F}_{//}$ ha verso opposto rispetto a $\vec{s}$, ovvero se α è maggiore di 90°. Allora, essendo $F_{//} < 0$, si ha un lavoro negativo, chiamato anche **lavoro resistente**:

$$L = F_{//}\, s < 0$$

Se una forza è perpendicolare allo spostamento non compie lavoro, avendo componente nulla lungo la direzione dello spostamento:

$$L = F_{//}\, s = 0$$

Un esempio di lavoro nullo è quello della forza centripeta nel moto circolare uniforme. La forza centripeta è infatti, in ogni istante, perpendicolare alla velocità e quindi allo spostamento del corpo sul quale agisce.

1 Le risposte della fisica I lavori si sommano!

Un ragazzo trascina una cassa per una distanza di 5,00 m, esercitando, tramite una fune inclinata di 30,0° rispetto al pavimento, una forza costante di 80,0 N. Il pavimento sviluppa sulla cassa una forza di attrito dinamico di 40,0 N. Qual è il lavoro compiuto da ciascuna delle forze che agiscono sulla cassa? Qual è il lavoro totale eseguito su di essa?

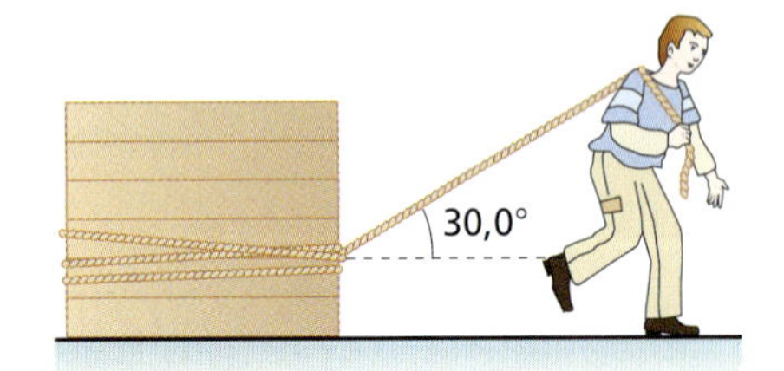

Dati e incognite

$F = 80{,}0$ N $\quad F_d = 40{,}0$ N $\quad L_1 = ?\quad L_{tot} = ?$

$\alpha = 30{,}0°\quad s = 5{,}00$ m $\quad L_2 = ?$

Soluzione

Nel diagramma a fianco sono rappresentate tutte le forze agenti sulla cassa, oltre al suo spostamento.
Il peso $\vec{P}$ e la reazione normale $\vec{N}$ del pavimento sono perpendicolari a $\vec{s}$, e quindi non compiono lavoro.
La forza $\vec{F}$ applicata dal ragazzo, invece, è inclinata di un angolo $\alpha = 30{,}0°$ rispetto a $\vec{s}$. La sua componente scalare $F_{//}$ lungo la direzione di $\vec{s}$ è positiva:

$$F_{//} = \frac{\sqrt{3}}{2} F$$

Pertanto compie sulla cassa un lavoro L_1 positivo:

$$L_1 = F_{//}\, s = \frac{\sqrt{3}}{2} F s = \frac{\sqrt{3}}{2}(80{,}0\ \text{N})(5{,}00\ \text{m}) = 346\ \text{J}$$

Infine, la forza di attrito dinamico $\vec{F}_d$ è parallela e opposta in verso rispetto allo spostamento. Il suo lavoro L_2 sulla cassa è negativo:

$$L_2 = -F_d\, s = -(40{,}0\ \text{N})(5{,}00\ \text{m}) = -200\ \text{J}$$

Il lavoro totale L_{tot} è la somma algebrica dei lavori compiuti dalle singole forze:

$$L_{tot} = L_1 + L_2 = 346\ \text{J} + (-200\ \text{J}) = (346 - 200)\ \text{J} = 146\ \text{J}$$

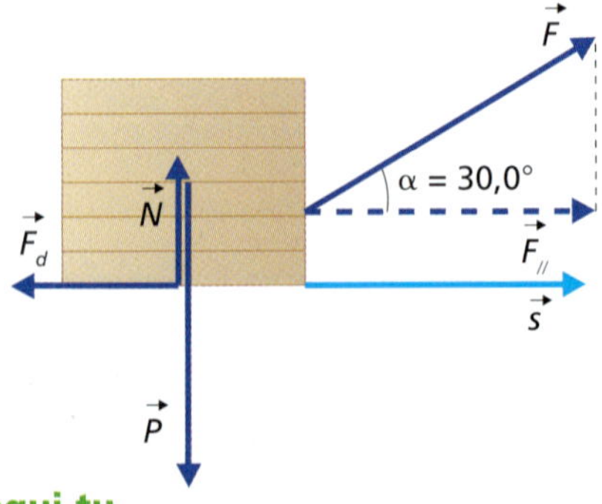

Prosegui tu

Determina la forza totale $\vec{F}_{tot}$ agente sulla cassa e verifica che il lavoro totale L_{tot} può essere calcolato, in modo equivalente, come lavoro compiuto da $\vec{F}_{tot}$. [29,3 N, verso destra]

Il lavoro compiuto su un corpo dal suo peso

Il peso $\vec{P} = m\vec{g}$ di un corpo di massa m, in un luogo determinato, vicino alla superficie terrestre, ha intensità costante ed è orientato verticalmente verso il basso.
Il lavoro che la forza $\vec{P}$ esegue quando il corpo cade da un'altezza h lungo la verticale [▸6], cioè quando compie uno spostamento di modulo h nella direzione e nel verso di $\vec{P}$, è:

$$L = P\,h = m\,g\,h$$

È importante notare che il lavoro del peso non cambia se il corpo giunge a terra lungo un cammino diverso da quello verticale **2**: il lavoro compiuto su un corpo dal suo peso non dipende dal percorso, ma solo dal dislivello h fra le posizioni iniziale e finale del corpo.

Figura 6 Se un corpo di massa m cade verticalmente da un'altezza h, la forza di gravità compie su di esso il lavoro $L = m\,g\,h$.

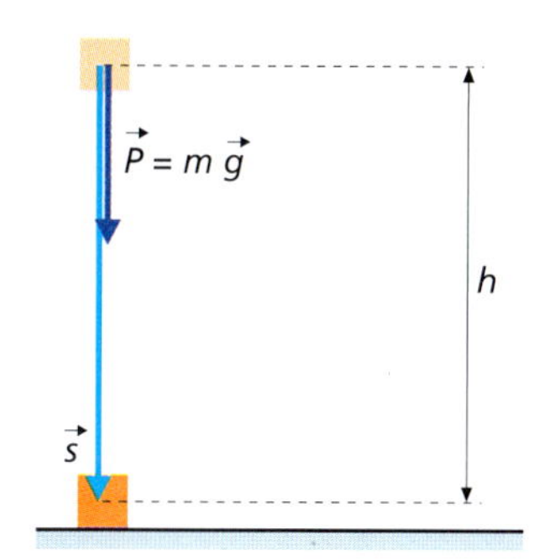

2 Come e perché

Lavoro della forza di gravità lungo un cammino curvilineo

Un corpo di massa m scende da un'altezza h lungo una guida curvilinea, compiendo uno spostamento $\vec{s}$ obliquo. Poiché il lavoro della forza di gravità $\vec{P}$, verticale, può essere calcolato come prodotto $L = P\,s_{//}$ fra il modulo $P = m\,g$ della forza e la componente verticale $s_{//} = h$ dello spostamento, indipendentemente dal particolare cammino descritto dal corpo si ha:

$$L = m\,g\,h$$

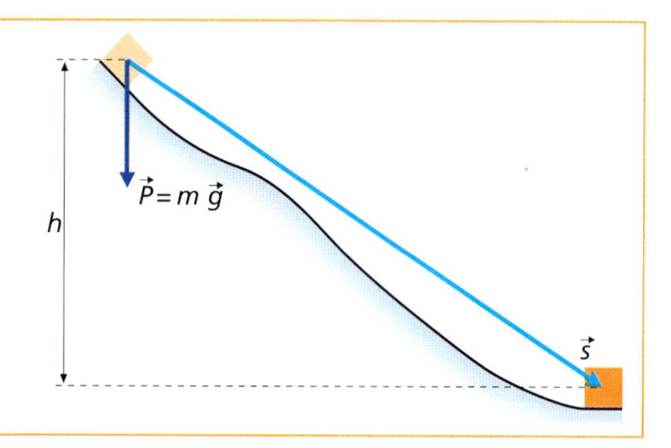

Così, se una palla è lanciata in aria e poi ripresa esattamente allo stesso livello da cui era partita, il lavoro complessivo compiuto dal peso è nullo [▸7].

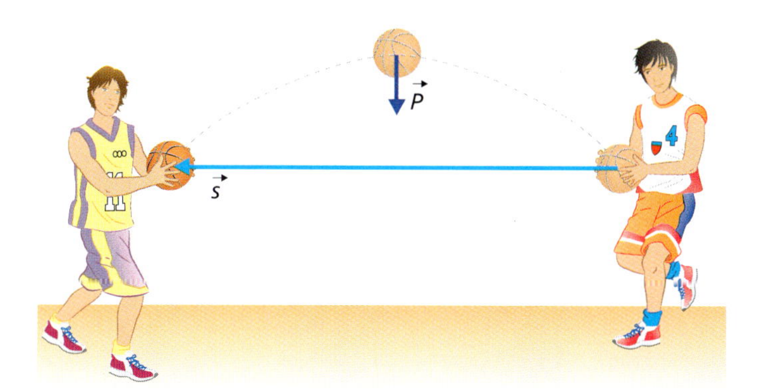

Figura 7 Se lo spostamento $\vec{s}$ della palla è orizzontale, il lavoro compiuto dal suo peso $\vec{P}$, che agisce lungo la verticale, è nullo. Mentre la palla sale, il peso compie un lavoro negativo. Mentre si abbassa, compie invece un lavoro positivo, che bilancia esattamente quello fatto durante l'ascesa.

Lavoro eseguito contro la gravità

La gravità tende a portare ogni corpo verso il basso. Per sollevare un corpo a una certa altezza h da terra, occorre applicare a questo una forza $\vec{F}$ opposta al suo peso $\vec{P}$. Durante il sollevamento [▸8], il peso compie un lavoro resistente:

$$L_r = -m\,g\,h$$

La forza applicata esegue invece un lavoro motore, di uguale valore assoluto ma di segno opposto:

$$L_m = m\,g\,h$$

Figura 8 Sollevare un corpo significa equilibrare la forza di gravità che tende a spingerlo verso il basso. La forza che fa spostare il corpo verso l'alto compie un lavoro positivo, uguale in valore assoluto a quello (negativo) della forza di gravità.

Adesso tocca a te

Rielabora il contenuto del paragrafo rispondendo a voce a queste domande.

1. La forza di attrito statico che, quando cammini, si genera fra le tue scarpe e il suolo compie lavoro? Perché?
2. Se lo spostamento di un corpo è dovuto all'applicazione di più forze, che cosa puoi affermare, in generale, sul lavoro totale compiuto da queste forze?

Prova a risolvere il problema, poi verifica sul MEbook i passaggi svolti e commentati.

3. Una trave di 60,0 kg viene issata con una carrucola, a velocità costante, sul tetto di una palazzina a 10,0 m di altezza. Calcola l'intensità della forza richiesta e il lavoro compiuto, supponendo che la resistenza dell'aria sia trascurabile. [589 N; $5{,}89 \cdot 10^3$ J]

2 Il lavoro di una forza variabile

Finora abbiamo definito il lavoro nel caso in cui la forza che lo compie rimanga costante, in modulo, direzione e verso, durante lo spostamento del suo punto di applicazione.
Gran parte delle forze presenti in natura, tuttavia, varia con la posizione. La forza elastica sviluppata da una molla, per esempio, varia in funzione dell'allungamento (o della compressione) della molla.
Per poter determinare il lavoro compiuto da una forza che varia con la posizione è necessario ricorrere al metodo grafico. In **3** vediamo come sia possibile trarre da un grafico forza-spostamento informazioni sul lavoro compiuto da una forza: data una forza avente la stessa direzione e lo stesso verso dello spostamento del suo punto di applicazione, *il lavoro della forza, sia essa costante o variabile, è espresso dall'area sottesa al grafico della forza in funzione dello spostamento*, cioè dall'area compresa fra la curva, l'asse delle ascisse e i segmenti verticali condotti per le due ascisse estreme.

3 Come e perché

Metodo grafico per il calcolo del lavoro

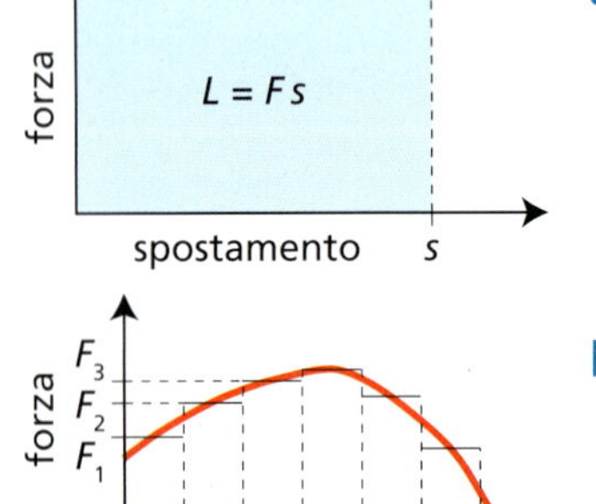

a. Data una forza avente la stessa direzione e lo stesso verso dello spostamento del suo punto di applicazione, se la forza è costante, il grafico della sua intensità in funzione dello spostamento è un segmento parallelo all'asse delle ascisse. In questo caso, il lavoro $L = F\,s$ è il prodotto fra l'ordinata F del segmento e la sua lunghezza s, ovvero l'area del rettangolo di base s e altezza F.

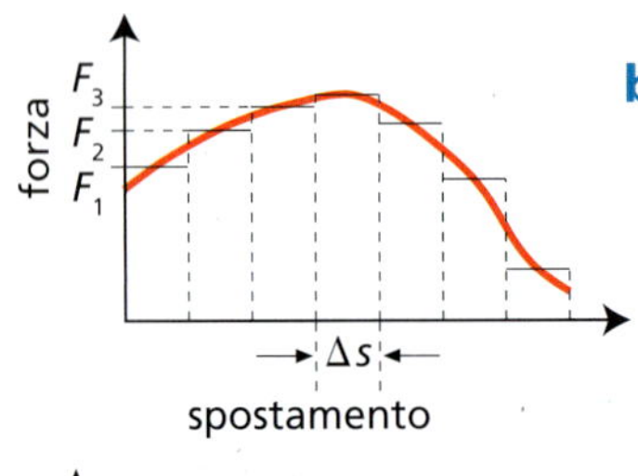

b. Se la forza è variabile, nel grafico forza-spostamento si può sempre suddividere l'asse delle ascisse in piccoli tratti di lunghezza Δs.
In corrispondenza del primo tratto, l'intensità della forza può essere approssimata a un valore costante F_1, intermedio fra i valori estremi in realtà assunti su quel tratto. Nel secondo tratto può essere approssimata a F_2, nel terzo a F_3, e così via.

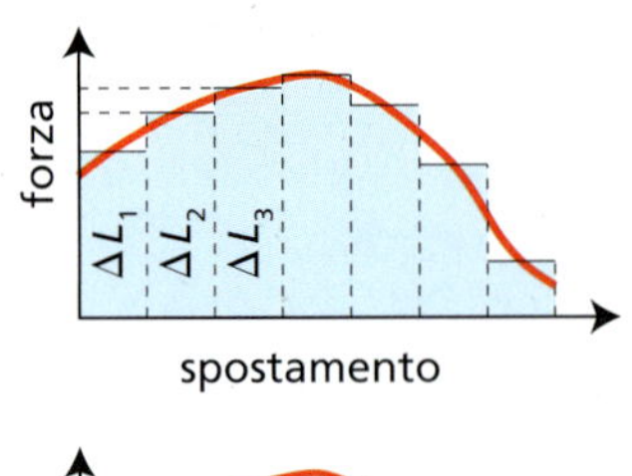

c. Il lavoro compiuto durante il primo tratto dalla forza di intensità costante F_1 è $\Delta L_1 = F_1\,\Delta s$. Mentre i lavori compiuti durante i tratti successivi sono $\Delta L_2 = F_2\,\Delta s$, $\Delta L_3 = F_3\,\Delta s$ ecc. Il lavoro totale è uguale alla somma $L = \Delta L_1 + \Delta L_2 + \Delta L_3 + \ldots$, cioè all'insieme delle aree dei rettangoli di base Δs e di altezza rispettivamente uguale a $F_1, F_2, F_3, \ldots$

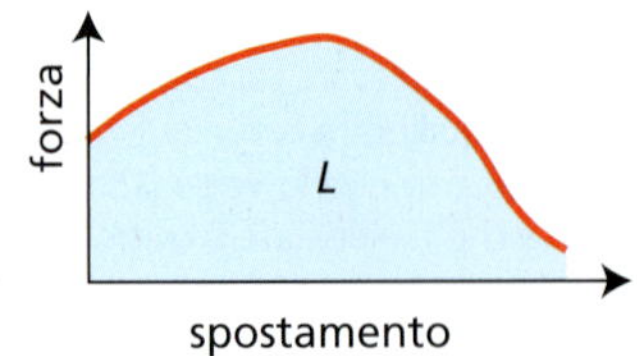

d. All'aumentare del numero dei tratti in cui è suddiviso lo spostamento e al diminuire della loro larghezza Δs, i segmenti di ordinata $F_1, F_2, F_3 \ldots$ approssimano sempre meglio la curva della forza e l'insieme delle aree dei rettangoli costruiti sui diversi tratti tende all'area sottesa alla curva. Questa rappresenta, pertanto, il lavoro compiuto dalla forza variabile.

Il lavoro per allungare o comprimere una molla

Applichiamo il metodo grafico per determinare il lavoro quando la forza in gioco è quella elastica.
Una molla esercita, su un oggetto fissato a un estremo, una forza $\vec{F} = -k\,\vec{s}$ diretta in verso opposto allo spostamento $\vec{s}$ dalla posizione di riposo, sia quando è allungata, sia quando è compressa. La forza esterna $\vec{F}_e$ che bisogna esercitare per allungare o comprimere una molla è invece sempre diretta nel verso dello spostamento [▶9]. In particolare, la forza esterna necessaria per mantenere la molla nella posizione $\vec{s}$ è $\vec{F}_e = -\vec{F} = k\,\vec{s}$.
Poiché lo spostamento avviene su una traiettoria rettilinea, si può evitare la notazione vettoriale e scrivere, a seconda dei casi, $F = -k\,s$ o $F_e = k\,s$, dove s è la componente cartesiana del vettore $\vec{s}$ rispetto alla retta orientata con origine O. Nel caso rappresentato, uno spostamento $s > 0$ descrive un allungamento, mentre uno spostamento $s < 0$ descrive una compressione.

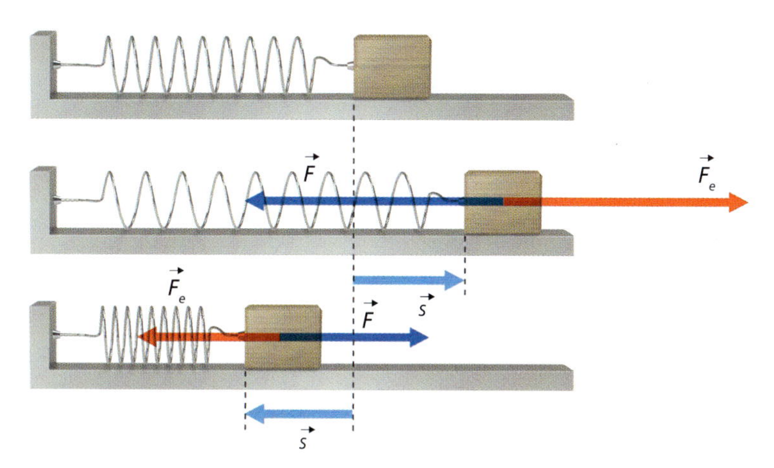

Figura 9 Una molla in posizione orizzontale, spostata dalla sua posizione di equilibrio, esercita su un blocco una forza $\vec{F}$ che è diretta nel verso opposto allo spostamento $\vec{s}$. La forza esterna $\vec{F}_e$ necessaria per allungare o comprimere una molla è invece sempre diretta nel verso dello spostamento.

La relazione di proporzionalità diretta tra la forza esterna F_e e lo spostamento s può essere rappresentata con un grafico cartesiano come in [▶10]. La curva è una retta con pendenza positiva che passa per l'origine degli assi. Per l'esempio in figura 10, la porzione di curva che si trova nella regione in cui lo spostamento dalla posizione di riposo è positivo ($s > 0$) rappresenta la forza necessaria per mantenere allungata la molla nella posizione s. La porzione di curva in cui lo spostamento è negativo ($s < 0$) rappresenta la forza necessaria per comprimere la molla nella posizione s.
Il lavoro compiuto sulla molla per portarla dalla posizione di equilibrio $s = 0$ fino al generico $s > 0$, è l'area di un triangolo rettangolo di base s e altezza $k\,s$ [▶11]:

$$L = \frac{1}{2}\,s\,(k\,s) = \frac{1}{2}\,k\,s^2$$

Il lavoro è positivo, cioè la forza applicata esegue un lavoro motore. Poiché forza e spostamento hanno verso concorde, il medesimo risultato vale per il lavoro compiuto dalla forza esterna sulla molla per portarla dalla posizione di equilibrio $s = 0$ fino al generico $s < 0$ (in cui si ha $F_e = k\,s < 0$).

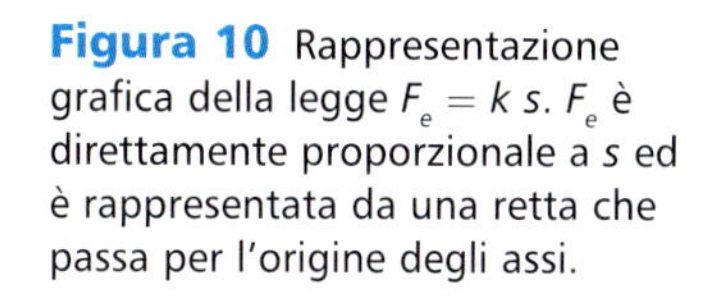

Figura 10 Rappresentazione grafica della legge $F_e = k\,s$. F_e è direttamente proporzionale a s ed è rappresentata da una retta che passa per l'origine degli assi.

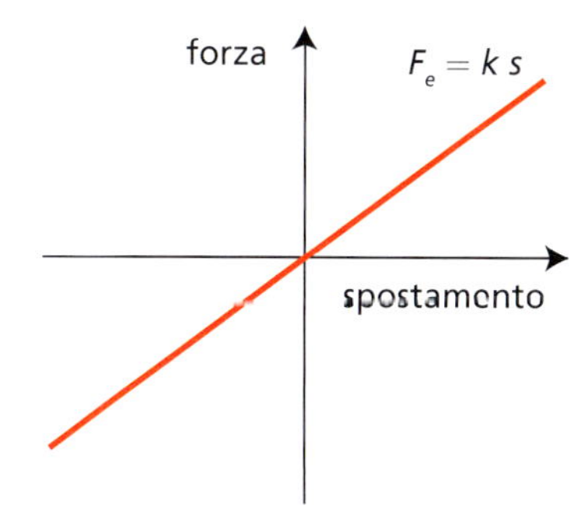

Figura 11 Rappresentazione grafica del lavoro compiuto da una forza per allungare una molla di un tratto s dalla posizione di riposo.

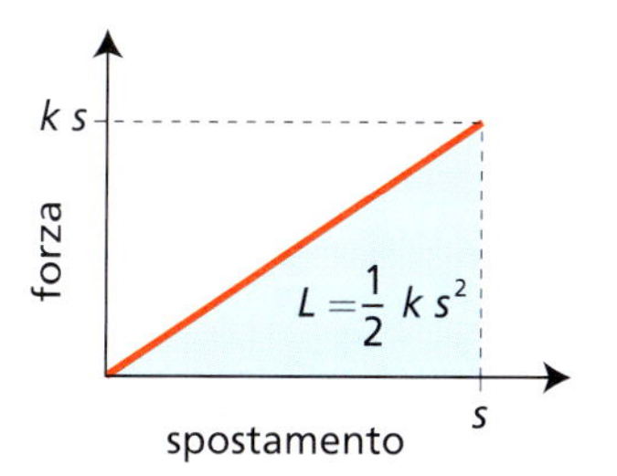

Il lavoro della forza elastica

Il lavoro compiuto dalla forza elastica può essere sia positivo che negativo. Abbiamo già visto che quando la molla è spostata dalla sua posizione di riposo, esercita una forza elastica (di richiamo) $F = -k\,s$ diretta in verso opposto allo spostamento s. In questo caso la molla compie un lavoro resistente:

$$L = -\frac{1}{2}\,k\,s^2$$

Se invece la molla è stata inizialmente compressa da una forza esterna e poi lasciata libera di allungarsi (o inizialmente allungata e poi lasciata libera di comprimersi), esercita una forza elastica di intensità $F = k\,s$ diretta nello stesso verso dello spostamento s, che dalla posizione di partenza tende a riportarla nella posizione di riposo $s = 0$ [▸12]. In questo caso la molla compie sul blocco un lavoro motore (positivo) dato da

$$L = \frac{1}{2} k\,s^2$$

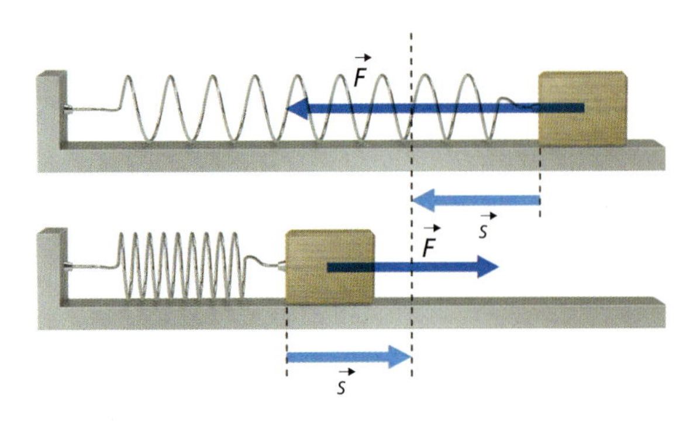

Figura 12 Una molla orizzontale, allungata o compressa, quando è lasciata libera esercita su un blocco una forza diretta nello stesso verso dello spostamento.

2 Le risposte della fisica Quanto lavora la molla?

Se all'estremo di una molla fissata al soffitto è appeso un corpo di massa uguale a 0,500 kg, all'equilibrio la molla si allunga di 0,200 m. Qual è il lavoro compiuto dalla molla, se questa viene invece allungata di 0,400 m?

Dati e incognite

$s_1 = 0{,}200$ m
$m = 0{,}500$ kg
$s_2 = 0{,}400$ m $\quad L = ?$

Soluzione

Per calcolare il lavoro della molla bisogna determinare la sua costante elastica k. Come illustrato nel diagramma, sappiamo che, se un corpo di massa m è attaccato alla molla, questa si allunga di s_1 per l'azione del peso $\vec{P} = m\,\vec{g}$. In questa situazione la forza elastica $\vec{F}$, orientata verso l'alto e di modulo $F = k\,s_1$, bilancia il peso del corpo:

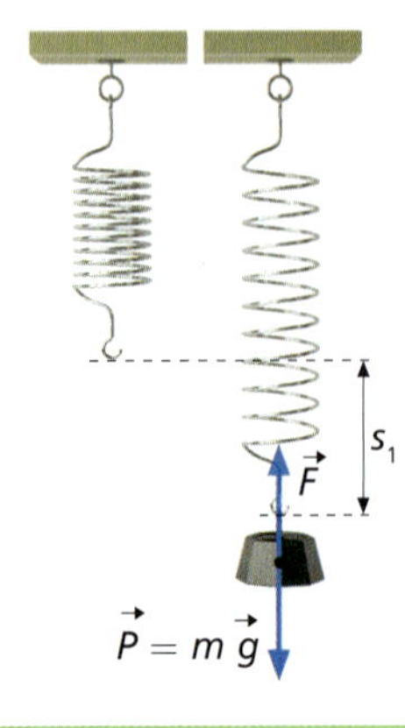

$$k\,s_1 = m\,g$$

Da questa equazione si ricava:

$$k = \frac{m\,g}{s_1} = \frac{(0{,}500\,\text{kg})\,(9{,}81\ \text{N/kg})}{0{,}200\,\text{m}} = 24{,}5\,\text{N/m}$$

Nel caso in cui la molla venga allungata di s_2 rispetto alla lunghezza di riposo, la forza elastica che si oppone alla deformazione della molla compie un lavoro resistente, di segno negativo:

$$L = -\frac{1}{2} k\,s_2^2 = -\frac{1}{2}(24{,}5\,\text{N/m})\,(0{,}400\,\text{m})^2 = -1{,}96\ \text{J}$$

Prosegui tu

Quale lavoro compie la forza esterna che, applicata alla molla, la fa allungare di 0,400 m?

Adesso tocca a te

Rielabora il contenuto del paragrafo rispondendo a voce a queste domande.

4. Un ragazzo cammina sul pavimento orizzontale della biblioteca sorreggendo un libro, poi sale su uno scaleo per ricollocare il libro sullo scaffale. Quale lavoro compie il ragazzo sul libro mentre cammina? E quale lavoro compie salendo sullo scaleo?

5. Una molla di costante elastica k viene allungata di un tratto x da una forza esterna $\vec{F}$ che fa equilibrio a una alla forza elastica $\vec{F}_e$. Quanto vale il lavoro compiuto dalla forza esterna? E quello compiuto dalla forza elastica?

Prova a risolvere il problema, poi verifica sul MEbook i passaggi svolti e commentati.

6. Un flacone di gel per capelli è provvisto di un erogatore dotato di una pompetta a molla, la cui costante elastica è 190 N/m. Quanto lavoro si compie quando, pigiando sull'erogatore, si comprime la molla di 1,0 cm?

[$9{,}5 \cdot 10^{-3}$ J]

3 La potenza

Salendo una rampa di scale di corsa si compie lo stesso lavoro di quando si sale la rampa ad andatura normale [▶13]. In entrambi i casi, infatti, i muscoli delle gambe devono esercitare una forza che contrasti la gravità, e quindi il lavoro motore della forza muscolare è l'opposto del lavoro resistente del nostro peso. Quello che cambia è la rapidità con cui si esegue tale lavoro.
La grandezza che mette in relazione il *lavoro* compiuto con il *tempo* impiegato a compierlo è la potenza.

Figura 13 Salendo più o meno rapidamente la stessa rampa di scale, si compie il medesimo lavoro ma in intervalli di tempo diversi.

Potenza media

La potenza media P_m sviluppata da una forza è il rapporto fra il lavoro L compiuto dalla forza in un intervallo di tempo Δt e l'intervallo di tempo stesso:

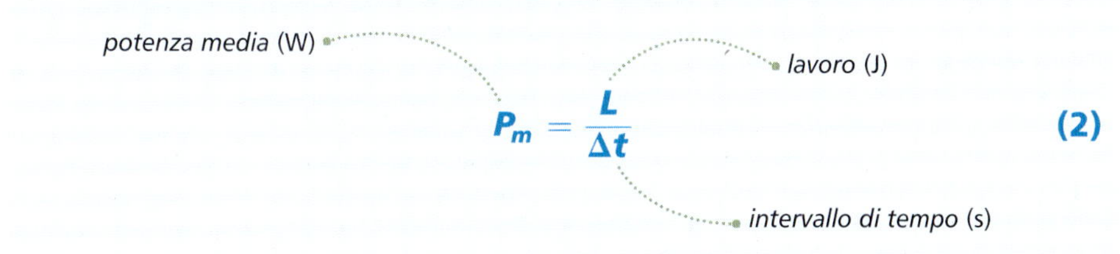

$$P_m = \frac{L}{\Delta t} \qquad (2)$$

La potenza media assume, in generale, valori diversi a seconda dell'intervallo di tempo su cui è calcolata. Il valore a cui essa tende quando l'intervallo di tempo si restringe intorno a un preciso istante rappresenta la **potenza istantanea**, spesso detta semplicemente *potenza*.
Una forza sviluppa una potenza costante quando il lavoro da essa compiuto è direttamente proporzionale al tempo impiegato a compierlo, quando cioè il lavoro eseguito in 2 s, 3 s, ... è il doppio, il triplo, ... di quello eseguito in 1 s. In tal caso la potenza istantanea coincide con la potenza media.
Nel SI le dimensioni fisiche della potenza sono:

$$[P] = [L]\,[t^{-1}] = [m]\,[l^2]\,[t^{-3}]$$

La sua unità di misura, il **watt** (simbolo **W**), prende il nome da James Watt (1736-1819), costruttore delle prime macchine a vapore.
Una forza sviluppa la potenza di 1 W quando svolge il lavoro di 1 J in un intervallo di tempo di 1 s:

$$1\ \text{W} = 1\ \text{J/s}$$

Un'unità di misura spesso usata per misurare la potenza di un motore è il **cavallo vapore** (**CV**), legato al watt dalla relazione:

$$1\ \text{CV} = 735\ \text{W}$$

Il motore di un grosso fuoristrada può sviluppare una potenza di oltre 300 CV (221 kW).

Relazione fra potenza e velocità

Supponiamo che una forza di intensità F, costante entro un intervallo di tempo Δt, sia applicata a un corpo che compie, in Δt, uno spostamento di modulo Δs nella stessa direzione e nello stesso verso della forza. Il lavoro della forza è $L = F\,\Delta s$ e la potenza media è:

$$P_m = \frac{L}{\Delta t} = F\frac{\Delta s}{\Delta t}$$

Poiché il rapporto $\Delta s/\Delta t$ è il modulo v_m della velocità media del corpo, possiamo esprimere la potenza media come prodotto fra i moduli della forza e della velocità media: $P_m = F\,v_m$

Se l'intervallo di tempo considerato è sufficientemente piccolo, il rapporto $L/\Delta t$ assume il significato di potenza *istantanea*, così come il rapporto $\Delta s/\Delta t$ definisce il modulo v della velocità *istantanea* del corpo. Possiamo pertanto mettere in relazione la potenza istantanea con i valori assunti dalla forza e dalla velocità nell'istante considerato.

Potenza istantanea

La potenza istantanea P sviluppata da una forza su un corpo che si muove nella direzione e nel verso della forza è il prodotto fra il modulo F della forza e il modulo v della velocità del corpo:

potenza istantanea (W) — *forza* (N) — *velocità* (m/s)

$$P = F\,v \qquad (3)$$

Come si esprime la potenza istantanea se la forza non è parallela alla direzione del moto del corpo cui è applicata? Basta sostituire, nella (3), al modulo F la componente scalare $F_{//}$ della forza lungo la direzione della velocità:

$$P = F_{//}\,v$$

3 Le risposte della fisica — Per volare ci vuole... potenza!

Un aereo sta volando a quota costante alla velocità di 200 m/s. Se l'intensità della forza resistente esercitata dall'aria è $1{,}4 \cdot 10^4$ N, qual è la potenza prodotta dai motori dell'aereo?

Dati e incognite

$v = 200$ m/s
$F = 1{,}4 \cdot 10^4$ N
$P = ?$

Soluzione

Poiché l'aereo si muove a velocità costante, la risultante delle forze che agiscono su di esso è nulla. In altri termini, la forza sviluppata dai motori bilancia la forza resistente dell'aria. Ha, cioè, la direzione e il verso del moto, e la stessa intensità F della forza resistente.
La potenza erogata dai motori è pertanto il prodotto di F per il modulo v della velocità dell'aereo:

$$P = F\,v = (1{,}4 \cdot 10^4 \text{ N})\,(200 \text{ m/s}) = 2{,}8 \cdot 10^6 \text{ W}$$

Riflettiamo sul risultato

Per calcolare la potenza, abbiamo assunto che i motori producano sull'aereo una forza della stessa intensità della forza resistente.
In effetti la forza motrice deve equilibrare solo l'attrito dell'aria, che agisce orizzontalmente. Lungo la direzione verticale la forza di gravità è invece equilibrata dalla portanza delle ali, cioè dalla spinta che le ali ricevono dall'aria.

Adesso tocca a te

Rielabora il contenuto del paragrafo rispondendo a voce a queste domande.

7. Perché, quando un'automobile procede in salita, il motore deve erogare una potenza maggiore di quando l'automobile viaggia alla stessa velocità su una strada pianeggiante?

8. L'equazione $P = F\,v$ esprime solo la potenza sviluppata da una forza di intensità F costante?

Prova a risolvere il problema, poi verifica sul MEbook i passaggi svolti e commentati.

9. Un pompiere di 60,0 kg raggiunge con una scala il quinto piano di un palazzo in fiamme a 18,0 m d'altezza da terra. Qual è la potenza media sviluppata dal pompiere se per salire la scala ha impiegato un minuto?

[177 W]

4 L'energia cinetica

Un corpo in movimento, può compiere lavoro su un altro corpo. Tramite la forza esercitata nel contatto può infatti provocarne lo spostamento [▶14]. Alla capacità di svolgere del lavoro è legato il concetto di energia.

Figura 14 Per piantare un chiodo, cioè compiere lavoro su di esso, bisogna imprimere al martello una certa velocità.

Energia di movimento

Immaginiamo di conficcare un chiodo in un blocco di legno, colpendolo con un martello di massa m portato a una velocità di modulo v. La forza $\vec{F}$ che il martello esercita sul chiodo compie un lavoro, perché il chiodo si sposta penetrando nel legno.
Per il terzo principio della dinamica il chiodo reagisce con una forza opposta che arresta il martello.
Supponendo per semplicità che la forza sia costante, e indicando con F il suo modulo, il moto del martello è uniformemente decelerato con un'accelerazione di modulo

$$a = \frac{F}{m}$$

Il tempo che occorre affinché la velocità del martello si annulli, a partire dal valore iniziale v, è:

$$t = \frac{v}{a} = \frac{v\,m}{F}$$

D'altra parte, la distanza percorsa dal martello, e quindi dal chiodo, in un tempo t è:

$$s = v\,t - \frac{1}{2}a\,t^2$$

Sostituendo ad a e t le rispettive espressioni si trova:

$$s = v\frac{v\,m}{F} - \frac{1}{2}\frac{F}{m}\left(\frac{v\,m}{F}\right)^2 = \frac{1}{2}\frac{m\,v^2}{F}$$

Il lavoro compiuto dalla forza che il martello esercita sul chiodo è dunque:

$$L = F\,s = \frac{1}{2}F\frac{m\,v^2}{F} = \frac{1}{2}m\,v^2$$

La grandezza $\frac{1}{2}m\,v^2$ è un'energia di movimento e prende il nome di **energia cinetica**.
Quello appena descritto è un esempio di una proprietà generale: per arrestare un corpo in movimento è necessario compiere un lavoro uguale all'energia cinetica immagazzinata nel corpo, indipendentemente da come tale energia possa essere trasformata o ceduta nell'interazione con altri corpi.

Energia cinetica

L'energia cinetica K di un corpo è il semiprodotto della sua massa per il quadrato della sua velocità:

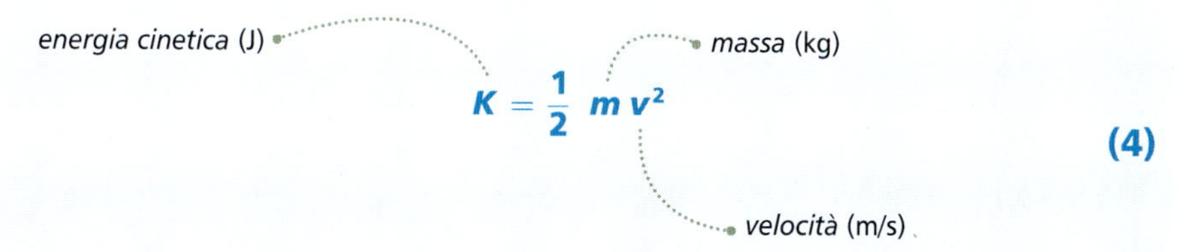

$$K = \frac{1}{2}m\,v^2 \qquad (4)$$

Inversamente, è facile dimostrare che per portare un corpo di massa m dalla quiete a una velocità v è necessario compiere un lavoro uguale all'energia

cinetica finale $K = (1/2)\, m\, v^2$ acquistata dal corpo. Si può anche affermare, quindi, che *l'energia cinetica di un corpo è il lavoro che una forza deve svolgere per portare il corpo, da fermo, alla velocità con cui si muove.*
L'energia cinetica, come il lavoro, è una grandezza scalare e si misura in joule.

Lavoro ed energia cinetica

Immaginiamo ora un corpo di massa m che, per effetto di una forza costante di modulo $F = m\, a$, passa da una velocità iniziale v_i a una velocità finale v_f. La relazione generale tra posizione e velocità del moto uniformemente accelerato è:

$$s_f - s_i = \frac{v_f^2 - v_i^2}{2\,a}$$

Moltiplicando entrambi i membri per F si ottiene:

$$F\left(s_f - s_i\right) = m\,\frac{v_f^2 - v_i^2}{2}$$

che possiamo scrivere

$$L = \frac{1}{2}\,m\,v_f^2 - \frac{1}{2}\,m\,v_i^2$$

L è il lavoro compiuto sul corpo di massa m, dalla forza F, tra la posizione iniziale s_i e quella finale s_f del corpo ed è uguale alla variazione di energia cinetica del corpo. Da questo risultato segue che:

- se la velocità finale è maggiore di quella iniziale, $v_f > v_i$, il lavoro è positivo, $L > 0$;
- se la velocità finale è minore di quella iniziale, $v_f < v_i$, il lavoro è negativo, $L < 0$;
- se la velocità finale è uguale a quella iniziale, $v_f = v_i$, il lavoro è nullo, $L = 0$.

Se su un corpo viene eseguito del lavoro la sua energia cinetica varia perché la risultante delle forze ha una componente nella direzione del moto, che modifica il modulo della velocità. Una forza come quella centripeta, a cui è soggetto un corpo in moto circolare uniforme, non compie lavoro: non modifica il modulo della velocità del corpo e quindi la sua energia cinetica.

Teorema dell'energia cinetica

Il lavoro totale L_{tot} compiuto dalle forze applicate a un corpo è uguale alla variazione dell'energia cinetica del corpo:

$$L_{tot} = \Delta K = K_f - K_i \qquad (5)$$

lavoro totale (J) → L_{tot}; *variazione di energia cinetica (J)* → ΔK; *energia cinetica finale (J)* → K_f; *energia cinetica iniziale (J)* → K_i

In questa relazione L_{tot} è il lavoro compiuto dalla risultante di tutte le forze agenti, cioè la somma dei lavori delle singole forze. Se L_{tot} è positivo si ha un aumento di energia cinetica, se negativo una diminuzione.

4 Le risposte della fisica Qual è la distanza di frenata?

Un'automobile di massa $1,52 \cdot 10^3$ kg si muove su un rettilineo alla velocità di 50,0 km/h. Se la forza costante che frena l'automobile è di $3,24 \cdot 10^3$ N, che distanza percorre il veicolo prima di arrestarsi?

Dati e incognite

$m = 1,52 \cdot 10^3\,\text{kg} \quad v = 50,0\,\text{km/h} \quad F = 3,24 \cdot 10^3\,\text{N} \quad s = ?$

Soluzione

La forza frenante è parallela e di verso opposto rispetto al moto. Perciò, se la sua intensità F è costante, il lavoro da essa compiuto durante la frenata è:

$$L = -F\,s$$

dove s è la distanza di arresto dell'automobile. Se v è il modulo della velocità iniziale dell'automobile, dato che la velocità finale è nulla, per il teorema dell'energia cinetica si ha:

$$-F\,s = 0 - \frac{1}{2} m v^2$$

da cui si ottiene, dopo aver espresso la velocità in unità del SI (v = 50,0 km/h = 13,9 m/s):

$$s = \frac{m v^2}{2F} = \frac{(1,52 \cdot 10^3\,\text{kg})(13,9\,\text{m/s})^2}{2(3,24 \cdot 10^3\,\text{N})} = 45,3\,\text{m}$$

Riflettiamo sul risultato

La distanza di arresto è direttamente proporzionale al quadrato della velocità. Perciò, se la velocità iniziale dell'automobile raddoppia, la distanza di arresto diventa quattro volte maggiore. Ecco perché in auto è importante mantenere la distanza di sicurezza.

Adesso tocca a te

Rielabora il contenuto del paragrafo rispondendo a voce a queste domande.

10. Può un corpo avere un'energia cinetica negativa?

11. C'è differenza fra il lavoro che serve per far aumentare l'energia cinetica di un'automobile da zero a un valore K e quello che serve per raddoppiarne l'energia cinetica a partire da K? Serve più lavoro per portare l'automobile, da ferma, a una velocità v o per accelerarla da v alla velocità doppia?

Prova a risolvere il problema, poi verifica sul MEbook i passaggi svolti e commentati.

12. Un ciclista di 60 kg, che procede a velocità costante lungo una strada di campagna, ha un'energia cinetica di 3000 J. Quanti kilometri percorre in mezz'ora

[18 km]

5 L'energia potenziale

In virtù del suo moto, un corpo possiede un'energia cinetica che può essere utilizzata per svolgere del lavoro. Anche un corpo fermo, può possedere energia, cioè ha la possibilità di compiere lavoro. Una falda di neve in alta quota, se inizia a scivolare lungo un pendio, acquista velocità a causa del suo peso e urtando altri corpi può metterli in movimento: è l'effetto devastante di una slavina [▶15].

Anche una molla compressa, una volta rilasciata, può provocare lo spostamento di altri corpi. In virtù della loro posizione (altezza dal suolo) o configurazione (deformazione della struttura rispetto allo stato di equilibrio), la falda di neve e la molla possiedono un'energia che è detta **energia potenziale**.

Figura 15 Un incauto fuoripista può provocare il distaccamento di una falda di neve: il manto nevoso si stacca e inizia a scivolare verso valle acquistando sempre più energia cinetica man mano che scende.

Energia dovuta alla gravità

Un corpo che si trovi a una certa altezza dal suolo ha capacità di compiere lavoro perché, se viene lasciato libero, cadrà sul terreno a causa della forza di gravità, acquistando velocità e dunque energia cinetica.

Se m è la massa del corpo e h la sua altezza da terra, nell'ipotesi che la posizione occupata sia sufficientemente vicina alla superficie terrestre in modo che l'accelerazione di gravità g possa essere trattata come una costante, tale lavoro è:

$$L = m\,g\,h$$

L'energia potenziale gravitazionale di un corpo è il lavoro che la forza di gravità deve compiere per portare il corpo, dall'altezza a cui si trova, fino a terra (o a un altro livello di riferimento).

Energia potenziale gravitazionale

L'energia potenziale gravitazionale U_g di un corpo di massa m ad altezza h da un livello di riferimento è:

$$U_g = m\,g\,h \quad (6)$$

massa (kg); *accelerazione di gravità* (m/s²); *energia potenziale gravitazionale* (J); *altezza* (m)

La scelta del livello di riferimento è arbitraria. L'altezza h può essere quindi misurata da terra, dal piano di un tavolo, dal pavimento di una stanza. Fissare un livello di riferimento piuttosto che un altro modifica l'energia potenziale gravitazionale del corpo di un termine additivo, ma questo è ininfluente quando si calcola la *variazione* di energia potenziale al passaggio del corpo da una posizione a un'altra. La variazione dell'energia potenziale gravitazionale dipende solo dal *dislivello* fra la posizione finale e la posizione iniziale.

Energia dovuta a una forza elastica

Una molla allungata o compressa acquista energia potenziale grazie al lavoro compiuto su di essa da una forza esterna che la deforma e, quando è lasciata libera, compie lavoro per riportarsi nella posizione di riposo.
Abbiamo già determinato questo lavoro. Se la molla ha una costante elastica k ed è allungata o compressa di una lunghezza s, la sua espressione è:

$$L = \frac{1}{2}k\,s^2$$

che è anche l'espressione dell'**energia potenziale elastica**.
L'energia potenziale elastica di una molla deformata è il lavoro che la forza elastica deve compiere per riportare la molla alla sua lunghezza di riposo.

Energia potenziale elastica

L'energia potenziale elastica U_e di una molla di costante elastica k, se s è la lunghezza del tratto di cui la molla è allungata o compressa rispetto alla lunghezza di riposo, è:

$$U_e = \frac{1}{2}k\,s^2 \quad (7)$$

energia potenziale elastica (J); *costante elastica* (N/m); *allungamento o compressione* (m)

Lavoro ed energia potenziale

Se un corpo di massa m scende verticalmente da un'altezza h_1 rispetto al livello di riferimento fissato a un'altezza h_2 [▶16] il lavoro della forza di gravità è:

$$L = m\,g\,(h_1 - h_2) = m\,g\,h_1 - m\,g\,h_2$$

D'altra parte la variazione di energia potenziale gravitazionale dall'altezza h_2 all'altezza h_1 è:

$$\Delta U_g = U_{g2} - U_{g1} = m\,g\,h_2 - m\,g\,h_1$$

Il lavoro della forza di gravità è quindi l'opposto della variazione di energia potenziale gravitazionale:

$$L = -\Delta U_g = -(U_{g2} - U_{g1}) = U_{g1} - U_{g2}$$

Figura 16 Lavoro della forza di gravità su un corpo che cambia quota.

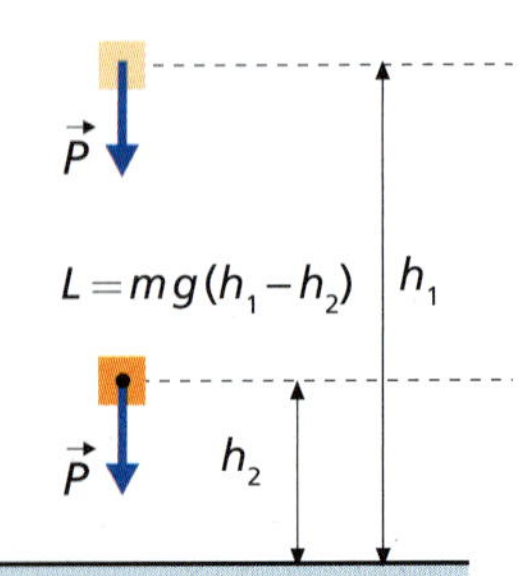

Questa equazione indica che, *se la forza di gravità compie un lavoro positivo, l'energia potenziale gravitazionale diminuisce, se invece compie un lavoro negativo, l'energia potenziale gravitazionale aumenta.*
Analogamente, se la distanza dell'estremo libero di una molla di costante elastica k dalla posizione di equilibrio varia da s_1 a s_2, il lavoro compiuto dalla forza elastica è:

$$L = -\Delta U_e = U_{e1} - U_{e2}$$

cioè:

$$L = \frac{1}{2} k\, s_1^2 - \frac{1}{2} k\, s_2^2$$

In generale *il lavoro è uguale alla differenza fra l'energia potenziale iniziale e quella finale*, ovvero l'opposto della variazione di energia potenziale:

$$L = -\Delta U = -(U_2 - U_1)$$

5 Le risposte della fisica Preparati a scoccare una freccia!

Un arciere tende di 0,250 m, nel suo punto mediano, la corda di un arco. L'arco e la corda agiscono come una molla di costante elastica 620 N/m. Di quanto deve tirare la corda un secondo arciere per accumulare la stessa quantità di energia del primo arciere, se il suo arco ha una costante elastica di 390 N/m?

Dati e incognite

$k_1 = 620$ N/m
$k_2 = 390$ N/m
$s_1 = 0{,}250$ m
$s_2 = ?$

Soluzione

L'energia potenziale accumulata tendendo la corda del primo arco di un tratto s_1 è l'energia potenziale elastica:

$$U_{e1} = \frac{1}{2} k_1\, s_1^2$$

Passiamo alla seconda molla:

$$U_{e1} = U_{e2}$$

ovvero

$$\frac{1}{2} k_1\, s_1^2 = \frac{1}{2} k_2\, s_2^2$$

da cui si ottiene:

$$s_2 = \sqrt{\frac{k_1}{k_2}}\, s_1 = \sqrt{\frac{620 \text{ N/m}}{390 \text{ N/m}}}\, 0{,}250\,\text{m} = 0{,}315\,\text{m}$$

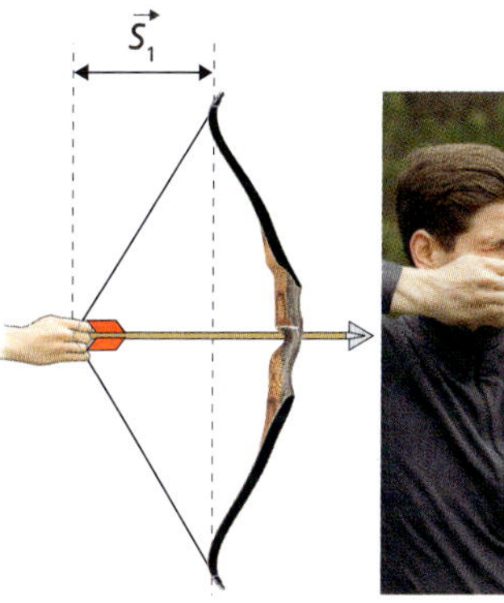

Energia potenziale: proprietà di un corpo o di un'interazione?

Una molla possiede un'energia potenziale elastica quando è deformata a causa del contatto con un altro corpo. Perciò, l'energia potenziale elastica è una proprietà che non appartiene tanto alla molla, quanto al sistema molla-corpo.
Analogamente, un corpo a una certa altezza dal suolo ha un'energia potenziale gravitazionale in virtù del suo peso, cioè dell'interazione con la Terra, che è a sua volta attratta dal corpo.
Quindi, più propriamente, l'energia potenziale gravitazionale appartiene al sistema composto dalla Terra e dal corpo.
Tuttavia, poiché il nostro pianeta ha un'inerzia molto maggiore dei corpi che si trovano nelle vicinanze della sua superficie, l'interazione con questi non provoca alcuno spostamento apprezzabile del globo terrestre. Ecco perché possiamo assumere che il peso di un corpo compia lavoro sul corpo stesso ma non sulla Terra, e continuare ad attribuire solo al corpo l'energia potenziale gravitazionale.

Forze conservative e forze non conservative

La forza gravitazionale e la forza elastica sono due esempi di forze conservative. Il lavoro compiuto dalla prima su un corpo che cambia la sua posizione rispetto al suolo dipende solamente dalla differenza di altezza fra la posizione iniziale e la posizione finale [▶17]. Quello compiuto dalla seconda su un corpo attaccato a una molla dipende dalla distanza iniziale e dalla distanza finale del corpo dalla posizione di equilibrio.

Figura 17 Il lavoro della forza di gravità su un corpo che cambia quota non dipende dalla traiettoria.

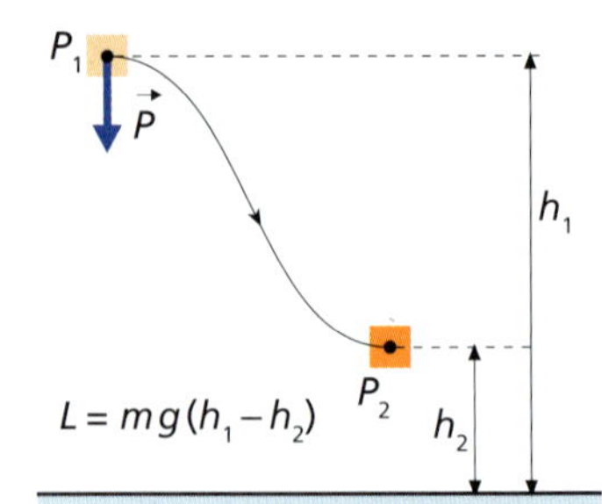

Forza conservativa

Una forza è conservativa se il lavoro da essa compiuto, quando il suo punto di applicazione si sposta da una posizione a un'altra è indipendente dal particolare cammino descritto e dipende solamente dalla posizione dei due punti estremi.

La forza di attrito dinamico, che agisce su un corpo che striscia su una superficie, è invece una **forza non conservativa**, o *dissipativa*. Questa forza è sempre diretta in verso opposto al moto, per cui, come illustrato in **4**, il suo lavoro è negativo e, in valore assoluto, tanto maggiore quanto più lungo è il cammino percorso.
Il lavoro che una forza non conservativa compie su un corpo che si sposta da una posizione a un'altra dipende dalla particolare traiettoria che congiunge le due posizioni, e quindi non può essere espresso tramite un'energia potenziale, che dipende solo dalla posizione.

4 Come e perché

Il lavoro della forza di attrito dipende dalla traiettoria

Una cassa è trascinata su un pavimento da un punto P_1 a un punto P_2 lungo un cammino rettilineo di lunghezza s e riportata indietro lungo un cammino curvo di lunghezza l. La forza di attrito dinamico $\vec{F}_d$, costante in modulo e sempre orientata in verso opposto rispetto al moto, compie, all'andata, il lavoro:

$$L_1 = -F_d\, s$$

e, al ritorno, il lavoro:

$$L_2 = -F_d\, l$$

Essendo $l > s$, è anche $|L_2| > |L_1|$: il lavoro della forza di attrito dipende dalla traiettoria.

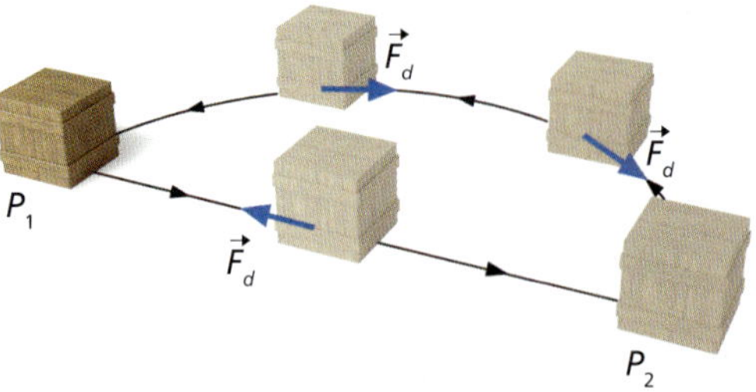

Adesso tocca a te

Rielabora il contenuto del paragrafo rispondendo a voce a queste domande.

13. Se un corpo lanciato da terra ritorna nella posizione di partenza, il lavoro che su di esso compie la forza di gravità è nullo. Com'è il lavoro che la forza di attrito compie su un corpo che viene spinto lungo un pavimento per un tratto e poi tirato indietro fino alla posizione di partenza?

14. Tendendo un arco, esegui sulla freccia un lavoro positivo. Come cambia l'energia potenziale elastica dell'arco? Qual è il lavoro compiuto, contemporaneamente, dalla forza elastica?

Prova a risolvere il problema, poi verifica sul MEbook i passaggi svolti e commentati.

15. Francesca, per salire i gradini di una scalinata alta 2,20 m tenendo il suo zaino in spalla, compie un lavoro pari a 1,06 kJ. Se Francesca pesa 440 N, qual è la massa del suo zaino?

[4,26 kg]

6 La conservazione dell'energia

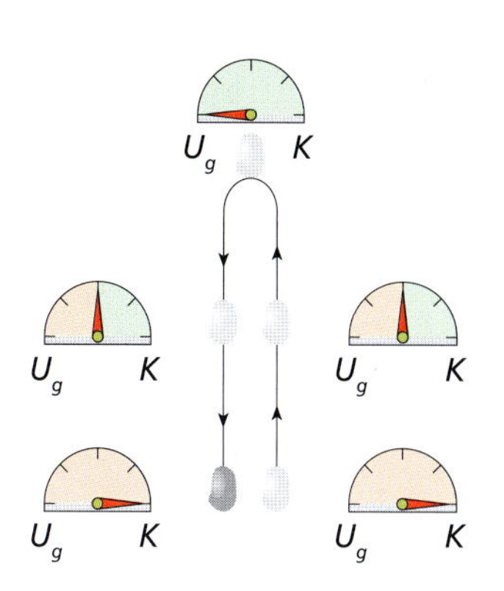

Figura 18 Energia cinetica ed energia potenziale durante il volo di un sasso lanciato verticalmente.

Se un sasso viene lanciato verticalmente verso l'alto, man mano che sale perde velocità. Nella [▸18] il sasso è rappresentato nell'istante del lancio e in altri istanti durante il volo, fino al suo ritorno a terra. La lancetta dell'indicatore di energia, raffigurato in corrispondenza delle posizioni occupate dal sasso nei diversi istanti, segnala, proporzionalmente, quanta energia cinetica e quanta energia potenziale gravitazionale esso possiede.
Si nota che a un aumento dell'energia potenziale gravitazionale del sasso corrisponde una diminuzione della sua energia cinetica. Nell'istante in cui esso raggiunge la massima altezza, l'energia cinetica è nulla, mentre l'energia potenziale gravitazionale è massima.
Durante la discesa avviene l'opposto: l'energia potenziale diminuisce e l'energia cinetica aumenta.

Conservazione dell'energia meccanica

Indichiamo con K_1 e U_{g1} l'energia cinetica e l'energia potenziale gravitazionale del sasso della figura 18 in un punto P_1 della sua traiettoria, e con K_2 e U_{g2} le stesse in un punto P_2 raggiunto successivamente. Per il teorema dell'energia cinetica, il lavoro compiuto dalla forza gravitazionale mentre il corpo si sposta da P_1 a P_2 è:

$$L = K_2 - K_1$$

Lo stesso lavoro è anche espresso da:

$$L = U_{g1} - U_{g2}$$

Da queste due relazioni, uguagliando i secondi membri, segue:

$$K_2 - K_1 = U_{g1} - U_{g2}$$

ossia:

$$K_2 + U_{g2} = K_1 + U_{g1}$$

La somma dell'energia potenziale e dell'energia cinetica di un corpo è detta **energia meccanica**. Perciò, nel passare da una posizione a un'altra (i punti P_1 e P_2 sono punti qualsiasi), l'energia meccanica $U_g + K$ del sasso rimane costante: se era uguale a 10 J nell'istante in cui ha avuto inizio il moto, rimane uguale a 10 J in tutti gli istanti successivi.
Questo vale per ogni corpo su cui agiscano solo *forze conservative*. Vale inoltre per i sistemi composti da più corpi, purché le forze con cui interagiscono siano tutte conservative.
Indicando con U l'energia potenziale totale (somma delle energie potenziali associate a tutte le forze conservative che agiscono) e con K l'energia cinetica totale (somma delle energie cinetiche di tutti i corpi), possiamo formulare un principio generale.

Principio di conservazione dell'energia meccanica

Se su un sistema compiono lavoro solo forze conservative, la sua energia meccanica, somma dell'energia potenziale totale U e dell'energia cinetica totale K, si mantiene costante durante il moto:

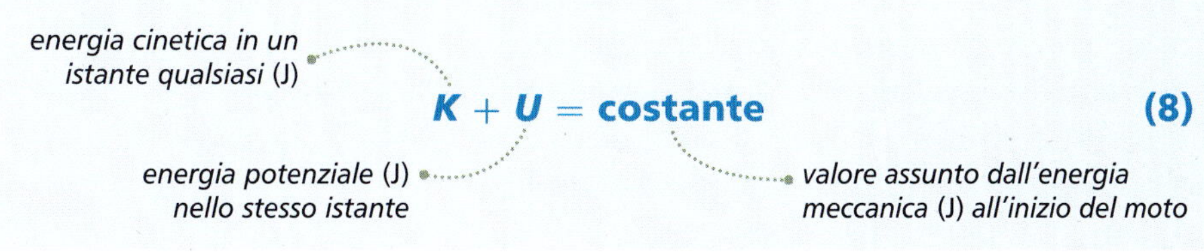

Sviluppa il tuo intuito — Bungee jumping: che ne è dell'iniziale energia potenziale?

Gli spericolati saltatori che praticano il bungee jumping si lanciano dall'alto legati a una fune elastica. Per uscire salvi da questa avventura confidano nelle trasformazioni di energia.
Il saltatore parte con una buona scorta di energia potenziale gravitazionale (le altezze da cui tipicamente si salta sono di diverse centinaia di metri), che durante il volo si converte in energia cinetica e in energia potenziale elastica.
Nella prima fase del salto agisce soltanto la forza gravitazionale: l'energia potenziale gravitazionale diminuisce, trasformandosi in energia cinetica.
Dall'istante in cui la fune comincia a tendersi entra in gioco la forza elastica, che essendo orientata verso l'alto, cioè in verso opposto rispetto al moto, compie un lavoro negativo. L'energia potenziale gravitazionale, che continua a diminuire, non si trasforma più solo in energia cinetica ma inizia a convertirsi, in parte, in energia potenziale elastica. L'energia cinetica è massima nell'istante in cui la forza elastica bilancia il peso. Da questo istante l'energia potenziale elastica, già crescente, aumenta anche a spese dell'energia cinetica.
Nel punto più basso del volo, il saltatore giunge con energia cinetica nulla. Successivamente torna verso l'alto, tirato dalla forza elastica che compie un lavoro positivo. L'energia potenziale elastica diminuisce, e aumentano di nuovo l'energia potenziale gravitazionale e l'energia cinetica. Se non ci fosse la resistenza dell'aria, e quindi l'energia meccanica si conservasse, il saltatore tornerebbe al punto di partenza. Invece compie una serie di oscillazioni sempre meno ampie fino a fermarsi.

6 Le risposte della fisica — Lanciala forte!

Prima del lancio della pallina, la molla di un flipper, di costante elastica 120 N/m, è compressa di 5,0 cm. Se gli attriti sono trascurabili, così come le masse della molla e del pistoncino e l'inclinazione del piano del flipper, qual è la velocità con cui viene lanciata una pallina di 0,10 kg?

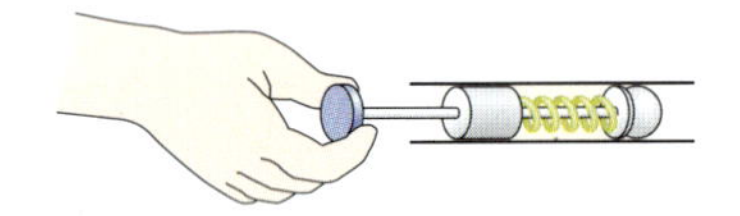

Dati e incognite

k = 120 N/m **s = 5,0 cm = 0,050 m**
m = 0,10 kg **v = ?**

Soluzione

Poiché gli attriti possono essere considerati assenti, l'unica forza che compie lavoro è una forza conservativa: la forza elastica sviluppata dalla molla.
Essendo trascurabili le masse della molla e del pistoncino, è trascurabile anche la loro energia cinetica. Quindi l'energia meccanica del sistema si compone dell'energia potenziale elastica U_e e dell'energia cinetica K della pallina.
Nell'istante iniziale la molla è compressa di una lunghezza s e la pallina ha velocità nulla, per cui:

$$K_1 = 0 \qquad U_{e1} = \frac{1}{2} k s^2$$

La pallina si distacca, con una velocità di modulo v, dalla molla quando questa raggiunge la sua lunghezza di riposo. Si ha dunque:

$$K_2 = \frac{1}{2} m v^2$$

$$U_{e2} = 0$$

Per il principio della conservazione dell'energia meccanica ($K_2 + U_{e2} = K_1 + U_{e1}$), vale la relazione:

$$\frac{1}{2} m v^2 + 0 = 0 + \frac{1}{2} k s^2$$

da cui si ottiene:

$$v = \sqrt{\frac{k s^2}{m}} = \sqrt{\frac{(120 \text{ N/m})(0{,}050 \text{ m})^2}{0{,}10 \text{ kg}}} = 1{,}7 \text{ m/s}$$

Riflettiamo sul risultato

Sul sistema agiscono altre due forze: la forza gravitazionale e la reazione normale del piano su cui si svolge il moto. Queste forze non compiono lavoro, in quanto perpendicolari al moto (la prima può essere considerata tale perché abbiamo assunto trascurabile l'inclinazione del flipper), e quindi non influenzano le trasformazioni di energia: l'energia immagazzinata sotto forma di energia potenziale elastica della molla si converte in energia cinetica della pallina.

Lavoro delle forze non conservative e teorema lavoro-energia

Negli esperimenti di laboratorio si possono usare accorgimenti per ridurre le forze di attrito (per esempio, usare rotaie a cuscino d'aria e lubrificanti per limitare lo sfregamento fra superfici, o produrre il vuoto per evitare la resistenza dell'aria), ma è impossibile eliminarle del tutto. Fuori dei laboratori, poi, le forze non conservative sono sempre in azione. Perciò, in realtà, l'energia meccanica non si conserva mai perfettamente.

Quando abbiamo ricavato il teorema dell'energia cinetica non abbiamo fatto nessuna ipotesi sul tipo di forze in gioco (abbiamo solo utilizzato, per semplicità, una forza costante). Questo teorema vale dunque anche nel caso di forze non conservative. Se indichiamo con L_{nc} il lavoro che compiono su un corpo le forze non conservative e con L_c quello delle forze conservative, il lavoro totale $L_{nc} + L_c$ è uguale alla variazione ΔK dell'energia cinetica del corpo:

$$L_{nc} + L_c = \Delta K$$

Indicando con ΔU la variazione dell'energia potenziale associata alle forze conservative, il lavoro da esse compiuto può essere espresso come:

$$L_c = -\Delta U$$

Sostituendo nell'equazione precedente si ottiene:

$$L_{nc} - \Delta U = \Delta K$$

$$L_{nc} = \Delta K + \Delta U$$

Il risultato ottenuto rappresenta un'estensione del teorema dell'energia cinetica.

Teorema lavoro-energia

Il lavoro L_{nc} compiuto su un sistema dalle forze non conservative è uguale alla somma delle variazioni dell'energia cinetica e dell'energia potenziale del sistema, cioè alla variazione ΔE della sua energia meccanica:

$$L_{nc} = \Delta E \qquad (9)$$

Conservazione dell'energia totale

Le forze di attrito compiono un lavoro negativo. Quindi, per il teorema lavoro-energia, in presenza di attrito l'energia meccanica diminuisce.
Che fine fa questa energia? Con l'attrito si produce sempre un riscaldamento dei corpi e dell'ambiente circostante [▶19], cioè una parte dell'energia meccanica si trasforma in *energia termica*. Come vedremo in seguito, l'energia termica di un corpo è l'energia cinetica associata al moto disordinato delle molecole che lo costituiscono, e una sua variazione si manifesta come una variazione della temperatura del corpo.
In presenza di forze dissipative non si conserva l'energia meccanica, ma vale un principio più generale di conservazione dell'energia nelle sue varie forme.

Figura 19 Dopo una frenata, i freni e le ruote sono più caldi, così come l'asfalto e l'aria nelle vicinanze.

Principio di conservazione dell'energia totale

L'energia non aumenta né diminuisce in nessun processo: può passare da una forma a un'altra, ma la sua quantità totale rimane costante.

Adesso tocca a te

Rielabora il contenuto del paragrafo rispondendo a voce a queste domande.

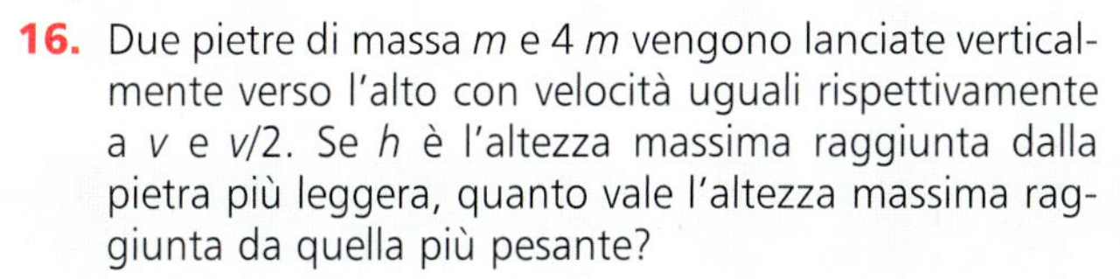

16. Due pietre di massa m e $4\,m$ vengono lanciate verticalmente verso l'alto con velocità uguali rispettivamente a v e $v/2$. Se h è l'altezza massima raggiunta dalla pietra più leggera, quanto vale l'altezza massima raggiunta da quella più pesante?

a $\frac{h}{2}$ b $\frac{h}{4}$ c $2\,h$ d h

Giustifica la tua risposta.

Prova a risolvere il problema, poi verifica sul MEbook i passaggi svolti e commentati.

17. Luca lancia un sasso con una velocità iniziale di 20,0 m/s contro una pigna attaccata a un ramo a 5,00 m di altezza rispetto al punto di lancio. Trascurando ogni forza dissipativa, calcola la velocità del sasso quando urta la pigna.

[17,4 m/s]

Strategie di problem solving

PROBLEMA 1

Tiro a canestro

Mentre si prepara al tiro, un giocatore di pallacanestro tiene la palla a un'altezza di 1,80 m dal pavimento. Quindi la lancia con una velocità di 5,00 m/s.
Trascurando la forza resistente dell'aria, qual è la velocità con cui la palla entra nel canestro, fissato all'altezza regolamentare di 3,05 m da terra?

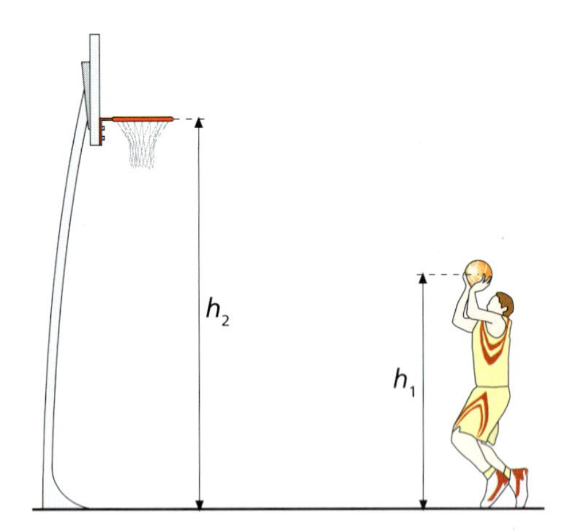

Analisi della situazione fisica

Dopo il lancio, nell'ipotesi in cui la forza resistente dell'aria sia trascurabile, la palla è soggetta solo alla gravità, e quindi la sua energia meccanica si conserva.
Se v_1 è il modulo della velocità con cui la palla si distacca dalle mani del giocatore, la sua energia cinetica iniziale, indicando con m la sua massa, è:

$$K_1 = \frac{1}{2} m v_1^2$$

Al momento del lancio, la palla dista h_1 dal pavimento. Assumendo il pavimento come livello di riferimento per il calcolo dell'energia potenziale gravitazionale, nell'istante iniziale tale energia è:

$$U_{g1} = m g h_1$$

Nell'istante in cui la palla si trova con velocità di modulo v_2 all'altezza h_2 del canestro, si ha invece:

$$K_2 = \frac{1}{2} m v_2^2 \qquad U_{g2} = m g h_2$$

Per il principio di conservazione dell'energia meccanica deve essere:

$$K_2 + U_{g2} = K_1 + U_{g1}$$

$$\frac{1}{2} m v_2^2 + m g h_2 = \frac{1}{2} m v_1^2 + m g h_1$$

$$\frac{1}{2} v_2^2 = \frac{1}{2} v_1^2 + g (h_1 - h_2)$$

Da questa equazione si ricava la velocità incognita v_2.

Dati e incognite

h_1 = **1,80 m**
h_2 = **3,05 m**
v_1 = **5,00 m/s**
v_2 = **?**

Soluzione

Risolvendo l'equazione che abbiamo ottenuto troviamo:

$$v_2 = \sqrt{v_1^2 + 2 g (h_1 - h_2)} =$$

$$= \sqrt{(5{,}00 \text{ m/s})^2 + 2(9{,}81 \text{ m/s}^2)(1{,}80 \text{ m} - 3{,}05 \text{ m})} =$$

$$= 0{,}689 \text{ m/s}$$

Dunque, alla velocità di 0,689 m/s, la palla entra nel canestro dall'alto mentre percorre la parte discendente della traiettoria. Essa aveva già avuto, in modulo, la stessa velocità nell'istante in cui era giunta all'altezza del canestro durante l'ascesa.

Impara la strategia

- Per un corpo di massa m soggetto solo all'azione del suo peso, l'equazione che esprime la conservazione dell'energia meccanica assume la forma:

$$\frac{1}{2} m v^2 + m g h = \text{costante}$$

dove v è la velocità del corpo in qualunque istante e h la sua altezza da terra, o da un altro livello di riferimento, nello stesso istante.

- In modo equivalente, se il corpo si trova in un certo istante ad altezza h_1 con velocità v_1 e in un altro istante ad altezza h_2 con velocità v_2, la conservazione dell'energia meccanica è espressa da:

$$\frac{1}{2} m v_2^2 + m g h_2 = \frac{1}{2} m v_1^2 + m g h_1$$

$$\frac{1}{2} v_2^2 + g h_2 = \frac{1}{2} v_1^2 + g h_1$$

L'equazione è quindi indipendente da m, in accordo con il fatto che l'accelerazione gravitazionale è la stessa per tutti i corpi: il moto sotto l'azione della sola gravità dipende dalla velocità e dalla posizione iniziale di un corpo, ma non dalla sua massa.

Prosegui tu

Al tiro successivo, il giocatore lancia la palla dalla stessa altezza, ma con una velocità di 3,00 m/s. È possibile che questo tiro centri il canestro? Con quale velocità la palla giunge sul parquet, se dopo il lancio cade senza incontrare ostacoli?

[6,66 m/s]

PROBLEMA 2

Le montagne russe

Un carrello delle montagne russe, sulla sommità della collina più alta, a 30,0 m dal suolo, ha velocità pressoché nulla. Con quale velocità, se non ci fossero attriti, il carrello arriverebbe in cima alla collina successiva, alta 18,0 m?
In realtà gli attriti non sono trascurabili, e il carrello giunge sulla sommità della seconda collina con velocità nulla. La lunghezza totale del percorso, misurata lungo la traiettoria curvilinea, è 420 m e la massa del carrello è 800 kg. Qual è l'intensità (costante) della forza di attrito?

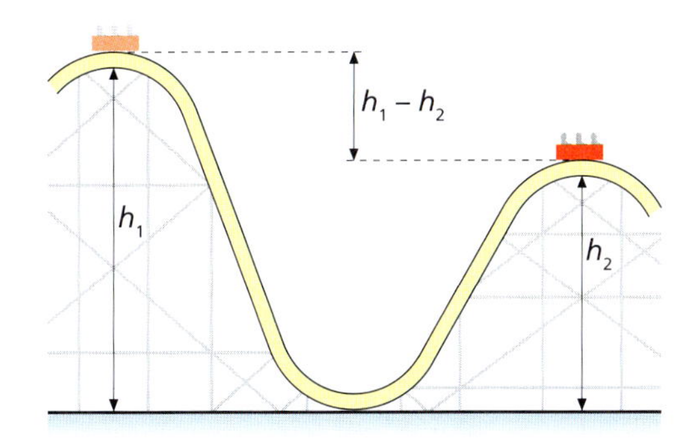

Analisi della situazione fisica

Se le forze di attrito sono trascurabili, l'unica forza che compie lavoro sul carrello è quella di gravità. Perciò, l'energia meccanica del carrello si conserva.
Scegliamo come livello zero dell'energia potenziale gravitazionale la sommità della seconda collina. L'energia meccanica $E_1 = K_1 + U_{g1}$ del carrello di massa m, quando questo si trova con velocità nulla ad altezza $h_1 - h_2$ dal livello di riferimento, è:

$$E_1 = 0 + m\,g\,(h_1 - h_2)$$

L'energia meccanica $E_2 = K_2 + U_{g2}$ in cima alla seconda collina, dove il carrello arriva con velocità di modulo v, è invece:

$$E_2 = \frac{1}{2}\,m\,v^2 + 0$$

Dall'uguaglianza $E_2 = E_1$ possiamo ricavare v.
Nel caso in cui l'attrito non sia trascurabile, l'energia meccanica non si conserva. Per il teorema lavoro-energia, il lavoro L_{nc} che la forza di attrito compie mentre il carrello percorre il cammino di lunghezza s è uguale alla variazione ΔE dell'energia meccanica. Il lavoro della forza di attrito, di intensità costante F, è:

$$L_{nc} = -F\,s$$

Sappiamo che l'energia cinetica è nulla in entrambi gli stati iniziale e finale. Perciò la variazione di energia meccanica coincide con la variazione di energia potenziale:

$$\Delta E = U_{g2} - U_{g1} = 0 - m\,g\,(h_1 - h_2)$$

Dall'uguaglianza $L_{nc} = \Delta E$ possiamo ricavare F.

Dati e incognite

$h_1 = 30{,}0$ m
$h_2 = 18{,}0$ m
$s = 420$ m
$m = 800$ kg
$F = ?$
$v = ?$

Soluzione

Imponendo l'uguaglianza $E_2 = E_1$ troviamo

$$\frac{1}{2}\,m\,v^2 = m\,g(h_1 - h_2)$$

e ricaviamo il modulo della velocità con cui, in assenza di attrito, il carrello arriverebbe in cima alla seconda collina:

$$v = \sqrt{2\,g\,(h_1 - h_2)} =$$

$$= \sqrt{2(9{,}81\ \text{m/s}^2)(30{,}0\ \text{m} - 18{,}0\ \text{m})} = 15{,}3\ \text{m/s}$$

Imponendo l'uguaglianza $L_{nc} = \Delta E$ troviamo

$$-F\,s = -m\,g\,(h_1 - h_2)$$

da cui ricaviamo l'intensità della forza di attrito:

$$F = \frac{m\,g\,(h_1 - h_2)}{s} =$$

$$= \frac{(800\ \text{kg})(9{,}81\ \text{m/s}^2)(30{,}0\ \text{m} - 18{,}0\ \text{m})}{420\ \text{m}} =$$

$$= 224\ \text{N}$$

Impara la strategia

- Identifica tutte le forze conservative e non conservative che agiscono sul sistema in esame. Se solo le forze conservative compiono lavoro, l'energia meccanica del sistema si conserva.
- Se il moto di un corpo si svolge su un piano verticale, il corpo è soggetto a variazioni di energia potenziale gravitazionale: scegli il livello di riferimento per l'altezza h che compare nell'espressione di tale energia. Questo livello è arbitrario, ma *non deve essere cambiato* nel corso della risoluzione di un problema.
- In base alla grandezza incognita che devi ricavare e ai dati forniti dal problema, scegli nel modo conveniente lo stato iniziale 1 e lo stato finale 2 del sistema. Scrivi poi l'energia meccanica $E_1 = K_1 + U_1$ nello stato 1 e l'energia meccanica $E_2 = K_2 + U_2$ nello stato 2. Se l'energia meccanica si conserva, puoi uguagliare le due quantità ($E_2 = E_1$) e risolvere l'equazione così ottenuta per trovare la grandezza incognita.

Progetti di fisica

LABORATORIO

Trasformazioni di energia

Da fare

Studiare le trasformazioni di energia durante le oscillazioni di un corpo appeso a una molla.

Che cosa ti serve

- una molla
- un corpo con gancio
- un'asta graduata
- materiale di sostegno
- una bilancia elettronica
- un foglio di carta

Da sapere

L'energia meccanica di un corpo appeso a una molla è data da: energia cinetica K, energia potenziale gravitazionale U_g ed energia potenziale elastica U_e. In assenza di attrito l'energia meccanica si conserva: dette ΔK, ΔU_g e ΔU_e le variazioni delle tre forme di energia, si ha che $\Delta K + \Delta U_g + \Delta U_e = 0$.

Nei punti di massima e minima oscillazione il corpo non possiede energia cinetica. In tali posizioni estreme si ha dunque che $\Delta K = 0$ e $\Delta U_g = -\Delta U_e$.

Se si fissa come origine dell'asse verticale (orientato verso l'alto) la posizione dell'estremo libero della molla non deformata, allora dette x_1 la coordinata dell'estremo superiore di oscillazione e x_2 la coordinata dell'estremo inferiore, si ha che

$$\Delta U_g = m\,g\,(x_2 - x_1) \qquad \Delta U_e = \frac{1}{2}k\left(x_2^2 - x_1^2\right)$$

dove m è la massa del corpo, g l'accelerazione di gravità e k la costante elastica della molla.

Per determinare k si misura la coordinata x_0 dell'estremo della molla con il corpo appeso in equilibrio. In questa situazione si ha che: $k = \dfrac{m\,g}{|x_0|}$

Procedimento

Determina la massa m del corpo ponendolo sulla bilancia. Fissa la molla al sostegno, in verticale. Poni vicino l'asta graduata e segna sulla scala la posizione dell'estremo libero della molla a riposo, non deformata. Poi appendi il corpo e misura l'allungamento $|x_0|$ subito dalla molla all'equilibrio. Ricava quindi k e annotane il valore.

Solleva poi il corpo di un certo tratto, segna sulla scala graduata la coordinata x_1 dell'estremo della molla compressa e poi lasciala andare: oscillerà intorno alla posizione di coordinata x_0 e avrà come estremo superiore di oscillazione la posizione di coordinata x_1.

Individua l'estremo inferiore di oscillazione, disponendo un foglio orizzontale di carta in modo che il corpo lo tocchi appena, e misura la sua coordinata x_2. È opportuno ripetere questa misura più volte, mantenendo fisso x_1. In seguito cambia il punto di partenza dell'oscillazione, annota il nuovo valore di x_1 e i corrispondenti valori di x_2.

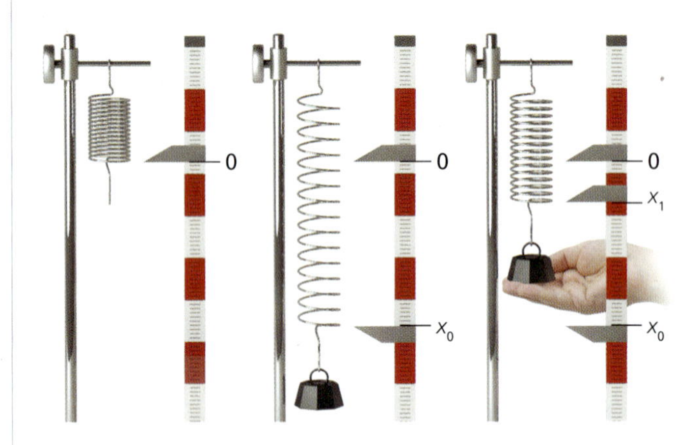

Elaborazione dei dati

Compila la tabella sottostante.

Per ogni valore di x_1, assumi come misura di x_2 la media dei diversi valori ottenuti e come suo errore la semidispersione.

Da ogni serie di dati raccolti calcola le variazioni di energia potenziale ΔU_g e ΔU_e con i rispettivi errori: per stimarli, mediante le regole di propagazione dell'errore, assumi che sia incerta solo la misura di x_2.

Compatibilmente con gli errori di misura, è soddisfatto il principio di conservazione dell'energia?

x_1	x_2 (prova 1)	x_2 (prova 2)	...	$x_2 \pm e_x$ (valore medio ± semidispersione)	ΔU_g	ΔU_e

COMPETENZE

FISICA E REALTÀ

Energia d'alta quota!

Se ti trovassi sulla cima del Monte Bianco, quale sarebbe la tua energia potenziale gravitazionale? Considera il livello del mare come livello di riferimento e, se non ricordi quanto è alto il Monte Bianco, consulta un atlante o un libro di geografia.
A quale velocità devi correre per possedere energia cinetica pari all'energia potenziale appena calcolata?

Sicuri in ascensore

Devi progettare la molla da collocare in fondo alla tromba dell'ascensore del palazzo in cui abiti. Vuoi che, anche nel malaugurato caso in cui il cavo di sostegno dovesse rompersi quando l'ascensore è fermo al piano più alto (cioè a 10 m di altezza rispetto all'estremità superiore della molla) i passeggeri si salvino, subendo nel fermarsi un'accelerazione non superiore a 5 *g*.
Se la massa dell'ascensore con i passeggeri a bordo non può superare 1000 kg, qual è la costante elastica della molla di cui hai bisogno?

Quanto lavora un elettrodomestico?

Completa la tabella con i valori della potenza, espressa in watt, di alcuni elettrodomestici che hai in casa (puoi trovare questa informazione sull'elettrodomestico stesso o nel suo libretto delle istruzioni).
Una volta trovato il valore della potenza, calcola per ogni elettrodomestico il lavoro che questo può compiere in un'ora di funzionamento.

	Potenza (W)	Lavoro in un'ora (J)
tostapane		
asciugacapelli		
ferro da stiro		
aspirapolvere		
personal computer		
lavatrice		

ESPERTI IN FISICA

In palestra serve energia

Contesto

Bilancieri per il sollevamento pesi, molle ed elastici per l'allenamento delle braccia, sbarre sospese per trazioni: forse non ci hai mai riflettuto con attenzione, ma la palestra è un ambiente ricco di strumenti e attrezzi in cui lo sforzo muscolare si traduce direttamente in variazioni di energia meccanica.

Sarà vero?

Per sollevare un manubrio, i muscoli del tuo corpo compiono lavoro contro la forza di gravità: l'energia potenziale gravitazionale dell'oggetto aumenta, a discapito della tua energia interna. Se in palestra il tuo istruttore ti facesse notare che, durante il sollevamento, una parte rilevante della tua energia non si trasforma direttamente in energia potenziale gravitazionale del manubrio, ma si disperde sotto forma di calore, tu gli crederesti? Avvalora o smentisci le parole dell'istruttore, alla luce di quanto hai appreso in questa Unità.

Esponi

Scegli un esercizio ginnico o sportivo in cui, secondo te, è particolarmente evidente la trasformazione del lavoro compiuto dai muscoli in energia meccanica. Può trattarsi di energia potenziale gravitazionale (se l'esercizio comprende il sollevamento di un peso o dello stesso corpo umano), di energia potenziale elastica (se entrano in gioco molle o elastici) o di una combinazione di entrambe.
Scrivi una breve relazione in cui:

- descrivi i principi fisici alla base dell'esercizio che hai scelto;
- individui l'ordine di grandezza dell'energia necessaria per compiere l'esercizio e della potenza che serve per ripeterlo a un ritmo plausibile;
- fai una stima di quante volte bisognerebbe ripetere l'esercizio per poter smaltire l'energia acquistata mangiando 100 g di pastasciutta.

Infine, con i tuoi compagni di classe stila una classifica: al primo posto l'attività che richiede un maggior dispendio di energia, all'ultimo posto quella più "soft".

Calcola

L'estensore a molla consiste di due maniglie collegate fra loro da cinque molle identiche, poste in parallelo.
Calcola quanto lavoro è necessario per allungare le molle di 20 cm, se ciascuna ha una costante elastica di 750 N/m.
Oltre all'estensore con cinque molle, in palestra è disponibile anche un estensore con tre molle di costante elastica 500 N/m. Quale dei due attrezzi richiede il lavoro minore, a parità di deformazione?
Ricava la potenza necessaria per compiere quindici estensioni di 20 cm nell'arco di un minuto con ciascuno dei due estensori. Per semplicità assumi che, durante la contrazione, i muscoli delle braccia non compiano lavoro.

Facciamo il punto

Definizioni

Il **lavoro di una forza costante** $\vec{F}$ applicata a un punto materiale che compie uno spostamento $\vec{s}$ è il prodotto $L = F_{//}\, s$ della componente scalare $F_{//}$ della forza lungo $\vec{s}$ per il modulo di $\vec{s}$. Equivalentemente è $L = F\, s_{//}$. Nel SI il lavoro si misura in **joule** (J): 1 J = 1 N · m.

La **potenza media** P_m sviluppata da una forza è il rapporto fra il lavoro L compiuto dalla forza in un intervallo di tempo Δt e l'intervallo di tempo stesso:

$$P_m = \frac{L}{\Delta t}$$

Il valore a cui tende la potenza media quando l'intervallo di tempo Δt si restringe intorno a un preciso istante rappresenta la **potenza istantanea**, o semplicemente *potenza*. Nel SI l'unità di misura della potenza è il **watt** (W): 1 W = 1 J/s.

Una forza il cui lavoro dipenda dallo stato iniziale e dallo stato finale del corpo sul quale agisce, ma non dagli stati intermedi, è detta **forza conservativa**. Solo a una forza conservativa può essere associata un'energia potenziale U. La forza gravitazionale e la forza elastica sono conservative.

L'**energia meccanica** è la capacità di un corpo di compiere lavoro in virtù della sua velocità (*energia cinetica*), della sua posizione (*energia potenziale gravitazionale*) o deformazione (*energia potenziale elastica*).

- **Energia cinetica** di un corpo di massa m e velocità $\vec{v}$:

$$K = \frac{1}{2} m v^2$$

- **Energia potenziale gravitazionale** di un corpo di massa m ad altezza h da un livello di riferimento:

$$U_g = m g h$$

- **Energia potenziale elastica** di una molla di costante elastica k deformata di un tratto s:

$$U_e = \frac{1}{2} k s^2$$

Concetti, leggi e principi

Il **teorema dell'energia cinetica** afferma che il lavoro totale L_{tot} compiuto su un corpo è uguale alla variazione di energia cinetica ΔK del corpo:

$$L_{tot} = \Delta K$$

Secondo il **principio di conservazione dell'energia meccanica**, se su un sistema eseguono lavoro solo forze conservative, l'energia meccanica del sistema si mantiene costante.

L'energia meccanica di un sistema non si conserva se su di esso compiono lavoro forze non conservative. Per il **teorema lavoro-energia**, il lavoro L_{nc} di queste forze è uguale alla variazione ΔE dell'energia meccanica del sistema:

$$L_{nc} = \Delta E$$

Applicazioni

Il lavoro è positivo, e detto **lavoro motore**, o negativo, e detto **lavoro resistente**, a seconda che l'angolo α compreso fra la forza $\vec{F}$ e lo spostamento $\vec{s}$ sia minore o maggiore di 90°. In tre casi il calcolo del lavoro è particolarmente semplice:

- per $\alpha = 0$ è $L = Fs > 0$;
- per $\alpha = 90°$ è $L = 0$;
- per $\alpha = 180°$ è $L = -Fs < 0$.

Come si calcola il lavoro se la forza non è costante?

Il lavoro di una forza parallela allo spostamento, quale la forza elastica, è uguale, in valore assoluto, all'area della porzione di piano compresa sotto il grafico forza-spostamento.

Il **lavoro compiuto da una forza conservativa** quando l'energia potenziale a essa associata cambia da U_1 a U_2 è uguale all'opposto della variazione di energia potenziale:

$$L = -\Delta U = -(U_2 - U_1) = U_1 - U_2$$

Qual è il lavoro della forza elastica quando una molla passa da uno stato in cui è deformata di un tratto s_1 a uno in cui è deformata di un tratto s_2?

Utilizzando la precedente equazione si trova:

$$L = U_{e1} - U_{e2} = \frac{1}{2} k \left(s_1^2 - s_2^2\right)$$

Esercizi di paragrafo

Flashcard

Ripassa i contenuti dell'Unità con le Flashcard del MEbook.

Esercizio commentato

Per gli esercizi contrassegnati da questa icona trovi sul MEbook la risoluzione commentata.

1 Il lavoro di una forza costante

1 Vero o falso?

a. Se una forza favorisce lo spostamento di un corpo, essa compie lavoro motore. V F

b. Quando un pallone rotola su un campo di calcio orizzontale, il peso del pallone non compie lavoro. V F

c. Durante il sollevamento di un corpo, il peso compie un lavoro negativo. V F

d. Il lavoro di una forza, oltre che in joule, può essere misurato anche in newton. V F

e. Se una forza agisce su un corpo in una direzione, il corpo si sposta necessariamente in quella direzione. V F

2 Indica in tabella se, nelle situazioni descritte nella prima colonna, i vari soggetti compiono un lavoro motore, resistente o nullo.

	Lavoro motore	Lavoro resistente	Lavoro nullo
Una donna che spinge un carrello della spesa.			
L'aria che frena una freccia scagliata in aria.			
Un portiere che para un pallone.			
Una mano che preme contro una parete fissa.			

3 Una baby sitter spinge un passeggino per 10 m lungo il viale di un parco. Se la donna applica al passeggino una forza costante di 50 N parallelamente alla direzione del viale, qual è il lavoro compiuto?

[500 J]

4 STIME Un puma riesce a compiere un salto in alto di 4,00 m, eseguendo un lavoro di 1600 J. Stima la sua massa. Con questi dati sapresti dire se è un esemplare adulto maschio o femmina?

[40,8 kg; femmina]

5 Nel secolo XIII il marmo per il duomo di Milano era trasportato lungo il Naviglio Grande in barche tirate da 12 cavalli che, insieme, esercitavano sulle imbarcazioni una forza risultante di circa 5 kN. Fai una stima dell'ordine di grandezza del lavoro svolto da una tale forza lungo gli ultimi 20 km del viaggio.

[10^8 J]

6 Un facchino spinge una cassa per 2 m su un pavimento orizzontale con una forza di 50 N diretta orizzontalmente. Calcola il lavoro compiuto dalla forza applicata dal facchino. Se il lavoro totale sulla cassa è uguale a 60 J, quanto vale l'intensità della forza di attrito?

[100 J; 20 N]

7 Per tirare in porta, un calciatore deve realizzare un lavoro di circa 160 J sul pallone da calcio. Durante il tempo di contatto con il piede, lo spostamento del pallone è stimato in 25 cm. Calcola la forza media esercitata dal piede del calciatore sul pallone durante la sua azione. Il valore di questa forza equivale alla forza peso di un corpo di quale massa?

[640 N; 65 kg]

8 Federica nuota per 2000 m a velocità costante e si stima che spenda un'energia totale di 1,60 MJ. Solo un quinto di questa energia viene consumata per contrastare le forze di attrito con l'acqua. Calcola l'energia utile impiegata come lavoro contro le forze di attrito, la restante energia dissipata in calore e il modulo della forza di attrito media causata dall'acqua.

[320 kJ; 1,28 MJ; 160 N]

9 Una cassa di 80 kg è appoggiata sul pianale di un autocarro che percorre con accelerazione costante di 1,2 m/s², partendo da fermo, una distanza di 100 m su una strada piana. Durante il movimento, la cassa rimane ferma rispetto all'autocarro, senza slittare sul piano scabro su cui è appoggiata. Calcola il lavoro compiuto dalla forza di attrito sulla cassa e dai spiegazione del segno del tuo risultato.

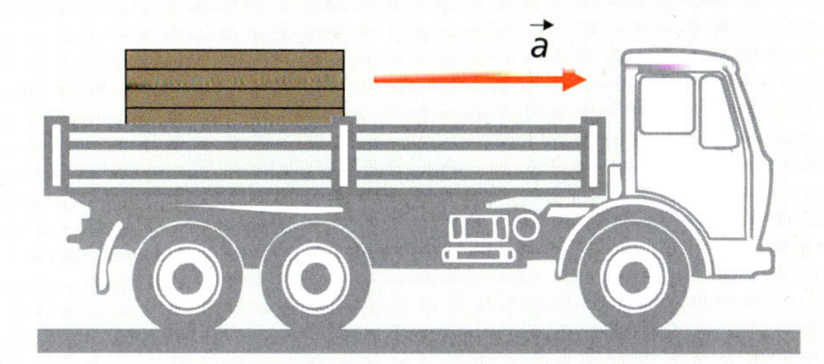

[$9,6 \cdot 10^3$ J]

Suggerimento
Poiché la cassa è ferma rispetto alla sua superficie di appoggio, la forza di attrito agente su di essa è di tipo statico. Per stabilire direzione e verso di questa forza tieni presente che l'attrito statico si oppone al moto relativo che i corpi in contatto tenderebbero ad avere se l'attrito non ci fosse, mentre per ricavarne l'intensità applica la seconda legge di Newton considerando il fatto che, per un osservatore fermo sulla strada, la cassa si muove con accelerazione $\vec{a}$, come l'autocarro.

ESERCIZI

ESERCIZI

10 Un ragazzo trascina una cassa per una distanza di 5,00 m, esercitando, tramite una fune inclinata di 30,0° rispetto al pavimento, una forza costante di 80,0 N. Il pavimento sviluppa sulla cassa una forza di attrito dinamico di 40,0 N. Qual è il lavoro totale compiuto da tutte le forze che agiscono sulla cassa?

[146 J]

11 Che lavoro deve compiere la forza di gravità terrestre per portare un oggetto di massa 1,00 tonnellate da un'altezza pari al raggio terrestre fino al suolo?

[$6{,}26 \cdot 10^{10}$ J]

RISPONDI IN BREVE *(in un massimo di 10 righe)*

12 Che differenza c'è fra lavoro motore e lavoro resistente?

13 Immagina di tirare per un lembo una tovaglia su una tavola apparecchiata. La forza di attrito che la tovaglia esercita sulle stoviglie compie su queste un lavoro positivo o negativo? Spiega.

2 Il lavoro di una forza variabile

14 FISICA PER IMMAGINI Un punto si muove lungo l'asse x sotto l'azione di una forza diretta come l'asse e di modulo variabile con la distanza, come mostrato nel seguente grafico. Determina il lavoro compiuto dalla forza quando il punto passa per le posizioni $x = 1$ m, $x = 2$ m, $x = 4$ m.

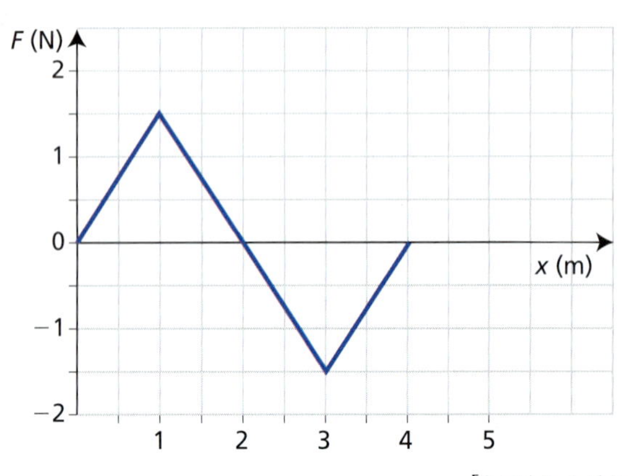

[0,75 J; 1,5 J; 0]

15 Una pompa per gonfiare le gomme di una bicicletta richiede una forza che varia da zero a 20 N in modo direttamente proporzionale alla distanza percorsa dal pistone, fino a uno spostamento massimo di 30 cm. Disegna un grafico della forza in funzione dello spostamento del pistone e calcola il lavoro necessario per spostarlo di 30 cm.

[3,0 J]

16 Un corpo si sposta di 5,0 m su una superficie scabra contrastato da una forza di attrito di 3,0 N. Calcola il lavoro realizzato lungo questo dalla forza di attrito. Confrontalo con quello di una molla di costante elastica 300 kN/m che subisca prima un allungamento e poi una compressione di 1,0 cm rispetto alla lunghezza a riposo. Cosa puoi dire a proposito dei segni dei tre lavori che hai calcolato? Danne una spiegazione.

[−15 J; 15 J; 15 J]

17 STIME Quando un pallone da calcio viene lasciato cadere da un'altezza di 5 m, la forza di gravità compie su di esso un lavoro di 20 J. Trascurando la resistenza dell'aria, stima la massa del pallone e stabilisci di quanto verrebbe compressa una molla verticale di costante elastica 10 kN/m se il pallone ci cadesse sopra.

[0,4 kg; 6 cm]

18 Le ruote anteriori di un'automobile di massa 1600 kg cadono in una buca di 5,00 cm di profondità causando un abbassamento di 2,00 cm del baricentro dell'auto. L'ammortizzatore, dovendo assorbire l'equivalente del lavoro fatto dalla forza peso del veicolo in tale caduta, si accorcia di 5,00 cm. Considerando che gli ammortizzatori seguono la legge di Hooke, quanto vale la costante di proporzionalità fra forza e allungamento?

[251 kN/m]

19 Un autobus accelera da fermo e il suo motore esercita una forza decrescente a mano a mano che il mezzo acquista velocità. Supponiamo, per semplificare i calcoli, che la forza applicata si riduca linearmente da 16 kN a zero lungo un percorso di 200 m. Disegna il grafico della forza in funzione dello spostamento, evidenzia l'area sotto il grafico e calcola graficamente il lavoro necessario per accelerare l'autobus.

[1,6 MJ]

RISPONDI IN BREVE *(in un massimo di 10 righe)*

20 Perché il lavoro di una forza elastica per produrre un dato spostamento non può essere calcolato come prodotto dell'intensità della forza per il modulo dello spostamento?

21 Il calcolo del lavoro di una forza per via grafica è possibile solo nel caso di forze variabili o anche per forze costanti? Giustifica la tua risposta.

3 La potenza

22 Vero o falso?

a. Il lavoro compiuto da un idraulico per sollevare la sua cassetta degli attrezzi da terra dipende dalla rapidità con cui l'uomo compie l'azione. V F

b. Due sportivi, che sollevano bilancieri dello stesso peso in intervalli di tempo uguali, sviluppano la stessa potenza. V F

c. La potenza media e la potenza istantanea assumono sempre lo stesso valore. V F

d. La potenza sviluppata da una forza è inversamente proporzionale all'intensità della forza. V F

e. La potenza media sviluppata da una forza in un certo tempo è inversamente proporzionale al tempo considerato. V F

23 Un treno viaggia su un binario orizzontale alla velocità costante di 36 km/h. Supponendo che la locomotiva sviluppi una potenza di 200 kW, determina la forza dovuta agli attriti e alla resistenza dell'aria che si oppone al moto.

[$2{,}0 \cdot 10^4$ N]

24 Una pompa solleva 20,0 litri di acqua in ogni secondo a 2,00 m di altezza. Calcola la potenza sviluppata dalla pompa ed esprimila in watt e in cavalli vapore. [392 W; 0,533 CV]

25 Sviluppando una potenza di 3,0 kW, un motore solleva a velocità costante, in 5,0 s, un corpo a un'altezza di 15 m. Calcola il peso del corpo. [$1{,}0 \cdot 10^3$ N]

26 Il "dip" sugli anelli è un tipo di esercizio di forza e di controllo, svolto lentamente, nel quale l'atleta si regge sugli anelli iniziando con le braccia verticali parallele al corpo completamente tese. Egli deve flettere i gomiti fino a formare un angolo retto con le braccia per poi risalire alla posizione di partenza. In questa seconda fase l'atleta, di 80 kg, impiega 3,0 s. Che potenza meccanica ha erogato con ogni braccio per alzare il suo baricentro di 40 cm?

[52 W]

27 Un'automobile di massa 1000 kg, per sorpassare un camion lungo un rettilineo pianeggiante, passa in 5,0 s, con accelerazione costante, da 100 km/h a 120 km/h. Calcola la potenza massima sviluppata dal motore dell'automobile, se le forze che si oppongono al moto hanno un'intensità complessiva di 500 N.

[$5{,}4 \cdot 10^4$ W]

Guida alla soluzione

Ricava l'intensità F della forza motrice dalla seconda legge di Newton, osservando che la risultante delle forze nella direzione del moto deve imprimere all'automobile l'accelerazione:

$$a = \frac{v_f - v_i}{\dots\dots}$$

Pertanto, essendo

$$v_f - v_i = (120 \text{ km/h}) - (\dots\dots \text{ km/h}) = \dots\dots \text{ km/h} = \dots\dots \text{ m/s}$$

e tenendo conto delle forze resistenti, di intensità F_a:

$$F = m\,a + F_a = (\dots\dots \text{kg}) \frac{(\dots\dots \text{m/s})}{(\dots\dots \text{s})} + (\dots\dots \text{N}) = \dots\dots \text{N}$$

La potenza massima è quella sviluppata dalla forza motrice quando la macchina è alla velocità massima v_f, cioè:

$$P_{max} = F\,v_f = (\dots\dots \text{N})\,(\dots\dots \text{m/s}) = \dots\dots \text{W}$$

28 Ogni mattina a scuola, quando suona la campana, trecento studenti, di massa media 65 kg, salgono due rampe di scale per accedere al secondo piano, che si trova a un'altezza di 6,0 m rispetto al pianterreno. Il loro tempo di salita è di 60 s. Calcola la potenza totale del gruppo di studenti. Quanto tempo dovrebbero impiegare per avere la stessa potenza di un'automobile da 50 kW? [19 kW; 23 s]

29 Quanta energia viene assorbita da un aspirapolvere di 1200 W durante un'ora di funzionamento? Se il costo dell'energia elettrica è di 5,0 centesimi al MJ, quanto si spende per far funzionare l'elettrodomestico?

[4,3 MJ; 22 centesimi]

30 INGLESE Calculate the total frictional forces that oppose the motion of a car which delivers a power of 60 kW when travelling at a constant speed of 130 km/h. Find the work done by frictional forces along a 100 km trip at this speed. [1.7 kN; 170 MJ]

4 L'energia cinetica

31 "Dentro un centro abitato uno scooter e un camion procedono entrambi alla massima velocità consentita pari a 50 km/h; i due veicoli possiedono pertanto la stessa energia cinetica".
Questa frase è sbagliata. Perché?

32 Un'utilitaria di massa 900 kg sta procedendo lungo un rettilineo a velocità costante. Se l'energia cinetica del veicolo è di 60 kJ, di quanto avanza in 10 minuti? [6,9 km]

33 Le forze applicate a un corpo di massa 500 g che si sta muovendo con velocità di 3 m/s compiono un lavoro di 4 J. Calcola la velocità finale del corpo. [5 m/s]

34 Disegna un grafico dell'energia cinetica in funzione della massa di cinque corpi diversi considerando una velocità di 1 m/s e masse di 1 kg, 2 kg, 3 kg, 4 kg e 5 kg. In seguito, disegna un altro grafico dell'energia cinetica di un corpo di 1 kg in funzione della sua velocità considerando valori teorici di 1 m/s, 2 m/s, 3 m/s, 4 m/s e 5 m/s. Paragona i due grafici e spiega perché al raddoppiare della velocità di un corpo in movimento la sua energia cinetica non raddoppia.

ESERCIZI

35 Calcola l'energia cinetica di un aereo di 100 t che vola a 900 km/h e quella di una nave di $2{,}40 \cdot 10^5$ t che naviga alla velocità di 10,0 nodi.

[3,13 GJ; 3,18 GJ]

Suggerimento
Un nodo equivale a 1,852 km/h.

36 Una molecola di ossigeno, di massa $5{,}3 \cdot 10^{-26}$ kg, a temperatura ambiente ha un'energia cinetica di circa $2{,}9 \cdot 10^{-22}$ J. Calcola la sua velocità e paragonala con la velocità del suono nell'aria, di 340 m/s. Si tratta dello stesso ordine di grandezza?

[105 m/s; sì]

5 L'energia potenziale

37 Vero o falso?

a. L'energia potenziale elastica di una molla allungata è sempre positiva, mentre quella di una molla compressa è sempre negativa. V F

b. Se un oggetto di massa m cade dall'altezza h fino a terra, la sua energia potenziale gravitazionale diminuisce della quantità $m\,g\,h$. V F

c. Se l'energia potenziale elastica di una molla allungata di un tratto s è U_e, l'energia potenziale elastica della stessa molla allungata di un tratto $2\,s$ è $2\,U_e$. V F

d. L'energia potenziale gravitazionale di un oggetto è sempre positiva. V F

e. La forza gravitazionale, al pari di quella elastica, è una forza conservativa. V F

38 FISICA PER IMMAGINI Se per spostare il blocco da P_1 a P_2 la forza di gravità compie un lavoro di 880 J, qual il peso del blocco?

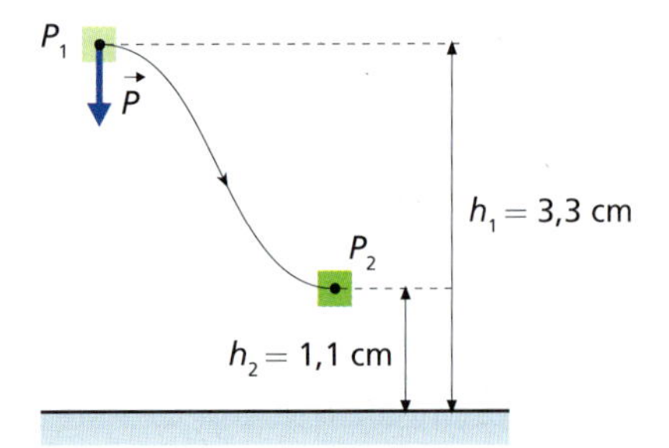

[40 kN]

39 Il lavoro che un turista deve compiere per sollevare di 1 m una valigia cambia se si trova nella hall di un albergo, al pianterreno, invece che all'interno della sua camera, al quarto piano?

40 Un manutentore di 80 kg deve salire sulla sommità di un silos alto 10 m per effettuare alcuni controlli tecnici. Calcola il minimo lavoro che l'uomo deve compiere per salire sul silos.

[$7{,}8 \cdot 10^3$ J]

41 Il fondo scala di un dinamometro è pari a 10 N. Sapendo che la scala è lunga 40 cm, calcola l'energia elastica della sua molla se viene allungata di 20 cm. Se al dinamometro si appende un corpo di massa 0,50 kg, qual è l'energia elastica della molla nella posizione di equilibrio?

[0,50 J; 0,48 J]

42 Calcola il lavoro necessario per disporre in una pila 5 libri uguali di altezza 10,0 cm e massa 2,00 kg, appoggiati sopra un tavolo orizzontale.

[19,6 J]

Suggerimento
Considera un libro alla volta. Il lavoro totale è dato dalla somma dei lavori spesi su ciascun libro.

43 Maurizio si allena a pallacanestro tirando un pallone di massa 560 g. Calcola l'energia che deve essere impressa al pallone in ogni tiro sapendo che Maurizio deve tirarlo da un'altezza di 1,80 m fino a 3,50 m per assicurarsi che, ricadendo, possa entrare nel canestro (a 3,05 m di altezza). Calcola la potenza impiegata per muovere il pallone considerando che il lancio dura 100 ms, ma trascura l'energia richiesta per muovere le braccia.

[9,34 J; 93,4 W]

44 STIME Un tornado estivo sviluppa una potenza di $1{,}00 \cdot 10^8$ W raggiungendo una velocità di 300 km/h. Stima il lavoro che è in grado di compiere in un'ora e la forza che esercita.

[$3{,}60 \cdot 10^{11}$ J; $1{,}20 \cdot 10^6$ N]

45 Un ascensore porta quattro persone di massa media 70 kg fino all'ultimo piano di un palazzo situato a 25 m di altezza rispetto al suolo. Calcola la loro energia potenziale una volta giunti in alto e la potenza richiesta per erogare questa energia in 30 s. Considera che la forza peso dell'ascensore è compensata dai contrappesi, quindi non devi tenerne conto nel calcolo della potenza.

[69 kJ; 2,3 kW]

46 La stazione di metropolitana più profonda al mondo è a Kiev, in Ucraina. Le sue scale mobili trasportano i passeggeri lungo i 105 m di dislivello in cinque minuti. Calcola l'aumento di energia potenziale di un passeggero di 80,0 kg che dalla stazione risale in superficie. In quanto tempo riuscirebbe a salire le scale impiegando una potenza media di 100 W?

[82,4 kJ; circa 14 min]

47 L'impianto idroelettrico Henry Borden nel Sudamerica sfrutta l'energia potenziale di una diga in un altipiano a quota 720 m. Calcola l'energia potenziale di 1 m^3 di acqua a questo livello. La potenza massima dell'impianto è di 890 MW. Quale volume di acqua deve scendere nei tubi ogni secondo, considerando un rendimento teorico del 100%? Usa il valore della densità dell'acqua pura, 1000 kg/m^3.

[7,06 MJ; 126 m^3]

6 La conservazione dell'energia

48 Una freccia di massa 200 g, lanciata verticalmente verso l'alto con la velocità di 25 m/s, raggiunge l'altezza massima di 30 m. Supponendo che la freccia si muova senza ruotare, calcola l'energia meccanica perduta per la resistenza dell'aria.

[3,6 J]

49 FISICA PER IMMAGINI Un bob, partendo da fermo, scende lungo una pista ghiacciata incontrando un attrito trascurabile. Completa la tabella relativa al bilancio energetico del bob in corrispondenza dei punti della pista indicati in figura.

Energia cinetica	Energia potenziale gravitazionale	Energia meccanica
$K =$	$U_g = 6 \cdot 10^5$ J	$E =$ ....
$K = 2 \cdot 10^5$ J	$U_g =$	$E =$ ....
$K =$	$U_g =$	$E =$ ....
$K =$	$U_g = 0$	$E =$ ....

50 Un blocco di 200 g scivola senza attrito partendo da fermo dalla sommità di un piano inclinato di 30° e lungo 9,8 m. Calcola la velocità con cui il blocco arriva sulla base del piano e il lavoro compiuto dalla forza di gravità. Se, mantenendo invariato il piano inclinato, il blocco possedesse massa 10 volte inferiore a quella data, la sua velocità alla base del blocco cambierebbe? E il lavoro compiuto dalla forza di gravità? Giustifica le tue risposte.

[9,8 m/s; 9,6 J]

51 Nel Seicento si facevano esperimenti con la caduta dei gravi dalla sommità della Torre di Pisa, alta 56,0 m. In un esperimento con una palla di 0,500 kg, poco densa, si misurò una velocità di arrivo di 30,0 m/s. Calcola l'energia cinetica di arrivo e il valore medio dell'intensità della forza di attrito con l'aria lungo la discesa.

[225 J; 0,887 N]

52 INGLESE A snow flake of 0,10 g falls from a height of 500 m at an almost constant speed of 1,5 m/s. Calculate the energy lost with friction and the frictional force caused by the air that leads to its terminal speed.

[$-0{,}49$ J; $9{,}8 \cdot 10^{-4}$ N]

53 In un parco acquatico Samuele, di massa 60,0 kg, si lascia cadere lungo lo scivolo verso la piscina, 10,0 m sotto. Lo scivolo è lungo 25,0 m e compie un percorso curvo in cui agiscono forze di attrito valutate in 15,0 N. Calcola l'energia meccanica del ragazzo nel punto più alto dello scivolo, il lavoro realizzato dalle forze di attrito e la nuova energia meccanica all'arrivo in piscina. Qual è la sua velocità di arrivo in acqua?

[5,89 kJ; -375 J; 5,52 kJ; 13,6 m/s]

Problemi di riepilogo

Videotutorial

Per gli esercizi contrassegnati da questa icona trovi sul MEbook la risoluzione commentata in video.

Esercizio commentato

Per gli esercizi contrassegnati da questa icona trovi sul MEbook la risoluzione commentata.

54 Marina lascia cadere una gomma da 10 g da un banco di scuola alto 82 cm. Calcola l'energia potenziale della gomma rispetto al pavimento. Se tutta l'energia potenziale diventa cinetica, qual è la velocità della gomma quando arriva in basso? Spiega perché non è necessario conoscere la massa della gomma.

[0,080 J; 4,0 m/s]

55 Un corpo di massa 2,0 kg inizialmente fermo nell'origine dell'asse x è soggetto a una forza diretta lungo x d'intensità F variabile, come descritto dal grafico. Calcola il lavoro compiuto dalla forza quando il corpo passa per le posizioni $x = 4{,}0$ m, $x = 6{,}0$ m, $x = 10$ m.

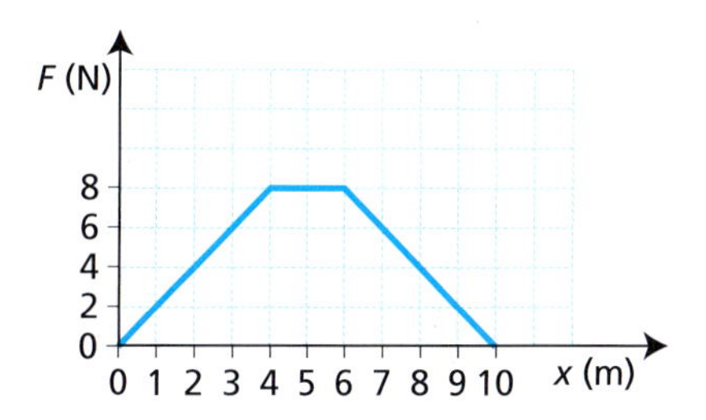

[16 J; 32 J; 48 J]

56 Al circo una trapezista di 50 kg sbaglia un'evoluzione e cade con una velocità iniziale di 4,0 m/s da un'altezza di 4,5 m sul tappeto elastico di sicurezza. Assumendo trascurabile la resistenza dell'aria, calcola la velocità con cui la trapezista atterra sul tappeto e la sua energia cinetica. [10 m/s; $2,6 \cdot 10^3$ J]

57 Un sacco di frumento di 50,0 kg viene trascinato per 10,0 m lungo un piano orizzontale a velocità costante per mezzo di una forza diretta orizzontalmente. Sapendo che il coefficiente di attrito è 0,500, calcola l'intensità della forza e il lavoro compiuto. [245 N; $2,45 \cdot 10^3$ J]

58 Un pirata trascina lungo la tolda della sua nave un forziere di 50 kg a velocità costante per 10 m, applicando una forza $\vec{F}$ inclinata di 45° rispetto all'orizzontale. Sapendo che il coefficiente di attrito è 0,40, calcola l'intensità della forza e il lavoro speso.

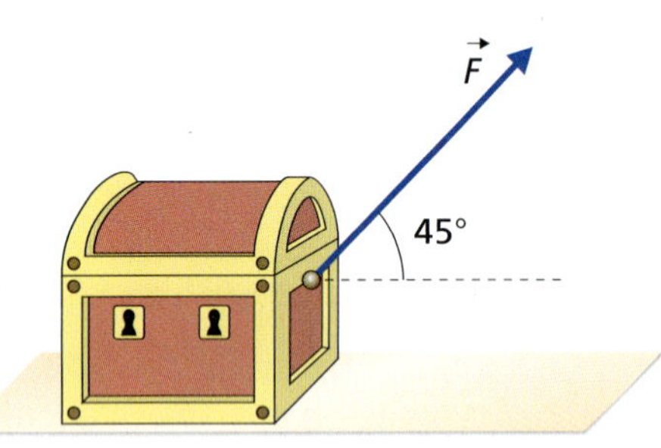

[$2,0 \cdot 10^2$ N; $1,4 \cdot 10^3$ J]

59 Un blocco di 500 g viene spinto lungo un piano liscio, inclinato di 30°, da una molla compressa di 10 cm rispetto alla sua posizione di equilibrio. Se la costante elastica della molla è pari a 500 N/m, quanto spazio percorre il blocco lungo il piano inclinato prima di ritornare indietro?

[1,0 m]

60 Un estensore sotto l'azione di una forza di 10 N si allunga di 40 cm. Qual è la potenza media che devi spendere per allungare l'estensore di 50 cm in 1,5 s? [2,1 W]

61 STIME L'Airbus A380 è uno degli aerei di linea più capienti mai costruiti. Prova a stimare se la sua velocità di crociera supera o no i 1000 km/h, sapendo che l'energia cinetica corrispondente è $2,3 \cdot 10^{10}$ J e l'energia potenziale gravitazionale associata alla quota di servizio (h = 13 000 m) è $7,0 \cdot 10^{10}$ J. [sì]

62 Una pallina da tennis da 57,5 g accelera dal riposo a 90 km/h. Calcola la sua energia cinetica. Calcola il lavoro che deve essere compiuto sulla pallina per cambiare la sua velocità da –25 m/s a 25 m/s.

Esercizio commentato

[18 J; 0]

63 Per accedere al pianale di carico di un autocarro, si fa uso di una rampa lunga 2,0 m, inclinata di 30° rispetto all'orizzontale. Una cassettiera di 40 kg viene spinta lungo la rampa a velocità costante, con una forza parallela alla rampa; il coefficiente di attrito fra cassettiera e rampa è 0,40.

Esercizio commentato

- Traccia il diagramma di corpo libero della cassettiera.
- Qual è l'intensità della forza applicata e quanto lavoro compie?
- Calcola il lavoro compiuto dalla forza di attrito.

[$3,3 \cdot 10^2$ N; $6,6 \cdot 10^2$ J; $-2,7 \cdot 10^2$ J]

64 Una pallina attaccata all'estremo libero di una molla oscilla con una frequenza di 10 Hz e un'ampiezza uguale a 30 cm. Determina la velocità della pallina nei punti in cui l'energia cinetica è uguale all'energia elastica. [13 m/s]

Guida alla soluzione

Detta s_0 l'ampiezza di oscillazione del moto armonico della pallina, per la conservazione dell'energia meccanica risulta:

$$\text{costante} = \frac{1}{2}\, k\, s_0^2$$

Pertanto, in un punto in cui l'energia cinetica e l'energia elastica sono uguali, si ha:

$$2\left(\frac{1}{2} m ......\right) = \frac{1}{2}\, k\, s_0^2$$

da cui puoi ricavare:

$$v = \frac{s_0}{\sqrt{2}} \sqrt{\frac{k}{.....}}$$

Nel moto armonico di un corpo di massa m, prodotto da una forza elastica di costante k, la pulsazione ω è definita dalla relazione

$$\omega = \sqrt{\frac{......}{......}}$$

ed è legata alla frequenza f di oscillazione tramite la relazione $\omega = 2\,\pi\, f$. Risulta quindi:

$$v = \frac{s_0}{\sqrt{2}} ...... = \sqrt{2}\,\pi(0,30 \text{ m})(...... \text{ Hz}) = ... \text{ m/s}$$

La velocità della pallina assume, in modulo, questo valore in due punti della traiettoria, simmetrici rispetto al centro di oscillazione.

65 Una molla di costante elastica 30,0 N/m, fissata a un sostegno, porta attaccata all'altra estremità una sfera di 1,00 kg. La sfera viene spostata di 20,0 cm dalla posizione di equilibrio e poi è lasciata libera di oscillare.

- Quanto vale la massima energia elastica immagazzinata dalla molla?
- Qual è la massima velocità della sfera?

[0,600 J; 1,10 m/s]

66 Una bambina lancia una palla verticalmente verso l'alto con velocità di modulo $v_0 = 5{,}00$ m/s. Se la palla si stacca dalle mani della bambina ad altezza $h_0 = 80{,}0$ cm da terra, qual è l'altezza massima h che raggiunge, considerando trascurabile la resistenza dell'aria?

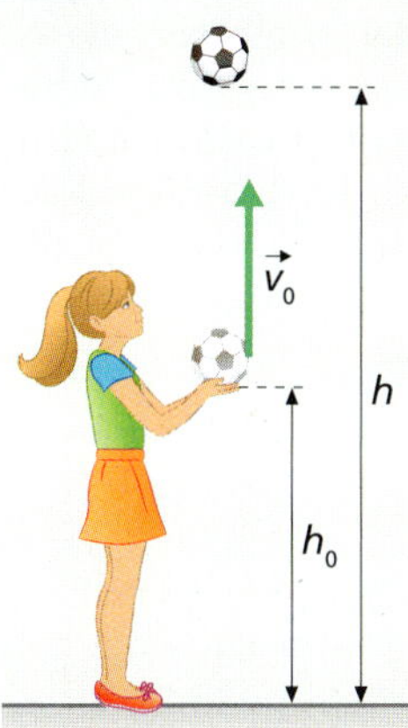

[2,07 m]

Guida alla soluzione

L'unica forza agente sulla palla dopo il lancio è il suo peso. Scegli come livello zero dell'energia potenziale gravitazionale il livello del suolo. Per il principio di conservazione dell'energia, tenuto conto che nel punto di massima altezza la velocità della palla è

$$v = \ldots\ldots$$

si ha:

$$mgh = \ldots\ldots + \ldots\ldots$$

da cui

$$h = h_0 + \frac{\ldots\ldots}{2g} = (\ldots\ldots \text{ m}) + \frac{\ldots\ldots}{2(\ldots\ldots \text{ m/s}^2)} = \ldots\ldots \text{ m}$$

67 Un tir di massa 10 t parte da Genova e deve superare un passo posto a 1500 m sul livello del mare. Calcola la sua energia potenziale quando arriva in cima. Quale distanza avrebbe potuto percorrere in pianura con questa energia, viaggiando a velocità costante e contro una forza di attrito di 1000 N?

Esercizio commentato

[147 MJ; 147 km]

68 Un corpo di massa 200 g si muove con una velocità di 5,00 m/s. Per 1 mm agisce sul corpo una forza parallela allo spostamento che ha il seguente diagramma.

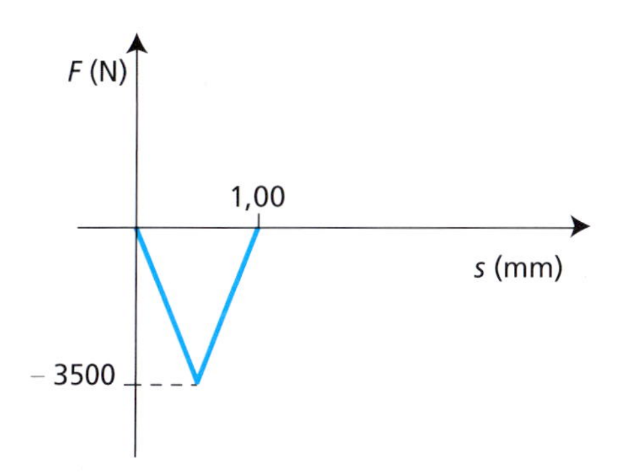

Determina l'energia cinetica iniziale, l'energia cinetica finale e la velocità finale del corpo.

[2,50 J; 0,750 J; 2,74 m/s]

69 Una sciatrice di 55 kg scende lungo una pista che presenta una pendenza di 30° rispetto all'orizzontale. La sciatrice parte dalla sommità con una velocità iniziale di 3,6 m/s e durante la discesa il suo moto è ostacolato da una forza di attrito di 70 N. Trascurando la resistenza dell'aria, calcola qual è la velocità della sciatrice nell'istante in cui ha percorso 49 m dal punto di partenza.

Esercizio commentato

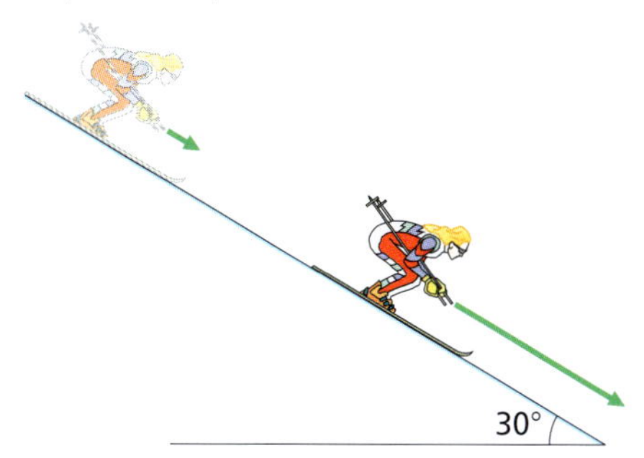

[19 m/s]

70 Un montacarichi ha un motore elettrico di potenza 1200 W e riesce a salire a una quota di 12,0 m, in 24,0 s e con velocità costante, una persona di massa 70,0 kg. Determina il lavoro compiuto dal motore in una salita e la massa del montacarichi.

[28,8 kJ; 175 kg]

71 Un'auto di massa 1500 kg viaggia in un'autostrada alla velocità iniziale di 180 km/h, quando l'autista vista la segnaletica relativa all'uscita di suo interesse inizia a rallentare applicando la seguente forza frenante.

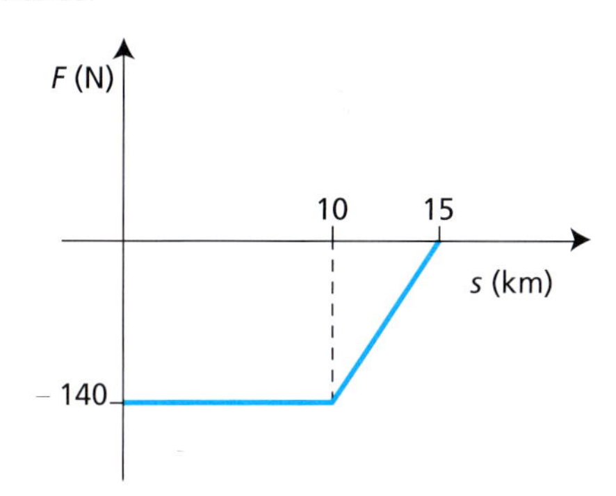

Determina la velocità finale dell'automobile espressa in km/h.

[46 km/h]

72 Durante un'esercitazione, un vigile del fuoco di 60 kg scende verticalmente aggrappato a un palo lungo 3,00 m. La sua velocità subito prima di raggiungere la base del palo è di 2,70 m/s. Calcola la sua energia potenziale alla sommità, l'energia cinetica alla base e la perdita di energia causata delle forze di attrito. Quanto è intensa la forza con la quale il vigile del fuoco si aggrappa al palo?

[1,77 kJ; 219 J; –1,55 kJ; 517 N]

73 Uno sciatore scende da una montagna dall'altezza di 2430 m in discesa libera fino a 2360 m. Poi incontra una salita che lo riporta all'altezza di 2400 m. Se non incontrasse la resistenza dell'attrito, con che velocità lo sciatore arriverebbe in cima alla salita?

Videotutorial

[87 km/h]

74 Tre cani husky trascinano una slitta in mezzo a una distesa ricoperta di neve. A bordo della slitta c'è un uomo, con alcune attrezzature e scorte di cibo; la massa complessiva (slitta + uomo + attrezzature + scorte) che i cani trascinano, esercitando una forza costante di 200 N, è di 120 kg.

Videotutorial

Fra le lame dei pattini della slitta e la neve si sviluppa una forza di attrito, il cui coefficiente di attrito dinamico vale 0,05. Calcola il lavoro compiuto dalla forza esercitata dai cani e dalla forza di attrito, quando la slitta viene trascinata per un tratto pianeggiante di 5,0 km. Qual è il lavoro totale?

[$2{,}9 \cdot 10^5$ J; $1{,}0 \cdot 10^6$ J; $7 \cdot 10^5$ J]

75 In un autoscontro al Luna Park, Mattia urta contro i bordi della pista a una velocità di 15 km/h; il bordo di gomma della propria macchina attutisce il colpo, portando la vettura a una velocità pari a zero, prima che questa rimbalzi sul bordo e riparta di nuovo. Sapendo che l'auto pesa 80 kg, considerato anche il peso del passeggero, calcola il lavoro compiuto dalla forza elastica della gomma che assorbe l'urto (puoi schematizzare la gomma come se fosse una molla, trattandosi sostanzialmente di una forza elastica).

Videotutorial

[694 J]

76 Una pallina di 80 g viene appoggiata su una molla verticale compressa. La costante di elasticità della molla è 150 N/m e la sua lunghezza è diminuita di 3 cm. Se la molla viene lasciata libera di espandersi a che altezza proietterà la pallina? Con che velocità la pallina toccherà il suolo? [8,6 cm; 1,3 m/s]

Videotutorial

77 Giulio incolla su un tavolo una molla verticale di massa trascurabile e costante elastica 120 N/m. Poi con una mano comprime la molla di 5,2 cm. Qual è l'energia elastica acquistata dalla molla in seguito all'azione di Giulio? Quale velocità verso l'alto la molla così compressa potrebbe imprimere a un bottone di 1,2 g quando viene rilasciata? Giulio è convinto che prendendo come livello zero quello della molla compressa e trascurando la resistenza dell'aria, il bottone potrebbe raggiungere l'altezza massima di 15 m. Secondo te Giulio ha ragione? Perché?

Esercizio commentato

[0,16 J; 16 m/s]

78 Un corpo di massa 50 kg è lanciato verticalmente verso l'alto; sapendo che l'oggetto ricade penetrando nel suolo sabbioso per circa 10 cm e che la forza costante, con la quale la sabbia si oppone alla penetrazione, è di circa $1{,}0 \cdot 10^4$ N, determina la massima quota raggiunta dal corpo e la sua velocità iniziale espressa in km/h.

[2,0 m; 23 km/h]

79 STIME L'energia cinetica associata al moto orbitale terrestre intorno al Sole è $2{,}7 \cdot 10^{33}$ J. Sapendo che la massa del nostro pianeta è $5{,}97 \cdot 10^{24}$ kg, stima il raggio dell'orbita, approssimandola come circolare.

[$1{,}5 \cdot 10^{11}$ m]

80 Un blocco di massa $m = 1{,}0$ kg viene lasciato andare, con velocità iniziale nulla, nel punto A indicato in figura di una guida a forma di quadrante di cerchio, di raggio $r = 1{,}3$ m. Esso scivola lungo la curva e raggiunge il punto B con velocità $v_B = 3{,}7$ m/s.
Dal punto B il blocco scivola su una superficie piana, arrestandosi nel punto C, la cui distanza da B è $d = 2{,}8$ m.

- Qual è l'energia meccanica del blocco in B?
- Quale lavoro viene compiuto dalla forza di attrito mentre il blocco scivola da A a B?
- Qual è il coefficiente di attrito della superficie piana?

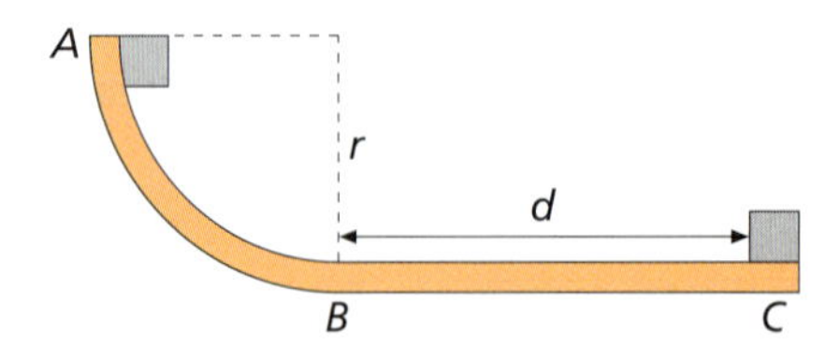

[6,8 J; −5,9 J; 0,25]

81 A causa di una frana un masso scivola lungo un pendio inclinato di 60° rispetto all'orizzontale prima di giungere su un terreno pianeggiante dove si ferma. Se il masso scende da un'altezza di 12 m, e il pendio e il tratto orizzontale sono caratterizzati dallo stesso coefficiente di attrito pari a 0,40, quanto spazio percorre il masso sopra il terreno orizzontale prima di fermarsi?

[23 m]

82 Una sferetta pesante poggiata sopra una molla elastica produce una compressione di 10 cm. Calcola la massima compressione della molla se la sferetta cade da ferma sopra di essa dall'altezza di 120 cm, come indicato in figura, nell'ipotesi che la massa della molla sia trascurabile.

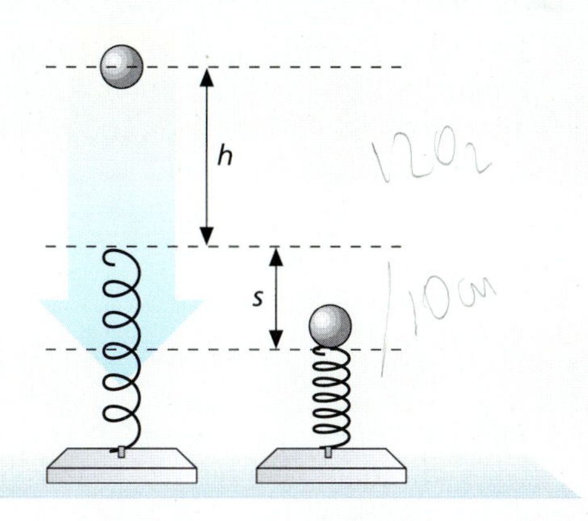

[60 cm]

Suggerimento
Quando la molla raggiunge la sua massima compressione s, la pallina si è abbassata, rispetto alla sua posizione iniziale, di un tratto espresso dalla somma $h + s$. Di conseguenza ha perso un quantitativo di energia potenziale pari a $m\,g$ (....).

83 Una barca attraversa un fiume largo 40 m. Il barcaiolo deve esercitare una forza costante di 686 N nella direzione perpendicolare al fiume per portare la barca alla sponda opposta, mentre la corrente del fiume, di intensità pari a 20 N, devia la barca di 10 m rispetto alla direzione perpendicolare.

Esercizio commentato

- Quanto lavoro ha compiuto il barcaiolo?
- Quanto lavoro ha compiuto la corrente del fiume?
- Quanto vale la forza di attrito dell'acqua ammettendo che la barca si sia mossa almeno approssimativamente con velocità costante?

[27,4 kJ; 200 J; 686 N]

84 Una ragazza appassionata di bungee jumping si getta da un ponte con la corda elastica legata alle caviglie, scendendo in caduta libera per 10 m prima che il cavo cominci ad allungarsi. Supponi che il cavo abbia massa trascurabile e costante elastica uguale a 60 N/m. Quanto scenderà la saltatrice prima di fermarsi, se la sua massa è 70 kg e la resistenza dell'aria è trascurabile? [40 m]

Verso l'ammissione all'università

Test

Puoi simulare la parte di fisica di un test di ammissione svolgendo questa batteria di esercizi in 25 minuti. Per calcolare il tuo punteggio dai 1 punto alle risposte esatte, 0 punti a quelle non date e –0,25 punti a quelle errate. La griglia delle soluzioni è alla fine del libro.

Puoi esercitarti anche in modalità interattiva sul MEbook.

1 Un cestino gettacarte viene spinto parallelamente al pavimento da una ragazza che, con un piede, esercita una forza costante di 20 N. Se il lavoro compiuto dalla forza è 100 J, quanto vale il corrispondente spostamento del cestino?

a 5 m
b $2 \cdot 10^3$ m
c 20 cm
d 0
e Impossibile da calcolare con i soli dati a disposizione

2 Quanto lavoro bisogna compiere per allungare di 50 cm una molla di costante elastica 40 N/m?

a 5 J
b $5 \cdot 10^4$ J
c 2000 J
d 1000 J
e 500 J

3 Una molla di costante elastica k subisce l'allungamento s sotto l'azione di una forza esterna che compie un lavoro L. Quale sarà l'allungamento di una seconda molla di costante elastica $4\,k$ per effetto di una forza che compie lo stesso lavoro L?

a $\frac{s}{\sqrt{2}}$
b $\frac{s}{2}$
c $2\,s$
d $\sqrt{2}\,s$
e $4\,s$

4 Marco lancia verso l'alto una biglia, che cade al suolo descrivendo una parabola. Enrico lascia cadere un'altra biglia, identica alla prima, direttamente a terra, con traiettoria verticale. Trascurando la resistenza dell'aria, e supponendo che le biglie lascino le mani dei ragazzi alla stessa altezza, si può ragionevolmente affermare che, quando le biglie sono a 1 mm dal suolo:

a la forza alla quale è sottoposta la biglia di Marco durante il moto è maggiore di quella che subisce la biglia di Enrico
b la velocità della biglia di Marco è uguale a quella della biglia di Enrico
c la variazione di energia potenziale della biglia di Marco, rispetto al momento del lancio, è maggiore di quella della biglia di Enrico
d l'energia meccanica totale della biglia di Marco è uguale a quella della biglia di Enrico
e la variazione di energia cinetica rispetto al momento del lancio è uguale per entrambe le biglie

ESERCIZI

5 INGLESE A bag is hanging straight down from Mary's hand as she walks across a horizontal floor at a constant velocity. The force that the hand exerts on the bag's handle:

a does positive work
b does negative work
c does zero work
d is zero
e may be zero

6 Quali sono le dimensioni fisiche della potenza nel SI?

a $[P] = [l]\,[m]\,[t^{-3}]$
b $[P] = [l^2]\,[m]\,[t^{-3}]$
c $[P] = [l^2]\,[m^{-1}]\,[t^{-3}]$
d $[P] = [l^3]\,[m]\,[t^{-3}]$
e $[P] = [l]\,[m]\,[t]$

7 Un motoscafo viaggia sulla superficie dell'acqua alla velocità costante di 2,0 m/s. Se l'intensità della forza opposta dall'acqua, sommata a quella della forza opposta dall'aria, è 300 N, qual è la potenza fornita dal motore?

a 300 W
b 600 W
c 150 W
d 1200 W
e 2400 W

8 INGLESE A 2500 N force is pulling a shopping cart; the cart is moving at constant velocity of 1.50 m/s. The average power is:

a 5,62 kW
b 1670 W
c 600 mW
d 3750 W
e 2500 W

9 L'energia cinetica di un oggetto di massa m in movimento con velocità v è K. Se la velocità diventa 2 v, qual è il nuovo valore dell'energia cinetica?

a $\sqrt{2}\,K$
b $4\,K$
c $2\,K$
d $K/2$
e $K/4$

10 Una forza $\vec{F}$ di intensità 4 N agisce su di un punto P mentre questo si sposta di 2 m secondo una direzione che forma un angolo di 60° con la direzione della forza stessa, così come illustrato in figura.

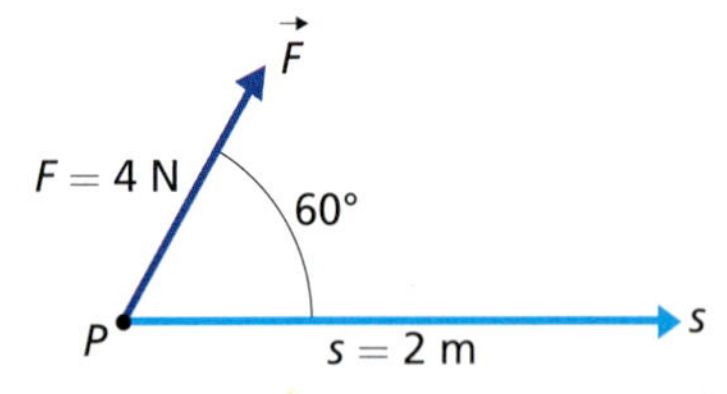

Calcolare in J il lavoro compiuto dalla forza al termine dello spostamento.

a 2 J
b 6 J
c 8 J
d 10 J
e 4 J

11 Qual è la potenza minima richiesta per trasportare all'altezza di 10,0 m in 9,81 s una tanica di 2,00 kg?

a 20,0 W
b 9,81 W
c 10,0 W
d 981 W
e 200 W

12 Una forza costante di 20 N applicata a un oggetto produce nella sua stessa direzione un moto uniforme compiendo il lavoro di 200 J in 5 s. Qual è la velocità dell'oggetto?

a 4 m/s
b 10 m/s
c 0,5 m/s
d 2 m/s
e 5 m/s

13 INGLESE A ball has a mass of 0.500 kg; when the ball takes off after being hit, its speed is 50.0 km/h and its kinetic energy is:

a 0
b 48.2 J
c 96.4 J
d 625 J
e 1300 J

14 Quale fra i seguenti grafici può rappresentare l'energia potenziale gravitazionale U_g di un corpo di massa assegnata in funzione della sua altezza h, misurata rispetto a un fissato livello di riferimento?

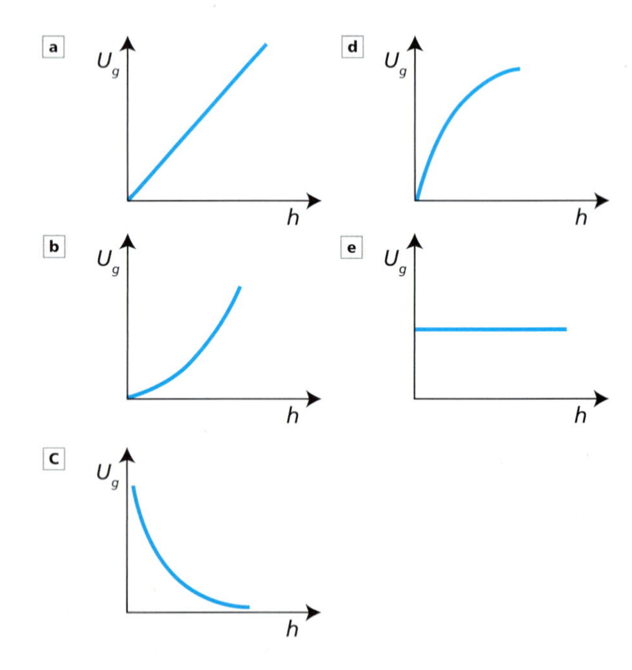

15 L'energia potenziale gravitazionale di una palla da baseball, lanciata verticalmente verso l'alto con velocità v, subisce un incremento massimo ΔU.
Qual è l'incremento massimo dell'energia potenziale gravitazionale, se la palla viene lanciata con velocità di modulo ancora v, ma inclinata di 30° rispetto all'orizzontale?

a ΔU
b $4\,\Delta U$
c $\Delta U/4$
d $\Delta U/2$
e 0

Temperatura e calore

11

Oltre all'energia cinetica e potenziale esistono altre forme di energia, anch'esse trasformabili l'una nell'altra. Il lavoro meccanico e il calore sono le due forme sotto cui l'energia si tramuta e fluisce da un sistema all'altro. Il calore si misura in joule, ma la caloria (1 cal = 4,186 J) è un'unità tradizionale di uso molto comune.

Quanto calore...

▶ ... sviluppa la combustione di 1 g di benzina?

$5{,}0 \cdot 10^4$ J (12 kcal)

▶ ... viene irraggiato dal Sole su 1 m² di superficie terrestre ogni secondo?

$1{,}366 \cdot 10^3$ J

▶ ... si libera quando si producono 10 l di vino con un grado alcolico del 12%?

$6{,}9 \cdot 10^5$ J (165 kcal)

▶ ... serve per alimentare un corridore di 65 kg durante le circa 90 ore di durata effettiva del Giro d'Italia? (Mediamente la potenza consumata per unità di massa da un ciclista è di 5 W/kg.)

10^8 J

▶ ... si libera nel metabolismo di 100 g di miele?

$1{,}3 \cdot 10^6$ J (304 kcal)

1 Temperatura ed equilibrio termico

Se immergiamo per un certo tempo una mano in acqua calda e una in acqua fredda, e poi entrambe in acqua tiepida, dalla mano che è stata immersa in acqua calda ci perviene una sensazione di freddo, mentre dall'altra una sensazione di caldo. Da ciò si deduce che è errato associare il concetto di **temperatura** alla percezione del caldo e del freddo, legata alle reazioni fisiologiche delle cellule nervose e in larga parte soggettiva. Della temperatura la fisica fornisce una definizione operativa e spiega le relazioni con le altre grandezze misurabili.

Figura 1 Due tipi di termometri.

Termometro a mercurio.

Termometro metallico.

L'equilibrio termico e la definizione operativa della temperatura

Tra due corpi, uno che percepiamo come caldo e l'altro come freddo, può verificarsi uno **scambio termico**: il corpo caldo si raffredda e quello freddo si riscalda. Quando ciò accade si dice che i due corpi sono in contatto termico. Il processo di scambio si interrompe quando i due corpi raggiungono una condizione di **equilibrio termico**. In questa condizione, i due corpi hanno, per definizione, la stessa **temperatura**.

La temperatura è la grandezza fisica che indica lo stato termico di un corpo, esprime cioè, in modo oggettivo, quanto un corpo sia freddo o caldo. In altre parole, lo stato termico è lo stato di un corpo in relazione alla sua temperatura e, in particolare, lo stato di equilibrio termico è quello in cui il corpo ha la stessa temperatura in ogni suo punto.

Per misurare la temperatura di un corpo si usano i **termometri**. Questi strumenti sfruttano gli effetti fisici provocati dagli scambi termici, ovvero il fatto che, quando cambia la temperatura, cambiano anche altre proprietà fisiche della materia: i solidi e i liquidi si dilatano e si contraggono; nei gas mantenuti a volume costante cambia la pressione; nei materiali conduttori cambia la resistenza elettrica. Le variazioni di tutte queste grandezze, facili da misurare, possono essere utilizzate per realizzare vari tipi di termometri [▸1].

Temperatura

La temperatura di un corpo è la grandezza fisica che si misura con un termometro, quando questo raggiunge l'equilibrio termico con il corpo.

Un termometro misura la propria temperatura, che all'equilibrio termico è anche la temperatura del corpo con cui il termometro interagisce.

La scala centigrada

Della temperatura non si esegue mai una misura diretta. Ogni tipo di termometro rileva, infatti, le variazioni di una particolare **proprietà termometrica**, ovvero di una delle grandezze che dipendono dalla temperatura: nei termometri a liquido la proprietà termometrica è l'altezza raggiunta dal liquido lungo il tubicino [▸2].

Figura 2 Un termometro a liquido è costituito da un bulbo di vetro contenente mercurio o alcol, collegato a un tubicino chiuso all'altro estremo. All'aumentare della temperatura il volume del liquido aumenta molto più di quello del vetro che lo contiene. Perciò il liquido sale lungo il tubo.

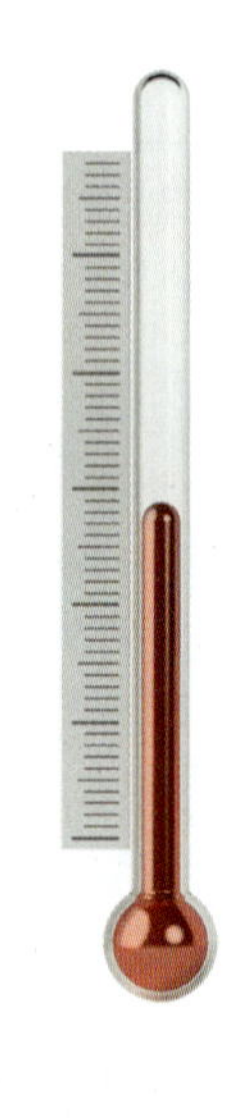

Per misurare la temperatura è necessario tarare lo strumento, cioè costruire una scala che associ a ogni valore della proprietà termometrica un preciso valore della temperatura. Nella **scala Celsius** o **scala centigrada**, proposta dallo svedese Anders Celsius nel 1742, si assegnano i valori 0 °C (zero gradi centigradi) alla temperatura del ghiaccio fondente alla pressione di 1 atm, e 100 °C (cento gradi centigradi) alla temperatura di ebollizione dell'acqua, sempre alla pressione di 1 atm. Per tarare un termometro a liquido si mette a contatto lo strumento prima con ghiaccio fondente e poi con il vapore sprigionato dall'acqua bollente. Si segnano i livelli raggiunti nei due casi dalla colonna di liquido e, assumendo che la relazione fra la variazione di altezza della colonna e la temperatura sia lineare, si suddivide l'intervallo in 100 parti uguali, ognuna delle quali corrisponde alla variazione di temperatura di 1 grado (1 °C). La graduazione del termometro può essere estesa anche al di sotto di 0 °C e al di sopra di 100 °C.

La scala assoluta

Nel SI la temperatura si misura nella **scala Kelvin** o **scala assoluta**, introdotta dallo scozzese William Thomson (meglio noto come Lord Kelvin, 1824-1907). In questa scala l'intervallo di temperatura unitario, il **kelvin** (K), è uguale a un grado centigrado: 1 K = 1 °C
Al punto di fusione del ghiaccio è assegnato, però, il valore di 273,15 K.
Il punto zero della scala assoluta, corrispondente a −273,15 °C e chiamato **zero assoluto**, rappresenta la temperatura alla quale dovrebbe annullarsi l'agitazione termica dei costituenti microscopici della materia: un limite inferiore cui le temperature possono avvicinarsi ma che non possono raggiungere.
Fra la **temperatura assoluta** T e il valore t della temperatura misurato nella scala Celsius vale la relazione:

$$T = t\,\frac{\text{K}}{°\text{C}} + 273{,}15\ \text{K}$$

o anche, in forma inversa:

$$t = T\,\frac{°\text{C}}{\text{K}} - 273{,}15\ °\text{C}$$

La nostra temperatura corporea, $t = 37$ °C, nella scala assoluta è:

$$T = (37\ °\cancel{\text{C}})\,\frac{\text{K}}{°\cancel{\text{C}}} + 273{,}15\ \text{K} \approx (37 + 273)\ \text{K} = 310\ \text{K}$$

1 Le risposte della fisica Il riscaldamento è globale!

La temperatura media della Terra nel corso del 2013 è stata di 14,6 °C, con un aumento di 0,60 °C rispetto alla media delle temperature della metà del XX secolo. A quale temperatura corrispondono, nella scala assoluta, 14,6 °C? Qual è stata la variazione di temperatura in kelvin?

Dati e incognite

$t = 14{,}6$ °C $\Delta t = 0{,}60$ °C $T = ?$ $\Delta T = ?$

Soluzione

Per convertire la temperatura in kelvin si usa la relazione:

$$T = t\,\frac{\text{K}}{°\text{C}} + 273{,}15\ \text{K}$$

da cui

$$T = (14{,}6\ °\text{C})\,\frac{\text{K}}{°\text{C}} + 273{,}15\ \text{K} = 287{,}75\ \text{K}$$

La differenza tra due generiche temperature assolute T_1, T_2 è

$$\Delta T = T_2 - T_1 = t_2\,\frac{\text{K}}{°\text{C}} + 273{,}15\ \text{K} - t_1\,\frac{\text{K}}{°\text{C}} + 273{,}15\ \text{K} =$$

$$= (t_2 - t_1)\,\frac{\text{K}}{°\text{C}}$$

e quindi

$$\Delta T = (0{,}60\ \cancel{°\text{C}})\,\frac{\text{K}}{\cancel{°\text{C}}} = 0{,}60\ \text{K}$$

Adesso tocca a te

Rielabora il contenuto del paragrafo rispondendo a voce a queste domande.

1. Perché, quando ci misuriamo la temperatura con un termometro, dobbiamo tenere lo strumento a contatto con il nostro corpo per qualche minuto prima di leggerne il valore?

Prova a risolvere il problema, poi verifica sul MEbook i passaggi svolti e commentati.

2. Nella scala Celsius originale i punti di fusione del ghiaccio e di ebollizione dell'acqua erano posti rispettivamente a 100 °C e a 0 °C, esattamente al contrario rispetto alla scala usata attualmente. A quale temperatura, nella scala originale, corrispondono i 45 °C della scala Celsius attuale? [55 °C]

2 La dilatazione termica

All'aumentare della temperatura gli oggetti si dilatano. La **dilatazione termica** è un fenomeno che riguarda sia i solidi sia i fluidi.
Abbiamo già osservato come il liquido contenuto nel tubicino di un termometro aumenti il proprio volume con l'incremento della temperatura. La stessa cosa accade ai binari e alle giunture dei viadotti [▸3].

Figura 3 Deformazione di rotaie dovuta alla dilatazione termica.

La dilatazione lineare dei solidi

Con la temperatura, nei solidi aumentano tutte e tre le dimensioni spaziali. Tuttavia, in un filo o in una barra sottile l'aumento è più evidente nel senso della lunghezza. Si parla in questo caso di **dilatazione lineare** [▸4]. Gli esperimenti indicano che, con buona approssimazione, la variazione di lunghezza è direttamente proporzionale alla lunghezza iniziale e alla variazione di temperatura, se questa è sufficientemente piccola.

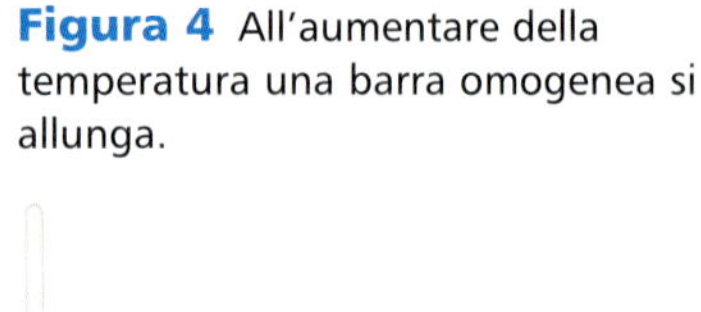

Figura 4 All'aumentare della temperatura una barra omogenea si allunga.

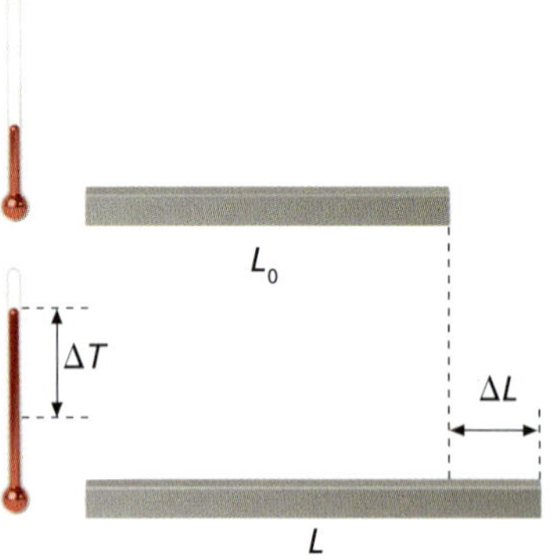

Legge della dilatazione lineare

Una variazione ΔT di temperatura provoca, in una barra di lunghezza iniziale L_0, una variazione di lunghezza ΔL espressa approssimativamente da:

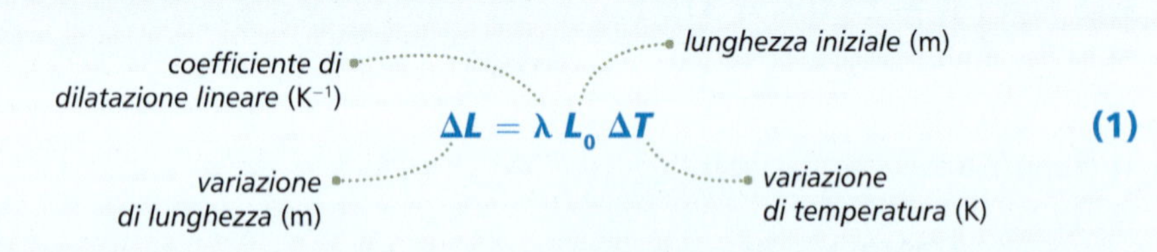

$$\Delta L = \lambda \, L_0 \, \Delta T \quad (1)$$

dove il coefficiente di proporzionalità λ (lettera greca "lambda"), caratteristico della sostanza di cui è fatta la barra, è indipendente dalla lunghezza e dalla variazione di temperatura.

Indicando con L la lunghezza finale della barra, si ha

$$\Delta L = L - L_0$$

e la (1) diventa:

$$L = L_0 (1 + \lambda \, \Delta T)$$

La costante λ, chiamata **coefficiente di dilatazione lineare**, esprime l'allungamento subito da una barra di lunghezza unitaria per ogni incremento di temperatura pari a 1 K, e si misura in K^{-1}.
Poiché, come è facile dimostrare, una variazione ΔT di temperatura è espressa dallo stesso numero sia in gradi centigradi sia in kelvin, il valore di λ non cambia se come unità di misura si usa il $°C^{-1}$ invece che il K^{-1}.
Per la maggior parte dei solidi il coefficiente di dilatazione lineare è dell'ordine di 10^{-5} K^{-1}: un aumento di temperatura di 10 K fa allungare di circa 0,1 mm una barra lunga 1 m, di circa 1 mm una barra lunga 10 m e così via. Di questo è necessario tenere conto nella progettazione di strutture lunghe, come rotaie e ponti.
Nella [Tab. 1] sono indicati i valori di alcuni coefficienti di dilatazione lineare.

Tabella 1 Alcuni coefficienti di dilatazione lineare.

Materiale	λ (K^{-1} o $°C^{-1}$)
piombo	$2,9 \cdot 10^{-5}$
alluminio	$2,4 \cdot 10^{-5}$
rame	$1,7 \cdot 10^{-5}$
oro	$1,4 \cdot 10^{-5}$
ferro	$1,2 \cdot 10^{-5}$
vetro pyrex	$3 \cdot 10^{-6}$
acciaio invar	$2 \cdot 10^{-6}$

Un'applicazione tecnologica della dilatazione lineare: la lamina bimetallica

Due strisce di metalli diversi, per esempio ferro e rame, sovrapposte e saldate insieme costituiscono una **lamina bimetallica** [▸5]. All'aumentare della temperatura la lamina si incurva dalla parte del metallo meno dilatabile: nel caso considerato, dalla parte del ferro.

Mantenendo fisso un estremo della lamina, si può utilizzare il movimento dell'altro estremo per misurare la temperatura o per aprire e chiudere un circuito elettrico termoregolatore. Nei ferri da stiro e nei forni sono inserite lamine bimetalliche che provocano l'accensione dell'elettrodomestico quando la temperatura diminuisce e il suo spegnimento quando aumenta.

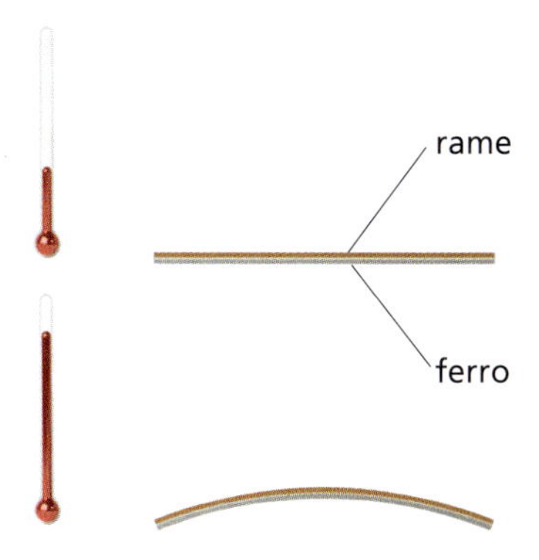

Figura 5 All'aumentare della temperatura una lamina bimetallica si incurva.

2 Le risposte della fisica — Come incastrare due pezzi di rame?

Perché possa essere incastrata agevolmente dentro un tubo, una lamina circolare di rame deve avere un diametro inferiore di almeno $4{,}0 \cdot 10^{-2}$ mm al diametro interno del tubo. Alla temperatura di 30 °C i due diametri sono uguali, e misurano 90 mm.
A quale temperatura bisogna raffreddare la lamina?

Dati e incognite

$t_0 = 30$ °C
$d_0 = 90$ mm
$\Delta d = -4{,}0 \cdot 10^{-2}$ mm
$t = ?$

Soluzione

Le lamine metalliche omogenee si dilatano sia in lunghezza sia in larghezza con lo stesso coefficiente di dilatazione lineare λ. Quelle di forma circolare cambiano quindi diametro, espandendo o contraendo la propria superficie in maniera uniforme. La variazione Δd del diametro in funzione del diametro iniziale d_0 e della variazione di temperatura ΔT è:

$$\Delta d = \lambda\, d_0\, \Delta T$$

Per ridurre il diametro della lamina bisogna far diminuire la sua temperatura: le due variazioni Δd e ΔT sono, in questo caso, negative.
Dalla precedente equazione, osservando dalla tabella 1 che il coefficiente di dilatazione lineare del rame è

$$\lambda = 1{,}7 \cdot 10^{-5}\ °\text{C}^{-1}$$

si ricava:

$$\Delta t = \frac{\Delta d}{\lambda\, d_0} = \frac{-4{,}0 \cdot 10^{-2}\ \text{mm}}{(1{,}7 \cdot 10^{-5}\ °\text{C}^{-1})(90\ \text{mm})} = -26\ °\text{C}$$

Dal valore iniziale t_0, la temperatura della lamina deve essere dunque portata a:

$$t = t_0 + \Delta T = 30\ °\text{C} + (-26\ °\text{C}) = 4\ °\text{C}$$

La dilatazione volumica dei solidi

Poiché i solidi si dilatano in tutte le direzioni, all'aumentare della temperatura aumenta anche il loro volume.
Si dice che un solido è omogeneo e isotropo se ha le stesse proprietà fisiche in ogni punto e lungo ogni direzione. Per questo tipo di solidi la variazione di volume è indipendente dalla forma, ed è direttamente proporzionale al volume iniziale e alla variazione di temperatura, a condizione che tale variazione sia sufficientemente piccola.

Legge della dilatazione volumica

Una variazione ΔT di temperatura provoca, in un corpo omogeneo e isotropo di volume iniziale V_0, una variazione di volume ΔV espressa approssimativamente da:

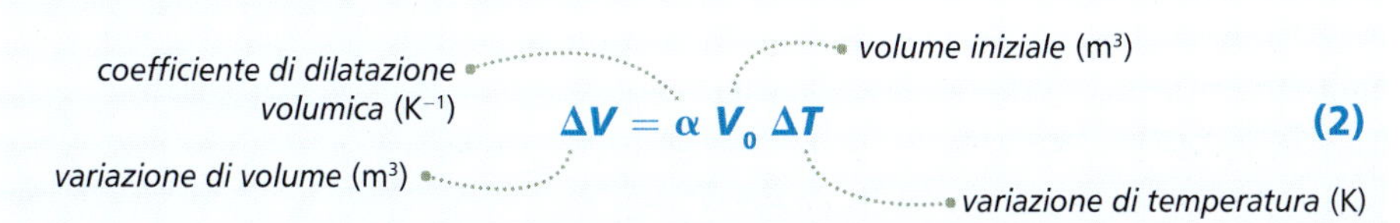

$$\Delta V = \alpha\, V_0\, \Delta T \qquad (2)$$

dove il coefficiente di proporzionalità α dipende solo dalla sostanza di cui è fatto il corpo.

La costante α, detta **coefficiente di dilatazione volumica**, si misura in K^{-1} o $°C^{-1}$ ed è uguale, nei solidi, al triplo del coefficiente di dilatazione lineare λ:

$$\alpha = 3\,\lambda$$

Per il rame si ha, per esempio:

$$\lambda = 1{,}7 \cdot 10^{-5}\ K^{-1} \text{ e } \alpha = 3\,(1{,}7 \cdot 10^{-5}\ K^{-1}) = 5{,}1 \cdot 10^{-5}\ K^{-1}.$$

La dilatazione volumica dei liquidi

La legge (2) della dilatazione volumica che vale per i solidi vale anche per i liquidi. Tipicamente, però, i coefficienti di dilatazione volumica dei liquidi sono di un ordine di grandezza maggiore di quelli dei solidi.
La [**Tab. 2**] elenca i valori dei coefficienti α di alcuni liquidi.

Tabella 2 Coefficienti di dilatazione volumica di alcuni liquidi.

Liquido	α (K^{-1} o $°C^{-1}$)
etere	$1{,}6 \cdot 10^{-3}$
acetone	$1{,}4 \cdot 10^{-3}$
alcol etilico	$1{,}1 \cdot 10^{-3}$
benzina	$9{,}5 \cdot 10^{-4}$
olio d'oliva	$7{,}2 \cdot 10^{-4}$
glicerina	$5{,}3 \cdot 10^{-4}$
mercurio	$1{,}8 \cdot 10^{-4}$

3 Le risposte della fisica — Non riempire il serbatoio fino all'orlo!

Il serbatoio da 70 litri di un'automobile viene riempito fino all'orlo la mattina presto, quando la temperatura è di 10 °C. L'auto rimane parcheggiata al sole e, in breve, raggiunge la temperatura di 35 °C. Trascurando la dilatazione del serbatoio, quanta benzina trabocca?

Dati e incognite

$V_0 = 70\ dm^3 \quad t_1 = 10\ °C \quad t_2 = 35\ °C \quad \Delta V = ?$

Soluzione

Poiché il serbatoio, di volume V_0, è pieno fino all'orlo, il volume di benzina che fuoriesce a causa dell'aumento $\Delta T = t_2 - t_1$ di temperatura è uguale all'aumento di volume ΔV dovuto alla dilatazione termica.
Nella tabella 2 si legge che il coefficiente di dilatazione volumica della benzina è $\alpha = 9{,}5 \cdot 10^{-4}\ °C^{-1}$. Si ha dunque:

$$\Delta V = \alpha\, V_0\, \Delta T = \alpha\, V_0\, (t_2 - t_1) =$$
$$= (9{,}5 \cdot 10^{-4}\ °C^{-1})\,(70\ dm^3)\,(35\ °C - 10\ °C) = 1{,}7\ dm^3$$

Riflettiamo sul risultato

In questi tempi di caro benzina, conviene riempire il serbatoio quando fa più freddo e la benzina è più densa, ma mai fino all'orlo!

La dilatazione "fuori legge" dell'acqua

L'acqua ha un comportamento anomalo: al crescere della temperatura da 0 °C a 4 °C, invece di dilatarsi si contrae. Al di sopra dei 4 °C, poi, si dilata come gli altri liquidi [▸**6**]. A 4 °C il volume di una data massa d'acqua è minimo. Pertanto l'acqua raggiunge, a questa temperatura, la sua densità massima.

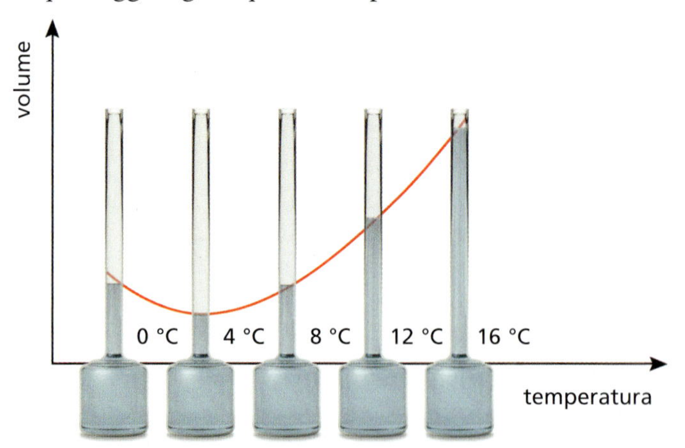

Figura 6 Andamento del volume dell'acqua in funzione della temperatura.

All'arrivo dell'inverno, l'acqua superficiale di un lago si raffredda, a contatto dell'aria, diminuisce di volume e diventa più densa. Scende quindi verso il fondo, facendo risalire l'acqua degli strati più bassi. Sul fondo, dove rimane l'acqua di densità massima, la temperatura si stabilizza a 4 °C. Se la temperatura dell'aria continua ad abbassarsi, l'acqua gela a cominciare dalla superficie. Lo strato di ghiaccio, meno denso dell'acqua, galleggia e protegge gli strati profondi da un ulteriore raffreddamento [▸**7**].

Figura 7 L'anomalia dell'acqua rende possibile la vita acquatica nelle regioni fredde.

Adesso tocca a te

Rielabora il contenuto del paragrafo rispondendo a voce a queste domande.

3. Per svitare il coperchio metallico molto stretto di un barattolo di vetro, lo immergeresti in acqua calda o in acqua fredda? Giustifica la tua risposta.

Prova a risolvere il problema, poi verifica sul MEbook i passaggi svolti e commentati.

4. Nella sala di un museo di arte contemporanea è esposta una scultura cubica di lato 150 cm, realizzata in vetro pyrex, il cui coefficiente di dilatazione lineare è pari a $3{,}0 \cdot 10^{-6}\ K^{-1}$. Se in estate la temperatura nella sala aumenta di 8,0 °C, di quanto varia il volume della scultura? [$2{,}4 \cdot 10^{2}\ cm^{3}$]

3 Il calore come il lavoro: energia in transito

Immaginiamo di versare tè bollente in una tazza fredda. Dopo un certo tempo il tè e la tazza assumono la stessa temperatura, intermedia fra le due temperature iniziali. Il passaggio da uno stato termico all'altro è regolato da un trasferimento di energia: il tè, più caldo, ha ceduto energia alla tazza, più fredda, che l'ha assorbita.

Calore

Il calore, che indichiamo con il simbolo *Q*, è energia che viene trasferita da un corpo a un altro a causa di una differenza di temperatura.

Il passaggio di calore fra due corpi ha un verso privilegiato: spontaneamente avviene dal corpo a temperatura più alta a quello a temperatura più bassa.

Figura 8 Calorimetro ad acqua.

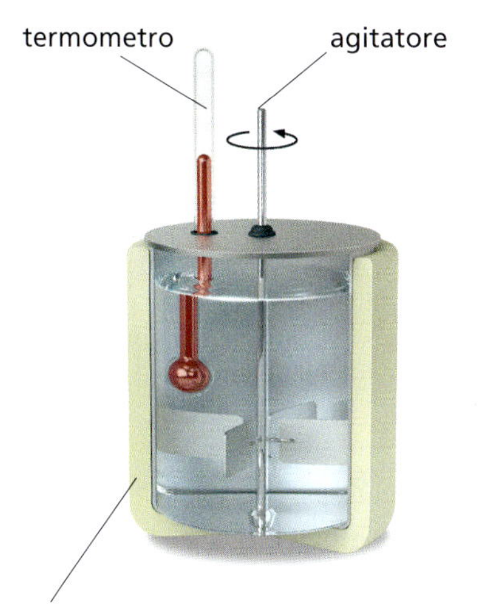

Il calorimetro e la caloria

Ancor prima che fosse riconosciuta la natura del calore, questa grandezza era definita operativamente in base alla variazione di temperatura che provocava in una massa d'acqua. Lo strumento con cui si misura il calore è il calorimetro [▸8], un recipiente termicamente isolato contenente acqua. Un oggetto introdotto nel recipiente scambia calore con l'acqua, e un termometro misura la temperatura dell'acqua prima e dopo il trasferimento di calore. Visto il metodo di misura, si ritenne inizialmente appropriato usare come unità di calore la *caloria* (cal).

Caloria

Una caloria è la quantità di calore che si deve fornire a un grammo di acqua distillata per aumentarne la temperatura di un grado centigrado (o di un kelvin): precisamente per portare la sua temperatura da 14,5 °C a 15,5 °C alla pressione di 1 atm.

La caloria è usata anche al giorno d'oggi, insieme a un suo multiplo, la kilocaloria (1 kcal = 1000 cal), specialmente per indicare il contenuto energetico degli alimenti [▸9]. Tuttavia il SI adotta come unità di calore il joule, la stessa unità utilizzata per l'energia e il lavoro.

Figura 9 La combustione completa di 100 g di olio d'oliva libera circa 900 kcal.

Calore e lavoro

Per riscaldare una pentola d'acqua, usare il calore di un fornello non è l'unica possibilità. Si può anche agitare l'acqua: in questo caso l'acqua si scalda per attrito. Per agitare l'acqua è necessario agire con una forza, cioè compiere del lavoro. Quanto lavoro occorre per innalzare di un grado la temperatura di un grammo di acqua? In altri termini, qual è la quantità di lavoro che produce lo stesso effetto di una caloria di calore?

A questa domanda rispose James Joule nel 1843 usando il dispositivo schematizzato in [▶10]: un calorimetro contenente acqua e un sistema di palette. Le palette, messe in rotazione dai pesi che cadono, agitano l'acqua che si riscalda per attrito. Un termometro misura l'aumento di temperatura. La variazione di energia potenziale dei pesi coincide con il lavoro compiuto dalle palette. Joule trovò che per innalzare di un grado la temperatura dell'acqua occorrono, per ogni grammo, 4,186 unità di lavoro meccanico (successivamente chiamate joule in suo onore), cioè che:

$$1 \text{ cal} = 4{,}186 \text{ J}$$

Joule effettuò anche altri esperimenti, per studiare in che misura il passaggio di corrente provocasse il riscaldamento di un filo elettrico. Da tutte le prove effettuate concluse che l'equivalenza fra lavoro e calore è indipendente dal modo in cui il lavoro viene eseguito: sia il lavoro meccanico sia quello elettrico provocano un riscaldamento della materia.
Calore e lavoro sono dunque due modi equivalenti per trasferire energia da un sistema a un altro. Ciò giustifica l'uso del joule come unità di misura del calore.

Figura 10 Dispositivo usato da Joule per determinare il fattore di conversione fra lavoro meccanico e calore.

4 Le risposte della fisica — Il lavoro ci fa smaltire calorie!

Dopo un pasto troppo abbondante, a quale altezza dovrebbe arrampicarsi un ragazzo di 60,0 kg per smaltire un eccesso di 550 kcal?

Dati e incognite

$m = 60{,}0$ kg $Q = 550$ kcal $h = ?$

Soluzione

Esprimiamo il calore Q in joule:

$$Q = 550 \text{ kcal} = 5{,}50 \cdot 10^5 \text{ cal} = 5{,}50 \cdot 10^5 \,(4{,}186 \text{ J}) = 2{,}30 \cdot 10^6 \text{ J}$$

Un lavoro meccanico L di $2{,}30 \cdot 10^6$ J è equivalente al calore Q. Se dunque L è il lavoro compiuto contro la gravità da un ragazzo di massa m per salire a un'altezza h, si ha:

$$L = m\,g\,h$$

da cui:

$$h = \frac{L}{m\,g} = \frac{2{,}30 \cdot 10^6 \text{ J}}{(60{,}0 \text{ kg})(9{,}81 \text{ m/s}^2)} = 3{,}91 \cdot 10^3 \text{ m}$$

Riflettiamo sul risultato

Per smaltire le 550 kcal il ragazzo dovrebbe scalare una montagna di quasi 4000 m! Per fortuna, oltre che per compiere lavoro contro le forze esterne, il nostro organismo consuma energia anche per l'enorme quantità dei processi metabolici che avvengono al suo interno.

Adesso tocca a te

Rielabora il contenuto del paragrafo rispondendo a voce a queste domande.

5. Perché, quando si vuole accendere un fiammifero, bisogna sfregarlo?

6. Commenta la seguente affermazione: "Il calore può essere accomunato al lavoro ed è una grandezza fisica ben distinta dalla temperatura".

Prova a risolvere il problema, poi verifica sul MEbook i passaggi svolti e commentati.

7. Una persona, per il cui metabolismo basale sono necessarie 2000 kcal al giorno, resta a digiuno e a riposo, per 24 h. Nell'ipotesi che durante il digiuno l'organismo utilizzi solo le sue riserve di grasso, che sviluppano in media $3{,}77 \cdot 10^4$ J a grammo, stima di quanto cala il peso della persona. [222 g]

4 Calore specifico e capacità termica

Per incrementare di un grado la temperatura di un grammo di acqua servono 4,186 J di energia (1 cal), forniti sotto forma di calore o di lavoro. La stessa quantità di energia, fornita a una piscina, non produce alcuna variazione apprezzabile di temperatura. Fa invece aumentare di oltre 10 °C la temperatura di 1 g di rame.

Il calore specifico: una grandezza che caratterizza le sostanze

Dagli esperimenti risulta che la quantità di energia necessaria a far variare la temperatura di un corpo è direttamente proporzionale alla massa del corpo e alla variazione di temperatura. Cambia, inoltre, da sostanza a sostanza.

Relazione fra calore assorbito e variazione di temperatura

Il calore Q che deve assorbire un corpo di massa m perché la sua temperatura subisca la variazione ΔT è:

calore specifico (J/(kg · K)) — massa (kg) — calore assorbito (J) — variazione di temperatura (K)

$$Q = c\, m\, \Delta T \qquad (3)$$

dove il coefficiente di proporzionalità c è caratteristico della sostanza di cui è fatto il corpo.

La costante c è chiamata **calore specifico** della sostanza e indica quanti joule di calore o di lavoro fanno aumentare di un kelvin la temperatura di un kilogrammo di sostanza. Poiché la variazione di temperatura ΔT può essere misurata indifferentemente in K o in °C, c è espressa dallo stesso numero sia in J/(kg · K) sia in J/(kg · °C).
Un'altra unità di misura del calore specifico, non appartenente al SI ma usata per consuetudine, è la cal/(g · °C):

$$1\ \text{cal/(g} \cdot {}^\circ\text{C)} = 4186\ \text{J/(kg} \cdot \text{K)}$$

Nella [**Tab. 3**] sono indicati i calori specifici di alcune sostanze alla pressione di 1 atm e alla temperatura di 20 °C.
È necessario precisare le condizioni fisiche alle quali i calori specifici vengono misurati perché, specialmente quelli dei gas, sono sensibili alle variazioni di pressione. Inoltre non rimangono rigorosamente costanti, ma cambiano debolmente, al variare della temperatura.

Tabella 3 Calori specifici a 20 °C di temperatura e 1 atm di pressione.

Materiale	c (J/(kg · K))
idrogeno	14280
acqua	4186
alcol etilico	2430
glicerina	2390
benzina	2240
carbone	1200
ossigeno	917
alluminio	896
vetro	800
silicio	678
ferro	452
zinco	389
rame	385
ottone	380
mercurio	138
oro	129

La capacità termica: una grandezza che caratterizza i corpi

Ogni sostanza ha un suo calore specifico e ogni corpo di una data sostanza è caratterizzato dal valore della sua massa. Il prodotto fra il calore specifico e la massa è una quantità caratteristica di ciascun corpo omogeneo.

Capacità termica

Se un corpo di massa m è fatto tutto della stessa sostanza, di calore specifico c, si chiama capacità termica del corpo il prodotto:

In funzione della capacità termica, la relazione fra il calore Q assorbito da un corpo e la variazione ΔT della sua temperatura è:

$$Q = C\,\Delta T \qquad (5)$$

Da questa equazione si vede che la capacità termica rappresenta la quantità di calore necessaria a far variare di 1 K la temperatura del corpo.
Se la variazione di temperatura ΔT è positiva, Q è positivo e il corpo assorbe calore. Q è negativo se la variazione ΔT è negativa, cioè se il corpo cede calore.

L'acqua è un serbatoio termico

Come si nota dalla tabella 3, il calore specifico della maggior parte delle sostanze è inferiore a quello dell'acqua. Ciò significa che, per una stessa variazione di temperatura, l'acqua necessita di una quantità di calore maggiore di quella che, a parità di massa, occorre alle altre sostanze. I mari e i laghi hanno una capacità termica molto elevata. In estate si mantengono a una temperatura inferiore rispetto all'ambiente e dall'ambiente assorbono grandi quantità di calore. In inverno, invece, rimangono più caldi e cedono calore: mitigano così il caldo estivo e i rigori invernali. Per questo si dice che l'acqua rappresenta un *serbatoio termico*, cioè uno stabilizzatore della temperatura.

La fisica che stupisce Il palloncino a prova di fuoco

Basta poco per far scoppiare un palloncino: un contatto anche lieve con un corpo appuntito o la vicinanza con una fonte di calore.
Il calore di una fiamma lacera la gomma del palloncino perché ne rompe i legami chimici. Con questo esperimento imparerai che esiste, però, un modo per tenere direttamente un palloncino sul fuoco senza che esploda.

Quel poco che serve

- due palloncini non gonfiati
- un accendino e una candela
- acqua

Come procedere

- Gonfia uno dei due palloncini e chiudilo con un nodo.
- Introduci nel secondo una piccola quantità d'acqua (mezzo bicchiere) e poi soffiaci dentro, per gonfiarlo come il primo. Quindi annodalo all'estremità.
- Accendi la candela.

Che cosa osserverai

Avvicina, da sopra, il primo palloncino alla candela. Di sicuro questo scoppierà, forse ancor prima che il fuoco lo lambisca.

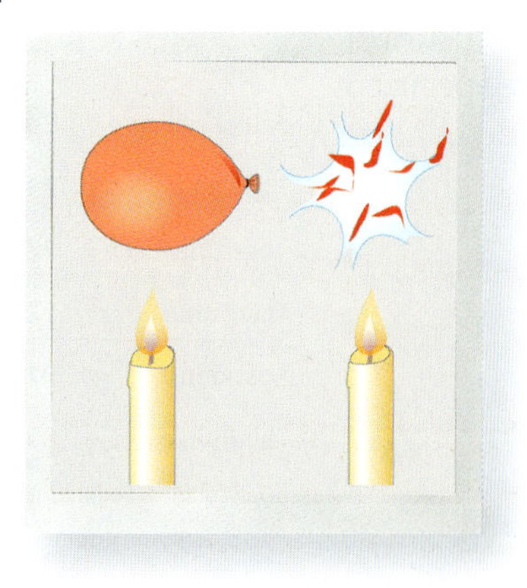

ATTENZIONE Usa con cura l'accendino e la candela, per non ustionarti, non danneggiare i tuoi compagni o dar fuoco a qualche oggetto inavvertitamente.

Poni ora sulla candela il secondo palloncino, facendo in modo che l'acqua contenuta al suo interno sia proprio sopra la fiammella. Puoi anche portare il palloncino a contatto diretto con il fuoco e tenercelo finché non lo vedrai annerire ciò nonostante non scoppierà.

Come si spiega?

Il fuoco della candela riscalda molto rapidamente la gomma del primo palloncino, e la indebolisce a tal punto che essa non resiste più alla pressione dell'aria racchiusa all'interno.
Perché, invece, il secondo palloncino, che contiene un po' d'acqua, non scoppia? Il merito è solo dell'acqua, che posta sulla fiamma assorbe la maggior parte del calore emanato e impedisce così alla gomma di raggiungere l'alta temperatura alla quale avverrebbe la sua rottura.
Questo esperimento conferma che l'acqua è un eccellente stabilizzatore di temperatura. A causa del suo elevato calore specifico, perché la sua temperatura aumenti di un grado essa deve assorbire dall'ambiente più calore di quanto ne servirebbe, per uno stesso incremento di temperatura, a un'uguale massa di un altro materiale.

Scambio di calore e temperatura di equilibrio

Quando due corpi a diversa temperatura sono messi a contatto, il corpo più caldo cede calore e quello più freddo ne assorbe. Indichiamo con C_1 e C_2 le capacità termiche dei due corpi, con t_1 e t_2 le loro temperature iniziali e con t la temperatura di equilibrio raggiunta alla fine da entrambi.

Se t_1 è maggiore di t_2, il primo corpo si raffredda. La variazione di temperatura che esso subisce, $\Delta T_1 = t - t_1$, è negativa. Per la (5), la quantità di calore Q_1 ceduta dal corpo (negativa) è:

$$Q_1 = C_1 (t - t_1)$$

Il secondo corpo, la cui temperatura subisce una variazione $\Delta T_2 = t - t_2$ positiva, assorbe invece una quantità di calore Q_2 positiva:

$$Q_2 = C_2 (t - t_2)$$

Supponiamo che i due corpi costituiscano un **sistema isolato**, cioè un sistema che non può scambiare energia con l'esterno né sotto forma di lavoro né sotto forma di calore. In questo caso, per il principio di conservazione dell'energia, il calore ceduto dal primo è uguale al calore assorbito dal secondo.
Il calore assorbito in totale dal sistema è nullo:

$$Q_1 + Q_2 = 0 \qquad \text{cioè} \qquad C_1 (t - t_1) + C_2 (t - t_2) = 0$$

Da questa equazione si ricava la temperatura dei due corpi all'equilibrio termico:

$$t = \frac{C_1 t_1 + C_2 t_2}{C_1 + C_2}$$

5 Le risposte della fisica Una misura di temperatura accurata

Giorgia misura, in laboratorio, la temperatura di una massa di 0,300 kg di acqua, utilizzando un termometro di capacità termica uguale a 46,1 J/K che segna, prima di essere immerso, la temperatura di 288 K. Dopo che il termometro ha raggiunto l'equilibrio termico con l'acqua, la temperatura indicata è di 317 K.
Supponendo che non vi sia alcuna dispersione di calore, quale valore deve assegnare Giorgia alla temperatura iniziale dell'acqua?

Dati e incognite

$m = 0{,}300$ kg $T_1 = 288$ K
$C_1 = 46{,}1$ J/K $T = 317$ K $T_2 = ?$

Soluzione

La temperatura T che si legge sul termometro all'equilibrio termico con l'acqua non è la temperatura iniziale dell'acqua, ma la temperatura di equilibrio del sistema acqua-termometro, raggiunta in seguito a uno scambio di calore fra le due parti. La capacità termica della massa d'acqua m considerata è:

$$C_2 = c_{H_2O}\, m$$

dove $c_{H_2O} = 4186$ J/(kg · K) è il calore specifico dell'acqua, che possiamo ritenere costante sull'intervallo, compreso fra il valore iniziale T_2 e il valore finale T, entro cui l'acqua mantiene la sua temperatura. Avendo assunto che il calore non venga disperso, la somma algebrica del calore assorbito dall'acqua e di quello assorbito dal termometro deve essere nulla. Poiché il termometro, di capacità termica C_1, passa dalla temperatura T_1 alla temperatura T, deve essere:

$$C_1 (T - T_1) + C_2 (T - T_2) = 0$$

In questa equazione figurano, oltre alle due costanti C_1 e C_2, solo differenze di temperatura. Perciò essa è valida sia che le temperature siano misurate in gradi centigradi sia che siano espresse nella scala assoluta. Risolvendo rispetto alla temperatura iniziale T_2 dell'acqua, troviamo:

$$T_2 = T + \frac{C_1}{C_2}(T - T_1) = T + \frac{C_1}{c_{H_2O}\, m}(T - T_1) =$$

$$= 317\,\text{K} + \frac{46{,}1\ \text{J/K}}{4186\ \text{J/(kg}\cdot\text{K)}\ (0{,}300\ \text{kg})}(317\,\text{K} - 288\,\text{K}) = 318\,\text{K}$$

Adesso tocca a te

Rielabora il contenuto del paragrafo rispondendo a voce a queste domande.

8. Prima di essere messi a contatto, un corpo di 2 kg e uno di 1 kg, fatti della stessa sostanza, si trovano rispettivamente alle temperature di 0 °C e 6 °C. Sono sufficienti questi dati per calcolare la temperatura dei due corpi all'equilibrio termico?

Prova a risolvere il problema, poi verifica sul MEbook i passaggi svolti e commentati.

9. In un thermos sono contenuti 350 g di caffè alla temperatura di 85 °C. Se non ci sono dispersioni di calore e si aggiungono 30 g di latte a 10 °C, qual è la temperatura di equilibrio raggiunta dal liquido? Considera il calore specifico del latte uguale a quello del caffè.
[79 °C]

5 La propagazione del calore

Il calore si propaga da un corpo a un altro o da una parte all'altra dello stesso corpo per effetto di una differenza di temperatura. Si propaga attraverso la materia, ma anche, come quello emesso dal Sole, attraverso lo spazio vuoto. I modi con cui viene trasferito sono tre: *conduzione*, *convezione* e *irraggiamento*.

La conduzione

Attraverso i solidi la propagazione del calore avviene per **conduzione**. Quando si pone una padella di ferro sul fuoco, o un cucchiaino in una tazza di tè bollente, il calore fa aumentare la temperatura della zona a contatto con la fiamma. Diventano calde anche l'impugnatura della padella o del cucchiaino, anche se non sono a contatto diretto con la sorgente di calore. Il calore si è quindi propagato dall'estremità calda a quella fredda.
La velocità con cui si propaga il calore da un'estremità di un corpo all'altra è direttamente proporzionale alla differenza di temperatura tra le due estremità. Dipende anche dalla forma, dalle dimensioni dell'oggetto e dalle caratteristiche del materiale di cui è composto. Esistono sostanze che conducono il calore rapidamente, e sono dette buoni **conduttori**, altre che sono cattivi conduttori e vengono utilizzate come **isolanti** termici. I metalli sono buoni conduttori, mentre il legno, il vetro e la lana sono cattivi conduttori. È questa la ragione per cui usiamo cucchiai di legno per mescolare gli alimenti in cottura e i manici delle padelle sono in plastica o silicone [▸**11**].
Se stendiamo un tappeto di lana su un pavimento di marmo, dopo un po' il pavimento e il tappeto raggiungono la stessa temperatura. A piedi nudi, si avverte più freddo sul marmo che sul tappeto perché il marmo, a contatto con i nostri piedi assorbe calore molto più rapidamente della lana.

La convezione

Nei fluidi il meccanismo principale di trasmissione del calore è la **convezione**.
Una differenza di temperatura fra una zona e un'altra di un volume di fluido mette in circolazione una corrente. Il fluido caldo, meno denso di quello freddo, tende infatti a salire verso l'alto, per il principio di Archimede, ed è rimpiazzato da quello freddo [▸**12**].

Figura 11 Il calore passa dal fornello alla padella e scalda gli alimenti. Cucchiai di legno e manici in plastica, cattivi conduttori di calore, si scaldano moderatamente.

Figura 12 Correnti convettive prodotte dal riscaldamento di un fluido.

La propagazione del calore per convezione è dunque accompagnata da un trasporto di materia. Per questo può avvenire nei fluidi, ma non nei solidi. I moti convettivi dell'aria condizionano il clima e sono sfruttati per riscaldare le case [▶13].

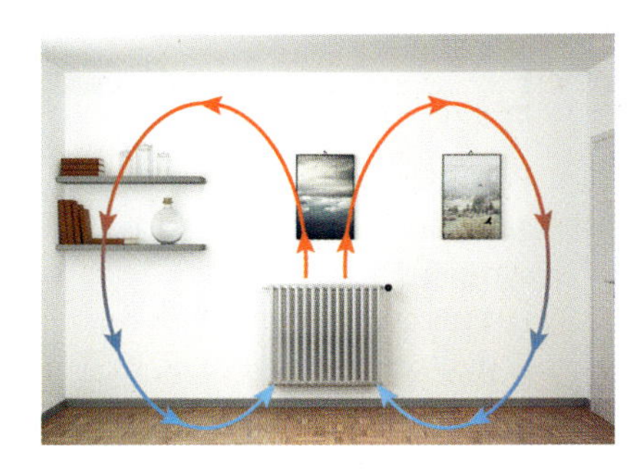

Figura 13 Vicino a un radiatore c'è sempre aria calda che sale e si allontana. L'aria fredda che si avvicina è a sua volta riscaldata.

L'irraggiamento

Il calore si propaga nella materia per conduzione, attraverso i solidi, o per convezione, attraverso i fluidi. Esiste un terzo modo di propagazione che non ha bisogno di alcun mezzo: l'**irraggiamento**. L'irraggiamento è una forma di trasporto dell'energia legata alla propagazione della luce visibile e di altra radiazione della stessa natura (elettromagnetica) ma non visibile all'occhio umano.
Il Sole scalda la Terra trasmettendo calore attraverso il vuoto e, in questo vuoto, il calore non può propagarsi né per conduzione né per convezione. L'irraggiamento si verifica anche in aria, dove si somma alla convezione.
Quando la radiazione colpisce la superficie di un oggetto può essere in parte assorbita. L'oggetto che la assorbe accresce la propria energia e si riscalda, uno che la emette perde energia e si raffredda. Tutti i corpi emettono calore per irraggiamento.
Un carbone ardente irraggia luce visibile, e scalda le nostre mani anche a distanza. I corpi a temperatura ambiente emettono prevalentemente radiazione infrarossa, invisibile all'occhio umano [▶14].
Se consideriamo due corpi vicini, la trasmissione di energia sotto forma di radiazione elettromagnetica avviene dal corpo a temperatura maggiore a quello a temperatura minore. A differenza della conduzione e della convezione, l'energia si propaga in ambedue i versi, ma il flusso che va dal corpo più caldo verso quello più freddo prevale sul flusso inverso. La quantità di calore netta che esce da un corpo in un certo intervallo di tempo risulta dal bilancio fra il calore emesso e quello assorbito.

Figura 14 Speciali strumenti detti "termocamere" percepiscono e rendono visibile la radiazione infrarossa. Le parti più luminose di un'immagine a infrarosso non corrispondono alle regioni che alla vista appaiono più chiare, ma alle regioni più calde.

Adesso tocca a te

Rielabora il contenuto del paragrafo rispondendo a voce a queste domande.

10. Le pareti dei thermos sono costituite da due superfici rivestite internamente di argento, separate da un'intercapedine in cui è stato prodotto il vuoto. Perché delle pareti così strutturate ostacolano efficacemente gli scambi di calore con l'esterno?

11. Perché sulle coste, d'estate e di giorno, si genera un vento che spira dal mare verso terra?

12. Per ridurre il calore che entra in casa d'estate, è più efficace usare una pesante tenda coprente all'interno o una persiana all'esterno?

Strategie di problem solving

PROBLEMA 1

La patata bollente

Per non scottarsi, un cuoco inesperto getta una patata appena cotta in una vaschetta che contiene 5,00 kg di acqua fredda. La massa della patata è di 0,200 kg e la sua temperatura iniziale è di 84,0 °C. La temperatura iniziale dell'acqua è invece di 15,0 °C. Dopo qualche minuto la patata e l'acqua raggiungono una temperatura di equilibrio di 17,2 °C.
Trascurando lo scambio di calore dell'acqua e della patata con la vaschetta e l'ambiente esterno, qual è il calore specifico della patata?

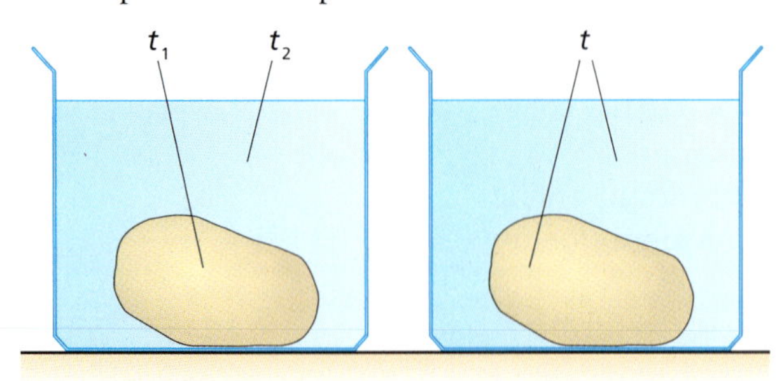

Analisi della situazione fisica

A contatto con l'acqua fredda, la patata passa da una temperatura iniziale t_1, maggiore, a una temperatura di equilibrio t, minore. La variazione $\Delta T_1 = t - t_1$ della sua temperatura è negativa.
L'acqua invece, nel passare dalla temperatura t_2 alla temperatura finale t, subisce una variazione di temperatura $\Delta T_2 = t - t_2$ positiva.
Se la quantità di calore assorbita dal recipiente e dall'aria è trascurabile, il sistema composto dall'acqua e dalla patata può essere considerato isolato.
Indicando con c e m_1 il calore specifico e la massa della patata, e con c_{H_2O} e m_2 il calore specifico e la massa dell'acqua, l'equazione che esprime la conservazione dell'energia del sistema è:

$$c\, m_1\, \Delta T_1 + c_{H_2O}\, m_2\, \Delta T_2 = 0$$

dove il primo termine rappresenta il calore, negativo, assorbito dalla patata e il secondo il calore, positivo, assorbito dall'acqua.
Da questa equazione ricaviamo il calore specifico c incognito.

Dati e incognite

$m_1 = 0{,}200$ kg
$t_1 = 84{,}0$ °C
$m_2 = 5{,}00$ kg
$t_2 = 15{,}0$ °C
$t = 17{,}2$ °C
$c = ?$

Soluzione

La variazione di temperatura della patata è:

$$\Delta T_1 = t - t_1 = 17{,}2\ °\text{C} - 84{,}0\ °\text{C} = -66{,}8\ °\text{C}$$

La variazione di temperatura dell'acqua è invece:

$$\Delta T_2 = t - t_2 = 17{,}2\ °\text{C} - 15{,}0\ °\text{C} = 2{,}20\ °\text{C}$$

Gli stessi valori esprimono le due differenze di temperatura anche in kelvin:

$$\Delta T_1 = -66{,}8\ \text{K} \qquad \Delta T_2 = 2{,}20\ \text{K}$$

Essendo $c_{H_2O} = 4186\ \text{J/(kg} \cdot \text{K)}$ il calore specifico dell'acqua, dall'equazione precedentemente ricavata otteniamo:

$$c = -\frac{c_{H_2O}\, m_2\, \Delta T_2}{m_1\, \Delta T_1} =$$

$$= -\frac{(4186\ \text{J/(kg}\cdot\text{K))}(5{,}00\ \text{kg})(2{,}20\ \text{K})}{(0{,}200\ \text{kg})(-66{,}8\ \text{K})} =$$

$$= 3{,}45 \cdot 10^3\ \text{J/(kg} \cdot \text{K)}$$

Impara la strategia

- Per analizzare gli scambi di calore fra un corpo di capacità termica C_1 e temperatura iniziale t_1 e un corpo di capacità termica C_2 e temperatura iniziale t_2, assicurati che il sistema dei due corpi sia, almeno approssimativamente, isolato. Solo in questo caso, detta t la temperatura di equilibrio, puoi applicare l'equazione:

$$C_1\,(t - t_1) + C_2\,(t - t_2) = 0$$

dove i due termini del primo membro sono sempre uno positivo e uno negativo. È positivo quello che rappresenta il calore assorbito dal corpo più freddo, negativo quello che rappresenta il calore assorbito dal corpo più caldo. In realtà, il corpo più caldo non assorbe ma cede calore.

- In funzione dei calori specifici c_1 e c_2 dei due corpi, e delle rispettive masse m_1 e m_2, la precedente equazione diventa:

$$c_1\, m_1\,(t - t_1) + c_2\, m_2\,(t - t_2) = 0$$

Una qualsiasi delle grandezze che figurano in questa equazione può essere l'incognita di un problema sugli scambi di calore.

- L'equazione può essere generalizzata a un sistema isolato composto da tre o più corpi, osservando che ciascun corpo può avere una temperatura iniziale diversa, ma che all'equilibrio termico tutti raggiungono la stessa temperatura t:

$$c_1\, m_1\,(t - t_1) + c_2\, m_2\,(t - t_2) + \ldots = 0$$

COMPETENZE

PROBLEMA **2**

Un blocco di metallo scopre... l'acqua calda!

Un blocco di metallo di massa 0,510 kg, la cui densità a 0 °C è pari a 8,50 g/cm^3, viene immerso in una piscina termale piena d'acqua a 40,0 °C. Sapendo che il coefficiente di dilatazione volumica del metallo è $5{,}00 \cdot 10^{-5}$ °C^{-1}, calcola la spinta di Archimede agente sul blocco, considerando uguale a 1,00 g/cm^3 la densità dell'acqua.

Analisi della situazione fisica

Quando il blocco di metallo e l'acqua presente nella vasca sono posti a contatto, si verifica uno scambio di calore dovuto alle differenti temperature dei due corpi: il corpo più freddo, in questo caso il blocco, riceve calore e si scalda, il corpo più caldo, ossia l'acqua, lo cede e si raffredda. Questo è vero sempre, ma bisogna prestare attenzione agli ordini di grandezza in gioco: anche se non vengono fornite le dimensioni della piscina termale, possiamo facilmente dedurre che la massa d'acqua in essa contenuta sia di gran lunga maggiore della massa m del blocco metallico che viene immerso. Perciò, sia il valore della massa liquida contenuta in piscina, sia il valore del calore specifico dell'acqua (che è superiore a quello di molte altre sostanze) fanno sì che la capacità termica $C = m\,c$ dell'acqua sia tanto grande da potere ritenere trascurabili gli effetti dell'immersione del blocco. Possiamo dunque assumere che quando il blocco viene immerso, esso non sia in grado di modificare la temperatura dell'acqua, per cui la temperatura di equilibrio del sistema acqua-blocco coincide con la temperatura iniziale dell'acqua $t = 40{,}0$ °C.
Il fatto che il blocco di metallo passi da 0 °C a 40,0 °C comporta due conseguenze. La prima è che il blocco si espande; abbiamo visto, infatti, che a un incremento di temperatura ΔT corrisponde, nei solidi, una dilatazione volumica ΔV, per cui vale la relazione:

$$\Delta V = V - V_0 = \alpha\, V_0\, \Delta T$$

La seconda conseguenza è che, essendo il blocco immerso in acqua, il suo aumento di volume comporta un aumento dell'intensità S della spinta di Archimede:

$$S = V g d_a$$

L'accelerazione di gravità g e la densità dell'acqua d_a non cambiano, ma il volume del blocco immerso sì: man mano che la temperatura del blocco sale e il suo volume cresce, aumenta anche la spinta che l'acqua esercita su di esso. Dunque la spinta finale sarà superiore a quella risentita dal blocco appena immerso.

Dati e incognite

$\boldsymbol{m = 0{,}510}$ **kg**
$\boldsymbol{d_b = 8{,}50}$ **g/cm^3** $\boldsymbol{= 8{,}50 \cdot 10^3}$ **kg/m^3**
$\boldsymbol{\Delta T = 40{,}0}$ **°C**
$\boldsymbol{\alpha = 5{,}00 \cdot 10^{-5}}$ **°C^{-1}**
$\boldsymbol{d_a = 1{,}00}$ **g/cm^3** $\boldsymbol{= 1{,}00 \cdot 10^3}$ **kg/m^3**
$\boldsymbol{S = ?}$

Soluzione

Essendo noti la massa m e la densità d_b del blocco, si ricava prima il suo volume V_0 a 0 °C

$$V_0 = \frac{m}{d_b} = \frac{0{,}510\,\text{kg}}{\left(8{,}50 \cdot 10^3\,\text{kg/m}^3\right)} = 6{,}00 \cdot 10^{-5}\,\text{m}^3$$

poi il volume V a 40 °C:

$$V = V_0\left(1 + \alpha\,\Delta T\right) =$$
$$= \left(6{,}00 \cdot 10^{-5}\,\text{m}^3\right) 1 + \left(5{,}00 \cdot 10^{-5}\,°\text{C}^{-1}\right)\left(40{,}0\,°\text{C}\right) =$$
$$= 6{,}01 \cdot 10^{-5}\,\text{m}^3$$

Calcoliamo l'intensità della spinta di Archimede quando il blocco ha raggiunto la sua temperatura finale:

$$S = V\,g\,d_a =$$
$$= \left(6{,}01 \cdot 10^{-5}\,\text{m}^3\right)\left(9{,}81\,\text{m/s}^2\right)\left(1{,}0 \cdot 10^3\,\text{kg/m}^3\right) =$$
$$= 0{,}590\,\text{N}$$

Impara la strategia

- C'è sempre uno scambio di calore tra due corpi a temperature differenti, e la temperatura di equilibrio risulta sempre compresa tra le loro temperature iniziali. Bisogna anche tener conto delle capacità termiche dei due corpi: una grossa vasca d'acqua avrà una capacità termica molto maggiore rispetto a quella di un piccolo blocco di metallo. Ciò significa che, all'equilibrio termico, la variazione di temperatura subita dal blocco è maggiore rispetto a quella che interessa l'acqua. Generalizzando, se la capacità termica di un corpo è molto maggiore di quella di un secondo corpo con cui viene a contatto, può essere utile trascurare la variazione di temperatura del primo.

Attenzione alle insidie

Quando si ricava il valore di una determinata grandezza a partire da altre, bisogna sempre prestare attenzione alle unità di misura usate, per essere sicuri che queste siano compatibili fra loro. Le densità, nel testo di questo problema, sono fornite in g/cm^3, mentre abbiamo bisogno che i volumi siano espressi in m^3 sia quando applichiamo la legge di dilatazione volumica, sia quando calcoliamo la spinta di Archimede. È necessario quindi effettuare la conversione delle densità in kg/m^3 prima di procedere nei calcoli.

Progetti di fisica

LABORATORIO

Misura del calore specifico di un corpo

Da fare

Misurare i calori specifici di diversi solidi utilizzando un calorimetro.

Che cosa ti serve

- un calorimetro
- acqua
- una bilancia
- campioni di materiali diversi ciascuno legato con un filo sottile
- recipiente e fornello per scaldare l'acqua

Da sapere

- Un calorimetro è un recipiente termicamente isolato contenente una massa M di acqua a una temperatura iniziale t_0, un termometro e un agitatore. Quest'ultimo serve a rendere uniforme la temperatura dell'acqua ogni volta che si effettua una misura. Un corpo solido di massa m, riscaldato a una temperatura $t_1 > t_0$ e immerso nell'acqua, cede energia al complesso formato da acqua, calorimetro, termometro e agitatore fino a quando il sistema non arriva a una condizione di equilibrio a temperatura t.
- Si chiama equivalente in acqua M del calorimetro la massa di acqua che, per riscaldarsi di 1 °C, assorbe la stessa quantità di calore assorbita, sempre per riscaldarsi di 1 °C, dall'insieme del calorimetro, del termometro e dell'agitatore. Nell'ipotesi che tutto il calore ceduto dal corpo sia totalmente assorbito dal calorimetro e dai suoi accessori, all'equilibrio si ha:

$$c_x\, m\left(t_1 - t\right) = c_{H_2O}\, M\left(t - t_o\right) + c_{H_2O}\, M_e\left(t - t_o\right)$$

dove c_x è il calore specifico del materiale di cui è fatto il corpo e c_{H_2O} il calore specifico dell'acqua. Da questa relazione si ricava:

$$c_x = \frac{c_{H_2O}\left(M + M_e\right)\left(t - t_o\right)}{m\left(t_1 - t\right)}$$

- Il valore di M_e è spesso fornito dalla casa costruttrice dello strumento, oppure può essere determinato sperimentalmente. A questo scopo si aggiunge alla massa iniziale M di acqua alla temperatura t_0 una massa M' di acqua a una temperatura $t_1 > t_0$. Dopo aver misurato la temperatura di equilibrio t si determina il valore di M_e dall'equazione:

$$c_{H_2O}\, M'\left(t_1 - t\right) = c_{H_2O}\left(M + M_e\right)\left(t - t_0\right)$$

Procedimento

Misura con una bilancia la massa m di un campione e la massa M di una certa quantità di acqua e riporta i valori in una tabella. Versa l'acqua nel calorimetro, aspettando qualche minuto affinché si stabilisca l'equilibrio termico.

Leggi quindi la temperatura t_0 indicata dal termometro e annotala in tabella. Immergi il campione in un recipiente contenente acqua da portare a ebollizione, in modo che sia t_1 = 100 °C. Estrai l'oggetto e immergilo rapidamente nel calorimetro.

Dopo aver mescolato un po' con l'agitatore, misura e annota in tabella la temperatura di equilibrio t. Ripeti più volte il procedimento utilizzando i diversi campioni a disposizione.

Elaborazione dei dati

Aggiungi due colonne alla tabella e annota le variazioni di temperatura $t_1 - t$ e $t - t_0$ che si sono prodotte in ciascuna prova. Calcola il calore specifico c_x del materiale di ogni campione utilizzato.

numero prova	m (g)	M (g)	t (°C)	$t_1 - t$ (°C)	$t - t_0$ (°C)	c_x (cal/g · °C)

Interpretazione dei risultati

Prova a identificare i diversi materiali in base al loro calore specifico. Utilizzando la misura della massa di ciascun campione, calcolane la capacità termica. Che cosa succederebbe se utilizzassi nel calorimetro un liquido diverso dall'acqua?

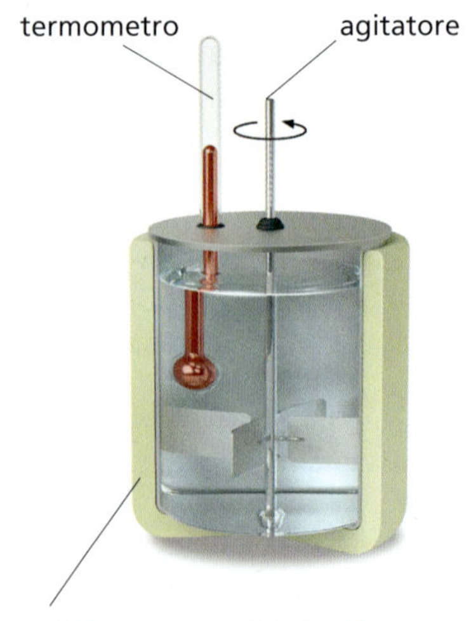

COMPETENZE

FISICA E REALTÀ

L'anello di 's Gravensade

Fai una ricerca in biblioteca o in Internet e scopri lo strumento inventato da Willem J. 's Gravesande (1688-1742) denominato anello di 's Gravesande. Sai descrivere a che cosa serviva e quale fenomeno ha dimostrato?

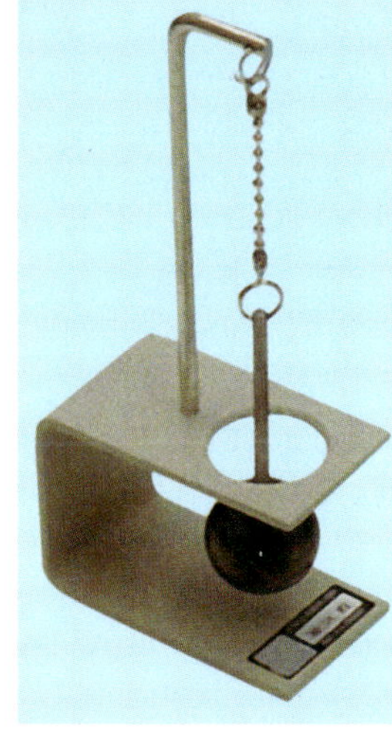

A rischio deragliamento

Un binario ferroviario è costituito da due rotaie: lunghe travi metalliche, resistenti e perfettamente levigate per ridurre al minimo l'attrito con le ruote di locomotore e vagoni. Le rotaie in uso nella rete italiana sono prodotte nello stabilimento siderurgico di Piombino. Effettua una ricerca per capire di che materiale sono fatte e che lunghezza hanno. Quindi calcola di quanto si dilata una rotaia di lunghezza media a seguito del calore sviluppato al passaggio di un treno.

Che accorgimento è adottato per evitare che tale dilatazione possa provocare una deformazione e dunque il rischio di un deragliamento?

Meglio controllare l'etichetta

Controlla l'etichetta con le informazioni nutrizionali della pasta che consumi abitualmente in casa. In che unità di misura è espresso il valore energetico solitamente riferito a 100 g di prodotto? Se sono presenti due diversi valori sei in grado di stabilire se coincidono, o se il produttore ha effettuato un arrotondamento? Dopo aver cercato quante calorie forniscono in media 1 g di proteine, 1 g di carboidrati e 1 g di grassi, prova a calcolare il valore energetico apportato da ognuno di questi tre nutrienti. La somma dei tre valori energetici coincide con il valore complessivo che hai letto in precedenza? Se c'è una differenza significativa, a che cosa pensi possa essere dovuta?

ESPERTI IN FISICA

La termoregolazione nel corpo umano

Contesto

Gli esseri umani, come in generale tutti i mammiferi e gli uccelli, sono organismi omeotermi (o a sangue caldo): il nostro corpo, infatti, è in grado di mantenere la propria temperatura interna più o meno costante. Risultando dunque indipendente da quella dell'ambiente esterno. Il principale meccanismo di termoregolazione del corpo umano è legato all'attività delle cellule, che convertono in calore parte dell'energia contenuta nei legami chimici delle molecole introdotte con l'alimentazione e la respirazione.

Esplora

Gli organismi omeotermi impiegano un'ampia gamma di strategie differenti per mantenere la temperatura corporea entro un ristretto intervallo di valori accettabili, evitando il rischio di ipertermia o ipotermia. Documentati sui diversi meccanismi di regolazione della temperatura messi in atto dall'uomo e da tutti gli animali a sangue caldo, cercando di capirne il funzionamento e individuando i principi fisici alla base della loro efficacia. Tocca, fra gli altri i seguenti aspetti:

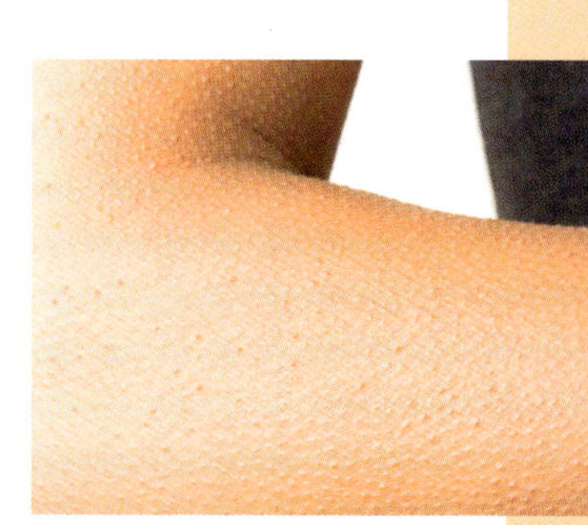

- perché i cani lasciano penzolare la lingua quando hanno caldo?
- perché all'uomo viene la pelle d'oca e molti animali a pelo lungo drizzano i peli quando sentono freddo?
- come avviene e a che cosa serve la sudorazione?

Esponi

Immagina che i responsabili di uno zoo ti abbiano commissionato la preparazione di un pannello divulgativo sui meccanismi di termoregolazione negli animali a sangue caldo (uomo incluso).

Il pannello verrà esposto in una postazione informativa all'interno dello zoo e sarà principalmente indirizzato alle scolaresche in visita (scuole elementari e medie). Prepara i testi e seleziona le immagini per il tuo pannello, in modo da attirare il più possibile l'attenzione dei giovani visitatori!

Calcola

L'organismo umano si compone per il 60-70% di acqua; il suo calore specifico è sufficientemente vicino a quello dell'acqua e corrisponde a circa 0,80 kcal/(kg · K). Utilizzando il valore della tua massa corporea, calcola la tua capacità termica. Utilizza questo dato per ricavare quanto calore è necessario per aumentare la tua temperatura corporea di 1 °C.

Facciamo il punto

Definizioni

La **temperatura** è la grandezza fisica che indica lo stato termico di un corpo. Se due corpi sono in equilibrio termico, le loro temperature sono, per definizione, uguali.

Il **calore** è energia trasferita da un corpo a un altro a causa di una differenza di temperatura. L'unità di calore nel SI è il joule.

Una **caloria** (cal) è la quantità di calore che si deve fornire a 1 g di acqua distillata per portare la sua temperatura da 14,5 °C a 15,5 °C alla pressione di 1 atm.

La temperatura di un corpo è la grandezza fisica che si misura con un **termometro**, quando questo raggiunge l'equilibrio termico con il corpo.

Il grado centigrado (°C) è la centesima parte della differenza fra le temperature di solidificazione (0 °C) e di ebollizione (100 °C) dell'acqua alla pressione di 1 atm. L'unità di temperatura del SI è il kelvin (K). La temperatura T espressa in kelvin prende il nome di **temperatura assoluta**, ed è legata alla temperatura t misurata in gradi centigradi dalla relazione $T = t \text{ K/°C} + 273{,}15 \text{ K}$.

Il calore equivale al lavoro, nel senso che si può aumentare la temperatura di un corpo sia fornendo calore al corpo sia compiendo lavoro su di esso. Per innalzare di un grado la temperatura dell'acqua occorrono, per ogni grammo, 4,186 unità di lavoro meccanico, cioè: 1 cal = 4,186 J

Concetti, leggi e principi

Quando la temperatura di una barra varia di ΔT, la sua lunghezza varia di:

$$\Delta L = \lambda L_0 \Delta T$$

dove L_0 è la lunghezza iniziale della barra e λ è il *coefficiente di dilatazione lineare*, caratteristico del materiale. Questo fenomeno, chiamato **dilatazione termica**, interessa anche i volumi. La variazione di volume della maggior parte dei solidi e dei liquidi è:

$$\Delta V = \alpha V_0 \Delta T$$

dove V_0 è il volume iniziale e α è il *coefficiente di dilatazione volumica*.

La quantità di calore necessaria a innalzare di ΔT la temperatura di un corpo è direttamente proporzionale alla massa m del corpo e alla variazione di temperatura ΔT:

$$Q = c\, m\, \Delta T$$

Il coefficiente c è il **calore specifico** della sostanza di cui è composto il corpo e indica quanti joule di calore o di lavoro fanno aumentare di 1 K la temperatura di 1 kg di sostanza.

Se un corpo di massa m è fatto tutto della stessa sostanza, di calore specifico c, si chiama *capacità termica* del corpo il prodotto fra il calore specifico e la massa:

$$C = c\, m$$

La **propagazione del calore** avviene in tre modi.

- La **conduzione** ha luogo nei solidi e non comporta spostamento di materia. La velocità con cui si propaga il calore tra due zone di un solido è direttamente proporzionale alla differenza di temperatura tra di esse e dipende dalla forma, dalle dimensioni e dalle caratteristiche del materiale di cui è composto.
- La **convezione** è una circolazione di masse fluide indotta da differenze di temperatura; il fluido caldo, meno denso, sale verso l'alto ed è rimpiazzato da quello freddo.
- L'**irraggiamento** è la trasmissione di energia tramite luce visibile e altra radiazione della stessa natura (elettromagnetica) ma non visibile all'occhio umano. Il calore emesso per irraggiamento non ha bisogno di un mezzo per propagarsi.

Applicazioni

Che cosa succede quando un corpo di capacità termica C_1 e temperatura t_1 scambia calore con uno di capacità termica C_2 e temperatura t_2?
Il corpo più caldo si raffredda e quello più freddo si riscalda, finché entrambi non raggiungono la stessa temperatura t. Se i due corpi non scambiano calore con l'esterno, la temperatura all'equilibrio termico è:

$$t = \frac{(C_1 t_1 + C_2 t_2)}{(C_1 + C_2)}$$

Esercizi di paragrafo

Flashcard

Ripassa i contenuti dell'Unità con le Flashcard del MEbook.

Esercizio commentato

Per gli esercizi contrassegnati da questa icona trovi sul MEbook la risoluzione commentata.

1 Temperatura ed equilibrio termico

1 Completa la seguente tabella che riporta alcune temperature tipiche espresse in gradi centigradi e in kelvin.

	Scala Celsius	Scala Kelvin
fusione del ghiaccio		273 K
ebollizione dell'acqua	100 °C	
zero assoluto		0 K
ebollizione dell'ossigeno		90 K
ebollizione dell'alcol etilico	78 °C	
fusione dello zinco	419 °C	

2 Vero o falso?

a. Il valore della temperatura assoluta si ottiene sottraendo 273,15 alla temperatura espressa in scala Celsius. V F

b. Due sistemi sono in equilibrio termico quando messi in condizioni di scambiare energia si portano a una stessa temperatura. V F

c. Uno dei punti fissi della scala Celsius è la temperatura normale del corpo umano. V F

d. Per realizzare i termometri si sfruttano le variazioni delle proprietà fisiche della materia al variare della temperatura. V F

e. Se l'acqua contenuta in una pentola viene riscaldata da 20 °C a 90 °C, la sua variazione di temperatura è uguale a 343 K. V F

3 INGLESE A space probe landed on Mars measures the temperature of the planet and reports an average value of 218 K. Is Mars colder or hotter than Earth (average temperature 15 °C)? [colder]

4 Lo spazio interstellare, raffreddatosi nei miliardi di anni seguenti all'esplosione che ha dato origine all'Universo, ha raggiunto nella nostra epoca una temperatura di 2,72 K. A quanti gradi sopra lo zero assoluto si trova lo spazio interstellare? E a quanti gradi sotto lo zero della scala Celsius? [2,72 K; −270,43 °C]

RISPONDI IN BREVE *(in un massimo di 10 righe)*

5 Che differenza c'è tra lo zero della scala Celsius e lo zero della scala Kelvin?

6 Che relazione c'è tra temperatura, equilibrio termico ed energia cinetica?

2 La dilatazione termica

7 Vero o falso?

a. Tipicamente, una variazione di temperatura di 100 °C fa variare la lunghezza di una sbarra metallica di qualche millimetro per metro. V F

b. Costruendo una lamina bimetallica saldando insieme una striscia di rame ($\lambda = 1{,}7 \cdot 10^{-5}$ °C^{-1}) con una di alluminio ($\lambda = 2{,}4 \cdot 10^{-5}$ °C^{-1}), all'aumentare della temperatura la lamina si curverà dalla parte dell'alluminio. V F

c. Il coefficiente di dilatazione volumica di un solido è proporzionale al coefficiente di dilatazione lineare. V F

d. Per una data variazione di temperatura un liquido si dilata meno di un solido. V F

e. Sopra la temperatura di 0 °C il volume dell'acqua aumenta al crescere della temperatura. V F

8 INGLESE A copper ring has an inner diameter of 2.0 cm and a temperature of 300 K, when it falls into a pool of thermal water. If the temperature of water is 320 K, calculate the change in the diameter of the hole in the ring. Assume that the coefficient of linear expansion for copper is $1.7 \cdot 10^{-5}$ K^{-1}. [$6.8 \cdot 10^{-6}$ m]

9 Un'asta di alluminio, a 0 °C, è lunga 50,000 mm. Calcola la nuova lunghezza dell'asta se la temperatura sale a 40 °C (coefficiente di dilatazione lineare dell'alluminio $\lambda = 2{,}4 \cdot 10^{-5}$ K^{-1}). È possibile misurare tale variazione di lunghezza con una riga millimetrata? Spiega. [50,048 mm; no]

10 Una sostanza allo stato liquido occupa a 0 °C un volume pari a 30 cm^3. Sapendo che alla temperatura di 50 °C il suo volume aumenta di 0,27 cm^3, è possibile determinare, in base al coefficiente di dilatazione volumica, se la sostanza in questione è mercurio ($\alpha = 1{,}8 \cdot 10^{-4}$ K^{-1}) oppure petrolio ($\alpha = 9{,}2 \cdot 10^{-4}$ K^{-1})? [mercurio]

11 La lunghezza delle rotaie della linea ferroviaria Bari-Lecce è circa 155 km. Sapendo che il coefficiente di dilatazione lineare dell'acciaio è $1{,}05 \cdot 10^{-6}$ K^{-1} e supponendo che le rotaie siano saldate con continuità, calcola di quanto varia la lunghezza complessiva se la massima variazione stagionale di temperatura è di 40,0 °C. [6,51 m]

12 Una sbarra di ferro (coefficiente di dilatazione lineare del ferro $\lambda = 1{,}2 \cdot 10^{-5}$ K^{-1}), lunga l alla temperatura di 0 °C, viene posta in un ambiente alla temperatura t. Sapendo che la lunghezza della sbarra diventa 1,00024 l, calcola la temperatura dell'ambiente. [20 °C]

ESERCIZI

13 FISICA PER IMMAGINI Pietro ha preso due sbarrette di diverso materiale e uguale lunghezza iniziale e ne ha misurato la dilatazione al variare della temperatura, riportando i risultati in figura. Osservando il grafico, Pietro può concludere che i due materiali rispettano entrambi la legge usuale della dilatazione termica o mostrano un comportamento anomalo? Giustifica la risposta.

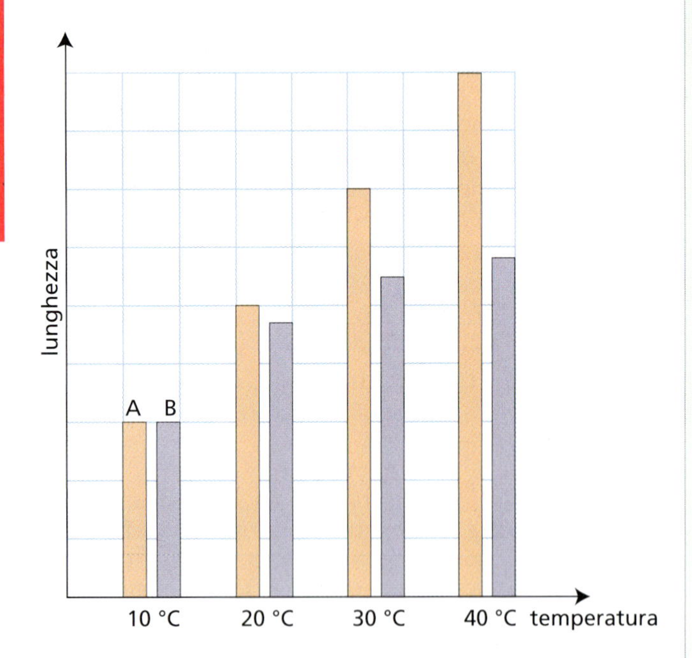

14 Una sfera di piombo di raggio 1,0 m viene riscaldata dalla temperatura iniziale di 20 °C fino alla temperatura finale di 520 °C e si dilata mantenendo la forma sferica. Quanto vale il volume finale della sfera? Di quanto si allunga il raggio della sfera?

[4,4 m³; 2,0 cm]

15 Un termometro a mercurio ha un bulbo sferico di raggio 0,125 cm e un tubo capillare di diametro pari a $4{,}00 \cdot 10^{-3}$ cm, come indicato in figura (non in scala). Trascurando la dilatazione del vetro e ricordando che il coefficiente di dilatazione volumica del mercurio è $1{,}80 \cdot 10^{-4}$ K^{-1}, trova l'altezza h di cui sale la colonna di mercurio per un incremento di temperatura di 30,0 °C.

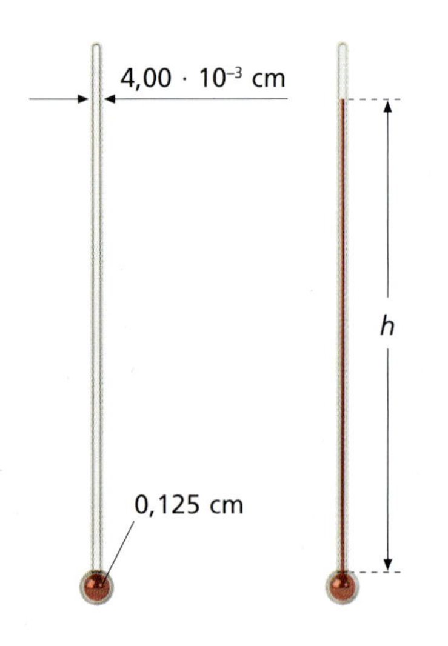

[3,52 cm]

16 Un anellino d'oro, a 20 °C, ha un diametro di 1,5 cm. Quanto vale il suo diametro una volta indossato al dito? Se una volta indossato l'anello, per toglierlo più comodamente, volessimo aumentare il suo diametro di 1/10 di millimetro avvicinandolo a una sorgente calda, sarebbe una buona idea? [1,5004 cm]

Guida alla soluzione

La temperatura del corpo umano è di circa 37 °C, più alta della temperatura ambiente (20 °C), quindi l'anello d'oro una volta indossato si dilata aumentando la propria circonferenza. Il diametro e la circonferenza dell'anello sono proporzionali fra loro, quindi la variazione relativa è la stessa per entrambe le lunghezze. Noto il coefficiente di dilatazione termica dell'oro $\left(\lambda = 1{,}4 \cdot 10^{-5}\ °\mathrm{C}^{-1}\right)$ possiamo scrivere:

$$d_1 = d_0\left(1 + \ldots\left(T_1 - T_0\right)\right) =$$
$$= \left(\ldots\mathrm{cm}\right)\left(1 + \ldots°\mathrm{C}^{-1}\left(\ldots°\mathrm{C} - \ldots°\mathrm{C}\right)\right) = \ldots\mathrm{cm}$$

Questa variazione è molto piccola, difficilmente misurabile e sicuramente non apprezzabile quando si infila l'anello!
Per ottenere una variazione di soli 0,010 cm (1/10 di mm) dovremmo aumentare la temperatura di

$$\Delta T = \frac{\ldots\ \mathrm{cm}}{\ldots\ \mathrm{cm}\left(1{,}4 \cdot 10^{-5}\ °\mathrm{C}^{-1}\right)} = \ldots°\mathrm{C}$$

il che sicuramente non sarebbe una buona idea!

3 Il calore come il lavoro: energia in transito

17 Vero o falso?

a. È possibile che avvenga un passaggio spontaneo di calore da un corpo più freddo a uno più caldo. V F

b. È possibile aumentare la temperatura di un liquido senza porlo necessariamente su una fonte di calore, per esempio agitandolo. V F

c. L'equivalenza tra calore e lavoro dipende dal modo in cui il lavoro viene eseguito, infatti vale solo per il lavoro meccanico. V F

d. La caloria non è un'unità del SI. V F

e. Una caloria corrisponde a un joule. V F

18 Quante kilocalorie deve spendere una ragazza di 50,0 kg per salire i 354 gradini, pari a 45,0 m di altezza, che conducono alla corona della Statua della Libertà? Tieni conto solo del lavoro fatto contro la forza di gravità. [5,28 kcal]

19 L'energia minima che è necessaria per mantenere solamente le funzioni vitali di un individuo (metabolismo basale in condizioni di riposo) oscilla intorno ai $7{,}0 \cdot 10^{6}$ J nelle 24 h. Calcola quanto zucchero dovrebbe ingerire un uomo per sopperire al metabolismo basale, sapendo che 1 kg di zucchero fornisce 3900 kcal. [429 g]

ESERCIZI

20 STIME Stima il consumo di calorie di un ciclista professionista durante una gara, tenendo conto che tipicamente la distanza percorsa è dell'ordine di 200 km, la velocità è dell'ordine di 40 km/h, e la potenza consumata per unità di massa è dell'ordine di 5,0 W/kg. [1500 kcal]

Guida alla soluzione

Assumiamo che il ciclista pesi 70 kg. La durata della gara è

$$t = \frac{s}{v} = \frac{\ldots\text{km}}{\ldots\text{km/h}} = \frac{\ldots\text{m}}{\ldots\text{m/s}} = \ldots\text{s}$$

Quindi, indicando con m la massa del ciclista e con P la potenza consumata per unità di massa e ricordando che $1\ \text{W} = 1\ \text{J/s}$ otteniamo l'energia totale consumata Q:

$$Q = m\,P\,t = (70\,\text{kg})\,(\ldots\text{W/kg})(\ldots\text{s}) = \ldots\text{J}$$

Infine dividiamo per l'equivalente meccanico della caloria:

$$Q = \ldots\ \text{J}\ (1\ \text{cal}/4{,}186\ \text{J}) = \ldots\ \text{cal}$$

21 Un'automobile di 1000 kg accelera partendo da ferma e raggiunge la velocità di 100 km/h. Quanto carburante è stato consumato per fornire all'automobile l'energia cinetica corrispondente? Assumi che dalla combustione di 1 g di carburante si ottengano 50 000 J di energia. [7,72 g]

22 STIME La fusione nucleare è un processo che produce energia trasformando deuterio (un isotopo dell'idrogeno) in elio. Il deuterio si trova nell'acqua e sarebbe possibile estrarne da 1 cm^3, cioè da 1 g, il quantitativo sufficiente a produrre circa 30 MJ di energia. L'energia liberata dalla combustione del carbon fossile è circa 7 kcal/g. Stima quanto carbon fossile occorrerebbe bruciare per ottenere 30 MJ. [circa 1 kg]

4 Calore specifico e capacità termica

23 Vero o falso?

a. Per convenzione il calore specifico dell'acqua, qualunque sia l'unità di misura nella quale viene espresso, è sempre uguale a uno. V F

b. Se la massa di un corpo raddoppia, raddoppia anche la sua capacità termica. V F

c. Se la massa di un corpo raddoppia, raddoppia anche il suo calore specifico. V F

d. Un sistema isolato può scambiare energia con l'esterno sotto forma di calore, ma non sotto forma di lavoro. V F

e. Una grande massa d'acqua rappresenta un serbatoio termico grazie alla sua elevata capacità termica. V F

24 INGLESE A girl takes a bath. She fills her tub with 200 l of water, which she heats up from the temperature of 20 °C to 40 °C. How much energy is needed for the girl's bath? [$1{,}7 \cdot 10^7$ J]

25 Un bambino con la febbre beve 0,200 l di acqua alla temperatura di 10,0 °C. Sapendo che per raggiungere l'equilibrio termico con il corpo l'acqua ingerita assorbe una quantità di calore uguale a 5,70 kcal, calcola la temperatura dell'ammalato. [38,5 °C]

26 Un peso da 1,0 kg, usato per gli allenamenti in palestra, dopo aver assorbito una quantità di calore pari a 500 cal, varia la sua temperatura di 10 °C. Calcola la capacità termica dell'oggetto e il calore specifico della sostanza con cui è realizzato. [210 J/K; 210 J/(kg · K)]

27 Un pezzo di rame di massa 200 g, portato alla temperatura di 50 °C, viene immerso in un thermos che contiene una massa d'acqua di 400 g alla temperatura di 0,0 °C. Assumendo che il calore specifico del rame sia 385 J/(kg · K), calcola la temperatura di equilibrio. [2,2 °C]

28 Una piscina olimpionica contiene una massa d'acqua pari a $1{,}5 \cdot 10^6$ kg. Quanto vale la capacità termica dell'acqua contenuta nella piscina? Qual è la quantità di calore necessaria per scaldare l'acqua della piscina dalla temperatura di 15 °C a quella di 25 °C? [$6{,}3 \cdot 10^9$ J/K; $6{,}3 \cdot 10^{10}$ J]

29 Durante l'inverno, l'aria entra nei polmoni a 0 °C e deve riscaldarsi fino a 37 °C. La capacità dei polmoni è di circa 4 l e la massa di aria che vi è contenuta è pari circa a 5 g. Sapendo che il calore specifico dell'aria è 1000 J/(kg · K), stima quanta energia occorre per ogni respiro e quanta ne serve all'ora calcolando 16 respiri al minuto. [185 J; circa 200 kJ]

Esercizio commentato

30 FISICA PER IMMAGINI Il grafico qui sotto descrive il riscaldamento di due oggetti di ferro (calore specifico 452 J/(kg · K)), entrambi di 0,40 kg. Osservando dal grafico che l'oggetto più freddo, dopo aver ricevuto 300 cal, raggiunge la temperatura iniziale dell'altro, calcola di quanti gradi differiscono le temperature iniziali dei due oggetti.

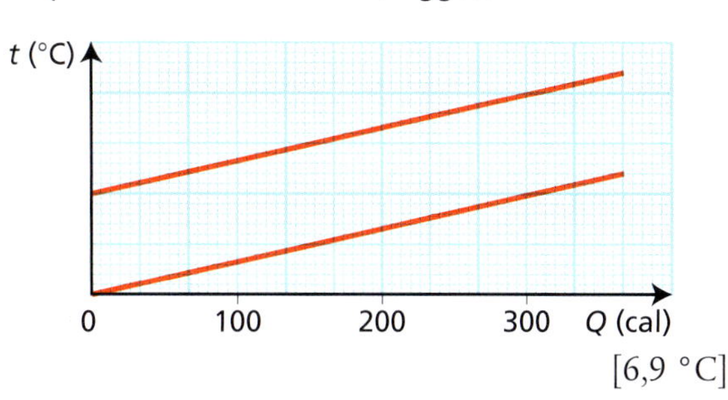

[6,9 °C]

31 Una tazza di porcellana (di massa 0,250 kg) può contenere 0,300 kg di acqua. La si vuole riscaldare da 20 °C a 80 °C per preparare un tè. Calcola quanta energia è necessaria per riscaldare il liquido. Calcola l'energia totale richiesta per la tazza e per il liquido. Il calore specifico della porcellana è 1,1 kJ/(kg · K). [75,3 kJ; 91,7 kJ]

Esercizio commentato

ESERCIZI

32 Una persona di 60 kg di peso mangia un biscotto al cioccolato il cui contenuto calorico è 50 kcal. Assumendo che l'efficienza del corpo umano nel convertire le calorie ingerite in lavoro meccanico sia del 20%, quanti piani di scale la persona dovrebbe salire per smaltire il biscotto, se ogni piano corrisponde a un dislivello di 5,0 m? [15]

Problemi di riepilogo

Videotutorial

Per gli esercizi contrassegnati da questa icona trovi sul MEbook la risoluzione commentata in video.

Esercizio commentato

Per gli esercizi contrassegnati da questa icona trovi sul MEbook la risoluzione commentata.

33 STIME Un maratoneta consuma circa 0,90 kcal/km per kg di peso. Ricordando che l'energia liberata nel metabolismo di 1 g di miele è pari a 3,04 kcal, fai una stima di quanto miele dovrebbe ingerire per ottenere l'energia necessaria per ogni kilometro. [18 g]

Suggerimento
Per poter procedere devi innanzitutto stimare la massa del maratoneta: assumi che valga 60 kg.

34 STIME Un veicolo che percorre una salita consuma un maggior quantitativo di benzina a causa dell'energia necessaria per superare il dislivello. Stima il consumo addizionale necessario a raggiungere una località posta a 1000 m sul livello del mare. Un grammo di benzina sviluppa 50 kJ di energia. [circa 200 g]

35 La scala Fahrenheit, usata tuttora negli Stati Uniti, assegna il valore di 32 °F alla temperatura del ghiaccio fondente e quello di 212 °F alla temperatura dell'acqua bollente, dividendo poi questo intervallo in 180 parti uguali.

- Ricava la formula di conversione per passare da una temperatura espressa in gradi Fahrenheit alla stessa espressa in gradi centigradi.
- Stabilisci per quale temperatura un termometro centigrado e uno con scala Fahrenheit forniscono lo stesso valore.
- Immagina ora che un allevatore acquisti un'incubatrice e, dopo aver messo le uova, selezioni la temperatura di 100 °F. A quanti gradi centigradi corrisponde?

$$\left[t(°\mathrm{C}) = \frac{100}{180}\left[t(°\mathrm{F}) - 32\right]\frac{°\mathrm{C}}{°\mathrm{F}};\ -40\ °\mathrm{C} = -40\ °\mathrm{F};\ 38\ °\mathrm{C}\right]$$

36 Con un tubo capillare di sezione pari a 0,15 mm^2 si vuole realizzare un termometro ad alcol etilico, tale che la distanza fra la tacca più bassa, corrispondente a −10°C, e quella più alta, corrispondente a 20 °C, sia pari a 20 cm. Di quale volume bisognerà realizzare il bulbo, se il coefficiente di dilatazione volumica dell'alcol etilico è uguale a $1,1 \cdot 10^{-3}\ \mathrm{K}^{-1}$? [0,91 cm^3]

37  Esercizio commentato

Il serbatoio d'acciaio di una moto ha un volume pari a 7,3 l. Viene riempito la mattina presto, quando la temperatura è di 10 °C. La moto rimane parcheggiata al sole e, a mezzogiorno, raggiunge la temperatura di 30 °C. Calcola quanta benzina trabocca, se è stato riempito fino all'orlo. Il coefficiente di dilatazione lineare dell'acciaio e quello di dilatazione volumica della benzina valgono, rispettivamente, $2,0 \cdot 10^{-6}\ \mathrm{K}^{-1}$ e $9,5 \cdot 10^{-4}\ \mathrm{K}^{-1}$. In problemi come questo, ritieni sia corretto trascurare la dilatazione del serbatoio?

[0,14 l]

38 Durante il periodo della spremitura delle olive, un contadino dimentica al sole un fusto di alluminio da 30 l riempito fino all'orlo di olio. Se la temperatura sale da 16 °C a 28 °C, quanto olio traboccherà dal fusto? Il coefficiente di dilatazione lineare dell'alluminio e quello volumico dell'olio sono rispettivamente $2,4 \cdot 10^{-5}\ \mathrm{K}^{-1}$ e $7,2 \cdot 10^{-4}\ \mathrm{K}^{-1}$. [0,23 l]

39 All'uscita da una miniera un blocco di carbone alla temperatura di 15,0 °C cade dal carrello e precipita sul fondo di un burrone 70,0 m più in basso. Se il 75,0% dell'energia potenziale iniziale del blocco si trasforma in calore da esso assorbito, quale sarà la sua temperatura finale? Il calore specifico del carbone è pari a 1200 J/(kg · K). [15,4 °C]

40 Per farsi il tè, Lisa vuole un bollitore elettrico in grado di portare a ebollizione 0,500 l di acqua, inizialmente alla temperatura di 20 °C, in 3 min. Quanta energia è richiesta? Qual è la potenza minima del bollitore da scegliere? [$1,67 \cdot 10^5$ J; 928 W]

41 Una piscina coperta contenente 150 m^3 di acqua si raffredda di 2,00 °C ogni giorno. Quanto calore viene disperso dalla piscina in un giorno? Quanti metri cubi di acqua dovrebbero cadere dall'altezza di 30,0 m per poter produrre l'energia necessaria a riscaldare la piscina di 2,00 °C?

[$3,00 \cdot 10^5$ kcal; $4,28 \cdot 10^3\ \mathrm{m}^3$]

42 Una classe in gita a Parigi va a visitare la Tour Eiffel. Per risparmiare sul biglietto alcuni studenti decidono di salire i 324 m della torre usando i 1792 gradini invece dell'ascensore. Quante kilocalorie consuma così un ragazzo di 60,0 kg?

[45,6 kcal]

43 La Corrente del Golfo trasporta $1{,}0 \cdot 10^8$ m^3 di acqua al secondo verso le coste europee. Se in inverno la temperatura dell'acqua della corrente è di 10 °C più alta di quella delle acque circostanti, calcola la quantità di calore trasportata ogni secondo verso l'Europa e il numero di centrali elettriche da 1000 MW necessarie per fornire la stessa potenza.
[$4{,}2 \cdot 10^{15}$ J; $4{,}2 \cdot 10^6$]

44 Giulia vuole svolgere un esperimento di calorimetria a casa per misurare indirettamente la temperatura della fiamma dei fornelli avendo a disposizione solo un termometro clinico che ha una portata di 42 °C. Aiutandosi con una pinza termicamente isolante, pone sulla fiamma un cucchiaio di 30 g costituito da una lega metallica di calore specifico 440 J (kg · k). Successivamente lo immerge con cura in un contenitore in cui è posta una certa quantità di acqua a 34 °C. Di quanta acqua c'è bisogno per ottenere una temperatura di equilibrio di 42 °C? Trascura le perdite in vaporizzazione dell'acqua.
[378 g]

Esercizio commentato

45 INGLESE A cube of Aluminium has a mass of 2.00 kg. The cube, initially at room temperature, is heated and increases its volume by 1%. How much has the cube temperature increased? How much heat has been transfered to the cube? [139 K; $2{,}49 \cdot 10^5$ J]

46 Un binario ferroviario alla temperatura di 0 °C è lungo 200 km. Il coefficiente di dilatazione termica del ferro è $1.2 \cdot 10^{-5}$ °C^{-1}. Calcola la lunghezza del binario a 40 °C. [200096 m]

Videotutorial

47 Nina mangia una fetta da 200 g di torta della foresta nera, composta in parti uguali da panna (3,37 kcal/g) e Pan di Spagna al cioccolato (2,88 kcal/g). Più tardi si reca in piscina dove nuota a stile libero, che richiede un consumo di energia medio per kilometro percorso pari a 200 kcal/km. Quale distanza Nina deve coprire a nuoto per smaltire la fetta di torta? [3,13 km]

48 Nella caraffa termica di Marialuisa ci sono 250 g di caffè a 92 °C. Poiché ha bisogno di latte macchiato per bagnare i biscotti con cui preparare una torta, vi aggiunge 450 g di latte a 2,5 °C. Quale sarà la temperatura del caffè dopo questa operazione? E quella del latte? [34 °C; 34 °C]

Videotutorial

49 Un pezzo di metallo di massa pari a 200 g, immerso in 275 g di acqua, fa elevare la temperatura dell'acqua da 10,0 °C a 12,0 °C. Un secondo pezzo dello stesso metallo di massa 250 g, alla stessa temperatura del primo, immerso in 168 g di acqua, fa elevare la temperatura da 10,0 °C a 14,0 °C.
- Calcola la temperatura dei due pezzi di metallo.
- Qual è il calore specifico del metallo?
- Quanto valgono le capacità termiche dei due pezzi?

[100 °C; 131 J/(kg · K); 26,2 J/K; 32,8 J/K]

50 Una pallina di plastilina viene scagliata contro una parete alla velocità di 10 m/s e vi rimane attaccata. Supponendo che tutta l'energia cinetica sia convertita in energia termica e che sia trascurabile la quantità di calore ceduta alla parete, di quanto si scalda la plastilina, sapendo che il suo calore specifico è $2{,}93 \cdot 10^3$ J/(kg · °C)? [0,017 °C]

Verso l'ammissione all'università

Test

Puoi simulare la parte di fisica di un test di ammissione svolgendo questa batteria di esercizi in 25 minuti. Per calcolare il tuo punteggio dai 1 punto alle risposte esatte, 0 punti a quelle non date e –0,25 punti a quelle errate. La griglia delle soluzioni è alla fine del libro.

Puoi esercitarti anche in modalità interattiva sul MEbook.

1 In certi periodi dell'anno nel Sahara l'escursione termica, cioè la differenza fra la temperatura massima diurna e la temperatura minima notturna, raggiunge i 20 °C. A quanti kelvin corrisponde una simile escursione?

a 293 K
b 253 K
c 20 K
d −253 K
e 273 K

2 Una sbarra di argento lunga 1,0000 m riscaldata di 100 °C assume una lunghezza pari a 1,0019 m. Possiamo affermare che il coefficiente di dilatazione lineare dell'argento è:

a $1{,}9 \cdot 10^{-5}$ K
b $0{,}19$ K^{-1}
c $1{,}9 \cdot 10^{-5}$ K^{-1}
d $1{,}9$ K^{-1}
e non calcolabile con i dati forniti

3 Un corpo viene riscaldato mediante una quantità di calore nota. Per calcolare di quanto aumenta la sua temperatura, è necessario conoscere:

a il calore specifico e la temperatura iniziale del corpo
b la massa e la temperatura finale del corpo
c il volume e il peso molecolare del corpo
d il calore specifico e la massa del corpo
e la densità del corpo

ESERCIZI

4 Una temperatura di −15 °C equivale a:
- a −288 K
- b 288 K
- c −258 K
- d 15 K
- e 258 K

5 Sapendo che il coefficiente di dilatazione lineare dell'oro vale $1{,}4 \cdot 10^{-5}$ K^{-1}, quanto vale il suo coefficiente di dilatazione volumica?
- a $1{,}4 \cdot 10^{-5}$ K^{-3}
- b $4{,}2 \cdot 10^{-5}$ K^{-1}
- c $2{,}7 \cdot 10^{-15}$ K^{-1}
- d $1{,}4 \cdot 10^{-15}$ K^{-1}
- e $4{,}6$ 10^{-6} K^{-1}

6 La dilatazione dell'acqua al variare della temperatura è anomala in quanto:
- a l'acqua aumenta il suo volume solo quando la temperatura passa da 0 °C a 4 °C
- b l'acqua, a differenza degli altri liquidi, allo stato solido ha densità sempre maggiore che in fase liquida
- c da 0 °C a 4 °C, l'acqua si comporta come tutti gli altri liquidi, mentre da 4 °C in poi il suo volume è inversamente proporzionale alla temperatura
- d il volume occupato da un certa massa di acqua in fase solida è maggiore di quello occupato dalla stessa massa a 4 °C, quando raggiunge il suo valore minimo
- e l'acqua al di sopra di 4 °C si contrae, anziché dilatarsi

7 La quantità di calore che si deve fornire a un litro di acqua distillata per aumentarne la temperatura da 14,5 °C a 15,5 °C alla pressione di 1 atm è circa:
- a 1 cal
- b 10 cal
- c 100 cal
- d 1 kcal
- e 10 kcal

8 Il coefficiente di dilatazione lineare del ferro vale $1{,}2 \cdot 10^{-5}$ K^{-1}. Per un innalzamento di temperatura, 1 cm^3 di ferro aumenta di volume di $0{,}72 \cdot 10^{-2}$ cm^3. Possiamo affermare che l'aumento della temperatura è pari a:
- a 200 °C
- b 300 °C
- c 400 °C
- d 600 °C
- e 800 °C

9 Una porzione di patatine fritte fornisce una quantità di energia pari a 300 kcal, che equivale a:
- a $1{,}26 \cdot 10^{6}$ J
- b $1{,}26 \cdot 10^{3}$ J
- c $7{,}17 \cdot 10^{4}$ J
- d 71,7 J
- e 717 J

10 Il calore specifico di un corpo:
- a è misurato dalla quantità di calore necessaria per innalzare di un grado la temperatura del corpo considerato
- b dipende dalle condizioni (per esempio dalla pressione) sotto cui si riscalda o si raffredda il corpo
- c rappresenta una costante universale
- d è un numero puro
- e assume valori negativi, quando il corpo considerato cede invece di assorbire calore

11 In una giornata primaverile, ci sentiamo a nostro agio con una temperatura dell'aria di 20 °C. Se ci immergiamo completamente in acqua a 20 °C, invece, sentiamo freddo. Relativamente alla situazione descritta, quale è la spiegazione più plausibile?
- a La conduzione ha un ruolo importante nel passaggio di energia dal corpo all'esterno e la conduttività termica dell'acqua è molto più grande di quella dell'aria
- b È una sensazione a livello percettivo, senza un reale fondamento fisico
- c L'acqua in contatto con la pelle evapora, sottraendoci calore
- d L'aria prossima alla pelle, al contrario dell'acqua, assorbe il calore che emettiamo come radiazione infrarossa, trattenendolo vicino alla pelle
- e Il meccanismo con cui il nostro corpo cede calore all'esterno è di tipo convettivo, ed è più efficace nell'acqua

12 Per riscaldare 1 kg di rame e 1 kg di alluminio da 20 °C a 100 °C occorre:
- a più calore per il rame, perché la sua capacità termica è più bassa
- b più calore per l'alluminio, perché il suo calore specifico è più elevato
- c più calore per il rame, perché il suo calore specifico è più piccolo
- d la stessa quantità di calore, perché questa grandezza dipende solo dalla massa e dalla variazione di temperatura che sono le stesse nei due casi
- e la stessa quantità di calore perché, trattandosi in entrambi i casi di 1 kg di materiale, la capacità termica è la stessa

13 Due corpi si trovano in equilibrio termico quando presentano:
- a la stessa quantità di calore
- b la stessa temperatura
- c lo stesso calore specifico
- d la stessa capacità termica
- e una differenza di temperatura uguale o inferiore a un decimo di grado centigrado

14 Il calore si trasmette più facilmente attraverso uno spesso strato di:
- a marmo
- b ferro
- c legno
- d lana
- e silicone

15 Due corpi a diversa temperatura sono posti nello stesso ambiente. Si avrà uno scambio di energia fra i due corpi:
- a solo se esiste un mezzo materiale che permette il trasferimento di calore da un corpo all'altro
- b solo se i due corpi sono direttamente a contatto
- c sempre, in quanto i due corpi si trovano a diversa temperatura
- d non si può rispondere, perché non si conoscono la natura e la massa dei due corpi
- e solo se i due corpi sono sufficientemente vicini l'uno all'altro

Stati di aggregazione della materia 12

Al variare della temperatura e della pressione la materia può passare da uno stato di aggregazione a un altro. Durante un passaggio di stato, a una determinata pressione, la temperatura rimane costante e i due stati coesistono.

A quale temperatura…

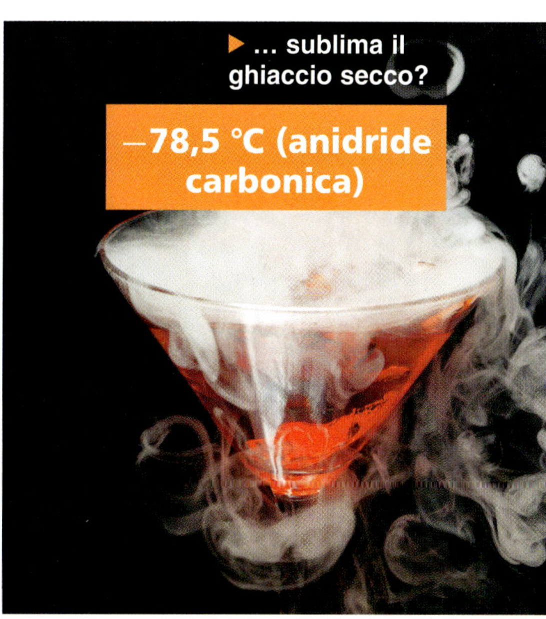

… fonde la ghisa?

… bolle il latte?

… sublima il ghiaccio secco?
−78,5 °C (anidride carbonica)

… sublima lo zolfo?

… fonde la cera d'api?

1 Struttura ed energia interna della materia

Spesso si parla di massa come di "quantità di materia". E si definisce la materia come "entità dotata di massa".
Per uscire da questo circolo vizioso bisogna pensare alla massa come a una delle proprietà misurabili della materia. Ce ne sono molte altre: termiche, elettriche, magnetiche, chimiche ecc.
È l'insieme di tutte le caratteristiche osservabili che fornisce una descrizione completa della materia, nelle sue varie forme.

Gli atomi: divisibili dal punto di vista fisico...

Scomponendo la materia in costituenti via via più piccoli [▸1], a un certo punto si giunge agli **atomi**.

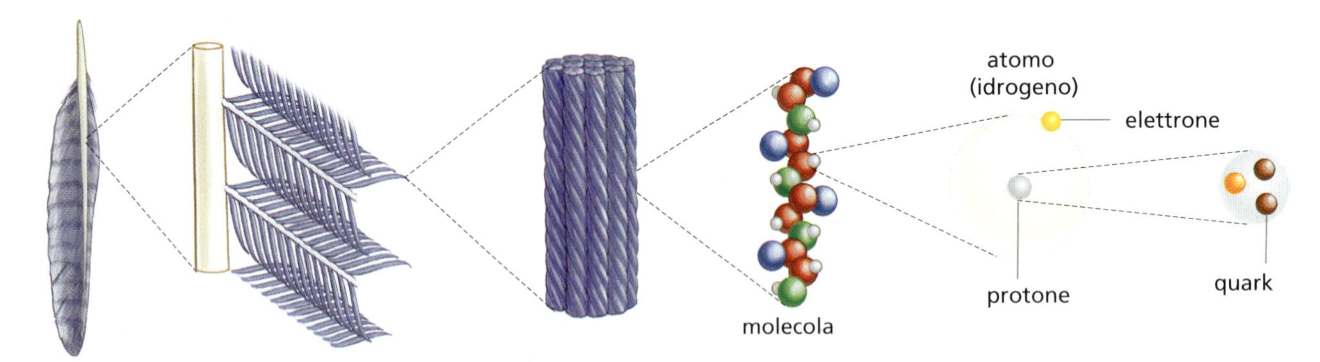

Figura 1 I costituenti microscopici della materia.

La parola "atomo" fu coniata nell'antica Grecia e il suo significato è "indivisibile". In realtà anche l'atomo è un aggregato di particelle materiali più piccole, *protoni* e *neutroni*, che costituiscono il nucleo atomico, ed *elettroni*, che si muovono intorno al nucleo. A loro volta i protoni e i neutroni sono composti da *quark*.
Elettroni e quark sono oggi ritenuti componenti ultimi della materia.

... indivisibili dal punto di vista chimico

Gli atomi si aggregano formando moltissime *sostanze*, ognuna con specifiche qualità: il glucosio, l'acqua, l'ossigeno sono sostanze che differiscono nell'aspetto macroscopico e nella composizione microscopica [▸2].
Le sostanze si combinano e si scindono. Nella combustione, il glucosio si combina con l'ossigeno per produrre altre sostanze: anidride carbonica e acqua. Il sale si scioglie in acqua per dare cloro e sodio. La combustione e la scissione in acqua (idrolisi) sono esempi di *reazioni chimiche*.
Le sostanze più semplici, chiamate **elementi**, sono quelle che non si possono dividere mediante reazioni chimiche.

Figura 2 Sostanze diverse, molecole diverse.

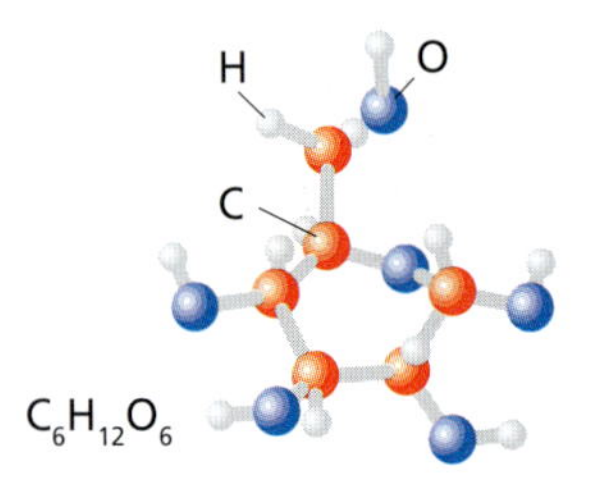

Molecola di glucosio, formata da sei atomi di carbonio (C), dodici di idrogeno (H), sei di ossigeno (O).

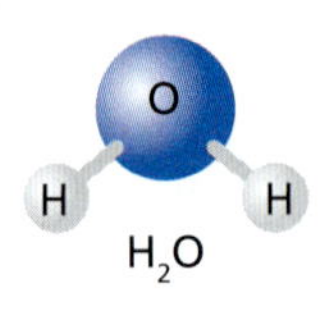

Molecola di acqua, formata da due atomi di idrogeno e uno di ossigeno.

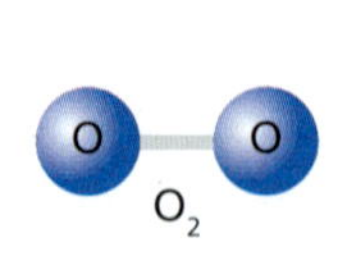

Molecola di ossigeno, formata da due atomi di ossigeno.

In che relazione sono gli elementi chimici con gli atomi? Ogni atomo appartiene a un preciso elemento.

Figura 3 L'oro è un elemento perché non può essere scomposto in sostanze più semplici. Un lingotto d'oro è un aggregato di atomi ognuno dei quali ha nel nucleo 79 protoni.

Elementi e numero atomico

Ciò che distingue un elemento dall'altro è il numero Z dei protoni contenuti nel nucleo dei suoi atomi, chiamato **numero atomico**.
Nella tavola periodica gli elementi sono disposti in ordine di numero atomico crescente. Il primo elemento è l'idrogeno, il cui nucleo contiene un solo protone. Altri elementi sono il carbonio, con $Z = 6$, l'ossigeno, con $Z = 8$, l'oro, con $Z = 79$ [▸3].
Gli elementi presenti in natura sono 92 ($Z = 92$ è il numero atomico dell'uranio). Una ventina, inoltre, sono gli elementi sintetici, con $Z > 92$.

Le molecole

In natura alcuni elementi, come l'elio e gli altri gas nobili, sono costituiti da un insieme di atomi separati l'uno dall'altro.
Altri elementi hanno atomi raggruppati in **molecole**. L'ossigeno dello strato più basso dell'atmosfera (O_2) ha molecole formate da due atomi di ossigeno. Uniti a tre a tre, gli atomi di ossigeno formano inoltre le molecole dell'ozono (O_3).
Sostanze come l'acqua e il glucosio hanno molecole costituite da atomi di due o più elementi. Queste sostanze sono chiamate **composti**.
Una molecola rappresenta l'unità minima che forma una sostanza: il più piccolo aggregato di atomi che possiede, singolarmente, tutte le proprietà chimiche della sostanza.

Le forze intermolecolari

Gli atomi di ogni molecola sono tenuti insieme da forze di natura elettrica. Queste forze agiscono, entro un breve raggio, anche all'esterno delle molecole e fanno sì che le molecole si associno fra loro.
Le forze intermolecolari variano notevolmente con la distanza: sono trascurabili quando le molecole si trovano a distanze molto grandi in confronto alle loro dimensioni (10^{-10} m è l'ordine di grandezza del diametro delle molecole più semplici, come quelle dell'ossigeno, dell'anidride carbonica, dell'acqua ecc.), attrattive quando le molecole sono vicine, repulsive quando cominciano a sovrapporsi.
Il fatto che un pezzo di legno o una tavoletta di cioccolato non si disgreghino, cioè in generale la **coesione** dei solidi, è il risultato delle interazioni fra le molecole e fra gli atomi.
Le forze intermolecolari producono notevoli effetti anche nei liquidi, nonostante le molecole dei liquidi abbiano maggiore libertà di movimento [▸4].

La tensione superficiale fa assumere alle gocce d'acqua una forma globulare.

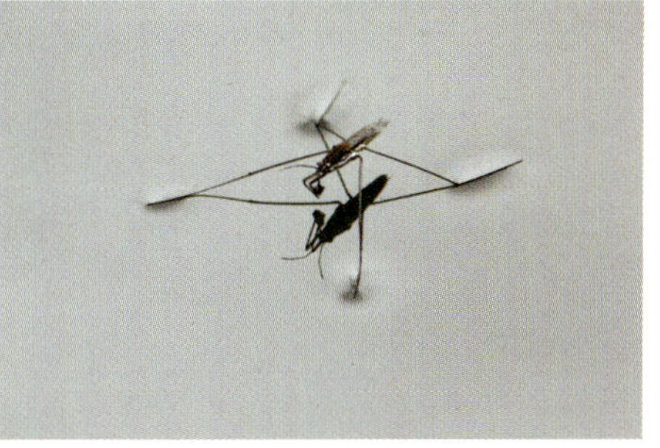

Certi insetti possono camminare sulla superficie dell'acqua grazie alla tensione superficiale.

Figura 4 Le forze intermolecolari sono responsabili della tensione superficiale dell'acqua.

Il moto browniano e l'agitazione termica

Nel 1827 il botanico scozzese Robert Brown osservò, con un rudimentale microscopio, che i grani di polline dispersi in acqua non restano fermi, ma si muovono in modo disordinato [▶5]. Dopo circa un secolo Albert Einstein chiarì che questo incessante movimento, detto **moto browniano** in onore del suo scopritore, è una conseguenza degli urti delle molecole dell'acqua contro le particelle in sospensione.

Qualunque sostanza è composta di atomi e molecole in continuo movimento. Le particelle che compongono i solidi, che non sono libere di allontanarsi l'una dall'altra a causa delle intense interazioni, vibrano intorno a posizioni fisse. Le molecole dei liquidi e dei gas, che interagiscono più debolmente, si spostano per distanze più lunghe.

I moti degli atomi e delle molecole sono tanto più pronunciati quanto più le sostanze sono calde, e sono per questo chiamati **moti di agitazione termica**.

Figura 5 Possibile traiettoria del moto browniano di una particella sospesa nell'acqua.

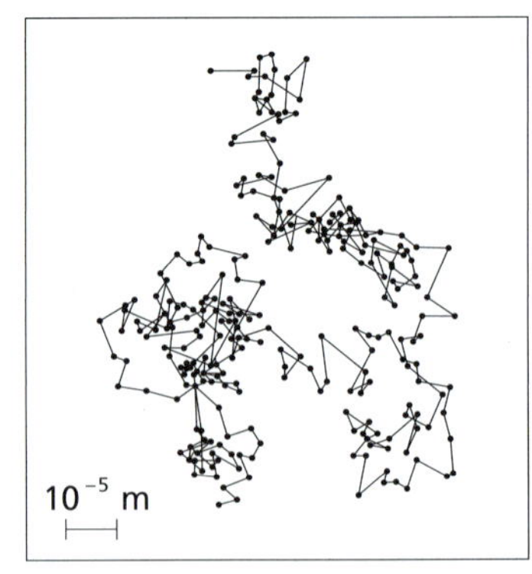

L'energia interna

Ai moti di agitazione termica dei componenti microscopici della materia è associata un'energia cinetica, e alle loro interazioni un'energia potenziale. Quest'ultima rappresenta il lavoro che sarebbe necessario per disgregare la materia, cioè per separare le molecole e gli atomi.

L'**energia interna** di un corpo è la somma dell'energia cinetica e dell'energia potenziale di tutte le particelle che lo compongono. Essa non include l'energia associata al moto d'insieme del corpo, cioè la sua energia meccanica.

Adesso tocca a te

Rielabora il contenuto del paragrafo rispondendo a voce a queste domande.

1. Quali informazioni contiene una formula chimica, come H_2O o NaCl?
2. Che cos'è una reazione chimica?
3. Perché il moto browniano può essere considerato un'evidenza della composizione particellare della materia?

2 Stati della materia e fenomeni termici

La distinzione tra solidi, liquidi e gas può essere effettuata sulla base dell'intensità delle interazioni tra le molecole e dell'agitazione termica che tende a separarle. La temperatura è un indice di questa agitazione termica ovvero una misura dell'energia cinetica media delle singole molecole.

Solidi, liquidi e gas

Da un punto di vista macroscopico, per consuetudine, nella materia si distinguono tre stati di aggregazione [▶6]: solido, liquido e gassoso.

- I **solidi** hanno forma e volume propri, sono resistenti alle deformazioni e difficilmente comprimibili.
- I **liquidi** hanno un volume definito e una forma che dipende dal recipiente che li contiene.
- I **gas** occupano completamente il volume disponibile e sono facilmente comprimibili.

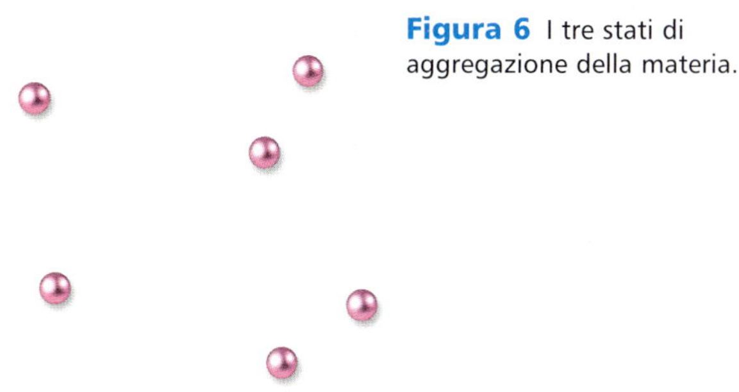

Figura 6 I tre stati di aggregazione della materia.

In un solido le particelle componenti formano un insieme ordinato e si trovano a distanze reciproche dell'ordine delle loro dimensioni.

Un liquido è costituito da molecole disposte in modo disordinato, a distanze paragonabili alle dimensioni molecolari.

In un gas, a temperatura ambiente e a pressione atmosferica, la distanza media fra le molecole più vicine è circa dieci volte maggiore delle dimensioni molecolari.

Molti solidi si presentano sotto forma di **cristalli** [▶7]. In essi i componenti microscopici sono distribuiti nello spazio in maniera regolare e ordinata. Nel caso di un solido cristallino, la densità, definita come il rapporto tra la massa e il volume, è una grandezza che dipende dalla composizione chimica e dal modo in cui sono disposti gli atomi nella struttura cristallina. Esistono materiali che hanno la stessa composizione chimica ma strutture cristalline anche molto diverse tra loro. L'esempio più noto è quello della **grafite** e del **diamante**: entrambi sono composti esclusivamente da atomi di carbonio, ma la densità della grafite è 2,30 g/cm^3, mentre quella del diamante è 3,50 g/cm^3.

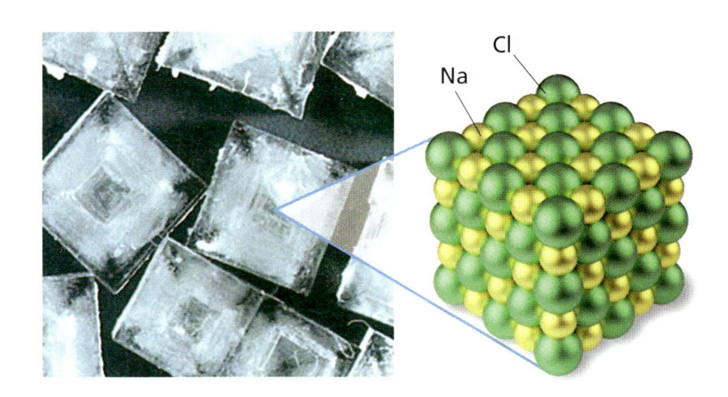

Figura 7 La natura cristallina dei grani di sale da cucina è facilmente riconoscibile già dal loro aspetto esteriore. A livello microscopico ogni grano è un reticolo di atomi di sodio (Na) e di cloro (Cl) che si alternano.

1 Le risposte della fisica Quanti atomi?

Sapendo che la densità dell'alluminio è 2,7 g/cm^3 e che un atomo di alluminio ha una massa di $4{,}5 \cdot 10^{-26}$ kg, quanti atomi di alluminio sono contenuti in un cubetto di volume 1,0 cm^3?

Dati e incognite

$d = 2{,}7$ g/cm^3

$m = 4{,}5 \cdot 10^{-26}$ kg $= 4{,}5 \cdot 10^{-23}$ g

$V = 1{,}0$ cm^3

$N = ?$

Soluzione

La massa M di un cubo di alluminio di volume $V = 1{,}0$ cm^3 è:

$$M = V\,d = 2{,}7 \text{ g}$$

Il numero di atomi contenuti in questo volume è il rapporto tra la massa del cubetto e la massa di un atomo di cui è composto, cioè:

$$N = M/m = \frac{2{,}7 \text{ g}}{4{,}5 \cdot 10^{-23} \text{ g}} = 6{,}0 \cdot 10^{22}$$

Esistono anche solidi, come il vetro, che sono privi di una struttura cristallina. Altri materiali, inoltre, presentano caratteristiche intermedie fra i solidi cristallini e i liquidi [▶8].

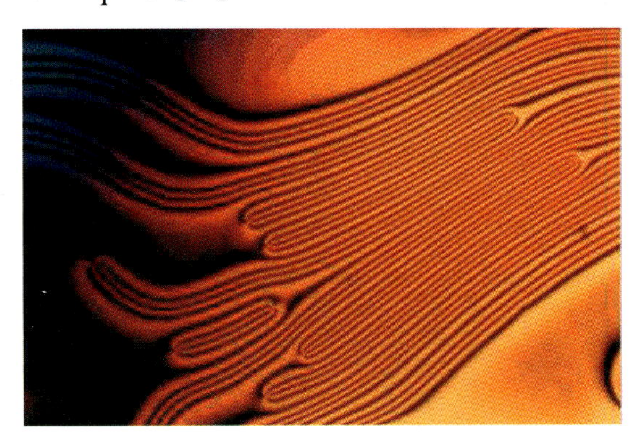

Figura 8 I cristalli liquidi sono composti da molecole di forma allungata che tendono ad assumere un'orientazione comune.
Su larga scala hanno un grado di ordine inferiore a quello dei solidi ma superiore a quello dei liquidi.
Per la loro capacità di cambiare orientazione e proprietà fisiche in risposta all'applicazione di campi elettrici e magnetici, sono utilizzati nella costruzione degli schermi di molti apparecchi elettronici.

Ciascuno dei tre stati di aggregazione della materia può essere considerato come il risultato delle azioni contrastanti delle forze intermolecolari, che tengono unite le molecole, e dell'agitazione termica, che tende invece a separarle. Se l'energia interna consiste prevalentemente di energia potenziale, cioè se le molecole interagiscono intensamente, le condizioni fisiche della materia sono quelle caratteristiche dei solidi.
Quando invece l'energia potenziale è paragonabile all'energia cinetica, la materia si trova nello stato liquido: le molecole, pur scorrendo l'una sull'altra, rimangono vicine fra loro.
Quando, infine, l'energia cinetica prevale sull'energia potenziale la materia è gassosa.

Processi microscopici e fenomeni termici

Tutti i fenomeni termici [▶9] sono manifestazioni macroscopiche di cambiamenti microscopici della materia. Dipendono dalla composizione dei corpi, dallo stato di agitazione delle loro molecole e dalle variazioni di questo stato dovute a scambi energetici con l'ambiente circostante.
Il punto di vista microscopico svela i meccanismi fondamentali che sono alla base dei fenomeni termici, che possono essere descritti utilizzando grandezze fisiche macroscopiche, fra cui la temperatura.
La temperatura è un indice dell'agitazione termica di un corpo: maggiore è la temperatura del corpo, maggiore è l'energia cinetica posseduta in media da ogni sua molecola.

Figura 9 Emissione di vapore da una sorgente calda.

Adesso tocca a te

Rielabora il contenuto del paragrafo rispondendo a voce a queste domande.

4. In che cosa differiscono, dal punto di vista microscopico, i tre stati di aggregazione della materia?

5. Le interazioni tra le molecole di un corpo sono favorite o meno da un aumento della temperatura del corpo?

3 I cambiamenti di stato

Al variare della temperatura e della pressione la materia può passare da uno stato di aggregazione a un altro. Durante questi processi, chiamati **cambiamenti di stato**, le molecole modificano il loro moto e la loro distanza reciproca.

Fusione e solidificazione

Si chiama **fusione** il passaggio dallo stato solido allo stato liquido. La trasformazione inversa è detta **solidificazione**. Se riscaldiamo del piombo alla pressione costante di 1 atm e contemporaneamente controlliamo la sua temperatura, notiamo che il piombo comincia a fondersi quando raggiunge i 327 °C e la sua temperatura riprende a salire solo dopo che si è fuso completamente.
Se poi lasciamo raffreddare il piombo fuso, la sua temperatura diminuisce fino a 327 °C e rimane costante finché non si è completamente solidificato. Quindi la temperatura torna a diminuire.
Le sostanze che nello stato solido presentano una struttura cristallina si comportano tutte come il piombo:

- a una determinata pressione hanno una caratteristica **temperatura di fusione**, che coincide con la temperatura alla quale avviene la solidificazione;
- sia durante la fusione sia durante la solidificazione mantengono costante la propria temperatura 1.

1 Come e perché

La temperatura durante la fusione e la solidificazione

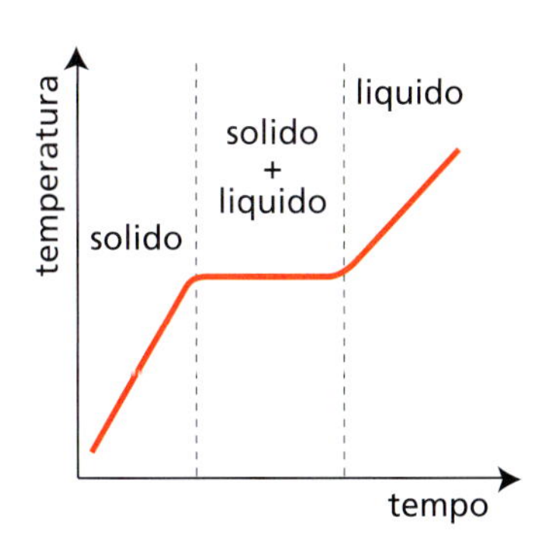

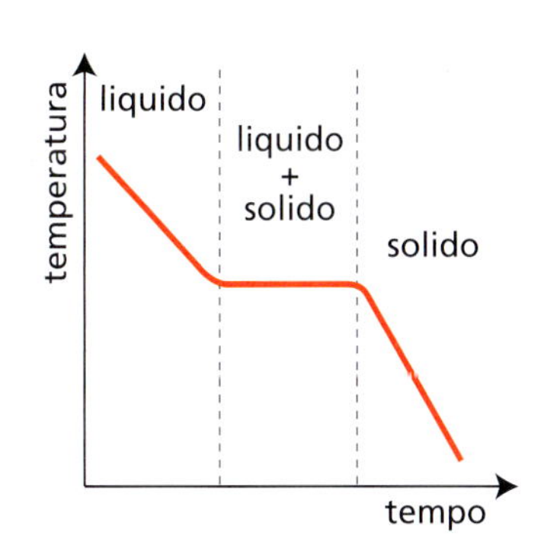

a. Se si fornisce calore a un solido, la sua temperatura aumenta finché non ha inizio la fusione, rimane costante mentre il solido coesiste con il liquido, riprende a salire quando la fusione è completata.

b. Se si sottrae calore a un liquido, la sua temperatura diminuisce finché non ha inizio la solidificazione, quindi rimane costante per riprendere a diminuire a solidificazione avvenuta.

Quasi tutte le sostanze, fondendosi, aumentano di volume. Per queste sostanze un aumento di pressione provoca un innalzamento della temperatura di fusione.
Fa eccezione l'acqua, che passando allo stato liquido si contrae e la cui temperatura di fusione si abbassa all'aumentare della **pressione**.

Una conseguenza di questa proprietà dell'acqua è il fenomeno del *rigelo*, illustrato in 2, cui è anche dovuto il movimento dei ghiacciai.
Per alcuni materiali non cristallini, come le cere, le resine e i vetri, non è possibile individuare una precisa temperatura di fusione. Essi passano gradualmente dallo stato solido a quello liquido attraverso un processo, chiamato *fusione pastosa*, che consiste in un susseguirsi di stati a fluidità crescente.

2 Come e perché

Il fenomeno del rigelo

a. L'aumento di pressione prodotto dal filo riduce localmente la temperatura di fusione. Il ghiaccio sotto il filo, pur essendo a una temperatura inferiore a 0 °C, si scioglie.

b. L'acqua prodotta ritorna alla pressione atmosferica e si congela di nuovo. Così il filo attraversa il blocco di ghiaccio senza che il blocco si divida.

Vaporizzazione e condensazione

La **vaporizzazione** è il passaggio dallo stato liquido allo stato di vapore. Questa transizione può avvenire in due modi:

- per **evaporazione**, cioè con un processo poco appariscente che interessa solamente la superficie del liquido;
- per **ebollizione**, cioè tramite un processo turbolento che interessa tutto il volume del liquido.

Il processo inverso, cioè il passaggio dallo stato di vapore allo stato liquido, è detto **condensazione**.
L'evaporazione è una fuga di molecole dalla superficie del liquido, e avviene a qualsiasi temperatura. A tutte le temperature, infatti, esistono molecole più veloci delle altre, che riescono a vincere la forza attrattiva esercitata dalle molecole vicine.
Poiché nel liquido rimangono le molecole più lente, per effetto dell'evaporazione l'agitazione termica del liquido tende a diminuire, e con essa diminuisce la temperatura del liquido. Ciò spiega perché l'evaporazione del sudore provoca una sensazione di freddo.
In un volume limitato, il numero di molecole che evaporano non può aumentare all'infinito. A un certo punto si stabilisce una condizione di equilibrio dinamico chiamata **saturazione**: il numero di molecole che sfuggono dalla superficie liquida in un certo intervallo di tempo è uguale, in media, al numero di molecole che sono nuovamente catturate dal liquido nello stesso intervallo di tempo. In questa condizione la pressione del vapore è detta **tensione di vapore saturo**.
La tensione di vapore saturo aumenta all'aumentare della temperatura [▸**10**]. Quando giunge a uguagliare la pressione del liquido, che è quella atmosferica se il liquido è contenuto in un recipiente aperto, il liquido entra in ebollizione. Durante l'ebollizione il vapore si forma anche in profondità, producendo bolle che salgono in superficie. Per tutto questo processo la temperatura del liquido, in equilibrio termico con il vapore sprigionato, rimane costante.

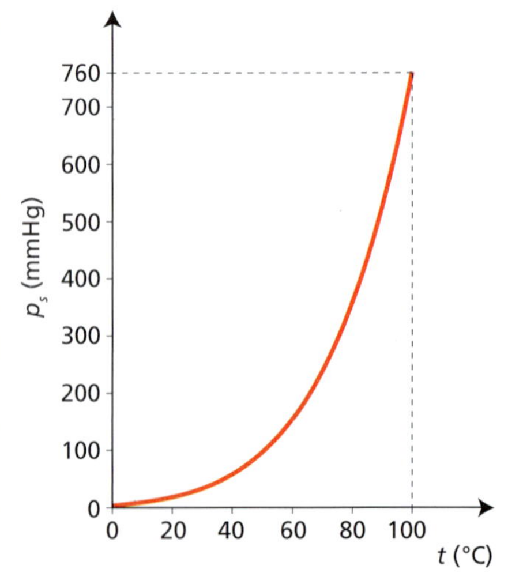

Figura 10 Grafico della tensione di vapore saturo dell'acqua in funzione della temperatura.

In sintesi:

- a una determinata pressione ogni liquido bolle a una ben definita temperatura, detta **temperatura di ebollizione**;
- durante l'ebollizione la temperatura del liquido, in equilibrio termico con il vapore sprigionato, rimane costante.

Il vapore acqueo nell'atmosfera

All'evaporazione dell'acqua è dovuto il contenuto in vapore acqueo dell'aria presente nell'atmosfera. La quantità di vapore acqueo contenuta nell'aria umida è variabile ed esercita una pressione, detta **pressione parziale**, direttamente proporzionale alla sua concentrazione percentuale nella miscela. Se, per esempio, la quantità percentuale di vapore acqueo in aria, a una pressione atmosferica di 760 mmHg, è lo 0,5%, la pressione parziale p del vapore è

$$p = 0{,}005\ (760\ \text{mmHg}) = 3{,}8\ \text{mmHg}$$

La pressione parziale non può superare un certo limite, tanto più basso quanto minore è la temperatura. Se tale valore viene raggiunto, cioè se il volume considerato si satura, il vapore si condensa.
Il rapporto percentuale fra la quantità di vapore acqueo in un volume d'aria e la quantità massima che potrebbe essere contenuta nello stesso volume è detto **umidità relativa**. L'umidità relativa u esprime anche il rapporto percentuale fra la pressione parziale p del vapore acqueo e la **tensione di vapore saturo** p_s dell'acqua, che rappresenta la pressione massima raggiungibile dal vapore:

$$u = \frac{p}{p_s} \cdot 100\ \%$$

Quando l'umidità relativa è del 100%, l'atmosfera è satura di vapore.
Poiché la tensione di vapore saturo p_s dipende dalla temperatura, per un dato valore della pressione parziale p del vapore acqueo l'umidità relativa cambia da un luogo all'altro a seconda della temperatura.

2 Le risposte della fisica Quanto vapore nell'aria?

Sapendo che la tensione di vapore saturo dell'acqua, a 30 °C, è 31,8 mmHg, qual è la quantità massima di vapore che può essere contenuta in aria alla pressione atmosferica di 760 mmHg? Se l'aria contiene il 2,9% di vapore acqueo, qual è l'umidità relativa in queste condizioni?

Dati e incognite

$p_s = 31{,}8$ mmHg $\quad p = 760$ mmHg $\quad V_{acqua} = 2{,}9\%$
$n = ?\%$ $\quad u = ?\%$

Soluzione

La quantità massima di vapore che può essere contenuta in un volume d'aria, a una certa temperatura, è il rapporto, espresso in percentuale, tra la tensione di vapore saturo dell'acqua e la pressione dell'aria:

$$n = \frac{p_s}{p_a} \cdot 100\ \% = \frac{31{,}8\ \cancel{\text{mmHg}}}{760\ \cancel{\text{mmHg}}} \cdot 100\ \% = 4{,}2\%$$

L'umidità relativa, il rapporto tra la quantità di vapore contenuta in un volume d'aria e la quantità massima che, nello stesso volume, vi potrebbe essere contenuta, è:

$$u = \frac{2{,}9}{4{,}2} \cdot 100\ \% = 69\%$$

Sviluppa il tuo intuito 33 °C reali, 80% di umidità, 50 °C percepiti

L'umidità condiziona le nostre sensazioni termiche e ci rende incapaci di valutare la reale temperatura dell'aria.
In una giornata estiva il termometro può facilmente segnare i 33 °C. Se l'aria è asciutta, giudichiamo il caldo sopportabile. Se è molto umida avvertiamo invece una forte sensazione di disagio. La temperatura ci sembra più alta.
La temperatura percepita è un indice usato in meteorologia per quantificare le nostre sensazioni di caldo e di freddo, calcolato in base alla temperatura reale, cioè quella segnata dal termometro, all'eventuale presenza di vento e all'umidità.
L'umidità è il contenuto in vapore acqueo dell'aria atmosferica. La percentuale di umidità è il rapporto percentuale fra la quantità di vapore presente in un fissato volume di aria e la quantità massima che potrebbe essere contenuta nello stesso volume. La quantità massima dipende dalla temperatura. Tuttavia, qualunque sia la temperatura, si ha il 100% di umidità quando l'aria è satura di vapore, nel qual caso il vapore si condensa in goccioline di acqua.
Perché, in estate, l'umidità fa aumentare la temperatura percepita?
Quando fa caldo il corpo umano si serve della traspirazione per mantenere costante la propria temperatura. La successiva evaporazione del sudore sottrae calore al corpo, raffreddando l'epidermide. Se l'aria è quasi satura di vapore acqueo, il processo di evaporazione è rallentato e quindi l'organismo non ha modo di eliminare il calore in eccesso.

Sublimazione

Alcuni solidi cristallini possono passare direttamente dallo stato solido allo stato di vapore [▶11]. Questa trasformazione prende il nome di **sublimazione** e, a temperatura ambiente e a pressione atmosferica, è particolarmente evidente per alcune sostanze, come la naftalina, la canfora e lo iodio. La trasformazione inversa si chiama **brinamento** [▶12].

Figura 11 La sublimazione si può osservare sulla cima innevata delle montagne, dove la pressione dell'aria è inferiore rispetto a quote più basse e la luce solare è molto intensa.

Figura 12 La brina si forma per passaggio diretto del vapore acqueo allo stato solido, soprattutto nelle notti serene d'inverno.

Adesso tocca a te

Rielabora il contenuto del paragrafo rispondendo a voce a queste domande.

6. Perché sulla cima del Monte Bianco una cioccolata che bolle ha una temperatura più bassa che a Tropea?
7. Quali processi termici caratterizzano la sudorazione?

4 Il calore latente

Quando è in corso un cambiamento di stato di una sostanza, ovvero fino a quando uno stato coesiste con l'altro, la temperatura della sostanza rimane costante anche se viene fornito o sottratto calore. La quantità di calore scambiata durante il passaggio di stato prende il nome di **calore latente**.

Gli scambi di calore alla temperatura di fusione

Un solido che si fonde assorbe calore. Durante la fusione il calore non provoca un aumento di temperatura, ma indebolisce le forze intermolecolari e disgrega l'ordinata struttura microscopica del solido. Tutto il calore assorbito viene poi ceduto all'ambiente nel processo inverso, di solidificazione.

Calore assorbito durante la fusione

Il calore Q che fa fondere completamente una massa m di una sostanza portata alla temperatura di fusione è direttamente proporzionale a m:

calore (J) · *calore latente di fusione* (J/kg) · *massa* (kg)

$$Q = L_f\, m \quad (1)$$

La costante di proporzionalità L_f è caratteristica della sostanza e cambia con la pressione.

La stessa quantità di calore, $Q = L_f\, m$, deve essere sottratta a una massa m della sostanza, quando si trova nello stato liquido alla temperatura di fusione, affinché si solidifichi. Il coefficiente L_f, detto **calore latente di fusione**, rappresenta la quantità di calore che deve essere fornita a una massa unitaria di una sostanza per farla passare dalla fase solida alla fase liquida. In [**Tab. 1**] sono indicati i calori latenti e le temperature di fusione di alcune sostanze alla pressione di 1 atm. Il calore latente di fusione del ghiaccio, $L_f = 3{,}34 \cdot 10^5$ J/kg, è fra i più elevati. Se fosse più piccolo, durante la stagione invernale si formerebbe una maggiore quantità di ghiaccio, che ai primi caldi si scioglierebbe rapidamente provocando gravi inondazioni.

Tabella 1 Calori latenti e temperature di fusione alla pressione di 1 atm.

Sostanza	L_f (J/kg)	t (°C)
acqua	$3{,}34 \cdot 10^5$	0
ferro	$2{,}68 \cdot 10^5$	1539
rame	$2{,}12 \cdot 10^5$	1083
oro	$6{,}74 \cdot 10^4$	1063
azoto	$2{,}60 \cdot 10^4$	−214
piombo	$2{,}51 \cdot 10^4$	327
ossigeno	$1{,}38 \cdot 10^4$	−219
mercurio	$1{,}17 \cdot 10^4$	−39
idrogeno	$6{,}70 \cdot 10^3$	−259
elio	$5{,}23 \cdot 10^3$	−269,7

3 Le risposte della fisica — Quanto ghiaccio si forma?

In una provetta immersa in un thermos pieno d'acqua sono stati introdotti 5,0 g di mercurio solido alla temperatura di fusione, uguale a −39 °C. Il mercurio assorbe calore facendo congelare una parte dell'acqua, che si trova inizialmente a 0,0 °C. Sapendo che il calore specifico del mercurio è uguale a 140 J/(kg · °C), qual è la massa di ghiaccio che si forma?

Dati e incognite

$m_{Hg} = 5{,}0$ g $t = -39$ °C $t' = 0{,}0$ °C

$c_{Hg} = 140$ J/(kg · °C) $m = ?$

Soluzione

Assorbendo calore dall'acqua del thermos, il mercurio solido, inizialmente alla temperatura di fusione t, dapprima si fonde, poi si riscalda. Durante questi processi l'acqua, che già si trova alla temperatura di solidificazione t', si trasforma parzialmente in ghiaccio senza che la sua temperatura subisca variazioni. Per raggiungere l'equilibrio termico con l'acqua, il mercurio della provetta deve quindi portarsi alla temperatura t'.

Nella tabella 1 si legge che il calore latente di fusione del mercurio è $L_{Hg} = 1{,}17 \cdot 10^4$ J/kg. Perciò il calore assorbito durante la fusione dalla massa di mercurio $m_{Hg} = 5{,}0$ g $= 5{,}0 \cdot 10^{-3}$ kg è, per la (1):

$$Q_1 = L_{Hg}\, m_{Hg} = (1{,}17 \cdot 10^4 \text{ J/kg})\,(5{,}0 \cdot 10^{-3} \text{ kg}) = 59 \text{ J}$$

Il calore che il mercurio liquefatto, di calore specifico c_{Hg}, assorbe per aumentare la sua temperatura da t a t' è:

$$Q_2 = c_{Hg}\, m_{Hg}\,(t' - t) = [140 \text{ J/(kg} \cdot \text{°C)}]\,(5{,}0 \cdot 10^{-3} \text{ kg})\,[0{,}0 \text{ °C} - (-39 \text{ °C})] = 27 \text{ J}$$

In totale il mercurio sottrae all'acqua la quantità di calore:

$$Q = Q_1 + Q_2 = 59 \text{ J} + 27 \text{ J} = 86 \text{ J}$$

Applicando la (1) alla solidificazione dell'acqua, e indicando con $L_f = 3{,}34 \cdot 10^5$ J/kg il calore latente di questa trasformazione, si trova infine la massa m del ghiaccio prodotto:

$$m = \frac{Q}{L_f} = \frac{86 \text{ J}}{3{,}34 \cdot 10^5 \text{ J/kg}} = 2{,}6 \cdot 10^{-4} \text{ kg}$$

Gli scambi di calore alla temperatura di ebollizione

La vaporizzazione di un liquido per ebollizione è un processo che presenta molte somiglianze con la fusione di un solido: il calore fornito al liquido non fa aumentare la sua temperatura, ma rompe la coesione delle molecole. Al contrario, per potersi condensare, il vapore deve cedere calore all'ambiente.

Calore assorbito durante l'ebollizione

Il calore Q che fa vaporizzare completamente una massa m di un liquido alla temperatura di ebollizione è direttamente proporzionale a m:

calore (J) — calore latente di vaporizzazione (J/kg) — massa (kg)

$$Q = L_v m \qquad (2)$$

La costante di proporzionalità L_v è caratteristica della sostanza e cambia con la pressione.

La stessa quantità di calore, $Q = L_v m$, deve essere sottratta a una massa m della sostanza, quando si trova nello stato di vapore alla temperatura di ebollizione, affinché si condensi.
Se la massa considerata è 1 kg, la quantità di calore da fornire o sottrarre per produrre un cambiamento di stato completo alla temperatura di ebollizione è rappresentata dal **calore latente di vaporizzazione** L_v [**Tab. 2**].
In generale, il calore latente di vaporizzazione di una sostanza pura è maggiore di quello di fusione. Questa differenza indica che l'energia necessaria per indebolire le forze di coesione di un solido è minore di quella che serve per rompere le forze di coesione che agiscono tra le particelle di un liquido.

Tabella 2 Calori latenti di vaporizzazione e temperature di ebollizione alla pressione di 1 atm.

Sostanza	L_v (J/kg)	t (°C)
acqua	$2{,}25 \cdot 10^6$	100
ammoniaca	$1{,}62 \cdot 10^6$	−10
alcol etilico	$8{,}79 \cdot 10^5$	78
piombo	$8{,}71 \cdot 10^5$	1750
acetone	$5{,}19 \cdot 10^5$	56
idrogeno	$4{,}52 \cdot 10^5$	−253
mercurio	$2{,}89 \cdot 10^5$	357
ossigeno	$2{,}13 \cdot 10^5$	−183
azoto	$2{,}01 \cdot 10^5$	−196
elio	$2{,}10 \cdot 10^5$	269

4 Le risposte della fisica — Tutto calore sprecato!

Sandra riempie una pentola con 2,00 kg di acqua alla temperatura di 25,0 °C. Poi dimentica la pentola sul fuoco. Quando si ricorda di buttare la pasta è ormai troppo tardi: dal fondo vede vaporizzarsi le ultime gocce. Quanto calore è stato assorbito dall'acqua?

Dati e incognite

$m = 2{,}00$ kg $\quad m_{Hg} = 5{,}0$ g $\quad t = 25{,}0$ °C $\quad Q = ?$

Soluzione

Inizialmente l'acqua si riscalda, passando dalla temperatura t alla temperatura di ebollizione $t_e = 100$ °C. Nel frattempo una piccola parte della sua massa evapora. Trascurando la perdita d'acqua causata dall'evaporazione, si può supporre che l'intera massa m dell'acqua versata nella pentola si vaporizzi per ebollizione alla temperatura t_e.
Il calore specifico dell'acqua è $c_{H_2O} = 4186$ J/(kg · °C) e il suo calore latente di vaporizzazione, indicato nella tabella 2, è $L_v = 2{,}25 \cdot 10^6$ J/kg. Perciò, il calore assorbito durante il riscaldamento è

$$Q_1 = c_{H_2O}\, m\, (t_e - t) = [4186\ \text{J/(kg} \cdot {}^\circ\text{C)}]\,(2{,}00\ \text{kg})\,(100\ {}^\circ\text{C} - 25{,}0\ {}^\circ\text{C}) = 6{,}28 \cdot 10^5\ \text{J}$$

Il calore assorbito durante l'ebollizione, finché l'acqua non si è completamente trasformata in vapore, è

$$Q_2 = L_v m = (2{,}25 \cdot 10^6\ \text{J/kg})\,(2{,}00\ \text{kg}) = 4{,}50 \cdot 10^6\ \text{J}$$

In totale l'acqua assorbe la quantità di calore

$$Q = Q_1 + Q_2 = 6{,}28 \cdot 10^5\ \text{J} + 4{,}50 \cdot 10^6\ \text{J} = 5{,}13 \cdot 10^6\ \text{J}$$

Il grafico temperatura-calore

Se scaldiamo un corpo solido di massa m, fatto tutto della stessa sostanza, fino a portarlo nello stato di vapore, la sua temperatura avrà, al variare del calore fornito e a pressione costante, un andamento simile a quello rappresentato in figura [▸**13**].

Nel primo tratto, la temperatura T del corpo aumenta da un valore iniziale T_i fino alla temperatura di fusione T_f, in maniera proporzionale alla quantità di calore fornita:

$$Q = c\,m\,(T - T_i)$$

La quantità di calore necessaria per portare il corpo dalla temperatura iniziale alla temperatura di fusione T_f è così

$$Q_s = c\,m\,(T_f - T_i)$$

Fino a quando la liquefazione non è completa la temperatura rimane costante e pari a T_f, anche se si continua a fornire calore.

La quantità di calore necessaria per liquefare completamente il corpo è pari a

$$Q_f = L_f\,m$$

Se si continua a fornire calore al liquido, la sua temperatura ricomincia a salire e la quantità necessaria per portarlo dalla temperatura di fusione T_f alla temperatura di vaporizzazione T_v, è pari a:

$$Q_l = c\,m\,(T_v - T_f)$$

Il processo di vaporizzazione, come quello di liquefazione, avviene a temperatura costante T_v e il calore necessario per completare questa fase è pari a:

$$Q_v = L_v\,m$$

Da questo punto in poi la temperatura cresce man mano che viene fornito ulteriore calore.

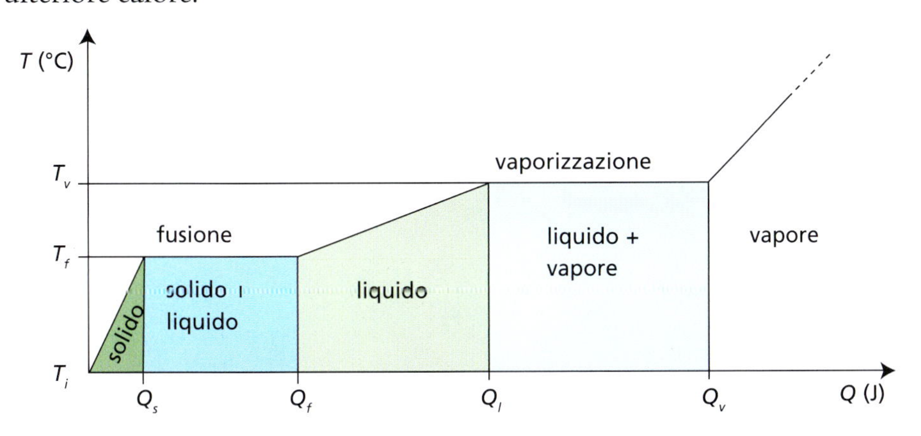

Figura 13 Andamento della temperatura di una sostanza in funzione del calore fornito.

Adesso tocca a te

Rielabora il contenuto del paragrafo rispondendo a voce a queste domande.

8. Disegna il grafico temperatura-calore per l'acqua, se è inizialmente un cubetto di ghiaccio a −40° C e di massa 1 kg, determinando il valore numerico del calore fornito in ogni cambiamento di stato.

Prova a risolvere il problema, poi verifica sul MEbook i passaggi svolti e commentati.

9. Sapendo che il calore latente di fusione del ferro è uguale a $2{,}68 \cdot 10^5$ J/kg, calcola quanta energia si sviluppa nel processo di solidificazione di 230 g di ferro fuso.

[$6{,}16 \cdot 10^4$ J]

Strategie di problem solving

PROBLEMA 1

L'acqua scioglie il ghiaccio

Un recipiente isolato di capacità termica trascurabile contiene 5,00 kg di acqua alla temperatura di 20,0 °C. Vi si introducono 0,400 kg di ghiaccio a −18,0 °C. Sapendo che il calore specifico del ghiaccio è $2{,}04 \cdot 10^3$ J/(kg · °C), ci sarà ancora ghiaccio nel recipiente all'equilibrio termico? Nel caso in cui il ghiaccio si sciolga completamente, quale sarà la temperatura finale dell'acqua?

Analisi della situazione fisica

L'acqua e il ghiaccio sono un sistema isolato. Il recipiente che li contiene ha pareti che non assorbono né cedono calore e impediscono gli scambi termici fra il sistema e l'ambiente.
Come primo passo dobbiamo controllare se nello stato finale il sistema conterrà ancora ghiaccio.
Al massimo la massa m_1 di acqua può cedere, mentre passa dalla temperatura t_1 alla temperatura $t_0 = 0$ °C, una certa quantità Q_1 di calore.
D'altra parte, prima che la massa m_2 di ghiaccio possa cominciare a sciogliersi, deve incrementare la sua temperatura da t_2 a t_0. A questo scopo deve assorbire una determinata quantità Q_2 di calore.
Una volta giunto alla temperatura di fusione, il ghiaccio deve assorbire un'ulteriore quantità Q_3 di calore per sciogliersi completamente.
I casi che possono verificarsi sono:

- $Q_1 < Q_2 + Q_3$: il calore ceduto dall'acqua non basta a sciogliere il ghiaccio. Il ghiaccio potrebbe sciogliersi in parte, oppure l'acqua potrebbe gelare, parzialmente o del tutto. Lo stato finale sarà o tutto ghiaccio, a una temperatura t fra t_2 e 0 °C, o una miscela di acqua e ghiaccio a 0 °C;
- $Q_2 + Q_3 < Q_1$: il ghiaccio si scioglie completamente. Alla fine il recipiente conterrà solo acqua a una temperatura t compresa fra 0 °C e t_1.

Nel secondo caso, per trovare la temperatura di equilibrio t, possiamo imporre la seguente condizione, che esprime la conservazione dell'energia: il calore ceduto dalla massa m_1 di acqua per ridurre la sua temperatura da t_1 a t deve uguagliare la somma del calore assorbito dalla massa m_2 di ghiaccio per trasformarsi in acqua a 0°C e quello assorbito dalla massa m_2 di acqua per incrementare la sua temperatura da 0°C a t.

Dati e incognite

$\mathbf{m_1 = 5{,}00}$ **kg**
$\mathbf{m_2 = 0{,}400}$ **kg**
$\mathbf{c = 2{,}04 \cdot 10^3}$ **J/(kg · °C)**
$\mathbf{t_1 = 20{,}0}$ **°C**
$\mathbf{t_2 = -18{,}0}$ **°C**
$\mathbf{t = ?}$

Soluzione

La quantità massima di calore Q_1 che l'acqua può cedere, passando dalla temperatura t_1 alla temperatura t_0, è:

$$Q_1 = c_{H_2O}\, m_1\, (t_1 - t_0) = \\ = (4186\ \text{J/(kg · °C)})\,(5{,}00\ \text{kg})\,(20{,}0\ \text{°C} - 0\ \text{°C}) = \\ = 4{,}19 \cdot 10^5\ \text{J}$$

Il calore Q_2 che deve assorbire il ghiaccio per incrementare la sua temperatura da t_2 a t_0 è invece:

$$Q_2 = c\, m_2\, (t_0 - t_2) = \\ = (2{,}04 \cdot 10^3\ \text{J/(kg · °C)})\,(0{,}400\ \text{kg})\,[0\ \text{°C} - (-18{,}0\ \text{°C})] \\ = 1{,}47 \cdot 10^4\ \text{J}$$

Nella tabella 1 si legge che il calore latente di fusione del ghiaccio è $L_f = 3{,}34 \cdot 10^5$ J/kg. Il calore che fa sciogliere la massa m_2 di ghiaccio alla temperatura di fusione è dunque:

$$Q_3 = L_f\, m_2 = (3{,}34 \cdot 10^5\ \text{J/kg})\,(0{,}400\ \text{kg}) = \\ = 1{,}34 \cdot 10^5\ \text{J}$$

La quantità minima di calore che il ghiaccio deve assorbire per trasformarsi tutto in acqua è:

$$Q = Q_2 + Q_3 = 1{,}47 \cdot 10^4\ \text{J} + 1{,}34 \cdot 10^5\ \text{J} = \\ = 1{,}49 \cdot 10^5\ \text{J}$$

Essendo $Q_1 > Q$, il ghiaccio si scioglie completamente. Per trovare la temperatura di equilibrio t del sistema, sfruttiamo la condizione descritta sopra, che si traduce nell'equazione:

$$c_{H_2O}\, m_1\, (t_1 - t) = Q + c_{H_2O}\, m_2\, (t - t_0)$$

da cui, essendo $t_0 = 0$ °C,

$$c_{H_2O}\, (m_1 + m_2)\, t = c_{H_2O}\, m_1\, t_1 - Q$$

$$t = \frac{c_{H_2O}\, m_1\, t_1 - Q}{c_{H_2O}\left(m_1 + m_2\right)} =$$

$$= \frac{\left(4186\ \text{J/(kg·°C)}\right)\left(5{,}00\ \text{kg}\right)\left(20{,}0\ \text{°C}\right) - \left(1{,}49 \cdot 10^5\ \text{J}\right)}{\left(4186\ \text{J/(kg·°C)}\right)\left(5{,}00\ \text{kg} + 0{,}400\ \text{kg}\right)} =$$

$$= 11{,}9\ \text{°C}$$

Impara la strategia

- Una parte di un sistema isolato può cambiare il suo stato di aggregazione per effetto del calore proveniente da un'altra parte del sistema. Se la trasformazione assorbe calore, occorre verificare se il raffreddamento della parte più calda del sistema dalla temperatura iniziale alla temperatura caratteristica del cambiamento di stato può fornire tutto il calore necessario. Se invece la trasformazione cede calore, si deve verificare se tutto il calore liberato può essere assorbito dalla parte più fredda del sistema.

PROBLEMA 2

Gli occhiali appannati

Roberta è appena entrata in biblioteca dopo aver camminato all'aperto, in una fredda mattinata d'inverno in cui la temperatura dell'aria è di 4 °C. La ragazza prova finalmente il sollievo di una temperatura gradevole, di 22 °C, ma anche il fastidio di non vedere più niente, perché i suoi occhiali si appannano all'istante.
Utilizziamo il grafico della tensione di vapore saturo dell'acqua in funzione della temperatura per trovare i valori possibili dell'umidità relativa nei locali della biblioteca.

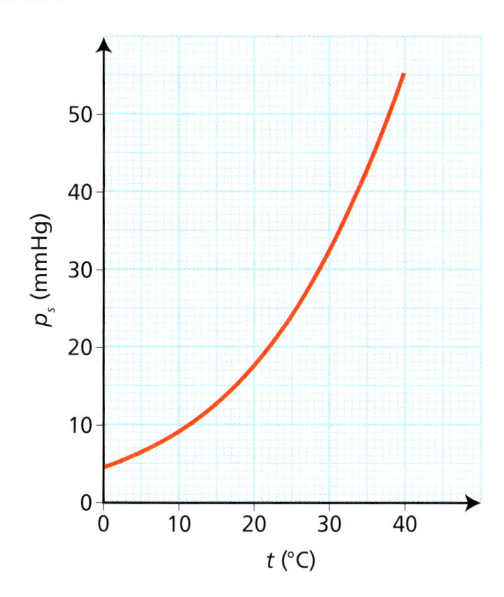

Analisi della situazione fisica

Dentro la biblioteca la pressione parziale p del vapore acqueo non può superare la tensione di vapore saturo p_s, il cui valore dipende dalla temperatura t dell'aria:

$$p \leq p_s$$

Nel momento in cui Roberta entra in biblioteca, i suoi occhiali sono freddi: hanno una temperatura t_0 uguale a quella esterna e impiegano un certo tempo prima di raggiungere l'equilibrio termico con l'aria che si trova all'interno.
Sulla superficie degli occhiali la tensione di vapore saturo dell'acqua assume inizialmente il valore p_s', minore di p_s, che corrisponde alla temperatura t_0.
Il fatto che sulle lenti si condensi del vapore indica che la pressione p è almeno uguale a p_s':

$$p \geq p_s'$$

Il valore di p è quindi compreso fra p_s' e p_s:

$$p_s' \leq p \leq p_s$$

ovvero:

$$\frac{p_s'}{p_s} \leq \frac{p}{p_s} \leq 1$$

Poiché l'umidità relativa u dell'aria all'interno della biblioteca è espressa dal rapporto p/p_s fra la pressione parziale del vapore acqueo e la tensione di vapore saturo alla temperatura t della biblioteca, si ha, in percentuale:

$$\frac{p_s'}{p_s} \cdot 100\ \% \leq u \leq 100\%$$

Dati e incognite

$t_0 = 4$ °C
$t = 22$ °C
$u_{min} = ?$

Soluzione

Consultando il grafico si trova che la tensione di vapore saturo dell'acqua corrispondente alla temperatura $t = 22$ °C della biblioteca è:

$$p_s = 20 \text{ mmHg}$$

e quella corrispondente alla temperatura $t_0 = 4$ °C degli occhiali è:

$$p_s' = 6 \text{ mmHg}$$

Per quanto detto sopra, l'umidità relativa minima è

$$u_{min} = \frac{p_s'}{p_s} \cdot 100\ \% = \frac{6 \text{ mmHg}}{20 \text{ mmHg}} \cdot 100\ \% = 30\%$$

Quindi l'umidità relativa può avere uno qualunque dei valori compresi fra 30% e 100%.

Impara la strategia

- L'umidità relativa:

$$u = \frac{p}{p_s} \cdot 100\ \%$$

  dipende da due variabili: la pressione parziale p del vapore acqueo e la temperatura t dell'ambiente. Con t varia infatti la tensione di vapore saturo p_s dell'acqua.
- Utilizza il grafico mostrato in questa pagina ogni volta che, essendo nota la temperatura t, devi trovare p_s per poter ricavare l'umidità relativa u. Potrai servirti del grafico anche per risolvere il problema inverso: risalire alla temperatura conoscendo u e la pressione parziale p del vapore acqueo.

Attenzione alle insidie

Se il vapore acqueo si condensa su una superficie, vuol dire che la pressione parziale p del vapore nell'ambiente è almeno uguale alla tensione di vapore saturo che corrisponde alla temperatura della superficie. Questa considerazione non consente di determinare p con precisione, ma solo di trovare il suo minimo valore possibile.

Progetti di fisica

LABORATORIO

Videolab

Le curve di riscaldamento e di raffreddamento

Da fare

Ricavare le curve di riscaldamento e raffreddamento del tiosolfato di sodio e determinare la temperatura di fusione e quella di solidificazione.

Che cosa ti serve

- un termometro digitale
- un cronometro digitale
- un fornello a gas
- un becher e una beuta in vetro
- tiosolfato di sodio
- un treppiede

Da sapere

- Durante un passaggio di stato come per esempio la fusione, tutto il calore fornito al corpo è utilizzato per rompere i legami chimici della struttura cristallina del solido.
- Durante la solidificazione si libera calore a seguito della formazione di nuovi legami chimici grazie ai quali la struttura delle molecole della sostanza assume una forma più regolare.

Procedimento

Riempi la beuta con alcuni grani di tiosolfato di sodio e inserisci la beuta nel becher preventivamente riempito in parte di acqua.

Poni il becher sul treppiede e accendi il fornello a gas. La presenza dell'acqua nel becher assicura che il tiosolfato di sodio si riscaldi in modo maggiormente uniforme [▶A].

A

A intervalli regolari di tempo, per esempio ogni 15 oppure ogni 20 secondi, rileva la temperatura del tiosolfato di sodio con il termometro digitale [▶B].

B

Trascorso un certo tempo dall'istante in cui hai osservato la temperatura riprendere ad aumentare dopo il fenomeno della liquefazione, spegni il fornello e attendi che la sostanza si raffreddi. Anche in questo caso raccogli i dati di temperatura a intervalli di tempo regolari che in questo caso possono essere più ampi dei precedenti.

Elaborazione dei dati

Compila la tabella sottostante.

Tempo t (s)	Temperatura T (°C)

Riporta i valori misurati, con i relativi errori di sensibilità degli strumenti utilizzati su un diagramma cartesiano con il tempo in ascisse e la temperatura in ordinate. Otterrai due curve distinte, la prima che descrive il processo di riscaldamento [▶C], la seconda quello di raffreddamento [▶D].

C

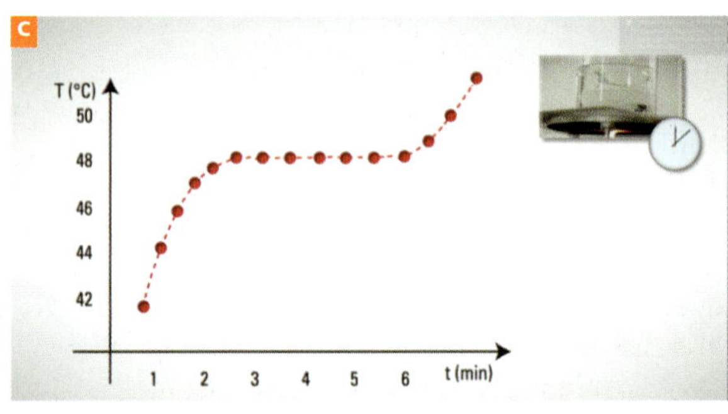

D

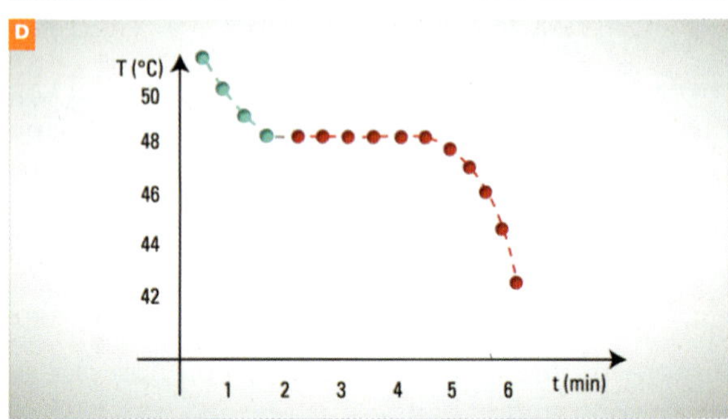

In corrispondenza di quale temperatura la curva di riscaldamento si mantiene piatta? E quella di raffreddamento? Che cosa puoi concludere circa la temperatura di fusione e quella di solidificazione?

Di quali informazioni supplementari avresti bisogno per poter stimare il calore latente del tiosolfato di sodio?

SUL MEBOOK

Laboratorio

Riscaldamento e passaggio di stato dell'alcol etilico

L'alcol etilico, il comune etanolo utilizzato in cucina e presente in tutte le bevande alcoliche a partire dal vino, a temperatura ambiente è allo stato liquido. È incolore, ha un odore pungente e un gusto dolce. È possibile portarlo a vaporizzare somministrando a esso del calore. A quale temperatura cambierà stato?

FISICA E REALTÀ

Strategie "canine" per combattere il caldo

Dopo aver stimato quale sia, approssimativamente, la massa del cane di piccola taglia che vedi nella foto, riesci a stabilire quanta acqua dovrebbe all'incirca evaporare dalla sua bocca aperta e dalla lingua umida che tiene penzoloni, affinché la temperatura del suo corpo diminuisca di 2 °C? Puoi assumere che il corpo dell'animale abbia un calore specifico medio di 0,83 calorie per grammo per grado centigrado.

Pattini e palle di neve

Il fenomeno fisico sul quale si basa il pattinaggio sul ghiaccio è lo scioglimento del ghiaccio sotto alle lame dei pattini: lo strato d'acqua funge da lubrificante, e rende rapidi, fluidi ed eleganti i movimenti del pattinatore. Lo strato d'acqua si forma a causa della pressione esercitata dalle lame dei pattini, pressione che, a causa della piccola superficie di contatto, ha valori tipici di 500 atm: in queste condizioni la temperatura di fusione dell'acqua si abbassa di qualche grado, il ghiaccio localmente si scioglie, per rigelare subito dopo il passaggio della lama. Sullo stesso principio fisico si basa la realizzazione delle palle di neve: prova a scrivere la "ricetta" per formare una palla di neve, illustrando il processo da un punto di vista fisico.

Che cosa serve per compattare la neve? Perché parte della neve prima si scioglie e poi rigela? Che cosa funziona da "collante" in una palla di neve?

Un pizzico di sale

Per poter cucinare una buona pastasciutta occorre farla cuocere in acqua bollente con l'aggiunta della giusta quantità di sale. Alcuni per abitudine aggiungono il sale all'acqua fredda, altri non appena ha inizio il fenomeno dell'ebollizione. Ma solo una delle due strategie è redditizia... Sapresti dire quale?

Il comune sale da cucina viene anche gettato sulle strade dopo una fitta nevicata.

Dopo aver fatto le necessarie indagini, prova a spiegare come il sale altera il fenomeno dell'ebollizione e quello della solidificazione dell'acqua.

ESPERTI IN FISICA

Lo scioglimento dei ghiacci

Contesto

Di tutta l'acqua del pianeta, solo il 3% è acqua dolce presente nelle terre emerse. Circa i 2/3 di questa massa si trova allo stato solido sotto forma di ghiaccio, concentrata perlopiù nel continente antartico, in Groenlandia e sulle principali catene montuose. Nonostante nel corso della storia della Terra si siano succedute diverse ere glaciali in cui i ghiacciai si estendevano anche in gran parte delle fasce temperate, il periodo attuale, complice anche l'intervento dell'uomo, segna ovunque una tendenza dei ghiacciai a ritirarsi.

Esplora

Effettua una ricerca in Internet per avere un'idea più chiara e dettagliata di come sono distribuiti i ghiacciai sulla superficie della Terra.

In particolare cerca di stabilire qualcosa in merito ai seguenti punti:

- per estensione superficiale e in volume qual è la percentuale rappresentata dai ghiacciai dell'Antartide rispetto al totale?
- qual è quella rappresentata dai ghiacciai della Groenlandia?
- esistono ghiacciai nella fascia equatoriale?
- tra i ghiacciai è corretto considerare anche la banchisa polare artica?
- quali sono i ghiacciai più estesi del nostro continente?
- quali sono i ghiacciai che nel corso degli ultimi 100 anni si sono ritirati maggiormente?
- esistono delle procedure operative per proteggere i ghiacciai dal progressivo scioglimento?
- che differenza esiste tra ghiaccio terrestre e ghiaccio marino?

Esponi

Rielaborando tutte le informazioni raccolte, prepara insieme ai tuoi compagni di classe una presentazione multimediale sullo stato di salute dei ghiacciai italiani. Dopo una panoramica generale potete analizzare da vicino un ghiacciaio particolare raccontando la sua evoluzione nel corso del tempo.

Calcola

Grazie al georadar è possibile stabilire lo spessore del ghiaccio. Nel 2007 è stato analizzato il ghiacciaio Careser in Trentino, e si è potuto determinare il suo volume pari a 43,8 milioni di metri cubi. Supponendo che nel frattempo abbia perso il 2% del volume, calcola quanta energia ha assorbito sapendo che il calore latente di fusione del ghiaccio vale $3{,}34 \cdot 10^5$ J/kg e la sua densità vale 0,92 g/cm^3.

Facciamo il punto

Definizioni

Le molecole interagiscono con forze elettriche, cui è associata un'energia potenziale, e compiono movimenti disordinati, detti di *agitazione termica*, cui è associata un'energia cinetica. La somma dell'energia potenziale e dell'energia cinetica di tutte le molecole è l'**energia interna** di un corpo. Due corpi sono in *equilibrio termico*, ovvero hanno la stessa **temperatura**, se le molecole di entrambi hanno in media la stessa energia cinetica.

La materia si presenta in tre stati di aggregazione: **solido**, **liquido** e **gassoso**. Ciascuno dei tre stati è il risultato delle azioni contrastanti delle forze intermolecolari e dell'agitazione termica.

Un cambiamento di stato è il passaggio della materia da uno stato di aggregazione all'altro causato da una variazione di temperatura e di pressione.

- La **fusione** è il passaggio dallo stato solido allo stato liquido. Il processo inverso è detto **solidificazione**.
- La **vaporizzazione** è il passaggio dallo stato liquido allo stato di vapore. Il processo inverso è detto **condensazione**.
- La **sublimazione** è il passaggio dallo stato solido allo stato di vapore. Il processo inverso è detto **brinamento**.

Concetti, leggi e principi

La quantità di calore necessaria a far fondere completamente una massa m di una sostanza portata alla temperatura di fusione è:

$$Q = L_f m$$

Il coefficiente L_f, chiamato **calore latente di fusione**, è caratteristico della sostanza e cambia con la pressione.

La quantità di calore necessaria a far vaporizzare completamente una massa m di un liquido alla temperatura di ebollizione è

$$Q = L_v m$$

Il coefficiente L_v, chiamato **calore latente di vaporizzazione**, è caratteristico della sostanza e cambia con la pressione.

La saturazione è una condizione di equilibrio dinamico in cui il numero di molecole che sfuggono dalla superficie di un liquido, in un certo intervallo di tempo, è uguale, in media, al numero di molecole che sono nuovamente catturate dal liquido nello stesso intervallo di tempo.
La pressione del vapore in questa condizione è detta **tensione di vapore saturo**.

La **pressione parziale** è la pressione esercitata dal vapore acqueo presente nell'aria atmosferica ed è direttamente proporzionale alla sua concentrazione percentuale nella miscela.

Applicazioni

L'**umidità relativa** è il rapporto percentuale fra la quantità di vapore acqueo contenuto in un certo volume d'aria e la quantità massima che potrebbe essere contenuta nello stesso volume. L'umidità relativa esprime anche il rapporto percentuale u fra la pressione parziale p del vapore acqueo e la tensione di vapore saturo p_s dell'acqua, che rappresenta la pressione massima raggiungibile del vapore:

$$u = \frac{p}{p_s} \cdot 100\ \%$$

ESERCIZI

Esercizi di paragrafo

Flashcard

Ripassa i contenuti dell'Unità con le Flashcard del MEbook.

Esercizio commentato

Per gli esercizi contrassegnati da questa icona trovi sul MEbook la risoluzione commentata.

1 Struttura ed energia interna della materia

1 Vero o falso?

a. Il numero atomico di un elemento indica il numero di protoni contenuti nei nuclei dei suoi atomi. V F

b. Grazie a forze di natura elettrica è possibile che più molecole si uniscano a formare un atomo. V F

c. Un elemento è una sostanza indivisibile dal punto di vista chimico. V F

d. L'energia interna di un corpo è la somma della sua energia cinetica, potenziale e meccanica. V F

e. L'azione delle forze intermolecolari è contrastata dall'agitazione termica. V F

RISPONDI IN BREVE *(in un massimo di 10 righe)*

2 Che cosa differenzia un elemento chimico da un composto?

3 Come varia la forza di interazione fra due molecole al variare della loro distanza?

4 Che cosa si intende per moto di agitazione termica?

2 Stati della materia e fenomeni termici

5 Vero o falso?

a. I liquidi sono facilmente comprimibili. V F

b. I solidi hanno tutti struttura cristallina. V F

c. Uno stato di aggregazione è tanto più disordinato al crescere dell'energia cinetica rispetto all'energia potenziale dei propri costituenti. V F

d. Uno stato di aggregazione è tanto più ordinato quanto sono maggiori le interazioni fra i propri costituenti. V F

e. Un corpo allo stato liquido non ha un volume definito. V F

6 Completa la tabella indicando quali sono le proprietà caratteristiche dei tre stati di aggregazione della materia.

Proprietà	Solido	Liquido	Gas
volume proprio			
forma propria			
massa propria			
facilmente comprimibile			
resistente alle deformazioni			

7 Qual è la massa di un cubetto di grafite di 20 mm di lato? Se invece di grafite si trattasse di un diamante, quale sarebbe la massa? La densità della grafite è 2,3 g/cm^3, quella del diamante 3,5 g/cm^3.
[18 g; 28 g]

RISPONDI IN BREVE *(in un massimo di 10 righe)*

8 Che relazione c'è tra gli stati di aggregazione di un corpo materiale, le interazioni fra i propri costituenti microscopici e l'energia (cinetica e potenziale) di questi ultimi?

9 Che cos'è un cristallo e a quale stato della materia è principalmente associato?

3 I cambiamenti di stato

10 Vero o falso?

a. A una data pressione l'ebollizione avviene a temperatura fissa. V F

b. Alcune sostanze possono passare direttamente dallo stato solido allo stato di vapore. V F

c. L'ebollizione è un processo poco appariscente che interessa solo la superficie di un liquido. V F

d. La temperatura di fusione dell'acqua aumenta all'aumentare della pressione. V F

e. Nei solidi a struttura cristallina la temperatura di fusione è maggiore della temperatura di solidificazione. V F

11 In una torrida giornata estiva la temperatura dell'aria è 35 °C e l'umidità relativa è del 90%. Sapendo che la pressione di vapore saturo dell'acqua a 35 °C è 42,1 mmHg, quanto valgono la pressione parziale e la concentrazione del vapore acqueo? [37,9 mmHg; 4,98%]

12 In una località di montagna si osserva che l'acqua bolle a 90 °C. Qual è il valore della pressione atmosferica all'altitudine in cui sorge la località montana? [500 mmHg]

Suggerimento
Vai a guardare la figura 10 di pagina 174 e trova graficamente il valore della pressione corrispondente a 90 °C.

4 Il calore latente

13 Una pentola contenente 4 l di acqua viene messa sul fuoco per cuocere la pasta, ma viene dimenticata fino a quando metà dell'acqua contenuta si è vaporizzata. Quanta energia è andata sprecata a causa della dimenticanza?
[$4,5 \cdot 10^6$ J]

14 STIME Stima quanto vale il calore latente di vaporizzazione dello zolfo, sapendo che occorrono 65400 J di calore per vaporizzare 200 g di zolfo che si trovino alla temperatura di ebollizione (445 °C). [$3{,}27 \cdot 10^5$ J/kg]

15 INGLESE During one hour of training, a runner may lose about 1.10 kg of weight, almost entirely due to sweat. How much energy has been employed for the evaporation? The latent heat at the temperature of the body is $2.41 \cdot 10^6$ J/kg.

[$2.65 \cdot 10^6$ J]

16 Per far evaporare una certa quantità di sudore vengono sottratti al corpo di una persona $2{,}41 \cdot 10^4$ J di calore. Calcola la quantità di sudore che evapora sapendo che il calore latente di evaporazione del sudore a 37 °C vale 576 cal/g. [10,0 g]

17 Si mette sul fuoco un pentolino con 200 ml di vino avente un contenuto in alcol etilico pari al 12% del volume. La temperatura iniziale è di 18,0 °C. Quanta energia è necessaria per far evaporare tutto l'alcol? Il calore specifico dell'alcol etilico è $2{,}43 \cdot 10^3$ J/(kg · °C) e la sua densità è 790 kg/ m^3. Trascura la variazione di temperatura durante l'evaporazione dell'alcol. [$6{,}37 \cdot 10^4$ J]

18 Un bollitore elettrico avente la potenza di 1000 W viene riempito con un litro di acqua inizialmente alla temperatura di 20 °C. Quanto tempo richiede l'evaporazione di tutta l'acqua?

[$2{,}59 \cdot 10^3$ s]

19 Calcola la quantità di calore sottratta da un congelatore per far solidificare e portare a −18,0 °C un litro di acqua inizialmente a 20,0 °C. Il calore specifico del ghiaccio è uguale a 2040 J/(kg · K), il calore latente di fusione dell'acqua è $3{,}34 \cdot 10^5$ J/kg. [454 kJ]

20 Calcola la quantità di calore che si sviluppa quando 10 g di vapore a 100 °C vengono fatti condensare in seguito raffreddati fino a una temperatura di 15 °C. Il calore latente di vaporizzazione dell'acqua è $2{,}25 \cdot 10^6$ J/kg. [$2{,}6 \cdot 10^4$ J]

21 STIME Una ricetta per preparare caramelle richiede che si vaporizzino 600 g di acqua di una preparazione zuccherata. Stima quante ore saranno necessarie con un fornello che eroga in media 400 J/s.

Esercizio commentato

[circa un'ora]

Problemi di riepilogo

Videotutorial

Per gli esercizi contrassegnati da questa icona trovi sul MEbook la risoluzione commentata in video.

Esercizio commentato

Per gli esercizi contrassegnati da questa icona trovi sul MEbook la risoluzione commentata.

22 INGLESE Liquid nitrogen is commonly used for cooling down matter to low temperatures in scientific experiment and technological applications. It can be also used for rapid production of ice cream! How much liquid nitrogen at the boiling temperature is needed to turn 10.0 kg of water into ice? (You can assume that water is already at 0 °C). [16.6 kg]

23 A pressione atmosferica il mercurio fonde a −39 °C. In queste condizioni calcola quanto calore è necessario per fondere 348 g di mercurio, sapendo che il suo calore latente di fusione vale $1{,}17 \cdot 10^4$ J/kg. [4,07 kJ]

24 Per vaporizzare una certa quantità di alcol etilico, alla temperatura di ebollizione e alla pressione di un'atmosfera, occorrono 50000 J. Determina quanto pesa la quantità di alcol vaporizzata, sapendo che il calore latente di vaporizzazione è $8{,}79 \cdot 10^5$ J/kg. [0,558 N]

25 Calcola la quantità di calore che bisogna fornire a 1,0 kg di azoto liquido alla temperatura di ebollizione di 77 K per portarlo a 20 °C. Assumi che la sostanza sia costantemente soggetta alla pressione di 1 atm: in queste condizioni il suo calore specifico è 1,0 kJ/(kg · K) e il suo calore latente di vaporizzazione è $2,0 \cdot 10^5$ J/kg. [$4,2 \cdot 10^5$ J]

26 Un pezzo di ghiaccio alla temperatura di 0 °C viene immerso in 5,0 kg di acqua a 40 °C. Calcola la massa del pezzo di ghiaccio, nell'ipotesi che, in assenza di dispersioni, la temperatura di equilibrio del sistema sia di 20 °C. [1,0 kg]

27 Un artista prepara una scultura colando il bronzo fuso, ancora rosso fosforescente, dal crogiuolo a 1200 °C all'interno di una forma di argilla interrata nel suolo. Quanto calore deve perdere il pezzo di bronzo, che assumiamo di massa 150 kg, per portarsi alla temperatura ambiente di 20 °C? Il calore latente di fusione del bronzo è circa 200 kJ/kg e il suo calore specifico 380 J/(kg · K). [97,3 MJ]

Esercizio commentato

28 Per preparare velocemente un gelato, una certa quantità di panna, che si trova già alla temperatura di 0 °C, viene immersa nell'azoto liquido a 70 K. Durante questo processo si vaporizzano 100 g di azoto liquido. Calcola quanta energia termica è stata sottratta dalla panna sapendo che l'azoto liquido ha un calore latente di vaporizzazione di 200 kJ/kg.

Esercizio commentato

[20 kJ]

29 Calcola, in unità SI, la quantità di calore minima necessaria affinché 2,0 kg di ghiaccio, il cui calore specifico è 2040 J/(kg · K), essendo inizialmente alla temperatura di −20 °C possano essere trasformati in vapore acqueo. [$6,1 \cdot 10^6$ J]

30 Una vasca della superficie di 10 m² è ricoperta di ghiaccio a 0° C. Calcola quanto ghiaccio si scioglie in un'ora, sapendo che ogni centimetro quadrato di superficie assorbe ogni minuto 0,30 cal di calore irraggiato dal Sole. [23 kg]

31 In un thermos vengono versate masse uguali di acqua alla temperatura di 18,0 °C e ghiaccio alla temperatura di −18,0 °C. Sapendo che il calore specifico del ghiaccio è 2040 J/(kg · K), qual è la temperatura di equilibrio? Quale percentuale di ghiaccio si è fusa? [0 °C; 11,6%]

32 Il potere calorifico del metano è di circa 50 MJ/kg. Quanti litri di metano è necessario consumare per trasformare completamente 0,5 l di acqua liquida in vapore, sapendo che il calore latente di vaporizzazione dell'acqua è di 2272 kJ/kg e che la massa molare del metano è 16 g/mol? [31,8 l]

Videotutorial

33 Un recipiente isolato di capacità termica trascurabile contiene 0,400 kg di acqua e 0,100 kg di ghiaccio alla temperatura di equilibrio di 0 °C. In esso vengono introdotti anche 0,150 kg di vapore acqueo a 100 °C. Trova la massa del vapore, dell'acqua e del ghiaccio presenti al raggiungimento dell'equilibrio termico.

[0,0420 kg; 0,608 kg; 0]

Guida alla soluzione

Il calore latente di fusione del ghiaccio e quello di condensazione del vapore acqueo sono rispettivamente $L_f = 3{,}34 \cdot 10^5$ J/kg e $L_v = 2{,}25 \cdot 10^6$ J/kg. Il calore che la massa $m_1 = 0{,}100$ kg di ghiaccio deve assorbire per trasformarsi in acqua a 0 °C è:

$$Q_1 = m_1 L_f = (0{,}100\ \text{kg})\ (3{,}34 \cdot 10^5\ \text{J/kg}) = \ldots\ \text{J}$$

Il calore che la massa $m_2 = 0{,}150$ kg di vapore acqueo può cedere trasformandosi in acqua a 100 °C è:

$$Q_2 = \ldots\ L_v = (\ldots\ \text{kg})\ (2{,}25 \cdot 10^6\ \text{J/kg}) = \ldots\ \text{J}$$

Essendo $Q_2 > Q_1$ tutto il ghiaccio si scioglie. Pertanto nello stato finale non ci sarà ghiaccio.
Per stabilire se nello stato finale tutto il vapore sarà condensato, bisogna calcolare quanto calore occorre per portare a 100 °C la massa liquida totale m_3 che, dopo lo scioglimento del ghiaccio, si trova alla temperatura di 0 °C. Essendo $m_3 = 0{,}400$ kg + ... kg = ... kg, il calore specifico dell'acqua c_{H_2O} = ... J/(kg · °C) e la variazione di temperatura dell'acqua ΔT = ... °C, il calore cercato è $Q_3 = m_3$ ...... = ... J.
Poiché il calore Q_2 che il vapore può cedere nel processo di condensazione è maggiore del calore totale $Q = Q_1 +$ ...... = ... J che il resto del sistema può assorbire, nello stato finale il vapore non sarà completamente condensato. Il sistema sarà pertanto costituito da una miscela di acqua e vapore in equilibrio alla temperatura di ...... °C.
La massa di vapore che passa allo stato liquido è:

$$m = \frac{\ldots\ldots}{L_v} = \frac{(\ldots\ldots\ \text{J})}{2{,}25 \cdot 10^6\ \text{J/kg}} = \ldots\ldots\ \text{kg}$$

Quindi alla fine si avrà una massa di vapore:

$$m_v = \ldots\ldots - m = (\ldots\ \text{kg}) - (\ldots\ \text{kg}) = \ldots\ \text{kg}$$

e una massa di acqua

$$m_a = m_3 + \ldots\ldots = (\ldots\ \text{kg}) + (\ldots\ \text{kg}) = \ldots\ \text{kg}$$

mentre si è già trovato che la massa di ghiaccio è

$$m_g = \ldots\ldots$$

ESERCIZI

34 ●●● Un caffè shakerato viene preparato mettendo in uno shaker 72 g di ghiaccio alla temperatura di −18 °C e 100 g di caffè espresso a 22 °C. Il calore specifico del caffè è uguale a quello dell'acqua, e quello del ghiaccio è 2040 J/(kg · K). Assumi che siano trascurabili gli scambi termici con shaker e ambiente, e l'energia fornita agitando. Qual è la temperatura di equilibrio? Quale massa di ghiaccio si scioglie?

Esercizio commentato

[0 °C; 20 g]

35 ●●● Si gettano cubetti di ghiaccio per un peso totale di 10 g in un bicchiere contenente 100 cl di acqua inizialmente a 20 °C. Qual è la temperatura finale dell'acqua nel bicchiere quando tutto il ghiaccio si è sciolto?

[11 °C]

Suggerimento
L'acqua nel bicchiere si raffredda perché cede dapprima il calore Q_1 necessario a sciogliere il ghiaccio:

$$Q_1 = L_f \ldots$$

In seguito l'acqua cede il calore Q_2 necessario a portare il ghiaccio dalla temperatura di 0 °C alla temperatura finale T_f:

$$Q_2 = \ldots (T_f - 0\ °\mathrm{C})$$

Il calore perduto $Q_1 + Q_2$ porta l'acqua del bicchiere alla temperatura finale T_f, cioè:

$$-Q_1 - Q_2 = \ldots (T_f - 20\ °\mathrm{C})$$

Verso l'ammissione all'università

Test

Puoi simulare la parte di fisica di un test di ammissione svolgendo questa batteria di esercizi in 25 minuti. Per calcolare il tuo punteggio dai 1 punto alle risposte esatte, 0 punti a quelle non date e –0,25 punti a quelle errate. La griglia delle soluzioni è alla fine del libro.

Puoi esercitarti anche in modalità interattiva sul MEbook.

1 Qual è il consumo minimo, espresso in termini di potenza, necessario affinché un frigorifero possa trasformare in ghiaccio, in 20,0 min, 1 l di acqua inizialmente a 15,0 °C?
- a 3,30 kW
- b 397 kJ
- c 15,0 kcal
- d 330 W
- e 165 W

2 Per riscaldare di 1 °C 537 kg di acqua serve tanta energia quanta è necessaria per fare:
- a vaporizzare a pressione normale 1 kg di acqua che si trova a 100 °C
- b evaporare 1 kg di acqua che si trova a 20 °C di temperatura e 1 atm di pressione
- c fondere 1 kg di ghiaccio che si trova a 0 °C
- d alzare di 537 °C la temperatura di 1 g di acqua
- e nessuna delle precedenti azioni

3 Qual è il consumo minimo, espresso in termini di potenza, necessario affinché un bollitore porti in ebollizione in 5,0 minuti un litro di acqua inizialmente a 15 °C di temperatura e a pressione normale?
- a 12 kW
- b $8{,}5 \cdot 10^4$ J
- c 1,2 kW
- d 360 kcal
- e 300 W

4 Le affermazioni:
- l'umidità relativa è la differenza tra la quantità di vapore acqueo in un volume d'aria e la quantità massima che potrebbe essere contenuta nello stesso volume;
- l'umidità relativa dipende dalla temperatura;
- quando l'umidità relativa è del 100% l'atmosfera è satura di vapore;

sono rispettivamente:
- a vera, vera, vera
- b falsa, falsa, falsa
- c falsa, vera, vera
- d vera, falsa, falsa
- e falsa, vera, falsa

5 Una pressione parziale del vapor d'acqua pari a $2{,}50 \cdot 10^3$ Pa corrisponde a:
- a $2{,}47 \cdot 10^{-3}$ atm
- b $2{,}47 \cdot 10^{-2}$ atm
- c $2{,}47 \cdot 10^{-1}$ atm
- d 2,47 atm
- e 24,7 atm

6 Un blocco di ghiaccio della massa di 0,5 kg alla temperatura di 0 °C viene trasformato a pressione atmosferica in acqua alla temperatura finale di +10 °C. Il blocco richiede un dispendio energetico di 188 kJ per apportare tale trasformazione. Calcolare il calore latente specifico di fusione del ghiaccio.
[capacità termica specifica espressa in kJ/(kg · K): ghiaccio 2,12; acqua 4,18]
- a 167
- b 376
- c 355
- d 372
- e 334

7 Salendo di quota, la temperatura di ebollizione dell'acqua contenuta in un recipiente aperto:
- a diminuisce, perché le forze di coesione molecolare dei liquidi diminuiscono con l'altitudine
- b aumenta, perché la tensione di vapore saturo aumenta con l'altitudine
- c diminuisce, perché in quota la pressione atmosferica agente sull'acqua è più bassa che al livello del mare
- d è sempre pari a 100 °C, in quanto ogni liquido bolle a una temperatura fissa e costante
- e aumenta, perché ad alta quota fa più freddo

8 Mediante una sorgente di calore di potenza costante, un pezzo di piombo viene riscaldato in un crogiuolo munito di un opportuno misuratore termico finché il metallo comincia a fondere. Continuando a fornire calore la temperatura segnata dal termometro:

- a dapprima aumenta e successivamente diminuisce
- b dapprima diminuisce e successivamente aumenta
- c aumenta costantemente in modo lineare
- d rimane costante per un certo intervallo di tempo
- e aumenta progressivamente in modo esponenziale

9 È possibile far bollire l'acqua a 50 °C?

- a Sì, se la pressione esterna è di 92,5 mmHg
- b No, perché ogni liquido bolle a una temperatura fissa e costante che per l'acqua corrisponde a 100 °C
- c Sì, se l'acqua si trova in una pentola a pressione
- d Sì, se la pressione esterna è pari a metà della pressione atmosferica
- e Sì, se la pressione esterna è 50 volte più grande di quella atmosferica

10 FISICA PER IMMAGINI Quando un pezzo di piombo viene riscaldato in un crogiuolo, la sua temperatura varia in funzione del tempo come qui mostrato. Considerando il grafico diviso in tre rami, il primo e il terzo ascendenti e il secondo orizzontale, puoi concludere che:

- a ogni ramo corrisponde a un'unica fase di aggregazione
- b solo il secondo ramo corrisponde a uno stato in cui coesistono due fasi di aggregazione
- c l'andamento del grafico dipende solo dalla natura della sostanza considerata
- d il terzo ramo corrisponde a uno stato in cui coesistono le tre fasi di aggregazione, solida, liquida e aeriforme
- e solo il primo ramo corrisponde a uno stato in cui coesistono due fasi di aggregazione

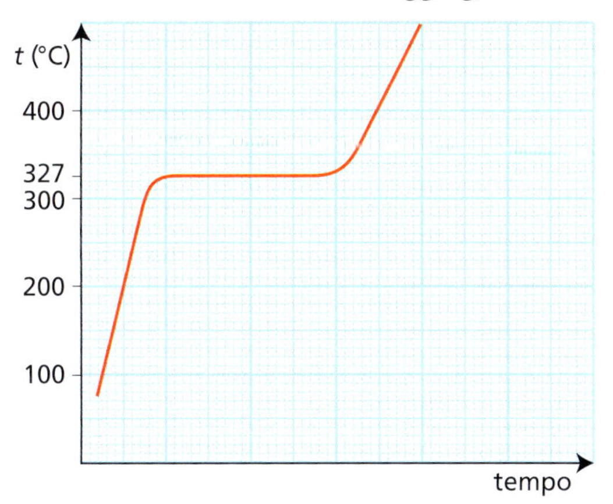

11 La foresta amazzonica è caratterizzata da temperature che oscillano intorno ai 25 °C e da un'umidità piuttosto alta. Durante una spedizione si registra una pressione parziale del vapor d'acqua pari a 21,3 mmHg. Assumendo che la pressione di vapor saturo a queste temperature sia uguale a 23,7 mmHg, l'umidità relativa è:

- a 70%
- b 80%
- c 90%
- d 100%
- e 50%

12 In un esperimento si osserva che l'alcol bolle a 78 °C. È possibile farlo bollire a una temperatura superiore?

- a Sì, basta fornire sempre calore
- b Sì, se si riscalda molto rapidamente
- c Sì, aumentando la pressione
- d Sì, diminuendo la pressione
- e No, in nessun caso

13 La tensione di vapore saturo:

- a è la pressione esercitata dal vapore quando il volume che sovrasta il liquido contiene la massima quantità possibile di vapore
- b aumenta linearmente all'aumentare della temperatura, qualunque sia il liquido considerato
- c dell'acqua alla temperatura di 100 °C è pari a 100 mmHg
- d è la pressione esercitata dal vapore quando il numero delle molecole che evaporano in un certo tempo è notevolmente maggiore del numero di quelle che rientrano nel liquido nello stesso tempo
- e dell'acqua alla temperatura di 100 °C è 90 mmHg

14 Due cubetti di ghiaccio identici sono posti nello stesso ambiente a 20 °C, il primo sopra un piatto di legno, il secondo sopra un piatto di ferro. Possiamo affermare che:

- a si scioglieranno simultaneamente, perché si trovano nello stesso ambiente e quindi alla stessa temperatura
- b si scioglierà prima il cubetto di ghiaccio che si trova nel piatto di legno, in quanto il legno è più caldo al tatto
- c la fusione è più rapida sul piatto di ferro, perché la conducibilità termica del ferro è maggiore di quella del legno
- d nella stagione invernale la fusione è più rapida sul legno, in quanto questo è un cattivo conduttore, mentre nella stagione estiva è più rapida sul ferro perché la temperatura di quest'ultimo diventa più alta
- e nessuna delle precedenti conclusioni è corretta

15 Rispetto a una comune pentola chiusa, una pentola a pressione permette di cuocere i cibi in minor tempo principalmente perché:

- a l'elevata pressione fa sì che il vapor acqueo penetri più in profondità nei cibi
- b il coperchio sigillato evita la dispersione di calore
- c l'elevato spessore del fondo della pentola consente una migliore distribuzione del calore
- d la mancata dispersione dell'acqua permette di cuocere i cibi senza bruciarli
- e la temperatura di ebollizione dell'acqua è superiore a quella che si avrebbe in una comune pentola

Approfondimenti

PERSONE E IDEE DELLA FISICA

L'evoluzione del concetto di calore

La necessità di produrre forza motrice sfruttando il calore, nata dalla Rivoluzione industriale, diede impulso, a partire dalla metà del XVIII secolo, all'indagine dei fenomeni termici. Gli scienziati cominciarono a domandarsi quale fosse la natura del calore e come questa grandezza, distinta dalla temperatura, potesse essere misurata.

Il calore immaginato come una sostanza

Il chimico francese Antoine Lavoisier [▶A] riteneva che il caldo e il freddo fossero gli effetti della maggiore o minore concentrazione di un fluido elastico, imponderabile e indistruttibile, che chiamò *calorico*, capace di penetrare nella materia.

L'idea del calorico fu accolta nel mondo scientifico e sopravvisse per molto tempo. Si riteneva che il "caldo" fosse ottenuto sottraendo calorico ai corpi attraverso lo sfregamento o per mezzo della combustione. Inoltre si sosteneva che, messi due corpi a contatto, il calorico fluisse dal corpo più caldo, in cui la sua concentrazione era maggiore, all'altro finché la differenza di concentrazione non si fosse annullata, cioè i due corpi non avessero raggiunto la stessa temperatura [▶B].

Figura A Il chimico Antoine Laurent Lavoisier (1743-1794) formulò la legge di conservazione della massa e chiarì il concetto di elemento. Attivo in politica, fu condannato alla ghigliottina durante la Rivoluzione francese. Nel suo *Traité Élémentaire de Chimie*, pubblicato postumo, compilò la lista degli elementi conosciuti, includendo, accanto a ossigeno, azoto, zolfo ecc., anche il calorico e la luce.

Lo scozzese Joseph Black (1728-1799) affermò che la quantità di calorico necessaria per aumentare di un grado la temperatura di una certa massa dipendeva dalla sostanza considerata e chiamò *potere calorico* questa caratteristica (il calore specifico) intrinseca di ciascun materiale. Studiando la formazione e la fusione del ghiaccio, Black introdusse inoltre il concetto di calore latente, definendolo come la quantità di calorico "nascosta" nella materia che, senza innalzarne la temperatura, rendeva possibili i cambiamenti di stato.

Verso la comprensione della vera natura del calore

I primi dubbi sull'esistenza del calorico furono avanzati intorno alla fine del XVIII secolo. In quegli anni l'americano Benjamin Thompson (1753-1814), conte di Rumford, nelle officine dell'arsenale di Monaco dove soprintendeva all'alesatura delle canne di cannone aveva osservato che, perforando il metallo, si poteva produrre per attrito una quantità di calore illimitata. Thompson scriveva, riferendosi al calore generato per attrito da una punta di trapano: «Una cosa che un sistema isolato è in grado di produrre in misura illimitata per mezzo del movimento non può essere una sostanza preventivamente immagazzinata, bensì una forma di movimento interno e quindi tutti i fenomeni del calore sono da ritenersi fenomeni di moto» .

Il contributo di Mayer

Solo dalla metà del XIX secolo si cominciò a pensare al calore come a un modo, equivalente al lavoro meccanico, di trasferire energia.

Figura B A lungo si è creduto che i corpi più caldi fossero quelli con maggiore concentrazione di calorico.

Nel 1842 il tedesco Julius Mayer osservava: «Se strofiniamo fra loro due lastre di metallo, vediamo il moto scomparire e d'altro canto fa la sua comparsa il calore». E ancora: «È ben noto che due pezzi di ghiaccio possono essere fusi strofinandoli l'uno contro l'altro».

Queste considerazioni indussero Mayer a tentare di quantificare il riscaldamento prodotto per azione meccanica. Egli però non riuscì nell'intento perché partì da presupposti errati: considerò come misura dell'energia di un corpo in movimento il prodotto della massa per la velocità anziché quello della massa per il quadrato della velocità (energia cinetica, allora nota come "forza viva").

A chiudere la questione della relazione fra calore e lavoro meccanico fu, a partire dal 1845, James Joule con il noto esperimento del mulinello a palette.

James Prescott Joule

James Prescott Joule [▶C], produttore e commerciante di birra per

Figura C James Prescott Joule (Salford, 1818-Sale, 1889) misurò la variazione di temperatura dovuta alla trasformazione dell'energia meccanica in calore, stabilendo che calore e lavoro sono due modi equivalenti di trasferire energia.

tradizioni familiari, è entrato nella storia della fisica per il suo contributo alla definizione del concetto di calore. Joule non aveva una formazione accademica e non ricopriva incarichi universitari. Tuttavia lavorò con alcuni degli scienziati più importanti del tempo, fra cui il chimico John Dalton e il fisico Lord Kelvin. Oltre a determinare quantitativamente la relazione fra calore e lavoro, attraverso una numerosa serie di esperimenti, scoprì la legge sull'effetto termico prodotto dalla corrente elettrica, oggi chiamato "effetto Joule". Fu uno dei primi a formulare con chiarezza il principio di conservazione dell'energia.

Il dispositivo di Joule

L'elemento principale del dispositivo di Joule [▶D] è un calorimetro di forma cilindrica, ovvero un vaso di rame riempito d'acqua e rivestito di materiali che lo rendono termicamente isolato. Al suo interno è ospitato un sistema di palette, collegato, attraverso un'apertura del coperchio, a un cilindro provvisto di una manovella. Un'altra apertura serve a introdurre il termometro. Attorno al cilindro sono avvolti, in senso opposto, due fili i cui capi liberi sono collegati a due pulegge. Su ciascun asse delle pulegge vengono avvolti altri due fili che reggono il piatto di una bilancia.

L'esperimento veniva eseguito ponendo dei pesi sui piatti, lasciandoli liberi di cadere: il sistema di palette veniva così messo in rotazione per effetto delle forze di uguale intensità e opposte, applicate dai fili sul cilindro. Le palette erano state ideate in modo da produrre il massimo attrito con l'acqua e le masse in caduta, a causa di questo attrito in grado di bilanciare in breve tempo la forza peso, raggiungevano una velocità costante, toccando terra con una quantità di energia cinetica trascurabile. I piatti venivano poi risollevati, tramite la manovella, e l'esperimento doveva essere ripetuto più volte per ottenere un riscaldamento apprezzabile dell'acqua, per riuscire cioè a misurare una variazione di temperatura Δt significativa.

L'equivalenza tra calore e lavoro

Nota la capacità termica totale C (ovvero la capacità termica del sistema composto dal calorimetro, dalle palette e dall'acqua), Joule era in grado di determinare la quantità di calore $Q = C\,\Delta t$ sviluppata durante l'esperimento.

In un dispositivo del genere, il lavoro meccanico compiuto sul sistema era prevalentemente dovuto all'azione della forza peso, con una piccola correzione dovuta alle forze di attrito associate ai perni del sistema ruotante. La variazione di energia cinetica delle masse non era presa in considerazione perché trascurabile. La scoperta di Joule fu che, in ogni esperimento, la quantità di calore prodotta per attrito era proporzionale alla quantità di lavoro speso, ovvero che il rapporto tra lavoro meccanico e calore era costante.

Nel 1845 attraverso questa esperienza Joule determinò l'equivalente meccanico del calore che risultò (con unità in uso oggi) di 4780 J/kcal. Due anni dopo ottenne un risultato di 4180 J/cal e, nel 1850, di 4130 J/kcal.

L'ultima misura risale al 1878 e fornì un valore (4184 J/kcal) molto vicino a quello oggi accettato (4186 J/kcal).

Adesso tocca a te

Joule condusse i suoi esperimenti utilizzando versioni sempre più sofisticate del suo dispositivo. Cerca informazioni e immagini nei libri o sul web e riporta in una relazione le analogie e le differenze.

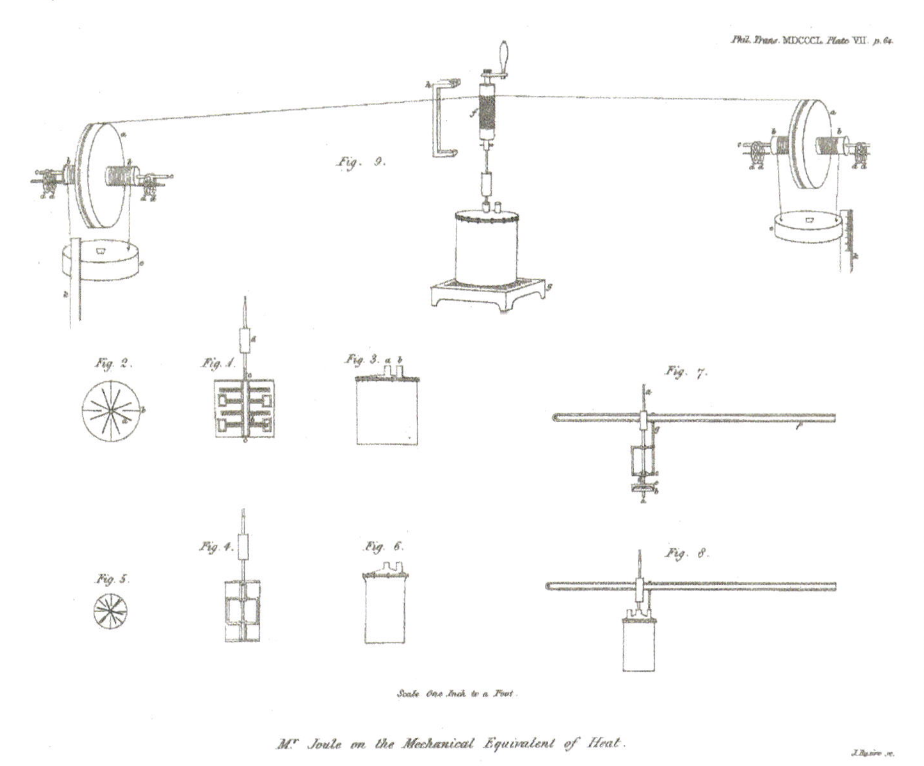

Figura D Schema originale del mulinello a palette di Joule. L'immagine in alto (*Fig. 9*) mostra il dispositivo completo: al centro vi è il calorimetro al cui interno sono ospitate le palette (*Fig. 1*); ai lati, fissati alle pulegge, sono sistemati due piatti su cui sono posti i pesi che, cadendo, mettono in rotazione le palette per effetto delle forze applicate sul cilindro dai fili.

PHYSICS READING

Global warming: cause and consequences

Global warming is a significant increase in the Earth's average temperature over a relatively short period of time as a result of human activities.

How much has the global temperature risen in the last 100 years?

The Intergovernmental Panel on Climate Change (IPCC), a group of over 2,500 scientists from countries across the world, determined that the Earth has warmed 0.6 degrees Celsius in the last century and the warming trend of the last 50 years is nearly double, meaning that the rate of warming is increasing.

The greenhouse effect

Global warming is caused by an enhanced **greenhouse effect**.

The greenhouse effect is not a bad thing by itself. It happens because of certain naturally occurring substances in the atmosphere, such as carbon dioxide (CO_2), nitrous oxide (NO_2), and methane (CH_4), collectively called "greenhouse gases". Unfortunately, since the Industrial Revolution, humans have been pouring huge amounts of those substances into the air.

When the sun's rays hit the Earth's atmosphere and the surface of the Earth, approximately 30 percent of the energy is immediately reflected into space by clouds, snow fields and other reflective surfaces. The remaining 70 percent gets absorbed by land and oceans, and eventually it is radiated back out.

Some of this heat gets trapped by the greenhouse gases and therefore keeps the planet warmer than it is in outer space.

Sea level increase

The IPCC certifies that glaciers and ice shelves around the world are melting. The loss of large areas of ice on the surface could accelerate global warming because less of the sun's energy would be reflected away from Earth. An immediate result of melting glaciers would be a rise in sea levels. Even a modest rise in sea levels could cause flooding problems for low-lying coastal areas.

What to do

To really stem the emission of greenhouse gases, we need to develop non-fossil fuel energy sources. At the international level, the Kyoto Protocol was written to reduce CO_2 and other greenhouse gas emissions worldwide. Thirty-seven industrialized nations (not the United States, the world's primary producer of greenhouse gases) have committed to reducing their output of those gases to varying degrees.

Now it's up to you

The term enhanced greenhouse effect refers to:

- a reducing global warming
- b human activity increasing the greenhouse effect
- c high altitude solar reflection
- d more sunlight hitting the Earth

L'ottica geometrica 13

Le lenti di ingrandimento e in generale tutte le lenti convesse hanno la proprietà di far convergere in un punto detto "fuoco" i raggi di luce pressoché paralleli che provengono da sorgenti lontane. Anche gli specchi concavi focalizzano la luce che li colpisce. La lunghezza focale, distanza del fuoco dalla superficie di un sistema ottico, misura quanto il sistema è capace di deflettere la luce per farla convergere, come negli esempi considerati, oppure, in altri casi, farla divergere.

Qual è la lunghezza focale…

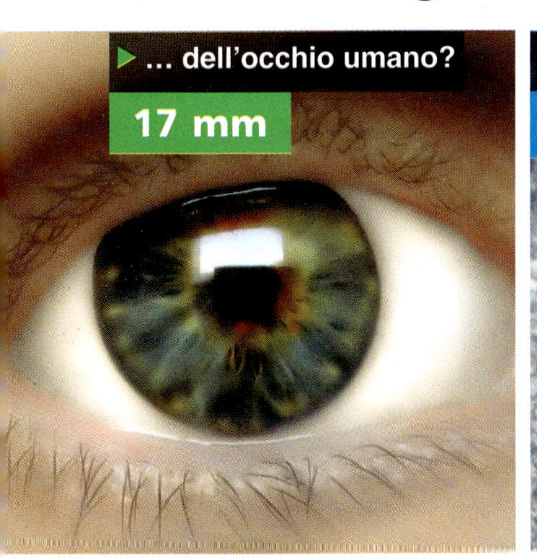

▶ … dell'occhio umano?

17 mm

▶ … del telescopio spaziale Hubble?

57,6 m

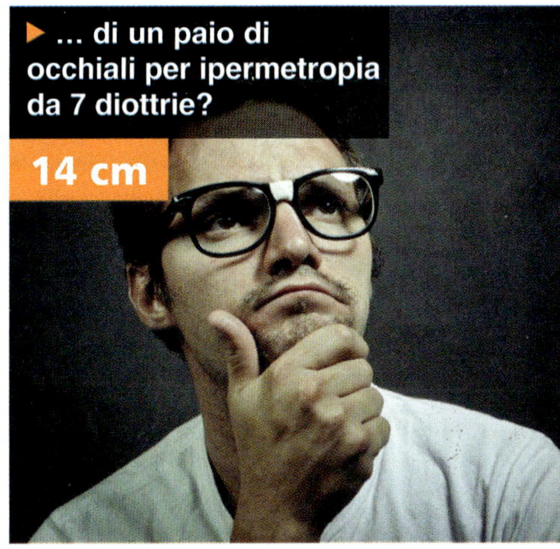

▶ … di un paio di occhiali per ipermetropia da 7 diottrie?

14 cm

▶ … di un obiettivo fotografico standard? E di un grandangolo?

50 mm; 28 mm

▶ … di un'antenna parabolica da 80 cm di diametro per la TV satellitare? In questo caso il riflettore non focalizza luce visibile ma microonde di frequenza dell'ordine di 10 GHz.

50 cm circa

1 Sorgenti di luce e raggi luminosi

La luce è un ente fisico con caratteristiche proprie, separate da quelle della sorgente che la emette e dagli oggetti che illumina. La luce può provenire dal Sole, da una lampadina o dalla fiamma prodotta da una combustione e si propaga nello spazio interagendo con i corpi materiali che incontra lungo il suo cammino.

Sorgenti di luce

Quando un sistema fisico è in grado di produrre luce prende il nome di **sorgente primaria**. Il processo con cui la luce viene prodotta dipende dal particolare tipo di sorgente e si può sempre ricondurre a un processo di trasformazione di energia [▸1]: *elettrica*, nel caso di una lampadina; *chimica*, per alimentare una fiamma; *nucleare*, prodotta dalle reazioni che avvengono all'interno delle stelle.

Una volta prodotta, la luce si propaga allo stesso modo in tutte le direzioni dello spazio e quando incontra un corpo o un mezzo, può attraversarlo o meno. I corpi che si lasciano attraversare dalla luce, come le lastre di vetro e gli strati di aria e di acqua, sono *corpi trasparenti*. La trasparenza dipende, oltre che dalla natura di un corpo, anche dal suo spessore. L'acqua del mare è trasparente a piccole profondità. A grandi profondità, invece, regna il buio assoluto.

I corpi che non lasciano passare la luce sono chiamati *corpi opachi*. Quando la luce incontra un corpo opaco, può essere deviata in una o in molte direzioni. Nel primo caso si dice che è stata *riflessa*, nel secondo che è stata *diffusa*. Quasi tutti gli oggetti ordinari diffondono la luce che ricevono ed è questo il motivo per cui li vediamo [▸2]. Un corpo illuminato, in grado cioè di diffondere la luce, prende il nome di **sorgente secondaria**. I nostri occhi rilevano la luce emessa sia delle sorgenti primarie sia dalle sorgenti secondarie. Appaiono scuri i corpi che assorbono la maggior parte della luce che li colpisce, chiari quelli che prevalentemente la diffondono.

Figura 1 Ogni corpo, riscaldato a una temperatura sufficientemente elevata, diventa una sorgente di luce.

Figura 2 La Luna è un corpo illuminato: è visibile perché diffonde la luce del Sole.

La luce si propaga in linea retta

Anche se attraversa i corpi trasparenti, la luce non ha bisogno di materia per propagarsi. La luce del Sole arriva infatti sulla Terra viaggiando nello spazio vuoto. La **propagazione rettilinea** della luce è un fenomeno facilmente evidenziabile. Il fascio di luce che penetra in una stanza buia da una piccola fessura, reso visibile dal pulviscolo che diffonde la luce in tutte le direzioni e quindi anche verso i nostri occhi, percorre una linea retta. D'altra parte, anche noi, quando osserviamo un oggetto, partiamo dal presupposto che la luce si propaghi in linea retta dall'oggetto ai nostri occhi.

Queste considerazioni hanno condotto alla formulazione del **modello a raggi** della luce: un *raggio di luce* è un segmento di retta che indica il percorso che segue la luce per andare da un punto a un altro e un *fascio di luce* è un insieme di raggi emessi dalla stessa sorgente. Il raggio non è un'entità fisica ma una costruzione geometrica utile per descrivere i comportamenti ottici di svariati sistemi come gli specchi o le lenti. Poiché queste descrizioni coinvolgono segmenti di rette che formano angoli con le superfici che delimitano i mezzi di propagazione, questa parte della fisica è chiamata **ottica geometrica**.

Nell'ambito dell'ottica geometrica si fa generalmente uso di fasci in cui i raggi sono rappresentati come segmenti di rette parallele. Si tratta di un'approssimazione: una sorgente emette luce in tutte le direzioni e quindi i raggi divergono. Per esempio, il fascio emesso da una torcia accesa che ha una lente di forma circolare è di tipo conico [▸3].

Figura 3 Il fascio uscente da una torcia è un cono di luce.

Quanto più ci allontaniamo dalla sorgente, tanto più una porzione del fascio può essere rappresentata come un insieme di raggi paralleli [▶4].

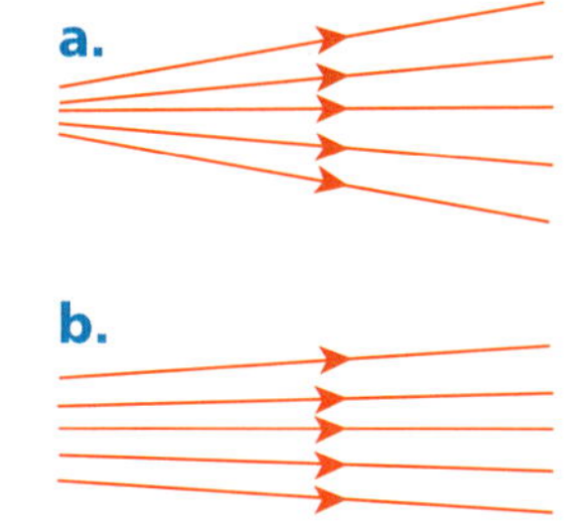

Figura 4 Porzione di un fascio di luce **(a)** vicino alla sorgente e **(b)** lontano da essa.

La formazione delle ombre

Un corpo opaco disposto fra una sorgente luminosa e uno schermo intercetta una parte dei raggi luminosi, formando sullo schermo una **zona d'ombra**. Se la sorgente è sufficientemente estesa, sullo schermo appare, oltre alla zona d'ombra, anche una **zona di penombra** [▶5], dove arriva solo una parte dei raggi di luce emessi dalla sorgente.

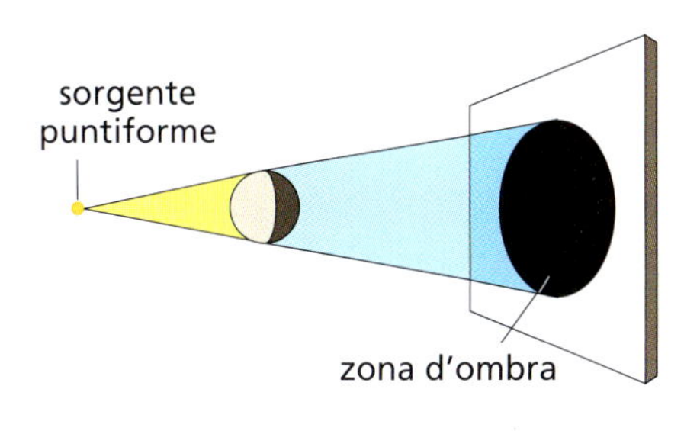

L'ombra di un corpo opaco illuminato da una sorgente di dimensioni trascurabili.

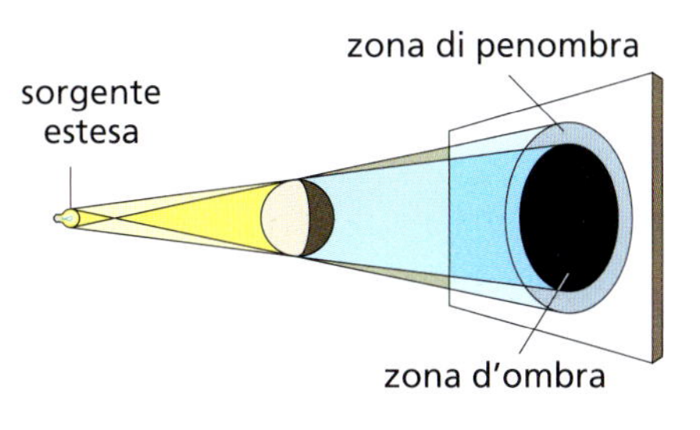

L'ombra e la penombra di un corpo opaco illuminato da una sorgente estesa.

Figura 5 Zone d'ombra e di penombra.

Durante un'eclisse di Sole, quando la Luna si trova allineata fra il Sole e la Terra [▶6], la parte della superficie terrestre su cui la Luna proietta la sua ombra è in completa oscurità (*eclisse totale*), mentre la parte illuminata da uno spicchio di Sole è in penombra (*eclisse parziale*).

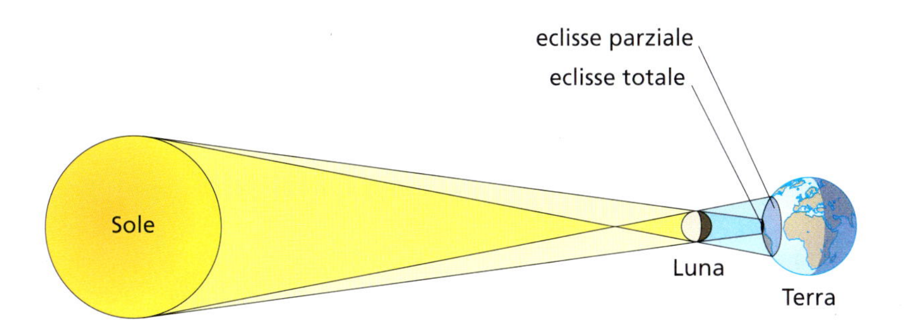

Figura 6 L'eclisse di Sole.

La velocità della luce

Durante un temporale, prima si vede il lampo di luce del fulmine, poi si ode il tuono. La luce si propaga evidentemente con una velocità maggiore di quella del suono.
Fino al XVII secolo, la velocità di propagazione della luce era ritenuta infinita. Si pensava che la luce si diffondesse in tutto lo spazio nell'istante stesso dell'emissione. Fu l'astronomo danese Ole Christensen Roemer (1644-1710), osservando le eclissi dei satelliti di Giove, a dimostrare che la velocità della luce ha un valore finito.
La **velocità della luce nel vuoto**, indicata con il simbolo c, è oggi nota fino alla nona cifra significativa:

$$c = 2{,}997\,924\,58 \cdot 10^8 \text{ m/s}$$

Nell'aria la luce viaggia a una velocità inferiore a questo valore di appena 3 parti su 10 000 [Tab. 1]. Perciò, sia nel vuoto sia nell'aria, la velocità della luce è approssimata, a tre cifre significative, da:

$$c = 3{,}00 \cdot 10^8 \text{ m/s} = 300\,000 \text{ km/s}$$

Tabella 1 Velocità della luce in alcuni mezzi trasparenti.

Mezzo	Velocità (m/s)
aria	$2{,}997\,06 \cdot 10^8$
acqua	$2{,}25 \cdot 10^8$
vetro	$1{,}6 \cdot 10^8$-$2{,}0 \cdot 10^8$
diamante	$1{,}2 \cdot 10^8$

La velocità c è una delle costanti universali della natura. Nessuna entità materiale può viaggiare a una velocità maggiore della velocità della luce.

1 Le risposte della fisica Quanto dista il temporale?

Prima che tu senta il tuono, l'onda sonora prodotta dalla scarica di una nube temporalesca viaggia per 9,00 s alla velocità di 331 m/s.
Quanto è distante la nube? Dopo quanto tempo dall'istante in cui si è innescata la scarica vedi la luce del lampo?

Dati e incognite

$\Delta t_s = 9{,}00$ s
$v = 331$ m/s
$d = ?$
$\Delta t_l = ?$

Soluzione

Viaggiando alla velocità v del suono, il tuono percorre, nell'intervallo di tempo Δt_s, la distanza:

$$d = v\,\Delta t_s = (331 \text{ m/s})\,(9{,}00 \text{ s}) = 2{,}98 \cdot 10^3 \text{ m}$$

Per coprire la stessa distanza, la luce impiega il tempo:

$$\Delta t_l = \frac{d}{c} = \frac{2{,}98 \cdot 10^3 \text{ m}}{3{,}00 \cdot 10^8 \text{ m/s}} = 9{,}93 \cdot 10^{-6} \text{ s}$$

L'anno luce: lo spazio tramutato in tempo

Poiché nell'intero universo la velocità della luce nel vuoto ha sempre lo stesso valore, basta sapere quanto tempo impiega la luce per andare da un punto a un altro per conoscere la distanza fra i due punti. Un'unità di lunghezza usata in astronomia è l'**anno luce** (a.l.), uguale alla distanza percorsa in un anno dalla luce nel vuoto:

$$1 \text{ a.l.} = 9{,}46 \cdot 10^{15} \text{ m}$$

Normalmente non ci accorgiamo che la luce impiega del tempo per allontanarsi da una sorgente, dato che i fenomeni osservati nella vita quotidiana avvengono su lunghezze relativamente piccole. Su scala astronomica, invece, la luce appare addirittura "lenta" [▸7]. Per viaggiare dal Sole alla Terra essa impiega qualche minuto, per attraversare il Sistema Solare alcune ore, per andare da un capo all'altro della Via Lattea circa 100 000 anni, e così via [▸8].

Figura 7 La luce impiega circa 50 milioni di anni per giungere a noi dall'ammasso della Vergine, nella foto.

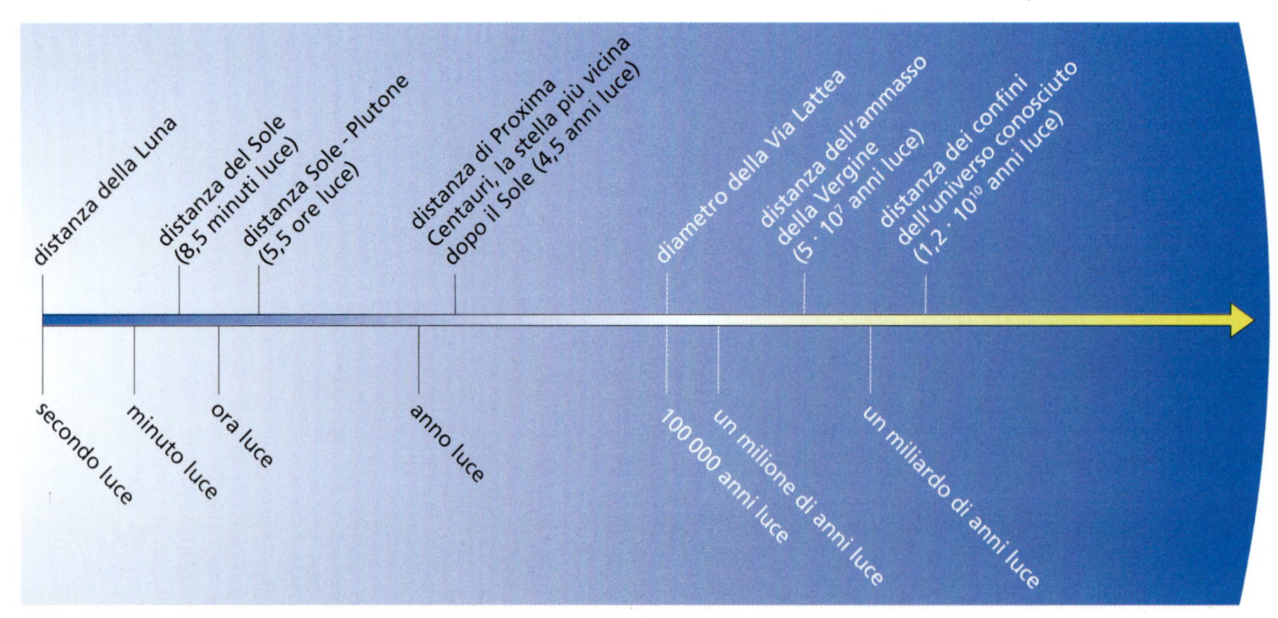

Figura 8 Alcune distanze espresse in tempo-luce.

La luce che proviene da una stella ci informa dello stato in cui si trovava la stella quando ha emesso quella luce. Oggi la stella potrebbe anche essersi spenta, ma ci vorranno milioni o miliardi di anni, a seconda di quanto è distante, prima che possiamo saperlo.

Adesso tocca a te

Rielabora il contenuto del paragrafo rispondendo a voce a queste domande.

1. Sorreggi una matita a circa 1 cm di distanza da una fiammella e osserva la sua ombra su una parete. Allontana quindi la matita dalla sorgente luminosa verso la parete. Come cambia l'ombra? Spiega le tue osservazioni.

Prova a risolvere il problema, poi verifica sul MEbook i passaggi svolti e commentati.

2. Un foglio di cartone, di forma quadrata di lato 4,0 cm, intercetta la luce proveniente da una sorgente puntiforme posta sull'asse del foglio a 10 cm di distanza. Calcola il lato dell'ombra quadrata che si forma su uno schermo situato a 40 cm dalla sorgente. [16 cm]

2 La riflessione della luce

La **riflessione** della luce può essere studiata mediante il dispositivo mostrato in [▶9]: uno specchio piano disposto lungo un diametro di un disco graduato, perpendicolarmente al piano del disco.
Inviando un sottile fascio luminoso sullo specchio, si vede emergere dal punto di incidenza un raggio riflesso altrettanto sottile. Nella [▶10] il fascio di luce incidente e quello di luce riflessa sono schematizzati come raggi.
Il raggio incidente colpisce la superficie dello specchio in un punto I. Insieme alla perpendicolare alla superficie passante per I, il raggio individua un piano, chiamato *piano di incidenza*.
L'*angolo di incidenza* i, compreso fra la direzione del fascio incidente e la perpendicolare allo specchio, è uguale all'*angolo di riflessione* r, compreso fra la perpendicolare e il fascio riflesso. Ruotando il dispositivo, si può verificare che tutto questo resta valido qualunque sia l'angolo di incidenza.
Le proprietà della riflessione sono espresse da due leggi.

Figura 9 Un esperimento sulla riflessione della luce.

Prima legge della riflessione

Il raggio riflesso giace nel piano di incidenza.

Seconda legge della riflessione

L'angolo di riflessione r e l'angolo di incidenza i sono uguali:

$$r = i \tag{1}$$

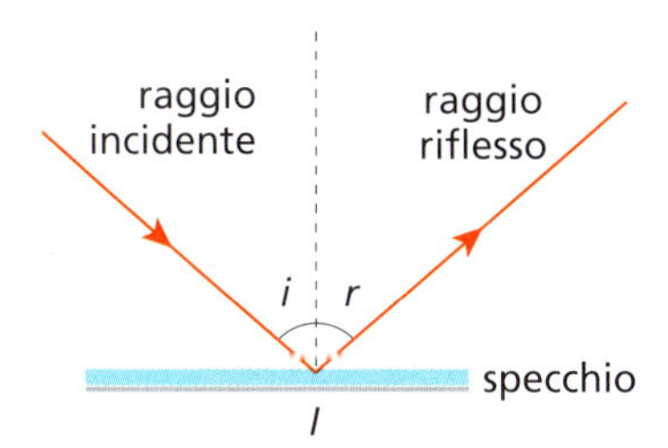

Figura 10 La riflessione di un raggio di luce.

La diffusione

Certe superfici, che a prima vista sembrano lisce, sono in realtà scabre, cioè presentano, sia pure a livello microscopico, delle asperità. Queste superfici non riflettono la luce come gli specchi, ma la diffondono.
Nella **diffusione** ciascun raggio di luce che incide sulla superficie è deviato secondo le leggi della riflessione, ma, poiché le diverse porzioni della superficie hanno inclinazioni differenti, i raggi riflessi sono distribuiti in tutte le direzioni [▶11].

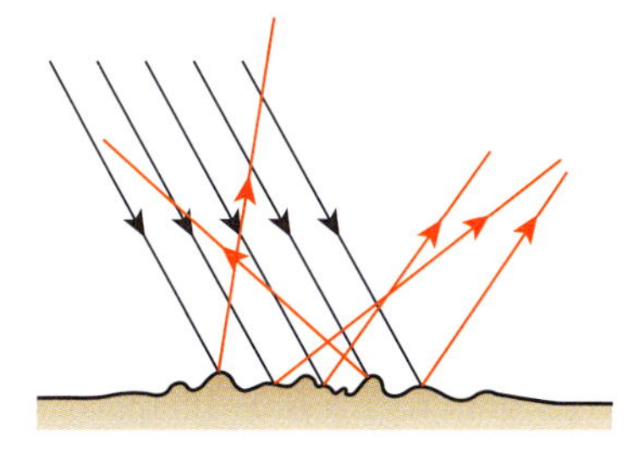

Figura 11 La luce che incide su una superficie scabra è diffusa in tutte le direzioni.

La riflessione su uno specchio piano

Consideriamo una sorgente di luce posta in un punto P davanti a uno specchio piano [▸12].

Applicando le leggi della riflessione, costruiamo i raggi riflessi provenienti dai raggi incidenti PI, PI' ecc. I raggi riflessi divergono, mentre i loro prolungamenti geometrici si incontrano nel punto P', simmetrico di P rispetto allo specchio. Un osservatore davanti allo specchio, ricevendo i raggi riflessi, ha l'illusione che questi provengano tutti da P'. Il punto P' è detto **immagine virtuale** di P.

Perché "virtuale"? Perché per P' non passa, in realtà, alcun raggio di luce.

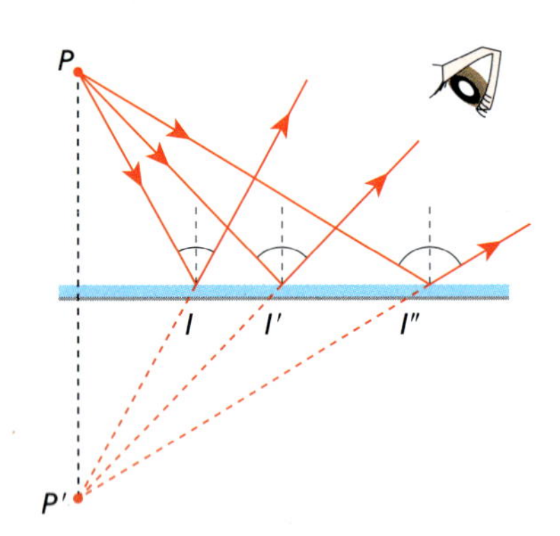

Figura 12 Un punto luminoso e la sua immagine prodotta da uno specchio piano.

2 Le risposte della fisica Riflessioni multiple

Due specchi piani sono a contatto lungo uno spigolo e formano un angolo diedro di 60°. Se una sorgente luminosa è posta fra i due specchi, quante sono le immagini prodotte?

Dati e incognite

$\alpha = \mathbf{60°}$

$N = \mathbf{?}$

Soluzione

Il problema si risolve per via grafica, sfruttando la proprietà degli specchi piani di fornire, come immagine di un punto, il punto simmetrico rispetto alla superficie riflettente. Il dato relativo all'angolo fra i due specchi S_1 ed S_2 è sfruttato per tracciare in modo preciso i diagrammi a fianco, in cui S_1 ed S_2 sono rappresentati in sezione insieme ai rispettivi prolungamenti (tratteggiati).

Costruendo, rispetto a S_1 ed S_2, le immagini della sorgente posta in P (per semplicità assumiamo che la sorgente sia puntiforme) otteniamo, rispettivamente, i punti P_1 e P_2.

Da questi punti divergono raggi luminosi. Pertanto essi si comportano come altre due sorgenti, delle quali gli specchi forniscono altrettante immagini.

Visto che P_1 si trova davanti alla faccia riflettente di S_2 e P_2 davanti alla faccia riflettente di S_1, lo specchio S_2 produce un'immagine di P_1 e lo specchio S_1 un'immagine di P_2. Nel terzo diagramma sono mostrati i punti P_3 e P_4, rispettivamente immagini di P_1 e P_2.

Questi ultimi punti a loro volta sono riflessi, nell'ordine, da S_1 ed S_2 e le rispettive immagini si sovrappongono nel punto P_5.

Dei raggi luminosi che divergono da P_5, alcuni intercettano gli specchi. Poiché tuttavia incidono sulle facce non riflettenti, non subiscono alcuna riflessione.

I punti che abbiamo individuato rappresentano quindi tutte e sole le immagini della sorgente posta in P. Il loro numero è:

$$N = 5$$

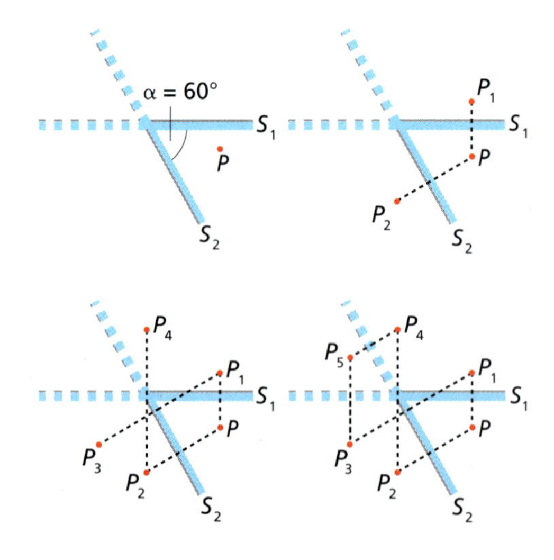

Prosegui tu

Quante sarebbero le immagini dell'oggetto se i due specchi fossero posti ad angolo retto?

[3]

L'immagine di un oggetto esteso

Se davanti a uno specchio piano poniamo un oggetto esteso, lo specchio produce, nel modo che abbiamo visto, un'immagine per ogni punto dell'oggetto. L'immagine complessiva ha le stesse dimensioni dell'oggetto ma non è sovrapponibile a esso [▶13].

Figura 13 Se davanti a uno specchio una persona alza la mano destra, nell'immagine riflessa si vede alzata la sinistra.

Sviluppa il tuo intuito — È vero che gli specchi invertono la destra con la sinistra?

È luogo comune dire che gli specchi invertano la destra con la sinistra. In effetti ci sembra di constatarlo ogni volta che ci specchiamo su una superficie riflettente disposta verticalmente davanti a noi.
Se però lo specchio si trova sotto i nostri piedi, ci convinciamo che la riflessione possa ugualmente invertire il sopra con il sotto. Vediamo un'immagine capovolta anche quando ammiriamo un paesaggio che si riflette su uno specchio d'acqua. In realtà la riflessione non inverte né la destra con la sinistra, né il sopra con il sotto. Questi effetti sono solo apparenti.
Della nostra mano destra aperta davanti a uno specchio piano vediamo il dorso, con il pollice che punta verso sinistra. Anche nell'immagine che ci restituisce lo specchio il pollice punta verso sinistra, a dimostrazione del fatto che i due lati destro e sinistro non sono affatto invertiti. Ma la mano che vediamo al di là della superficie riflettente ci mostra la palma anziché il dorso, e questo ci dà l'illusione di vedere nello specchio una mano sinistra.
Una freccia dipinta su una lastra trasparente cancella ogni dubbio. Ponendo la lastra fra i nostri occhi e lo specchio possiamo vedere contemporaneamente la freccia e la sua immagine, e verificare che sono identiche: se una punta a destra, punta a destra anche l'altra.

C'è qualcosa che con la riflessione realmente si inverte? Immaginiamo di rovesciare, spingendo in fuori il dentro, una maschera di gomma che abbia l'occhio destro bendato. Indossata da rovescio, la maschera coprirà l'occhio sinistro.
La riflessione fa la stessa cosa. Non inverte sistematicamente la destra con la sinistra, o il sopra con il sotto, ma ribalta il davanti nel dietro, come conseguenza del fatto che ogni punto di un oggetto e il corrispondente punto dell'immagine sono equidistanti dalla superficie piana riflettente.

Adesso tocca a te

Rielabora il contenuto del paragrafo rispondendo a voce a queste domande.

3. Perché possiamo affermare che la superficie della Luna è sicuramente scabra, e non liscia e lucida come uno specchio?

4. Il piccolo Leonardo è leggermente miope e non vuole portare gli occhiali. Tiene sempre a portata di mano uno specchietto piano e sostiene che, per vedere distintamente un oggetto lontano, gli basta catturarne l'immagine e guardare lo specchietto da vicino. Dice il vero?

Prova a risolvere il problema, poi verifica sul MEbook i passaggi svolti e commentati.

5. Una torcia elettrica, posta a 5,0 m da uno specchio piano, emette un fascio luminoso che incontra lo specchio con un angolo di incidenza di 60° e si riflette fino ad arrivare su uno schermo parallelo allo specchio. Calcola la distanza fra lo specchio e lo schermo, sapendo che tutto il cammino percorso dal raggio è lungo 40 m.

[15 m]

3 La rifrazione della luce

Quando un raggio luminoso incontra la superficie di separazione fra due mezzi trasparenti diversi, si divide in due raggi: uno riflesso, che ritorna nel primo mezzo, e uno trasmesso, che penetra nel secondo, dove però si propaga lungo una direzione diversa da quella del raggio incidente. La deviazione del raggio trasmesso prende il nome di **rifrazione**.

Il dispositivo in [▶14] serve a studiare le proprietà della rifrazione della luce. È simile a quello che abbiamo visto per la riflessione, con la differenza che lo specchio è sostituito con un semicilindro di vetro.

Dagli esperimenti si osserva che il raggio trasmesso giace sempre nel piano di incidenza e che, al variare dell'angolo di incidenza, il rapporto fra le lunghezze dei segmenti PH e LQ indicati in 1 resta costante:

$$\frac{\overline{PH}}{\overline{LQ}} = \text{costante}$$

Ricordando la definizione del seno di un angolo, si vede che è:

$$\overline{PH} = \overline{PI}\,\sin i \qquad \overline{LQ} = \overline{IQ}\,\sin r = \overline{PI}\,\sin r$$

dove i indica l'angolo di incidenza e r l'**angolo di rifrazione**, cioè l'angolo formato dal raggio trasmesso con la perpendicolare alla superficie di separazione fra i due mezzi. Possiamo dunque scrivere:

$$\frac{\sin i}{\sin r} = \text{costante}$$

Il valore della costante dipende dalle proprietà dei due mezzi in cui la luce si propaga.

Figura 14 Un esperimento sulla rifrazione della luce.

1 Come e perché

Riflessione e rifrazione di un raggio di luce sulla superficie fra due mezzi trasparenti

Il raggio trasmesso nel secondo mezzo si propaga lungo una direzione diversa da quella del raggio incidente. Il rapporto fra le lunghezze dei segmenti *PH* e *LQ* non dipende dall'angolo di incidenza *i*.

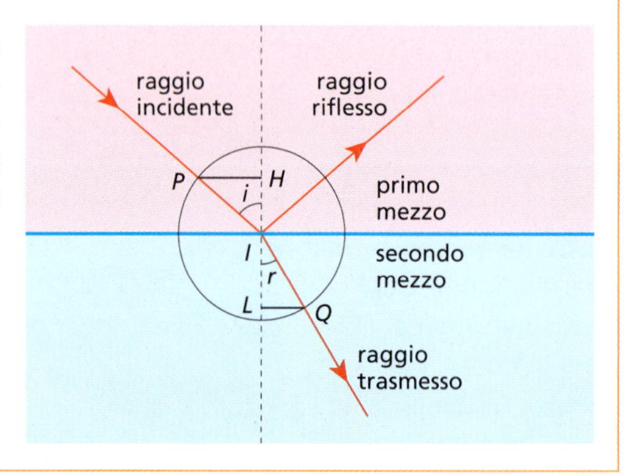

Rifrazione e velocità di propagazione della luce

La velocità della luce cambia a seconda del mezzo di propagazione: nel vuoto, per esempio, è pari a circa $3{,}00 \cdot 10^8$ m/s mentre nell'acqua è $2{,}25 \cdot 10^8$ m/s. Le misure precise del valore della velocità della luce nei mezzi trasparenti, effettuate fin dal XIX secolo, hanno dimostrato che la costante che figura nell'equazione della rifrazione è uguale al rapporto fra le velocità v_1 e v_2 con cui la luce si propaga nel primo e nel secondo mezzo:

$$\text{costante} = \frac{v_1}{v_2}$$

e dunque si ha:

$$\frac{\sin i}{\sin r} = \frac{v_1}{v_2}$$

L'indice di rifrazione di un mezzo trasparente

La velocità v della luce in un mezzo trasparente dipende dalle proprietà del mezzo, mentre la velocità c della luce nel vuoto è una costante universale. Possiamo così caratterizzare un mezzo trasparente attraverso il rapporto $n = c / v$, che prende il nome di **indice di rifrazione**.

Indice di rifrazione

L'indice di rifrazione di un mezzo trasparente è il rapporto fra la velocità c della luce nel vuoto e la velocità v della luce nel mezzo:

$$n = \frac{c}{v} \qquad (2)$$

indice di rifrazione (n); *velocità della luce nel vuoto*: $3{,}00 \cdot 10^8$ m/s (c); *velocità della luce nel mezzo* (m/s) (v)

Poiché la velocità c della luce nel vuoto è la massima velocità raggiungibile, l'indice di rifrazione è un numero sempre maggiore dell'unità.
In [**Tab. 2**] sono indicati gli indici di rifrazione di alcuni mezzi trasparenti.

Tabella 2 Indici di rifrazione di alcuni mezzi per la luce gialla.

Mezzo	Indice di rifrazione
aria	1,000 294
acqua	1,33
alcol etilico	1,36
glicerina	1,474
plexiglas	1,48
olio d'oliva	1,50
vetro	1,50-1,90
cloruro di sodio	1,53
diamante	2,465

Le leggi della rifrazione

Le proprietà della rifrazione della luce possono essere riassunte in due leggi.

Prima legge della rifrazione

Quando un raggio di luce colpisce la superficie di separazione fra due mezzi trasparenti, il raggio trasmesso nel secondo mezzo giace nel piano di incidenza, individuato dal raggio incidente e dalla perpendicolare alla superficie nel punto di incidenza.

La seconda legge è la relazione fra i seni degli angoli i, di incidenza, e r, di rifrazione, e le velocità v_1 e v_2 di propagazione nei due mezzi.
Se $n_1 = c/v_1$ e $n_2 = c/v_2$ sono gli indici di rifrazione del primo e del secondo mezzo, il rapporto fra le due velocità diventa:

$$\frac{v_1}{v_2} = \frac{n_2}{n_1} \qquad \text{da cui} \qquad \frac{\sin i}{\sin r} = \frac{n_2}{n_1}$$

A scoprire questa legge fu Willebrord Snell (1591-1626).

Seconda legge della rifrazione, o legge di Snell

Se un raggio di luce che si propaga in un mezzo con indice di rifrazione n_1 colpisce, con un angolo di incidenza i, la superficie che separa il primo da un secondo mezzo, con indice di rifrazione n_2, l'angolo di rifrazione r, che individua la direzione di propagazione del raggio trasmesso, è tale che:

$$n_1 \sin i = n_2 \sin r \qquad (3)$$

angolo di incidenza (i); *indice di rifrazione del primo mezzo* (n_1); *indice di rifrazione del secondo mezzo* (n_2); *angolo di rifrazione* (r)

Un raggio luminoso che passi da un mezzo con indice di rifrazione minore (meno rifrangente) a un mezzo con indice di rifrazione maggiore (più rifrangente) si avvicina alla perpendicolare alla superficie di separazione fra i due mezzi. Un raggio luminoso che passi invece da un mezzo più rifrangente a un mezzo meno rifrangente si allontana dalla perpendicolare 2. La direzione di propagazione resta invariata solo se il raggio incidente è perpendicolare alla superficie. L'acqua e il vetro sono più rifrangenti dell'aria, il cui indice di rifrazione può essere in molti casi approssimato all'unità.

2 Come e perché

Come cambia la direzione di un raggio di luce sulla superficie fra due mezzi trasparenti

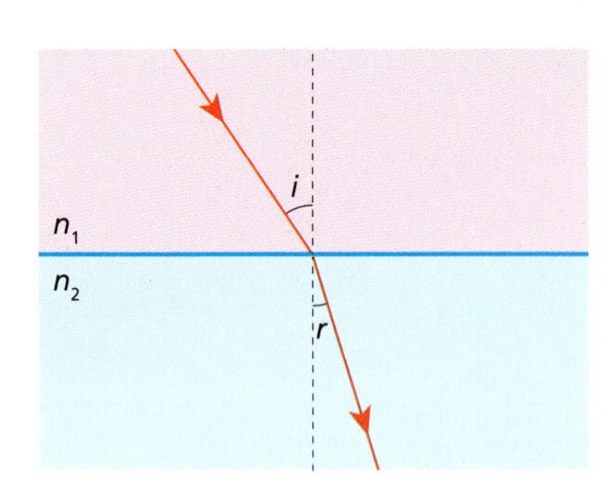

a. Nel passaggio da un mezzo meno rifrangente a uno più rifrangente il raggio si avvicina alla perpendicolare alla superficie. Essendo $n_1 < n_2$, dalla legge di Snell segue: $\sin i > \sin r \qquad r < i$

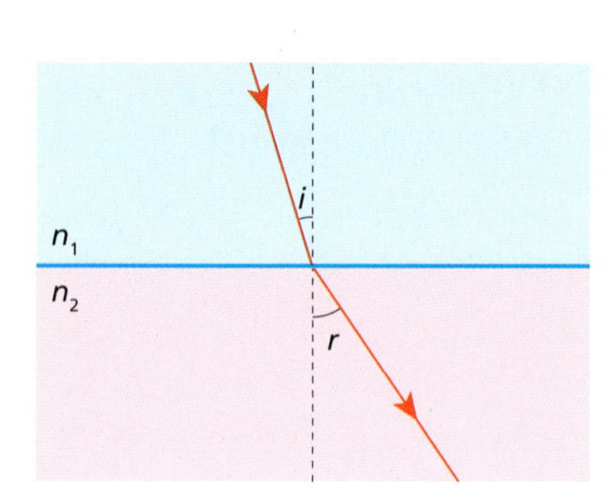

b. Nel passaggio inverso il raggio si allontana dalla perpendicolare alla superficie di separazione fra i due mezzi, poiché, essendo $n_1 > n_2$, si ottiene: $\sin i < \sin r \qquad r > i$

3 Le risposte della fisica — Quanto è rifrangente il sangue?

In un laboratorio di analisi si vuole determinare l'indice di rifrazione di un campione di plasma sanguigno.
Si osserva che un sottile fascio di luce blu, penetrando dall'aria nel campione con un angolo di incidenza di 60,0°, è deviato di 19,9° dalla direzione di incidenza. Qual è l'indice di rifrazione cercato?

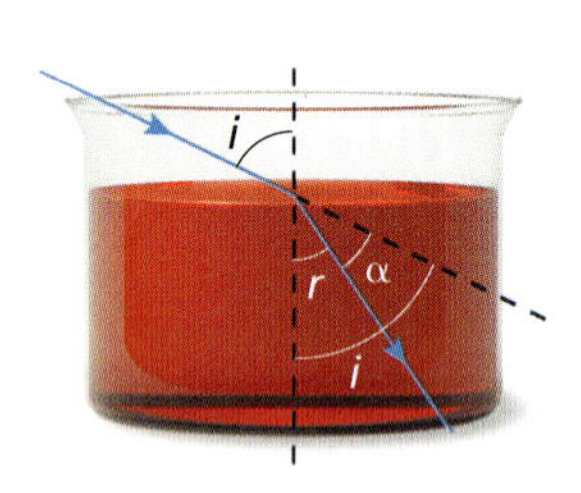

Dati e incognite

$\boldsymbol{i} = \mathbf{60{,}0°} \qquad \alpha = \mathbf{19{,}9°} \qquad \boldsymbol{n} = \mathbf{?}$

Soluzione

Dalla figura si vede che l'angolo α di cui il raggio, penetrando nel campione di plasma, è deviato dalla direzione di incidenza è la differenza fra l'angolo di incidenza i e l'angolo di rifrazione r: $\alpha = i - r$

Perciò: $\quad r = i - \alpha = 60{,}0° - 19{,}9° = 40{,}1°$

Nella tabella 1 si legge che l'indice di rifrazione dell'aria, approssimato a tre cifre significative, è $n_a = 1{,}00$. Dalla legge di Snell

$$n_a \sin i = n \sin r$$

si trova quindi che l'indice di rifrazione n del plasma è:

$$n = \frac{n_a \sin i}{\sin r} = \frac{1{,}00\,(\sin\ 60{,}0°)}{\sin\ 40{,}1°} = 1{,}34$$

Prosegui tu

Qual è la velocità di propagazione della luce nel campione di plasma? [2,24 · 10^8 m/s]

Adesso tocca a te

Rielabora il contenuto del paragrafo rispondendo a voce a queste domande.

6. Una moneta si trova sul fondo di un recipiente pieno d'acqua. Il raggio luminoso con origine nel punto P del bordo della moneta, rifrangendosi nel punto I della superficie dell'acqua, cambia direzione. Perché l'osservatore ha l'illusione che la moneta si trovi più in alto rispetto alla posizione che occupa in realtà?

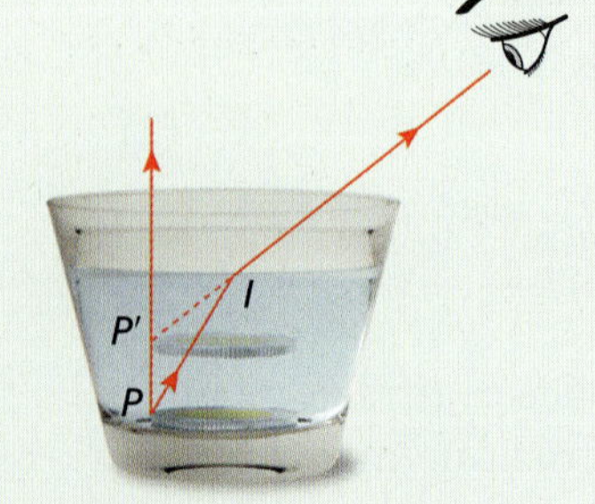

Prova a risolvere il problema, poi verifica sul MEbook i passaggi svolti e commentati.

7. Se immergi parzialmente in acqua (il cui indice di rifrazione è 1,33) una matita in modo da formare con la perpendicolare alla superficie del liquido un angolo di 60°, di quale angolo apparirà deviata la matita rispetto alla perpendicolare? Illustra con un disegno la situazione.

[41°]

4 La riflessione totale

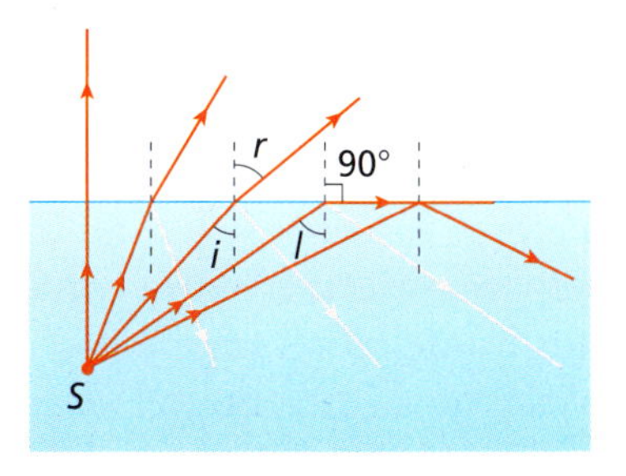

Figura 15 Un raggio luminoso che si propaga nell'acqua in parte si riflette e in parte si rifrange sulla superficie a contatto con l'aria se l'angolo di incidenza i è inferiore all'angolo limite l. Se i è maggiore di l, il raggio è totalmente riflesso.

In [▶15] è rappresentata una sorgente luminosa S immersa nell'acqua. I raggi emessi, passando dall'acqua all'aria, cioè da un mezzo con indice di rifrazione maggiore a uno con indice di rifrazione minore, si allontanano dalla perpendicolare alla superficie di separazione fra i due mezzi.
Se consideriamo una serie di raggi provenienti da S che formino con la perpendicolare angoli crescenti, troviamo a un certo punto un raggio che, rifrangendosi sulla superficie dell'acqua, prosegue il suo cammino parallelamente a essa. L'angolo di incidenza di questo raggio, che indichiamo con l, prende il nome di **angolo limite**: l'angolo limite è l'angolo di incidenza cui corrisponde un angolo di rifrazione di 90°. Assumiamo che l'indice di rifrazione dell'aria sia esattamente uguale a 1 e indichiamo con n l'indice di rifrazione del mezzo a contatto con l'aria. Dalla legge di Snell, ponendo $r = 90°$ e osservando che è $\sin 90° = 1$, otteniamo che l'angolo limite l soddisfa la condizione $n \sin l = 1$.

Angolo limite

Nella rifrazione da un mezzo con indice di rifrazione n all'aria, l'angolo limite l è l'angolo il cui seno è uguale al reciproco di n:

$$\sin l = \frac{1}{n} \qquad (4)$$

angolo limite (l); *indice di rifrazione del mezzo a contatto con l'aria* (n)

Nel caso dell'acqua, essendo $n = 1{,}33$, si ha $\sin l = 0{,}752$ ed $l = 48{,}8°$.
Se l'angolo di incidenza è maggiore dell'angolo limite, la luce non è trasmessa affatto nel secondo mezzo, ma si riflette completamente sulla superficie di separazione come farebbe incontrando uno specchio. Questo fenomeno è chiamato **riflessione totale**.

4 Le risposte della fisica — Cerchi di luce!

Un piccolo faro subacqueo è posizionato sul fondo di una piscina profonda 120 cm. Quando viene acceso, qual è il raggio del cerchio di luce che si forma sulla superficie dell'acqua?

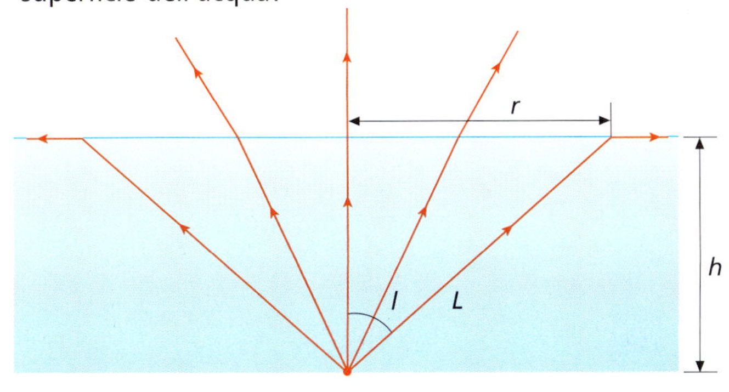

Dati e incognite

$h = 120$ cm $\qquad r = ?$

Soluzione

La porzione del fascio di luce emesso dal faro che attraversa l'acqua e viene riflesso in aria è di tipo conico. Il cono ha un'altezza uguale alla profondità h dell'acqua, una base circolare di raggio r e un apotema la cui lunghezza è pari alla lunghezza L del cammino del raggio luminoso che, rifrangendosi sulla superficie dell'acqua, viene totalmente riflesso.
Il raggio r e la lunghezza L possono essere determinate geometricamente come in figura, sapendo che il cono si ottiene ruotando il triangolo rettangolo, che ha per cateti i segmenti di lunghezza h ed r e per ipotenusa L, attorno al cateto di lunghezza h.
Le lunghezze h ed L sono legate tra loro dalla relazione:

$$L = \frac{h}{\cos l}$$

dove

$$l = 48{,}8°$$

è l'angolo limite.

Il raggio r del cerchio di luce che si forma in superficie è:

$$r = L \sin l = h \tan l = (120 \text{ m})(\tan 48{,}8°) = 137 \text{ m}$$

Il prisma a riflessione totale

Un prisma ottico è un mezzo trasparente limitato da facce piane. Un prisma di vetro a sezione di triangolo rettangolo isoscele può essere utilizzato, sfruttando il fenomeno della riflessione totale, per deviare di 90° un raggio di luce [▶16]. Se il raggio incide perpendicolarmente su una faccia cateto, esso prosegue all'interno del vetro arrivando sulla superficie di separazione vetro-aria con un angolo di incidenza di 45°. Poiché l'angolo limite nella rifrazione vetro-aria è minore di 45°, il raggio è totalmente riflesso all'interno del vetro. Dispositivi del genere, sistemati all'interno dei periscopi dei sommergibili, consentono di guardare cosa accade al di sopra della superficie dell'acqua [▶17].

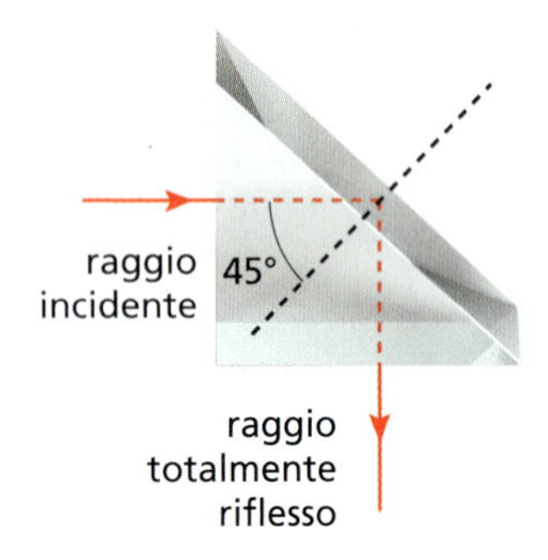

Figura 16 La riflessione totale su una faccia di un prisma.

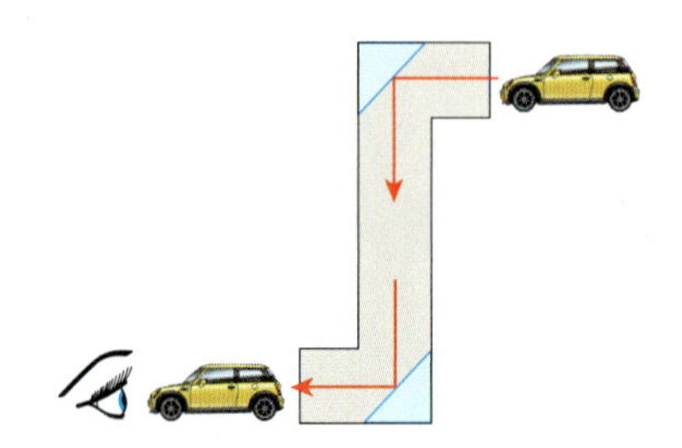

Figura 17 La luce che entra nel periscopio viene deviata di 90° due volte da due prismi a riflessione totale.

Le fibre ottiche

Una fibra ottica è costituita da un nucleo trasparente il cui indice di rifrazione è leggermente più grande di quello della guaina che lo circonda. Se un raggio luminoso entra nel nucleo, subisce una serie di riflessioni totali e rimane confinato entro la fibra [▶18].

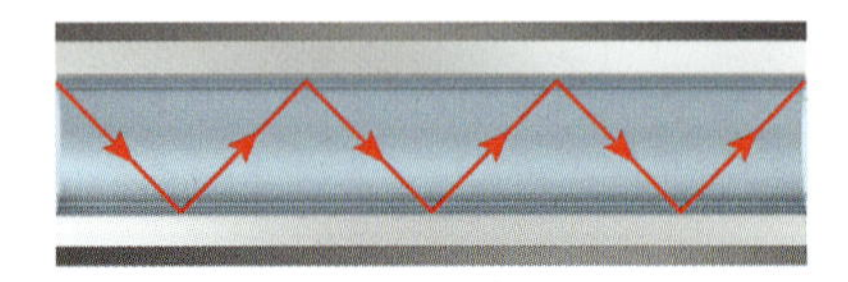

Figura 18 Sezione longitudinale di una fibra ottica. Per effetto di ripetute riflessioni totali, la luce è trasmessa da un'estremità all'altra della fibra.

Per questo le fibre ottiche possono essere utilizzate per trasportare immagini e segnali per lunghe distanze, anche lungo cammini tortuosi. Negli esami endoscopici dello stomaco, dell'intestino, dei bronchi ecc., si usano fasci di fibre ottiche per raggiungere, illuminare e visualizzare le cavità interne, che altrimenti sarebbero accessibili solo chirurgicamente [▶19].

Figura 19 Luce trasmessa attraverso una fibra ottica.

Che cos'è un miraggio?

Generalmente gli strati di aria atmosferica più vicini alla Terra sono più densi, mentre quelli superiori sono più rarefatti e quindi meno rifrangenti. Se però la Terra è molto calda può accadere che gli strati più bassi, a diretto contatto con il suolo, diventino meno densi degli strati superiori. Questo avviene nelle giornate estive molto calde e, più spesso, nei deserti.
Consideriamo un raggio luminoso che, partendo dalla cima A di un albero, si propaghi verso il suolo [▸**20**]. Nel suo percorso, il raggio incontra strati d'aria con indice di rifrazione progressivamente più piccolo, e quindi si rifrange continuamente allontanandosi sempre di più dalla verticale (perpendicolare agli strati d'aria). Nel momento in cui l'inclinazione del raggio rispetto alla verticale supera l'angolo limite, avviene la riflessione totale e il raggio si allontana dal suolo.

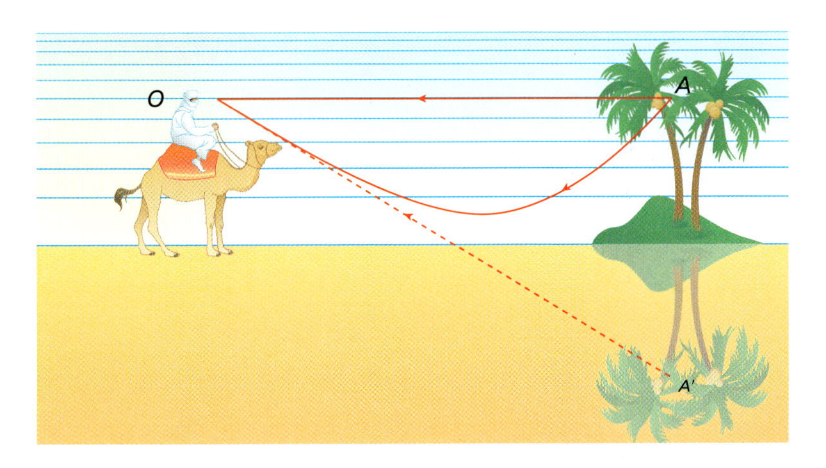

Figura 20 Un miraggio nel deserto.

Per chi vede il raggio totalmente riflesso, è come se questo avesse avuto sempre la stessa direzione, cioè fosse partito da A' anziché da A. Di conseguenza l'osservatore vede in A' la cima dell'albero, proprio come se l'albero si riflettesse su uno specchio d'acqua.
In questo consiste un miraggio: nel vedere insieme l'oggetto e l'immagine. I miraggi possono formarsi anche sul mare, dove talvolta accade che gli strati d'aria più alti siano molto meno densi di quelli inferiori, o sull'asfalto in una infuocata giornata estiva. In [▸**21**] è rappresentato un raggio luminoso che, da una nave, si dirige verso l'alto: incontrando strati sempre meno rifrangenti, comincia a incurvarsi fino a subire, a un certo punto, una riflessione totale che lo fa ritornare verso il basso. L'osservatore che intercetta il raggio vede la nave capovolta, sospesa come se volasse. Questo fenomeno è detto *fata morgana*, dal nome del mitologico personaggio che aveva il potere di creare castelli in aria.

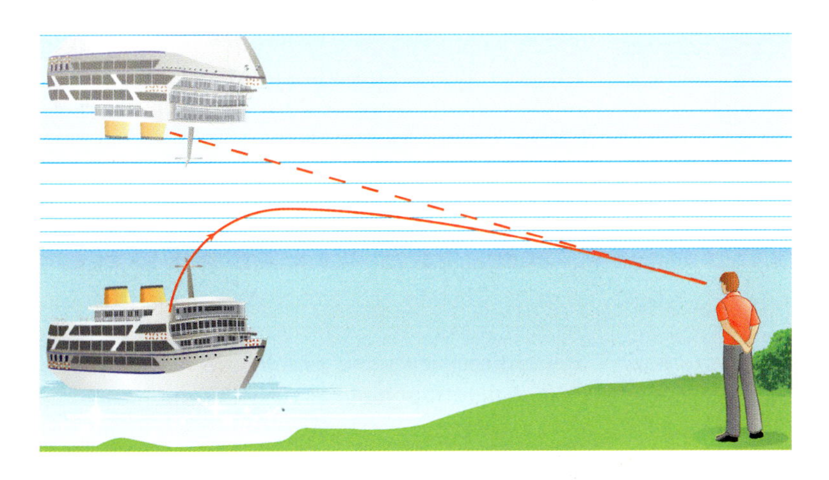

Figura 21 Un miraggio sul mare.

La fisica che stupisce Una fibra ottica d'acqua

Eseguire esperimenti con le fibre ottiche richiede un'attrezzatura ad alto contenuto tecnologico, incluso un laser come sorgente luminosa. Tuttavia, fare esperienza del fenomeno fisico che è alla base del funzionamento di una fibra ottica è possibile anche a casa, con materiali facili da procurarsi.

Quel poco che serve:

- un bottiglia di plastica incolore, privata dell'etichetta, meglio se con pareti diritte
- una torcia elettrica
- bianchetto liquido da applicare con pennello (correttore di scrittura) o smalto per unghie
- un ambiente completamente buio
- un lavandino o un secchio
- una puntina da disegno o uno spillo
- nastro adesivo
- forbici
- un pezzo di cartoncino nero

Come procedere

- Per questa attività hai bisogno di un fascio di luce sottile e poco divergente, e probabilmente la torcia che hai a disposizione emette un fascio troppo largo. Costruisci con il cartoncino nero un diaframma, ritagliando al centro un foro del diametro di 1 cm o meno. Fissalo quindi sulla torcia con il nastro adesivo.
- Con la puntina da disegno o lo spillo, pratica un forellino sul lato della bottiglia a un paio di centimetri di altezza dal fondo. Se non riesci a bucare la parete di plastica perché questa si piega per la pressione che eserciti, esegui l'operazione con la bottiglia piena di acqua.
- Svuota la bottiglia, asciugala accuratamente all'esterno e dipingi la superficie intorno al foro, per un raggio di circa 2 cm, con il bianchetto o lo smalto. Lo strato di pittura, che è opaco alla luce, farà sì che il fascio della torcia possa attraversare la parete della bottiglia solo passando per il forellino.
- Riempi d'acqua la bottiglia e assicurati che il liquido zampilli dal foro laterale con flusso regolare e stabile. Poggia la bottiglia su un piano orizzontale e, per non bagnare tutto intorno, fai in modo che lo zampillo cada nel lavandino o nel secchio.
- Oscura le finestre, spegni la luce della stanza e accendi la torcia dirigendo il fascio luminoso, dal lato opposto della bottiglia, verso il foro.

Che cosa osserverai

Lo zampillo che fuoriesce dal foro è illuminato e brilla nel buio per tutta la sua lunghezza, fin dove non si frammenta in gocce luccicanti. Metti un dito nel punto in cui il flusso d'acqua si divide in gocce: vedrai una macchia di luce sulla pelle. Potrai notare che la macchia di luce si forma più in basso rispetto al foro della bottiglia. Ciò indica che il fascio luminoso si piega, seguendo il profilo dello zampillo d'acqua.

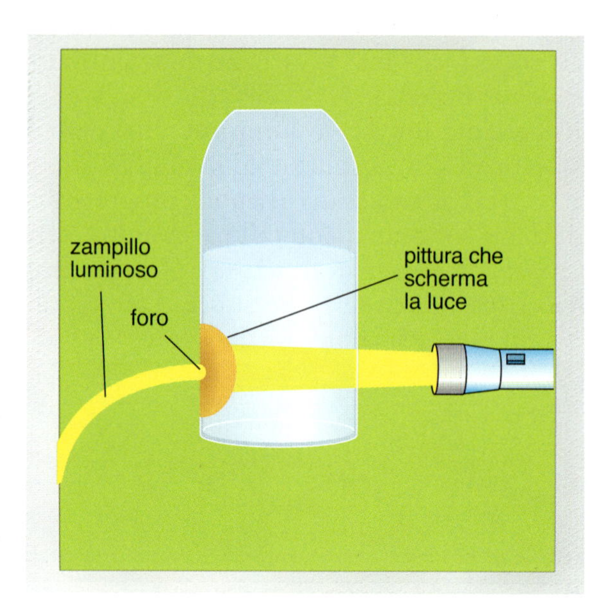

Come si spiega?

L'acqua e la luce attraversano entrambe orizzontalmente il foro sulla parete della bottiglia, e subito il getto d'acqua comincia a piegarsi verso il basso per azione della forza di gravità. L'incurvamento è lieve e progressivo, così il fascio di luce già penetrato nell'acqua colpisce la superficie che separa l'acqua dall'aria con un angolo di incidenza maggiore dell'angolo limite (che, essendo l'indice di rifrazione dell'acqua uguale a 1,33, è di circa 49°). La luce rimane pertanto intrappolata all'interno dello zampillo rimbalzando da una parte all'altra del suo margine laterale.

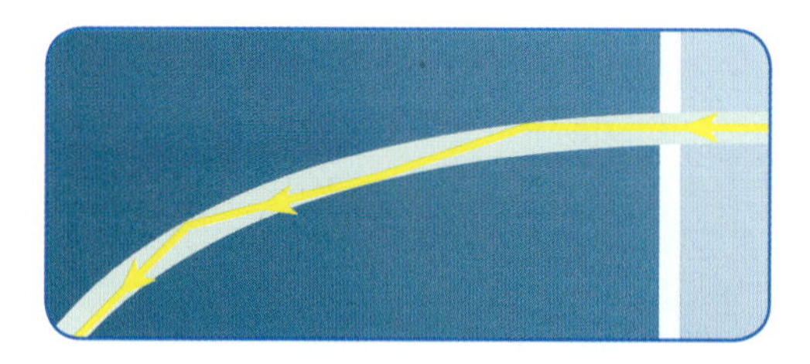

Lo stesso effetto si produce all'interno del filo di materiale trasparente che costituisce il nucleo di una fibra ottica: la luce si propaga per riflessioni totali successive lungo la fibra, senza fuoriuscirne anche se questa è incurvata e attorcigliata.
Il primo a mostrare che la luce poteva essere guidata lungo un flusso d'acqua fu, nel 1870, lo scienziato irlandese John Tyndall.
Tyndall utilizzava un recipiente colmo d'acqua che illuminava dall'alto. Lo zampillo d'acqua che fuoriusciva dal foro praticato sul fondo, terminava la sua corsa in un altro recipiente più piccolo che veniva così illuminato dalla luce intrappolata al suo interno.

Adesso tocca a te

Rielabora il contenuto del paragrafo rispondendo a voce a queste domande.

8. Perché, nel passaggio di luce dall'aria al vetro, non può mai verificarsi una riflessione totale?

9. Come disporresti un prisma di vetro con sezione a forma di triangolo rettangolo isoscele per far tornare indietro un raggio di luce lungo un cammino parallelo a quello di provenienza?

Prova a risolvere il problema, poi verifica sul MEbook i passaggi svolti e commentati.

10. Ricava l'indice di rifrazione del teflon sapendo che il suo angolo limite nell'aria è pari a 50°. Poiché l'angolo limite nell'aria del diamante è ampio circa la metà di quello del teflon (per l'esattezza 24,4°), è corretto concludere subito che l'indice di rifrazione del diamante è il doppio di quello del teflon? Spiega. [1,3]

5 Gli specchi sferici

Uno specchio sferico è una superficie riflettente a forma di calotta sferica [▸22]. Sono *specchi concavi* quelli che riflettono la luce dalla parte interna della calotta, *specchi convessi* quelli che la riflettono dalla parte esterna.

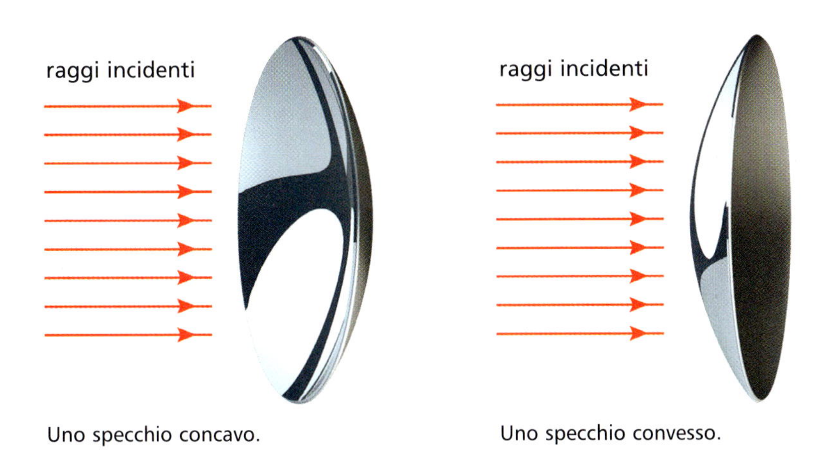

Uno specchio concavo. Uno specchio convesso.

Figura 22 Specchi sferici.

Figura 23 Rappresentazione schematica di uno specchio sferico.

Gli elementi caratteristici di uno specchio sferico [▸23] sono:

- il centro di curvatura *C*, centro della superficie sferica alla quale appartiene la calotta;
- l'**asse ottico**, asse di simmetria della calotta sferica;
- il **vertice** *V*, intersezione dell'asse ottico con la superficie riflettente;
- l'**apertura** α, angolo sotto il quale i bordi dello specchio sono visti dal centro *C*.

Il fuoco di uno specchio sferico

Se un fascio di raggi luminosi incide su uno specchio concavo *di piccola apertura* parallelamente all'asse ottico [▸24], i raggi riflessi convergono in un unico punto *F*, che giace sull'asse, chiamato **fuoco** dello specchio. È facile verificare che il fuoco si trova nel punto medio del segmento *VC*.

La distanza del fuoco dal vertice dello specchio, cioè la lunghezza del segmento *VF*, è chiamata **distanza focale** dello specchio.

Figura 24 Il fuoco di uno specchio concavo. I raggi riflessi sono tracciati secondo le leggi della riflessione, tenendo conto del fatto che la perpendicolare alla superficie riflettente, in ogni punto dello specchio, passa per il centro di curvatura *C*.

Distanza focale

La distanza focale *f* di uno specchio sferico è uguale alla metà del raggio di curvatura *R* dello specchio stesso:

$$f = \frac{R}{2} \qquad (5)$$

distanza focale (m): f; *raggio di curvatura* (m): R

Nel caso di uno specchio convesso, la costruzione geometrica di [▶25] mostra che un fascio di raggi paralleli all'asse ottico, dopo la riflessione, diverge come se provenisse dal punto medio F del segmento VC. Anche questo punto è chiamato fuoco. Si tratta però di un *fuoco virtuale*: essendo il punto d'incontro dei prolungamenti dei raggi riflessi, non rappresenta una concentrazione reale di energia luminosa.

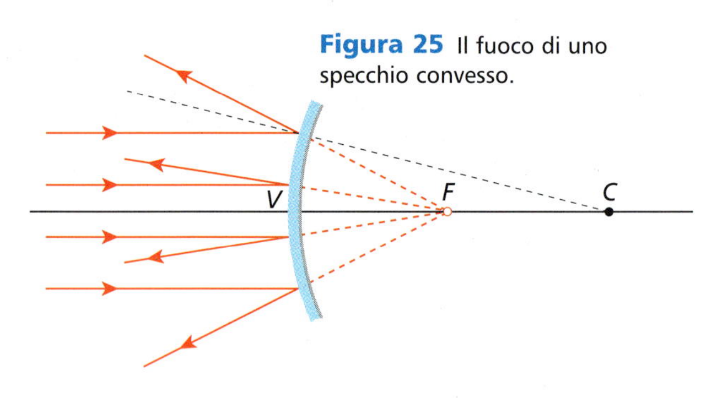

Figura 25 Il fuoco di uno specchio convesso.

I punti coniugati di uno specchio sferico

Se poniamo una sorgente luminosa, che chiamiamo *oggetto*, in un punto P dell'asse ottico di uno specchio sferico, i raggi riflessi o i loro prolungamenti convergono in un unico punto P', dove si forma l'*immagine* dell'oggetto. Le immagini prodotte dagli specchi sferici possono essere sia *reali* sia *virtuali*. Nei punti di un'immagine reale convergono i raggi di luce riflessi o rifratti e l'energia trasportata dalla luce si concentra.
Vediamo come in 3.

3 Come e perché

Un punto luminoso e la sua immagine prodotta da uno specchio sferico

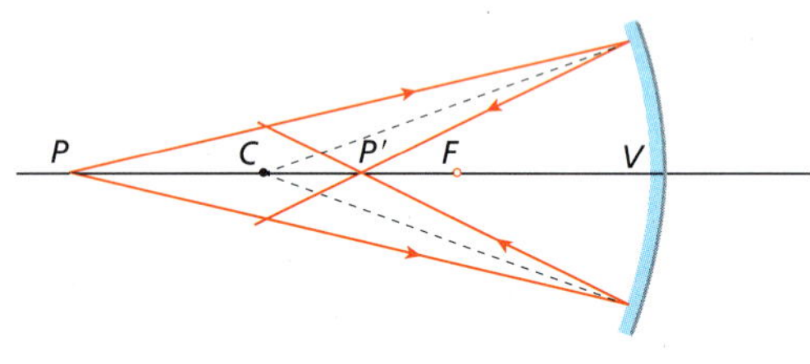

a. Specchio concavo: se il punto P dista dallo specchio più del fuoco F, l'immagine P' di P è reale. Nel punto P', posto davanti allo specchio, si intersecano i raggi riflessi.

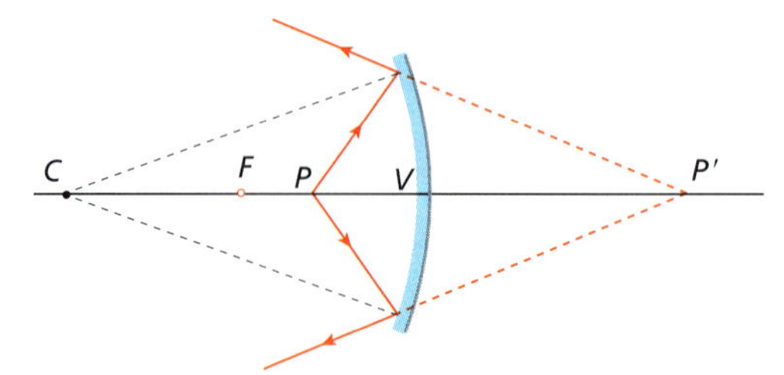

b. Specchio concavo: se P è situato fra il fuoco e lo specchio, l'immagine P' di P è virtuale. Nel punto P', posto dietro lo specchio, non si intersecano i raggi riflessi, ma i loro prolungamenti.

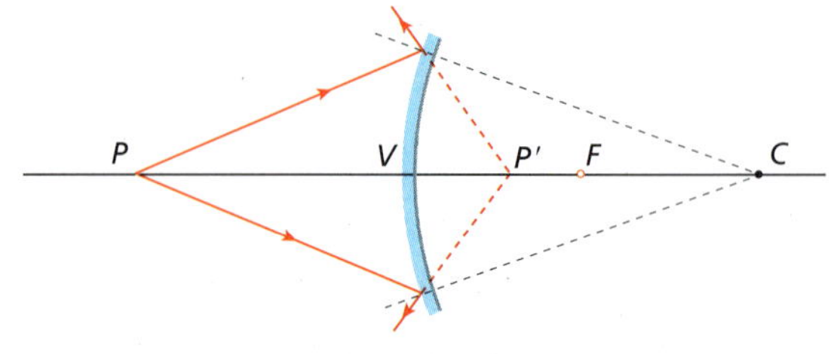

c. Specchio convesso: qualunque sia la posizione di P, la riflessione produce sempre un fascio di raggi divergenti, ovvero l'immagine P' di P è sempre virtuale.

Se l'immagine è reale possiamo spostare l'oggetto nella posizione P' dell'immagine, e l'immagine si sposta nella posizione P che prima era dell'oggetto. Ogni punto P dell'asse ottico e la relativa immagine P' sono detti **punti coniugati**.

Qual è il punto coniugato del fuoco? Se una sorgente luminosa è posta nel fuoco F di uno specchio concavo, i raggi si riflettono parallelamente all'asse ottico [▸26]. Il punto coniugato del fuoco si trova dunque sull'asse a distanza infinita dallo specchio.

Figura 26 L'immagine di un punto luminoso posto nel fuoco di uno specchio concavo si forma all'infinito.

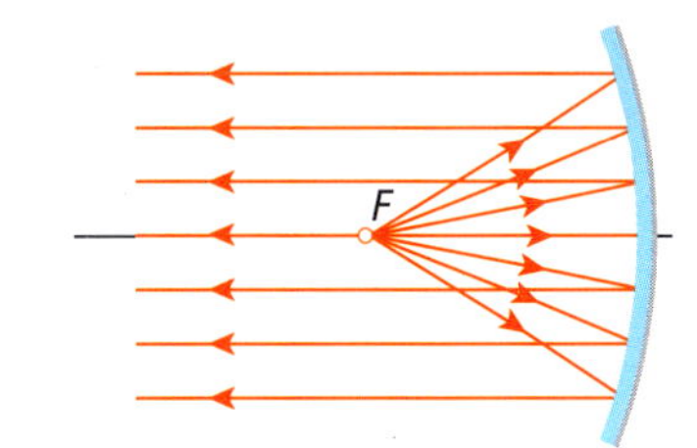

Immagini reali capovolte e immagini virtuali diritte

Normalmente gli oggetti che si riflettono su uno specchio non sono puntiformi, ma hanno dimensioni estese.

Consideriamo un oggetto posto davanti a uno specchio concavo e rappresentiamolo, per semplicità, come una freccia verticale, con l'origine in un punto A dell'asse ottico e l'altra estremità in un punto B esterno all'asse [▸27].

Per costruire geometricamente l'immagine, anch'essa una freccia verticale, basta trovare l'immagine B' dell'estremità B e congiungerla all'asse ottico perpendicolarmente.

Come si determina B'? Applicando le leggi della riflessione a due raggi che escono dall'estremità B dell'oggetto. Il punto B' è, infatti, l'intersezione dei due raggi riflessi.

La costruzione geometrica è molto semplice se si scelgono, fra gli infiniti raggi uscenti da B, due raggi particolari:

- quello parallelo all'asse ottico, il cui raggio riflesso passa per il fuoco;
- quello che passa per il centro di curvatura, che incide perpendicolarmente sullo specchio e quindi torna su se stesso.

Nel caso della figura 27, in cui la distanza dell'oggetto dallo specchio è maggiore della distanza focale, l'immagine è reale e capovolta.

Altri due esempi del metodo grafico di costruzione dell'immagine sono illustrati nella [▸28]. Si vede che, se l'oggetto si trova fra il fuoco e il vertice di uno specchio concavo, l'immagine è virtuale, diritta e ingrandita. Uno specchio convesso, invece, produce sempre un'immagine virtuale, diritta e rimpicciolita.

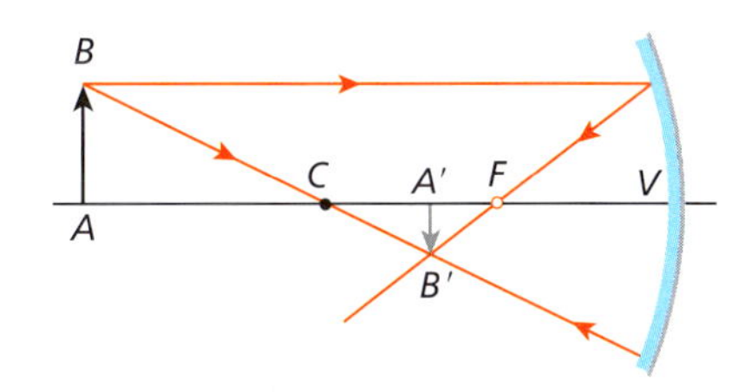

Figura 27 Se un oggetto è posto davanti a uno specchio concavo, a una distanza maggiore della distanza focale dello specchio, l'immagine prodotta è reale e capovolta.

Figura 28 Due immagini virtuali.

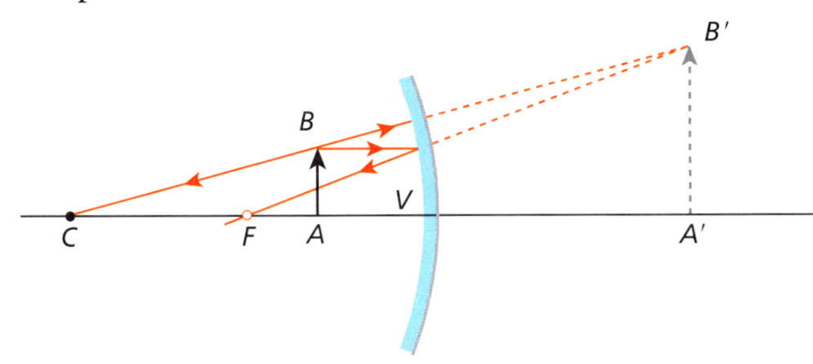

L'immagine ingrandita di un oggetto posto fra il fuoco e il vertice di uno specchio concavo.

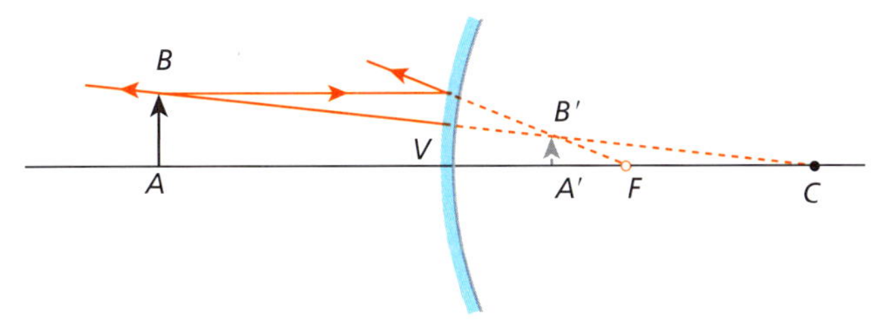

L'immagine rimpicciolita di un oggetto posto davanti a uno specchio convesso.

A quale distanza dallo specchio si forma l'immagine?

Consideriamo uno specchio concavo e un punto luminoso P sull'asse ottico, a una distanza p dal vertice (come mostrato in **4**, a pagina seguente). Un raggio PI che esca da P e colpisca lo specchio in un punto I dà origine a un raggio riflesso che interseca l'asse ottico in un punto P', immagine di P. Indichiamo con q la distanza di P' dal vertice e con R il raggio di curvatura dello specchio. Da semplici considerazioni geometriche si ricava la relazione:

$$\frac{p}{q} = \frac{p - R}{R - q}$$

che può essere riscritta nella forma nota come *equazione dei punti coniugati*.

4 Come e perché

Le distanze dell'oggetto e dell'immagine dal vertice di uno specchio sferico

Per le leggi della riflessione, il segmento IC che congiunge il centro di curvatura al punto in cui il raggio incidente colpisce lo specchio è la bisettrice dell'angolo α fra il raggio incidente e il raggio riflesso. Poiché la bisettrice di un angolo interno di un triangolo divide il lato opposto in parti direttamente proporzionali agli altri due lati, si ha:

$$\overline{PI} : \overline{IP'} = \overline{PC} : \overline{CP'}$$

Se i raggi luminosi sono poco inclinati rispetto all'asse ($\overline{PI} \approx p, \overline{IP'} \approx q$), questa proporzione diventa una relazione fra le distanze p e q:

$$\frac{p}{q} = \frac{p - R}{R - q}$$

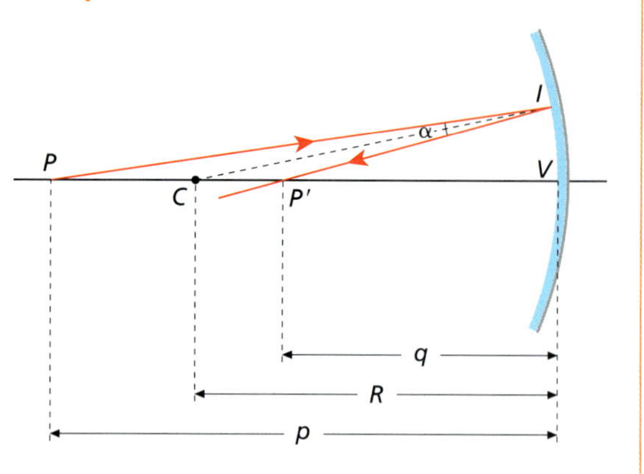

Equazione dei punti coniugati di uno specchio sferico

Se un oggetto è posto sull'asse ottico di uno specchio sferico con raggio di curvatura R, a distanza p dal vertice, la sua immagine si forma a una distanza q dal vertice tale che:

$$\frac{1}{p} + \frac{1}{q} = \frac{2}{R} \qquad (6)$$

p: distanza dell'oggetto dal vertice (m); q: distanza dell'immagine dal vertice (m); R: raggio di curvatura (m)

o anche, ricordando che è $f = R/2$

$$\frac{1}{p} + \frac{1}{q} = \frac{1}{f} \qquad (7)$$

p: distanza dell'oggetto dal vertice (m); q: distanza dell'immagine dal vertice (m); f: distanza focale (m)

Per applicare queste due equazioni si devono osservare delle convenzioni sui segni:

- q è positiva se l'immagine è reale, negativa se l'immagine è virtuale;
- R ed f sono grandezze positive per gli specchi concavi, negative per gli specchi convessi.

L'ingrandimento dell'immagine prodotta da uno specchio sferico

L'immagine prodotta da uno specchio sferico può essere più grande o più piccola dell'oggetto. Si definisce **ingrandimento** il rapporto fra le dimensioni lineari dell'immagine e quelle dell'oggetto.
Nel caso illustrato in 5, l'ingrandimento è il rapporto $\overline{A'B'}/\overline{AB}$ fra le lunghezze delle frecce che rappresentano rispettivamente l'immagine e l'oggetto. Per la similitudine dei triangoli ABC e $A'B'C$, indicando con G l'ingrandimento, si ottiene:

$$G = -\frac{q}{p} \qquad (8)$$

Questa equazione è valida sia per gli specchi concavi sia per quelli convessi. Il segno negativo fa sì che, prendendo q con il suo segno convenzionale, l'ingrandimento G sia positivo quando l'immagine è diritta rispetto all'oggetto e negativo quando l'immagine è capovolta.

5 Come e perché

La relazione fra l'ingrandimento dell'immagine e la sua distanza dallo specchio

Poiché i triangoli ABC e $A'B'C$ sono simili, vale la proporzione:

$$\overline{A'B'} : \overline{AB} = \overline{CA'} : \overline{AC}$$

da cui

$$\frac{\overline{A'B'}}{\overline{AB}} = \frac{R-q}{p-R}$$

e, utilizzando l'equazione dei punti coniugati, $\dfrac{\overline{A'B'}}{\overline{AB}} = \dfrac{q}{p}$

Il rapporto fra l'altezza dell'immagine e l'altezza dell'oggetto è quindi uguale al rapporto fra le distanze dell'immagine e dell'oggetto dal vertice dello specchio.

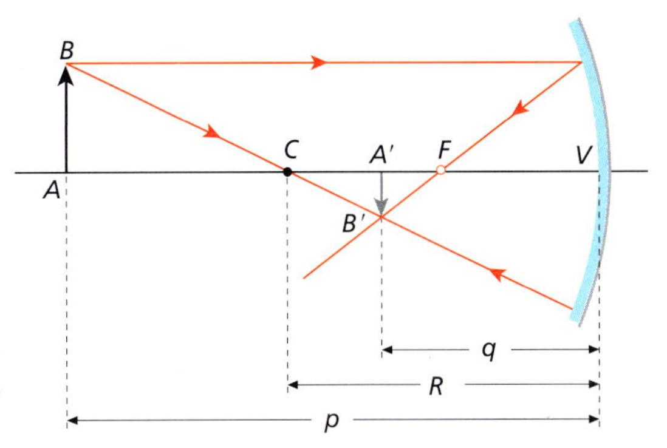

5 Le risposte della fisica — Com'è l'immagine di uno specchio convesso?

Una matita alta 6,00 cm è posta, come in figura, a 75,0 cm di distanza da uno specchio convesso con raggio di curvatura di 75,0 cm. A quale distanza dal vertice dello specchio si forma l'immagine? Qual è il suo ingrandimento?

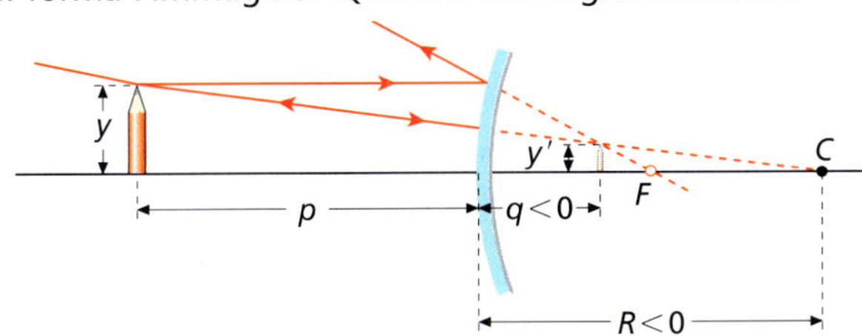

Dati e incognite

$\boldsymbol{y} = \mathbf{6{,}00\ cm}$ $\quad \boldsymbol{p} = \mathbf{75{,}0\ cm}$ $\quad \boldsymbol{R} = \mathbf{-75{,}0\ cm}$

$\boldsymbol{q} = ?$ $\quad \boldsymbol{G} = ?$

Soluzione

Per poter utilizzare l'equazione dei punti coniugati, il raggio di curvatura R e la distanza focale f di uno specchio convesso devono essere considerati negativi:

$$f = \frac{R}{2} = \frac{-75{,}0\ \text{cm}}{2} = -37{,}5\ \text{cm}$$

Dalla (7) si ricava:

$$\frac{1}{q} = \frac{1}{f} - \frac{1}{p} \qquad \frac{1}{q} = \frac{p-f}{f\,p}$$

da cui la distanza q dell'immagine dal vertice dello specchio risulta

$$q = \frac{f}{1-\dfrac{f}{p}} = \frac{-37{,}5\ \text{cm}}{1-\dfrac{(-37{,}5\ \text{cm})}{75{,}0\ \text{cm}}} = -25{,}0\ \text{cm}$$

Per la (8), l'ingrandimento dell'immagine è:

$$G = -\frac{q}{p} = -\frac{(-25{,}0\ \text{cm})}{75{,}0\ \text{cm}} = \frac{1}{3}$$

Riflettiamo sul risultato

Il fatto che q sia negativa vuol dire che l'immagine è virtuale, come si constata dalla figura. Che l'ingrandimento G sia positivo e minore dell'unità indica invece che l'immagine è diritta e rimpicciolita.

Prosegui tu

Qual è l'altezza dell'immagine? [2,00 cm]

Adesso tocca a te

Rielabora il contenuto del paragrafo rispondendo a voce a queste domande.

11. Specchiati sulla faccia concava di un cucchiaio, tenendolo in mano con il braccio teso, poi avvicina la mano agli occhi. Come cambia l'immagine riflessa? Perché? Gira il cucchiaio dalla parte convessa e ripeti l'esperimento.

Prova a risolvere il problema, poi verifica sul MEbook i passaggi svolti e commentati.

12. L'immagine virtuale di un telefonino, disposto perpendicolarmente all'asse ottico di uno specchio sferico concavo avente raggio uguale a 120 cm, è 3 volte più alta dell'oggetto. Determina la distanza del telefonino e della sua immagine dallo specchio. È possibile raccogliere l'immagine del telefonino su uno schermo? [40 cm; −120 cm]

6 Le lenti

Una **lente** è formata da un mezzo trasparente limitato da due superfici, delle quali almeno una di forma curva, generalmente sferica.
A seconda della curvatura delle superfici, si hanno *lenti convergenti* [▸29] e *lenti divergenti* [▸30]: le prime sono più spesse al centro che ai bordi, le seconde, al contrario, sono più sottili al centro.

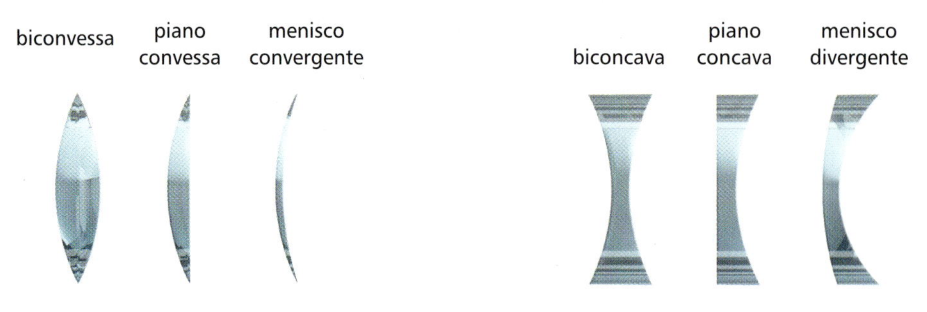

Figura 29 Diversi tipi di lenti convergenti.

Figura 30 Diversi tipi di lenti divergenti.

Gli elementi caratteristici di una lente sono [▸31]:
- il **centro ottico** *O*, punto attraverso il quale i raggi luminosi passano senza cambiare direzione;
- l'**asse ottico**, retta passante per il centro ottico perpendicolare alle due facce della lente;
- i **fuochi** F_1 ed F_2.

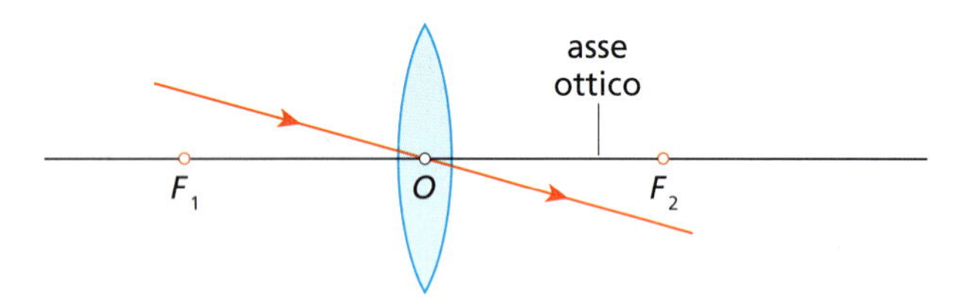

Figura 31 Rappresentazione schematica di una lente.

In [▸32] sono illustrate le proprietà dei fuochi di una lente convergente, mentre in [▸33] quelle dei fuochi di una lente divergente.

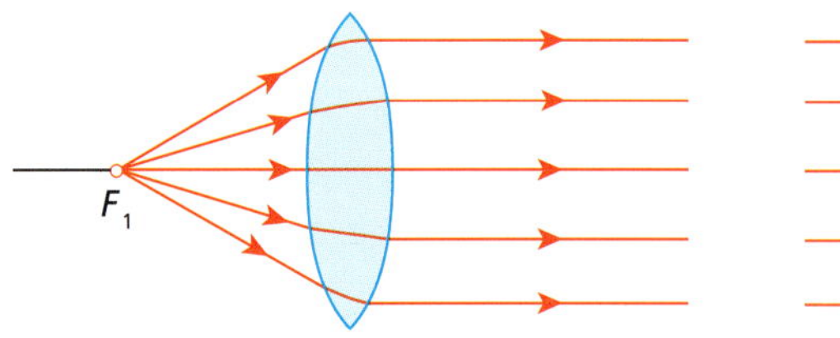

I raggi uscenti dal primo fuoco F_1, rifrangendosi sulle due facce della lente, emergono parallelamente all'asse ottico.

I raggi che incidono sulla lente parallelamente all'asse ottico emergono convergendo nel secondo fuoco F_2.

Figura 32 I fuochi reali di una lente convergente.

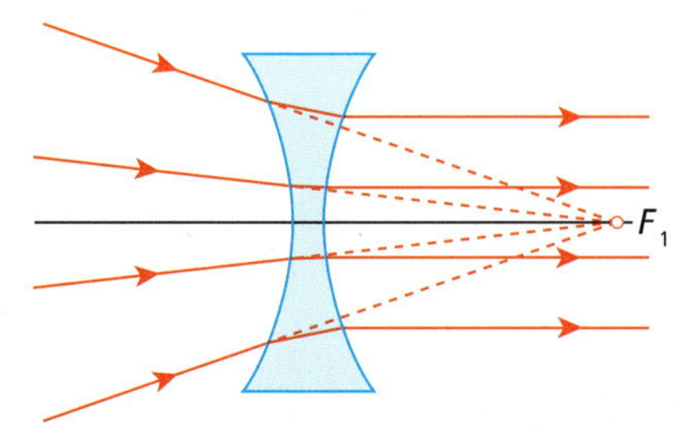

Se i raggi incidenti convergono verso il primo fuoco F_1, i raggi emergenti sono paralleli all'asse ottico.

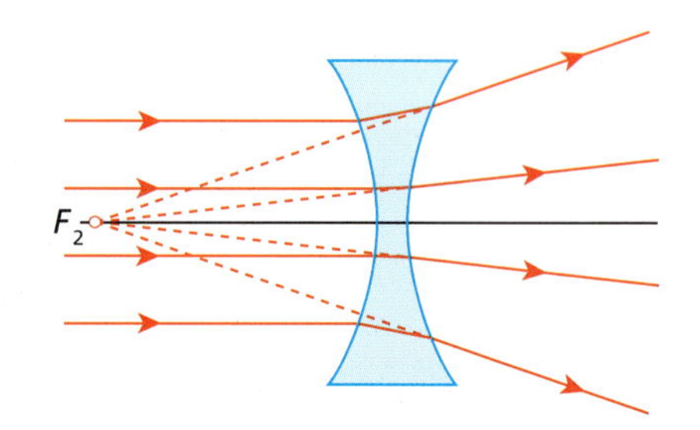

I raggi che incidono sulla lente parallelamente all'asse ottico emergono divergendo dal secondo fuoco F_2.

Figura 33 I fuochi virtuali di una lente divergente.

Il potere diottrico delle lenti

In una lente sottile, cioè di spessore piccolo rispetto ai raggi di curvatura delle sue facce, i fuochi F_1 ed F_2 sono equidistanti dal centro ottico O.
La **distanza focale** f di una lente, cioè la distanza di entrambi i fuochi da O, è considerata convenzionalmente positiva per le lenti convergenti, i cui fuochi sono reali, e negativa per le lenti divergenti, che hanno invece fuochi virtuali.
Chi porta gli occhiali sa che le sue lenti sono caratterizzate da un certo numero di diottrie. La **diottria** è l'unità di misura del **potere diottrico** D di una lente, definito come il reciproco della distanza focale:

$$D = \frac{1}{f}$$

Una diottria corrisponde al reciproco di un metro: 1 diottria $= 1\ \text{m}^{-1}$
Una lente con potere diottrico $D = 2$ diottrie, per esempio, ha una distanza focale

$$f = \frac{1}{D} = \frac{1}{2\ \text{m}^{-1}} = 0{,}5\ \text{m}$$

ed è convergente.
Una lente di -2 diottrie ha invece una distanza focale di $-0{,}5$ m, ed è divergente. Il potere diottrico è positivo per le lenti convergenti e negativo per le lenti divergenti.

I punti coniugati di una lente

Al fascio di raggi uscenti da un punto luminoso P dell'asse ottico corrisponde, dall'altra parte della lente, un fascio di raggi convergenti in un punto P', immagine reale di P, oppure un fascio di raggi divergenti, i cui prolungamenti si intersecano in un punto P', immagine virtuale di P 6.

6 Come e perché

Immagini reali e virtuali prodotte da una lente

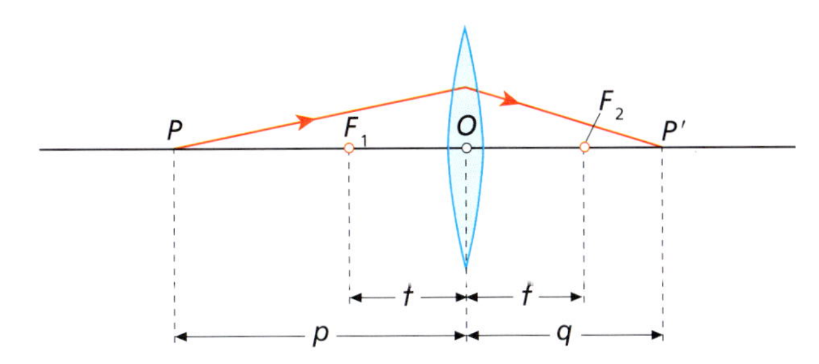

a. L'immagine P' di un punto P è reale se si forma dietro la lente. Le lenti convergenti producono un'immagine reale o virtuale a seconda che la distanza p dell'oggetto dal centro ottico O sia maggiore o minore della distanza focale f.

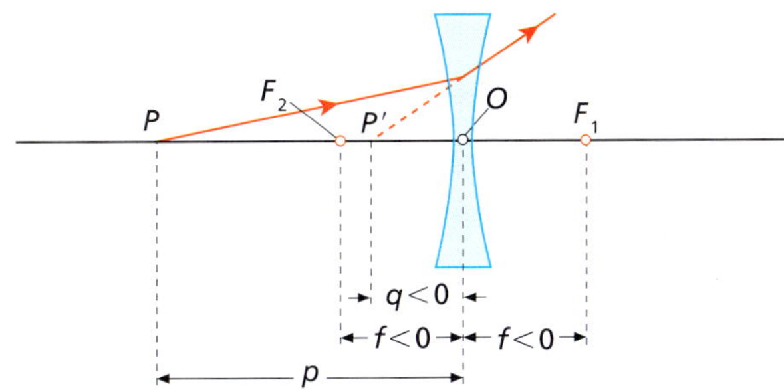

b. L'immagine P' di un punto P è virtuale se si forma davanti alla lente. Le lenti divergenti producono sempre immagini virtuali. Per convenzione, la distanza q di un'immagine virtuale da O è negativa, così come è negativa la distanza focale f di una lente divergente.

Le distanze p e q dei punti coniugati dal centro ottico O sono legate alla distanza focale f dalla seguente relazione.

Equazione dei punti coniugati di una lente

Se un oggetto è posto sull'asse ottico di una lente con distanza focale f, a distanza p dal centro ottico O, la sua immagine si forma a una distanza q da O tale che:

$$\frac{1}{p}+\frac{1}{q}=\frac{1}{f} \qquad (9)$$

distanza dell'oggetto dal centro ottico (m) — p; *distanza dell'immagine dal centro ottico* (m) — q; *distanza focale* (m) — f

Per le immagini virtuali la distanza q è considerata negativa.
In [▸34] è rappresentato un fascio di raggi convergenti, quale può essere un fascio luminoso che abbia precedentemente attraversato una lente convergente, che incide su un'altra lente. In questo caso, a intersecarsi in un punto P dell'asse ottico, situato al di là della lente, non sono i raggi stessi ma i loro prolungamenti. Perciò P rappresenta la posizione di un oggetto virtuale: nella (9), la sua distanza p da O è da ritenersi negativa.

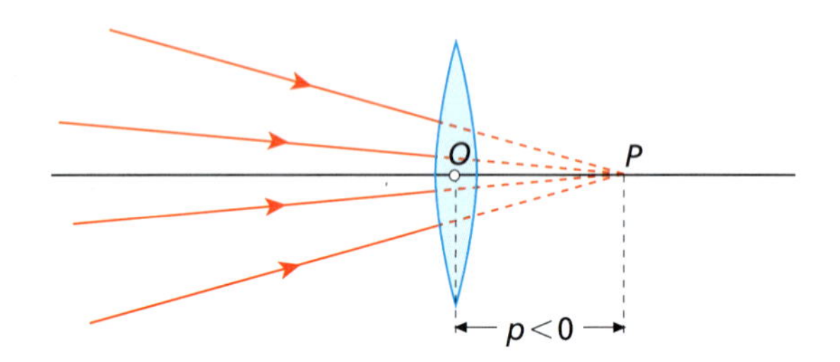

Figura 34 Se le direzioni dei raggi incidenti si intersecano dietro la lente, nel punto di intersezione P è collocato un oggetto virtuale la cui distanza p dal centro ottico O della lente è considerata negativa.

6 Le risposte della fisica — Dov'è il fuoco?

La fiammella di una candela, che brilla a una distanza di 40,0 cm dal centro ottico di una lente, è visibile nitidamente su uno schermo, collocato 15,0 cm dietro la lente. Qual è la distanza focale della lente?

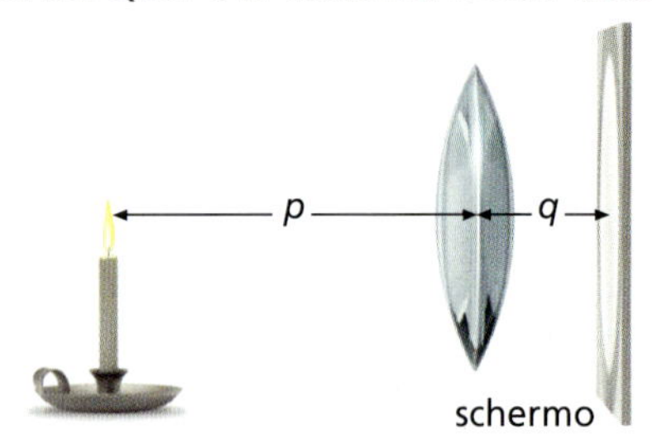

Dati e incognite

$\boldsymbol{p = 40{,}0}$ **cm** $\quad \boldsymbol{q = 15{,}0}$ **cm**
$\boldsymbol{f = ?}$

Soluzione

Il fatto che l'immagine sia raccolta da uno schermo indica che in essa si concentra energia luminosa, cioè che l'immagine è reale. La sua distanza q dal centro ottico deve essere pertanto considerata positiva, così come positiva è la distanza p della fiammella, che è un oggetto reale. La distanza focale f si ottiene dall'equazione dei punti coniugati:

$$f=\frac{1}{\frac{1}{p}+\frac{1}{q}}=\frac{p\,q}{p+q}=\frac{(40{,}0\text{ cm})(15{,}0\text{ cm})}{40{,}0\text{ cm}+15{,}0\text{ cm}}=10{,}9\text{ cm}$$

Prosegui tu

Qual è il potere diottrico della lente?

[9,17 diottrie]

Le immagini prodotte dalle lenti e l'ingrandimento

Dato un oggetto di dimensioni estese, la costruzione grafica della sua immagine prodotta da una lente si traccia facilmente tenendo conto delle proprietà dei fuochi e del centro ottico.

Tre esempi sono illustrati in [▸**35**].

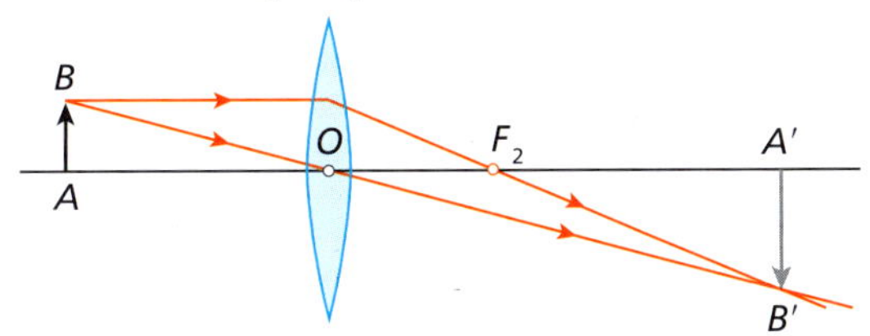

Se un oggetto è davanti a una lente convergente, a distanza maggiore della distanza focale, l'immagine è reale e capovolta.

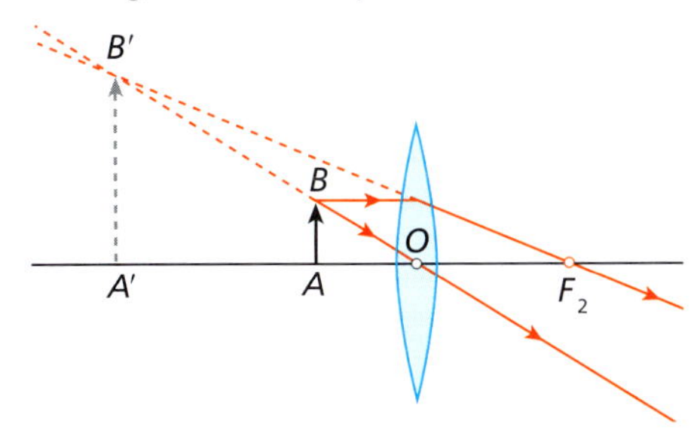

Se un oggetto è davanti a una lente convergente, a distanza minore della distanza focale, l'immagine è virtuale, diritta e ingrandita.

L'immagine prodotta da una lente divergente è sempre virtuale, diritta e rimpicciolita.

Figura 35 Immagini di oggetti di dimensioni estese.

Le dimensioni lineari dell'immagine sono generalmente diverse da quelle dell'oggetto. L'ingrandimento G di una lente ha la stessa espressione di quello di uno specchio sferico, ed è negativo quando l'immagine è capovolta:

$$G = -\frac{q}{p}$$

7 Le risposte della fisica — Come funziona un proiettore?

La lente convergente di un proiettore ha una distanza focale di 15,0 cm. Lo strumento è utilizzato per proiettare alcune diapositive su uno schermo posto a 5,00 m dalla lente. Quale deve essere la distanza fra la diapositiva e la lente affinché sullo schermo si formi un'immagine nitida? Quanto è ingrandita l'immagine?

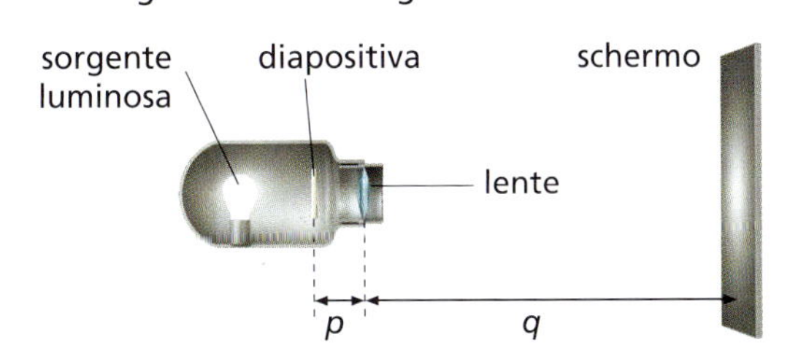

Dati e incognite

f = 15,0 cm **p = ?**

q = 5,00 cm **G = ?**

Soluzione

Indichiamo con f = 15,0 cm = 0,150 m la distanza focale della lente e con q la distanza fra la lente e l'immagine (q è positiva poiché l'immagine è reale). La distanza p della diapositiva dalla lente si ricava dalla (9):

$$p = \frac{1}{\frac{1}{f} - \frac{1}{q}} = \frac{qf}{q - f} = \frac{(5{,}00\ \text{m})(0{,}150\ \text{m})}{5{,}00\ \text{m} - 0{,}150\ \text{m}} = 0{,}155\ \text{m}$$

L'ingrandimento dell'immagine è:

$$G = -\frac{q}{p} = -\frac{5{,}00\ \text{m}}{0{,}155\ \text{m}} = -32{,}3$$

Rispetto all'oggetto, l'immagine è ingrandita di 32,3 volte. Il fatto che l'ingrandimento G sia negativo indica che l'immagine è capovolta.

Adesso tocca a te

Rielabora il contenuto del paragrafo rispondendo a voce a queste domande.

13. Vuoi stimare la distanza focale delle lenti convergenti di un paio di occhiali da ipermetrope, approfittando del fascio di luce solare che filtra nella tua stanza dalla finestra. Come procedi?

14. Immagina di immergere una lente biconvessa in un mezzo che abbia un indice di rifrazione maggiore di quello della lente. La lente rimane convergente?

Prova a risolvere il problema, poi verifica sul MEbook i passaggi svolti e commentati.

15. Una piccola torcia elettrica, alta 10 cm e a 20 cm da una lente, origina un'immagine virtuale alta 25 cm. Calcola la distanza dell'immagine dalla lente e la distanza focale. La lente è convergente o divergente?

[−50 cm; 33 cm]

Strategie di problem solving

PROBLEMA 1

Uno specchio concavo

Una candela accesa è posta a una distanza di 18 cm da uno specchio concavo, che ha un raggio di curvatura di 24 cm. A quale distanza dal vertice dello specchio e con quale ingrandimento si forma l'immagine della candela?

Analisi della situazione fisica

Conoscere la posizione del fuoco dello specchio, la cui distanza f dal vertice V è uguale alla metà del raggio di curvatura R, e la posizione dell'oggetto rispetto al fuoco è indispensabile per tracciare un diagramma che riproduca correttamente la situazione proposta dal problema. Esaminando i dati, si nota che l'oggetto (la candela) è posto fra il centro di curvatura C e il fuoco F.

La sequenza di disegni mostra come si costruisce geometricamente l'immagine prodotta dallo specchio. Dapprima si rappresenta l'oggetto, in questo caso in una posizione compresa fra C e F, come una freccia perpendicolare all'asse ottico e con origine sull'asse. Dalla punta della freccia si traccia poi il raggio che passa per C: questo raggio è riflesso su se stesso. Infine si traccia, sempre dalla punta, il raggio parallelo all'asse ottico, che si riflette passando per il fuoco.

L'intersezione dei due raggi riflessi individua la punta della freccia che rappresenta l'immagine.

Osservando il terzo disegno possiamo vedere che l'immagine è reale, ovvero si trova davanti allo specchio. Essa è inoltre capovolta e ingrandita, e più lontana dell'oggetto dal vertice dello specchio.

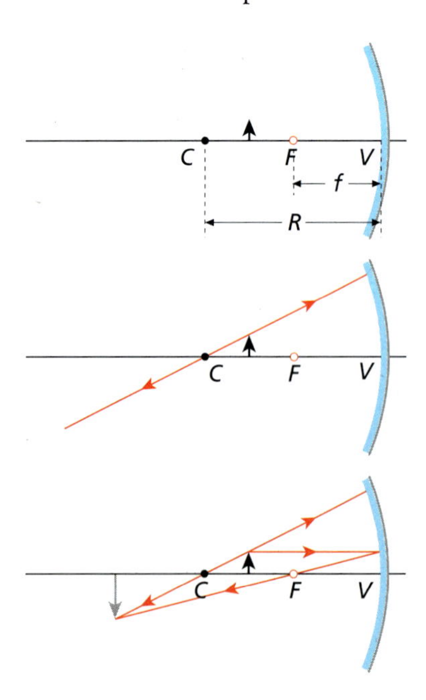

L'equazione dei punti coniugati

$$\frac{1}{p}+\frac{1}{q}=\frac{1}{f}$$

permette di determinare la distanza q dell'immagine dallo specchio. Ci attendiamo di trovare un valore positivo, in quanto l'immagine è reale, e maggiore della distanza p dell'oggetto.

L'ingrandimento dell'immagine è:

$$G=-\frac{q}{p}$$

Essendo $q > p > 0$, l'ingrandimento G è negativo e con valore assoluto maggiore dell'unità: ciò corrisponde, in accordo con il risultato ottenuto per via geometrica, a un'immagine capovolta e ingrandita.

Dati e incognite

$p = 18$ cm **$R = 24$ cm** **$q = ?$** **$G = ?$**

Soluzione

L'equazione dei punti coniugati può essere riscritta come

$$\frac{1}{q}=\frac{2}{R}-\frac{1}{p} \qquad \frac{1}{q}=\frac{2p-R}{Rp}$$

da cui si ottiene:

$$q=\frac{Rp}{2p-R}=\frac{(24\,\text{cm})(18\,\text{cm})}{2(18\,\text{cm})-24\,\text{cm}}=36\,\text{cm}$$

Come previsto, q è positiva e maggiore di p.

L'ingrandimento è

$$G=-\frac{q}{p}=-\frac{36\,\text{cm}}{18\,\text{cm}}=-2{,}0$$

cioè l'immagine, capovolta, è di dimensioni doppie rispetto all'oggetto.

Impara la strategia

- Nei problemi sugli specchi sferici schematizza sempre la situazione fisica con un diagramma e, prima di utilizzare l'equazione dei punti coniugati, costruisci l'immagine con il metodo geometrico qui esemplificato.
- Non dimenticare le convenzioni sui segni: la distanza focale f di uno specchio concavo è positiva, quella di uno specchio convesso negativa; la distanza q dell'immagine è positiva se l'immagine è reale, negativa se virtuale.
- Usando in maniera corretta i segni, l'ingrandimento $G = -(q/p)$ risulta positivo se l'immagine è diritta, negativo se capovolta.

PROBLEMA 2

La lente d'ingrandimento dell'entomologo

Un entomologo esamina un insetto con una lente convergente di distanza focale uguale a 3,0 cm. A quale distanza dall'insetto deve tenere la lente perché l'immagine sia ingrandita di 3,0 volte?

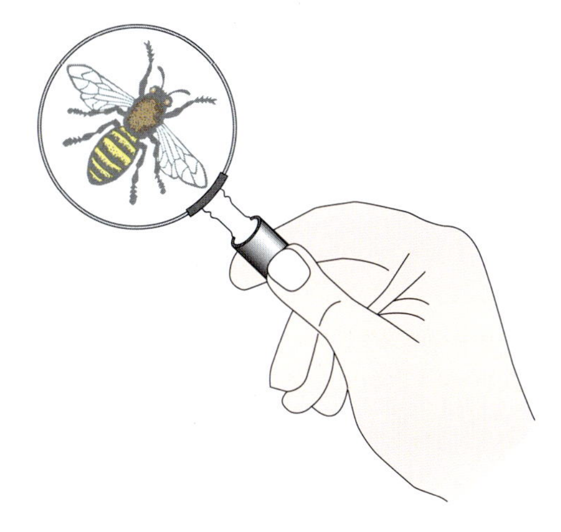

Analisi della situazione fisica

Se posizionata nel modo opportuno rispetto all'oggetto, qualsiasi lente convergente può essere utilizzata come lente d'ingrandimento, per ottenere un'immagine virtuale ingrandita.

Un'immagine di questo tipo si forma, rispetto alla lente, dalla stessa parte dell'oggetto. È quindi visibile guardando direttamente la lente.

Sappiamo che una lente convergente produce un'immagine virtuale ingrandita se, come illustrato nel disegno che segue, l'oggetto è posto fra il primo fuoco F_1 e la lente, cioè a una distanza p dal centro ottico O minore della distanza focale f.

La distanza q da O alla quale si forma l'immagine virtuale è convenzionalmente negativa. Inoltre, in valore assoluto, q è maggiore di p, poiché rispetto alla lente l'immagine è più lontana dell'oggetto.

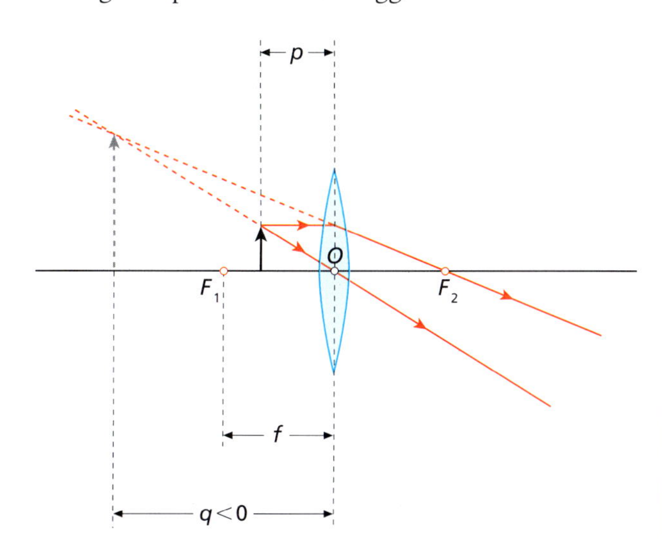

Perciò l'ingrandimento

$$G = -\frac{q}{p}$$

è un numero positivo e maggiore dell'unità, a indicare che l'immagine è diritta e ingrandita.
Dalla definizione di G segue:

$$q = -G\,p$$

Sostituendo questa espressione nell'equazione dei punti coniugati

$$\frac{1}{p} + \frac{1}{q} = \frac{1}{f}$$

si può ricavare l'incognita p in funzione delle grandezze note f e G.

Dati e incognite

$f = 3{,}0$ cm $G = 3{,}0$ $p = ?$

Soluzione

Ponendo $q = -\,G\,p$

nell'equazione dei punti coniugati si trova

$$\frac{1}{p} - \frac{1}{G\,p} = \frac{1}{f}$$

o anche

$$\frac{G-1}{G\,p} = \frac{1}{f}$$

da cui

$$p = \left(1 - \frac{1}{G}\right) f = \left(1 - \frac{1}{3{,}0}\right)(3{,}0\text{ cm}) = 2{,}0\text{ cm}$$

Per ottenere l'ingrandimento voluto, la distanza fra l'insetto e la lente deve essere dunque uguale a 2,0 cm: proprio come ci aspettavamo, una distanza minore della distanza focale.

Impara la strategia

- Prima di affrontare un problema sulle lenti abbi le idee chiare sui casi che possono presentarsi: una lente convergente produce un'immagine reale se la distanza p dell'oggetto dalla lente è maggiore della distanza focale f e produce un'immagine virtuale se p è minore di f; una lente divergente produce sempre un'immagine virtuale.
- Per costruire geometricamente l'immagine prodotta da una lente ricorda che un raggio passante per O non è deviato, mentre un raggio che incide sulla lente parallelamente all'asse ottico emerge lungo una direzione passante per F_2.

Prosegui tu

Qual è la distanza dell'immagine dalla lente?

[−6,0 cm]

Progetti di fisica

LABORATORIO

La distanza focale di una lente convergente

Da fare

Determinare la distanza focale di una lente convergente sfruttando l'equazione dei punti coniugati.

Che cosa ti serve

- un banco ottico
- un proiettore
- una lente convergente
- uno schermo
- un diagramma con fenditura
- un metro a nastro o un righello
- alcuni supporti scorrevoli

Da sapere

- Se un oggetto è posto a una distanza p da una lente di distanza focale f, la sua immagine si forma a una distanza q tale da soddisfare l'equazione dei punti coniugati:

$$\frac{1}{p}+\frac{1}{q}=\frac{1}{f}$$

- Se le distanze p e q sono note, dall'equazione dei punti coniugati si può ricavare f:

$$f=\frac{pq}{p+q}$$

- Fissando la distanza d fra l'oggetto e lo schermo che raccoglie l'immagine, si ha: $d = p + q$ da cui $q = d - p$ e sostituendo nell'espressione della distanza focale si trova

$$f=\frac{p}{d}(d-p)=p\left(1-\frac{p}{d}\right)$$

Procedimento

Per valutare approssimativamente la distanza focale della lente puoi sfruttare la luce di una lampada posta sul soffitto del laboratorio in cui ti trovi. Mettiti sotto la lampada tenendo la lente in posizione orizzontale vicino al pavimento; poi spostala lentamente verso l'alto finché non vedi sul pavimento un punto luminoso nitido: l'altezza a cui hai sollevato la lente, che puoi misurare con l'aiuto di un compagno, è circa uguale alla distanza focale. Infatti i raggi luminosi provenienti dalla lampada, essendo questa piuttosto lontana, incidono sulla lente quasi parallelamente all'asse ottico e quindi convergono nel secondo fuoco.

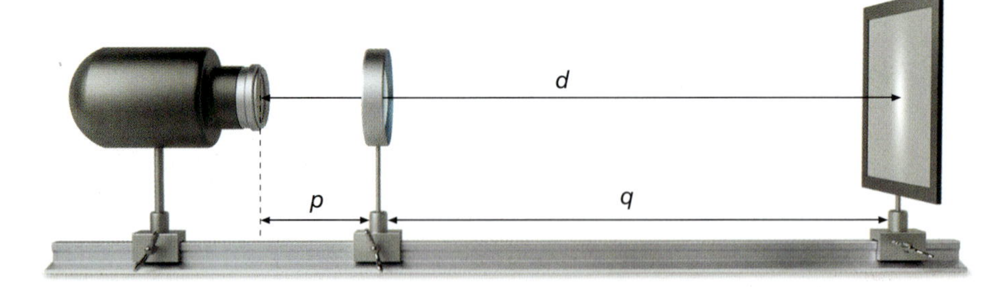

Monta il proiettore, la lente e lo schermo sui supporti scorrevoli e disponili in questa sequenza sul banco ottico. Utilizza come oggetto il diaframma munito di fenditura, fissandolo di fronte al proiettore.

Fissa la distanza d fra il diaframma e lo schermo a un valore circa cinque volte maggiore della distanza focale stimata, misura d con precisione e annota il suo valore in una tabella.

Inizia a spostare la lente dalle vicinanze del diaframma verso lo schermo e osserva su quest'ultimo l'immagine della fenditura. Quando vedi un'immagine nitida, misura e riporta in tabella la distanza p.

Continuando a spostare la lente dall'oggetto, troverai un'altra posizione cui corrisponde un'immagine nitida sullo schermo. Misura e annota, anche in questo caso, la distanza p.

Ripeti tutto il procedimento più volte, riducendo ogni volta di una certa quantità la distanza d fra diaframma e schermo.

Elaborazione dei dati

Per ogni misura effettuata calcola f dai valori di d e p, e scrivi il risultato in tabella.

Assumi come valore di f la media dei risultati ottenuti e come errore la semidispersione.

Distanza oggetto-schermo d (cm)	Distanza oggetto-lente p (cm)	Distanza focale f (cm)

Perché, fissata la distanza d, le posizioni della lente per le quali l'immagine si forma nitidamente sullo schermo sono due? Continuando a ridurre d, riesci sempre a ottenere immagini nitide sullo schermo? Perché?

SUL MEBOOK

La legge della rifrazione e la misura dell'indice di rifrazione

È possibile mettere alla prova le leggi dell'ottica geometrica, e in particolare la legge della rifrazione, utilizzando strumenti molto semplici e senza una matematica troppo complessa.

COMPETENZE

FISICA E REALTÀ

Un metodo per rendere invisibile un oggetto

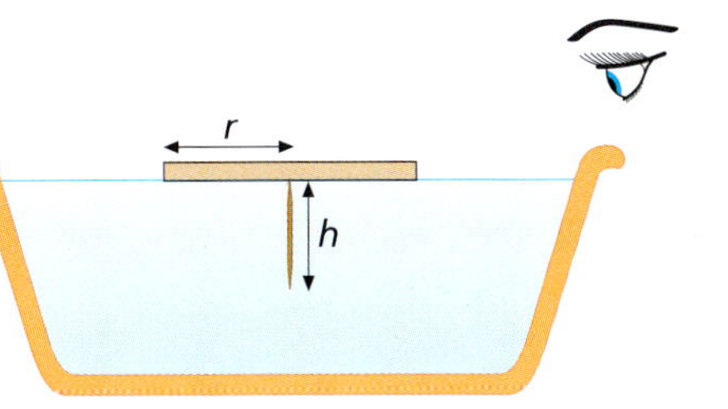

Ogni volta che un raggio luminoso si propaga dall'acqua, più rifrangente, all'aria, meno rifrangente, con un angolo d'incidenza maggiore dell'angolo limite, il raggio non riesce a fuoriuscire dall'acqua, ma rimbalza totalmente riflettendosi all'interno del recipiente. Si verifica cioè una riflessione totale. Questo fenomeno può essere utilizzato per rendere invisibile un piccolo oggetto piuttosto sottile, per esempio uno stuzzicadenti di lunghezza h.
Infila lo stuzzicadenti nel centro di un disco di cartone (con raggio r leggermente più grande della lunghezza dello stuzzicadenti), poni il disco a galleggiare sull'acqua contenuta in un recipiente dalle pareti opache, per esempio una bacinella di ceramica. Poiché nel caso dell'acqua, essendo l'indice di rifrazione $n = 1{,}33$, l'angolo limite è $l = 48{,}8° \approx 49°$, se scegli le dimensioni del disco in modo che il rapporto r/h sia uguale a 1,2 nessun raggio proveniente dallo stuzzicadenti riuscirà a emergere dall'acqua, qualunque sia la posizione di chi osserva. Così lo stuzzicadenti diventa completamente invisibile. Prova!
Perché, per ottenere l'invisibilità dello stuzzicadenti, bisogna fare in modo che il rapporto r/h valga proprio 1,2?

Lo specchio di Chicago

La forma del Cloud Gat, una creazione dell'artista britannico di origini indiane Anish Kapoor, posta al centro della AT&T Plaza nel Millennium Park a Chicago, ricorda quella di un fagiolo (gli abitanti di Chicago, infatti, lo chiamano The Bean). Osserva questa foto e possibilmente anche altre che potrai reperire in Internet. Illustra che tipo di immagini sono quelle che puoi vedere riflesse sui pannelli di acciaio che rivestono l'intera superficie del monumento.

Sono solo punti, anzi angoli, di vista!

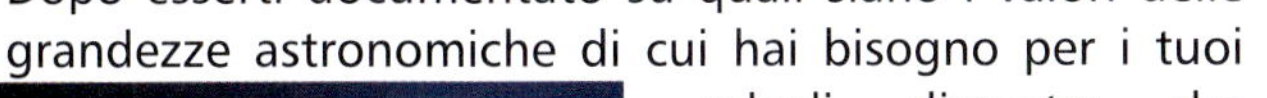

Avrai certamente notato che, quando a occhio nudo osservi in cielo il Sole o la Luna, questi due corpi celesti ti appaiono come se avessero all'incirca la stessa grandezza. In realtà hanno dimensioni notevolmente diverse fra loro. Ciò accade perché gli angoli visuali sotto cui, dalla Terra, puoi osservare il Sole e la Luna sono pressoché uguali.
Dopo esserti documentato su quali siano i valori delle grandezze astronomiche di cui hai bisogno per i tuoi calcoli, dimostra che gli angoli visuali sotto i quali Sole e Luna sono visibili dalla Terra sono all'incirca uguali ricavandone l'ampiezza.

ESPERTI IN FISICA

Rubare energia... alla luce del Sole!

Contesto

La luce del Sole costituisce da sempre la fonte primaria di energia per la vita sulla Terra, ma solo recentemente si sono diffusi i pannelli solari, dispositivi in grado di convertire tale energia luminosa in energia elettrica.
Nonostante l'energia che il Sole irraggia ogni secondo su ogni metro quadro di superficie terrestre sia ingente, sfruttarla in modo efficiente ed economicamente conveniente è ancora oggi una sfida tecnologica.

Esplora

I più antichi strumenti utilizzati dall'uomo per concentrare l'energia dei raggi solari furono probabilmente gli specchi ustori, inventati da Archimede per difendere la città di Siracusa dall'assedio dei romani. Cerca informazioni su questo fatto storico indagando in particolare gli aspetti scientifici:

- qual è il principio alla base del funzionamento degli specchi ustori?
- si trattava di specchi piani, sferici o parabolici?
- perché è importante la scelta della forma?

Esponi

Rielaborando le informazioni raccolte, scrivi un breve articolo di almeno 2000 battute su storia e funzionamento degli specchi ustori per la rubrica "Scienza e storia" di una rivista di divulgazione scientifica.

Idea

Utilizzando una lente è possibile concentrare i raggi del Sole fino ad accendere un fuoco. Avendo a disposizione lenti di diverso tipo (convergenti o divergenti, a lunga o a corta distanza focale...) individua quale ti sembra più adatta a questo scopo e descrivi cosa faresti, durante una vacanza in campeggio, per dare fuoco a un mucchietto di ramoscelli senza utilizzare accendini o fiammiferi.

Calcola

Uno specchio concavo ha un raggio di 1,5 m. A che distanza dal vertice dello specchio vengono convogliati i raggi del Sole, che puoi considerare provenienti da una distanza infinita?

Facciamo il punto

Definizioni

La luce si propaga nel vuoto a una velocità

$$c = 3{,}00 \cdot 10^8\ \mathrm{m/s} = 300\,000\ \mathrm{km/s}.$$

Nei materiali in cui riesce a penetrare, la luce viaggia sempre a una velocità minore di c.

L'**indice di rifrazione** n di un mezzo trasparente è il rapporto fra la velocità c della luce nel vuoto e la velocità v della luce nel mezzo: $n = c/v$.

L'**ottica geometrica** è un modello che consente di determinare le proprietà delle **immagini** prodotte dalle superfici riflettenti e rifrangenti. Se l'oggetto posto davanti a una di queste superfici è puntiforme, la sua immagine è il punto nel quale si intersecano i raggi luminosi riflessi o rifratti. L'immagine è detta *reale* se i raggi passano effettivamente attraverso di essa, *virtuale* se vi passano i loro prolungamenti.

Concetti, leggi e principi

La **riflessione** è il cambiamento di direzione di un raggio di luce che incide su una superficie levigata (specchio). Il raggio riflesso giace nel piano di incidenza e gli angoli di incidenza e riflessione sono uguali.

Si ha **diffusione** quando la luce incide su una superficie scabra: i raggi, riflessi da porzioni di superficie aventi inclinazioni diverse, si distribuiscono in tutte le direzioni.

La **rifrazione** della luce si verifica quando un raggio attraversa la superficie di separazione fra due mezzi trasparenti. Detti n_1 ed n_2 gli indici di rifrazione del primo e del secondo mezzo, la relazione fra l'angolo di incidenza i e l'angolo di rifrazione r è espressa dalla **legge di Snell**:

$$n_1 \sin i = n_2 \sin r$$

Uno **specchio sferico** è una calotta sferica, levigata dalla parte interna (specchio concavo) o dalla parte esterna (specchio convesso). Ogni specchio sferico è caratterizzato da un *raggio di curvatura* R, distanza del centro C della calotta dalla superficie riflettente. Si chiama *fuoco* il punto F in cui si intersecano, dopo la riflessione, le direzioni dei raggi che incidono sullo specchio parallelamente all'asse di simmetria, o *asse ottico*. La distanza del fuoco dallo specchio, chiamata *distanza focale*, è: $f = R/2$.

Se un oggetto è posto a una distanza p da uno specchio sferico, lo specchio produce un'immagine a una distanza q. L'**equazione dei punti coniugati di uno specchio** lega p e q alla distanza focale f:

$$\frac{1}{p} + \frac{1}{q} = \frac{1}{f}$$

Rispetto all'oggetto, l'**ingrandimento** G dell'immagine prodotta da uno specchio sferico è espresso da:

$$G = -\frac{q}{p}$$

L'ingrandimento è positivo se l'immagine è diritta, negativo se capovolta.

Una **lente** è un mezzo trasparente limitato da due superfici, di cui almeno una di forma curva. Ogni lente ha un centro ottico O, attraverso cui i raggi luminosi passano senza cambiare direzione, e due fuochi F_1 ed F_2, simmetrici rispetto alla lente, la cui distanza f da O è chiamata *distanza focale* della lente. I raggi di luce che incidono sulla lente lungo direzioni passanti per F_1 emergono parallelamente all'asse ottico, cioè alla retta passante per O perpendicolare alle due facce della lente; i raggi che invece incidono sulla lente parallelamente all'asse ottico emergono lungo direzioni che si intersecano in F_2.

Le lenti convergenti hanno fuochi reali; quelle divergenti hanno fuochi virtuali, nei quali non si intersecano i raggi luminosi, ma i loro prolungamenti. L'**equazione dei punti coniugati di una lente** è formalmente identica a quella di uno specchio sferico. L'equazione deve essere applicata con la convenzione di attribuire alla distanza focale f un segno, positivo se la lente è convergente e negativo se è divergente. L'ingrandimento dell'immagine è, come per gli specchi,

$$G = -\frac{q}{p}$$

Applicazioni

Come si applica l'equazione dei punti coniugati di uno specchio sferico?

Osservando regole convenzionali sui segni delle variabili:

- la distanza focale f è positiva per gli specchi concavi, negativa per gli specchi convessi;
- la distanza q dell'immagine dallo specchio è positiva se l'immagine è reale, negativa se è virtuale.

Esercizi di paragrafo

Ripassa i contenuti dell'Unità con le Flashcard del MEbook.

Per gli esercizi contrassegnati da questa icona trovi sul MEbook la risoluzione commentata.

1 Sorgenti di luce e raggi luminosi

1 Uno spettacolo pirotecnico sul mare è visibile da un paese vicino, a 7,50 km di distanza. Gli spettatori, però, odono il rumore dell'esplosione in ritardo rispetto all'immagine del fuoco d'artificio. A quanto ammonta tale ritardo, sapendo che il suono viaggia nell'aria alla velocità di 331 m/s?

[22,7 s]

Suggerimento

Il tempo impiegato dalla luce per giungere agli spettatori è $\Delta t = d/... = (7{,}50\ \text{km})/(.....\ \text{m/s}) = ...$ s, dunque del tutto trascurabile rispetto al tempo impiegato dal suono per percorrere la stessa distanza.

RISPONDI IN BREVE *(in un massimo di 10 righe)*

2 Che cosa si intende per spettro della luce visibile?

3 Perché siamo soliti parlare della luce in termini di raggi?

4 Che cosa differenzia una zona d'ombra da una di penombra?

2 La riflessione della luce

5 Vero o falso?

a. Il raggio riflesso da uno specchio piano è perpendicolare al piano di incidenza. V F

b. In base alla seconda legge della riflessione, detti r l'angolo di riflessione e i l'angolo di incidenza di un raggio luminoso su uno specchio piano, si può scrivere $r = (r + i)/2$. V F

c. Nella diffusione della luce da parte di una superficie scabra, i raggi riflessi emergono secondo una direzione privilegiata. V F

d. Il fenomeno della riflessione avviene con le stesse modalità per tutti i tipi di onde. V F

e. Il raggio riflesso da uno specchio piano può coincidere con quello incidente. V F

6 Confronta la riflessione della luce dagli specchi e quella dalle superfici scabre. Perché solo negli specchi si forma una immagine? Calcola la distanza fra oggetto e immagine per una candela situata a 15 cm da uno specchio piano. [30 cm]

7 Se poni un fiammifero acceso fra due specchi piani con uno spigolo in comune, le cui facce formino un angolo di 45°, quante immagini del fiammifero vedrai prodursi in tutto? [7]

8 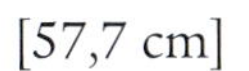

Un raggio luminoso incide sopra uno specchio piano e, dopo la riflessione, colpisce il punto A di un righello disposto parallelamente allo specchio alla distanza indicata in figura. Se lo specchio viene inclinato di 15°, a quale distanza dal punto A si sposta la macchiolina luminosa sul righello? [57,7 cm]

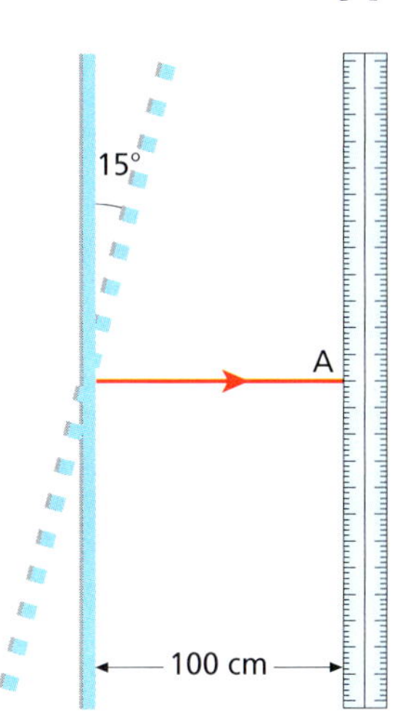

3 La rifrazione della luce

9 Vero o falso?

a. La rifrazione è un fenomeno che riguarda solamente le onde luminose. V F

b. Al variare dell'angolo di incidenza, l'angolo di rifrazione resta costante. V F

c. Il seno dell'angolo di incidenza è direttamente proporzionale al seno dell'angolo di rifrazione. V F

d. Nel passaggio da un mezzo trasparente a un altro, un raggio luminoso si avvicina sempre alla perpendicolare alla superficie di separazione. V F

e. Il rapporto fra il seno dell'angolo di incidenza e il seno dell'angolo di rifrazione è uguale al rapporto fra la velocità dell'onda nel primo mezzo e la velocità dell'onda nel secondo. V F

10 L'angolo che forma con la normale nel punto di incidenza all'interfaccia è di 30°. Calcola l'angolo che il raggio rifratto nell'acqua forma con la normale sapendo che l'indice di rifrazione dell'acqua è 1,33. Disegna un diagramma per illustrare la tua risposta. [22°]

11 Una pietra trasparente ha un angolo limite rispetto all'aria di 38°. Calcola l'indice di rifrazione e controlla se si tratta di un diamante, sapendo che l'indice di rifrazione del diamante è pari a 2,56. [1,62]

ESERCIZI

12 Completa la seguente tabella inserendo la velocità di propagazione della luce gialla nei mezzi trasparenti considerati oppure il corrispondente indice di rifrazione.

Mezzo	Indice di rifrazione	Velocità della luce (m/s)
vetro crown	1,516	....
acetone	....	$2{,}209 \cdot 10^8$
calcite	1,658	....
quarzo fuso	....	$2{,}056 \cdot 10^8$

13 Un sottile fascio di luce verde, proveniente dall'aria, penetra in una lastra trasparente di indice di rifrazione 1,732. Per quale angolo di incidenza gli angoli di incidenza e di rifrazione sono complementari?

[60°]

14 Gessica, che lavora nel laboratorio di una clinica universitaria, deve verificare che l'indice di rifrazione di una soluzione biologica sia effettivamente pari a 1,26. Pertanto illumina la soluzione con un raggio di luce monocromatica, diretto in modo tale da formare un angolo di incidenza di 60,0°. Se l'informazione sull'indice di rifrazione della soluzione è corretta, Gessica vedrà che il raggio, quando passa dall'aria alla soluzione, devia dalla direzione di incidenza di quale angolo? Quanto tempo impiegherà il raggio luminoso a percorrere 2,50 cm all'interno della soluzione?

Esercizio commentato

[16,6°; $8{,}33 \cdot 10^{-9}$ s]

15 Un raggio di luce gialla che si propaga in aria incide con un angolo di 40,00° sopra una lastra di quarzo fuso. Calcola l'indice di rifrazione del quarzo fuso se l'angolo di rifrazione è 26,14°. Determina inoltre l'angolo di rifrazione corrispondente all'angolo di incidenza di 30,00°, tracciando una rappresentazione grafica del raggio incidente e di quello rifratto.

[1,459; 20,04°]

4 La riflessione totale

16 "Un raggio luminoso che si propaga nell'acqua in parte si riflette e in parte si rifrange sulla superficie a contatto con l'aria, se l'angolo di incidenza è maggiore o uguale all'angolo limite." Questa frase è sbagliata. Perché?

17 L'indice di rifrazione del ghiaccio per la luce gialla è 1,31. Se un raggio di luce gialla resta intrappolato all'interno di un blocco di ghiaccio senza essere trasmesso allo strato d'aria sovrastante, l'angolo di incidenza del raggio sulla superficie di separazione ghiaccio-aria è sicuramente superiore a quale angolo?

[49,8°]

18 Sapendo che la velocità di propagazione di un fascio luminoso in un liquido è pari a $2{,}03 \cdot 10^8$ m/s, calcola l'angolo limite del mezzo.

[42,6°]

19 In cucina Giovanna ha un lavabo a due vasche. Le vasche hanno la stessa profondità, ma Giovanna si è accorta che se riempie una vasca d'acqua e lascia vuota l'altra, una delle due le appare più profonda dell'altra. Quale e perché?

20 Durante un'immersione un sommozzatore, per comunicare con un amico che lo attende in superficie a bordo di un motoscafo, manda dei segnali luminosi con una torcia. Se l'indice di rifrazione dell'acqua è 1,33, e il sub posiziona la torcia come indicato in figura, il suo amico vedrà il segnale luminoso? Giustifica la tua risposta, e completa il disegno mostrando il cammino del raggio dopo che ha colpito la superficie di separazione acqua-aria.

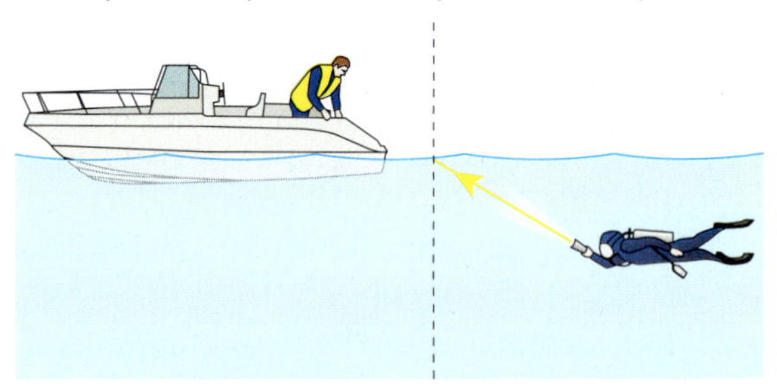

21 Una fibra ottica è formata da un nucleo di vetro flint, il cui indice di rifrazione è 1,58, circondato da un materiale con indice di rifrazione uguale a 1,31. Calcola con quale angolo rispetto all'asse longitudinale della fibra deve arrivare un fascio luminoso affinché, penetrando nella fibra, possa subire un fenomeno di riflessione totale.

[<34,0°]

Suggerimento

Disegna una sezione longitudinale della fibra e traccia un raggio che entra obliquamente, da un'estremità, nel nucleo della fibra. L'angolo di incidenza del raggio sul bordo che separa il nucleo dal materiale di rivestimento deve essere maggiore dell'angolo limite l, tale che

$$\sin l = \frac{\cdots\cdots}{n_0}$$

con n_0 indice di rifrazione del vetro flint. Osserva infine che l'angolo richiesto è il .... dell'angolo di incidenza.

5 Gli specchi sferici

22 "I raggi di luce che incidono su uno specchio sferico concavo, di piccola apertura, convergono sempre in un punto dell'asse chiamato fuoco."
Questa frase è sbagliata. Perché?

23 INGLESE "A spherical mirror has the shape of a section from the surface of a sphere: if the inside surface of the mirror is polished, it is a convex mirror; if the outside surface is polished, it is a concave mirror. This statement is wrong." Why?

24 Un cucchiaio lucido ha un raggio di curvatura pari a 12 cm. A che distanza dal suo centro ottico si forma l'immagine di una finestra molto distante? Disegna un diagramma per illustrare la tua risposta.

[6,0 cm]

25 Un dentista esamina la bocca di una sua paziente tramite uno specchietto concavo. Quanto deve avvicinare lo specchietto a un dente, per poterne vedere l'immagine riflessa ingrandita otto volte e posizionata a 10,0 cm dietro lo specchio? Ricava la distanza focale dello specchietto.

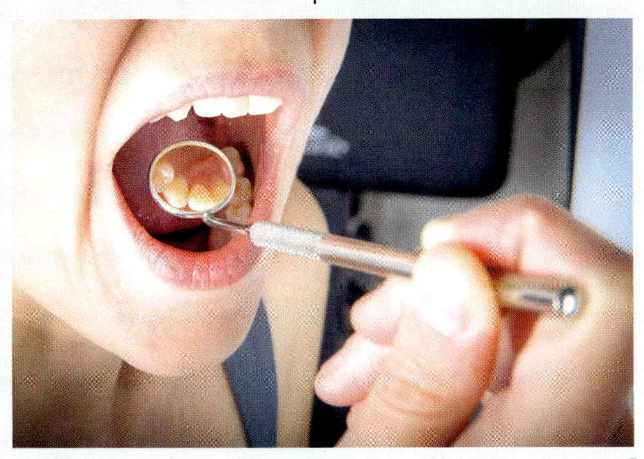

[1,25 cm; 1,43 cm]

Suggerimento
Dire che l'immagine si forma dietro lo specchio equivale a dire che la distanza q ha segno negativo, ossia l'immagine del dente è ....

26 Una cannuccia, disposta perpendicolarmente all'asse ottico di uno specchio concavo con raggio di curvatura 200 cm, dista dal vertice 60 cm. Quanto dista l'immagine dallo specchio e quante volte appare ingrandita? Costruisci con metodo grafico l'immagine della cannuccia: è diritta o capovolta? [−150 cm; 2,5]

27 Una bottiglia, alta 20 cm e perpendicolare all'asse ottico principale di uno specchio convesso di distanza focale −40 cm, si trova a 10 cm dal vertice. Calcola quanto dista dallo specchio l'immagine e ricava la sua altezza. Costruisci con il metodo grafico l'immagine della bottiglia: è diritta o capovolta? [−8,0 cm; 16 cm]

RISPONDI IN BREVE *(in un massimo di 10 righe)*

28 Se un punto luminoso dista da uno specchio concavo più del fuoco, la sua immagine è reale o virtuale?

29 Quali sono le caratteristiche fisiche e geometriche dell'immagine di un oggetto posto fra il fuoco e il vertice di uno specchio concavo?
Che cosa accade se, invece, lo specchio è convesso? Illustra entrambe le situazioni con opportune costruzioni geometriche.

6 Le lenti

30 Vero o falso?

a. Le lenti convergenti sono più spesse ai bordi che al centro. V F

b. Un raggio luminoso che attraversa il centro ottico di una lente mantiene la sua direzione inalterata. V F

c. A differenza degli specchi, le lenti non producono aberrazione. V F

d. Le lenti convergenti forniscono sempre immagini reali, mentre le lenti divergenti forniscono sempre immagini virtuali. V F

e. La distanza focale di una lente è positiva per le lenti convergenti e negativa per le lenti divergenti. V F

31 INGLESE Complete this summary of sign conventions for lenses.

- The focal leght f is + for a .... lens; f is .... for a diverging lens.
- The object distance p is + if the object is to the .... of the lens (real object); p is − if the object is to the .... of the lens (virtual object).
- The .... distance q is .... for a real image formed to the right of the lens by a real object; q is − for a virtual image formed to the .... of the lens by a real object.
- The magnification m is + for an image that is .... with respect to the object; m is − for an image that is .... with respect to the object.

32 Una candela, posta a 50,0 cm da una lente convergente, origina un'immagine a 30,0 cm dalla lente. Completa la tabella indicando se le proprietà elencate caratterizzano o no l'immagine prodotta.

reale	SI	NO
diritta	SI	NO
ingrandita	SI	NO

ESERCIZI

33 La lente mostrata in figura ha distanza focale *f*. Completa il disegno costruendo graficamente l'immagine del cono gelato, sapendo che dista *f*/2 dal centro ottico della lente.

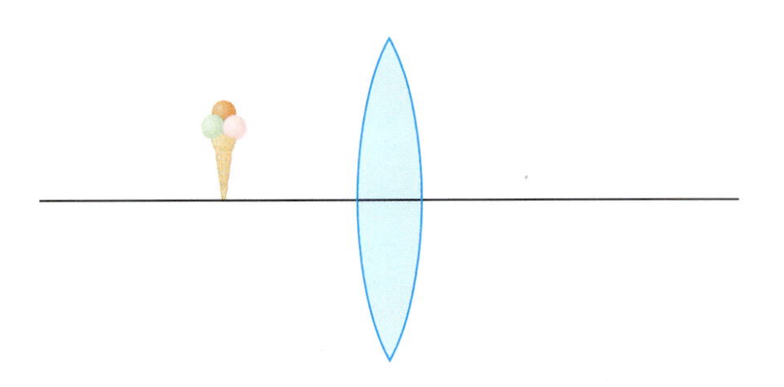

34 La lente mostrata in figura ha distanza focale *f*. Completa il disegno costruendo graficamente l'immagine del cono gelato, sapendo che dista 2 *f* dal centro ottico della lente.

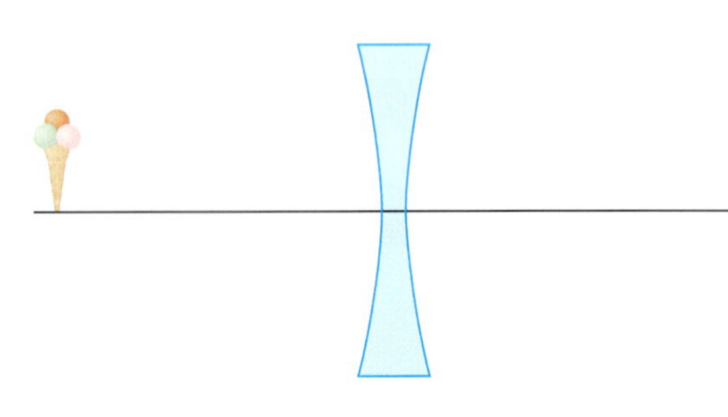

35 FISICA PER IMMAGINI Una lente convergente di distanza focale 12 cm viene posta fra una sorgente luminosa puntiforme e uno schermo, come mostrato in figura. Determina le due posizioni per le quali la lente fornisce un'immagine del punto luminoso situata sullo schermo.

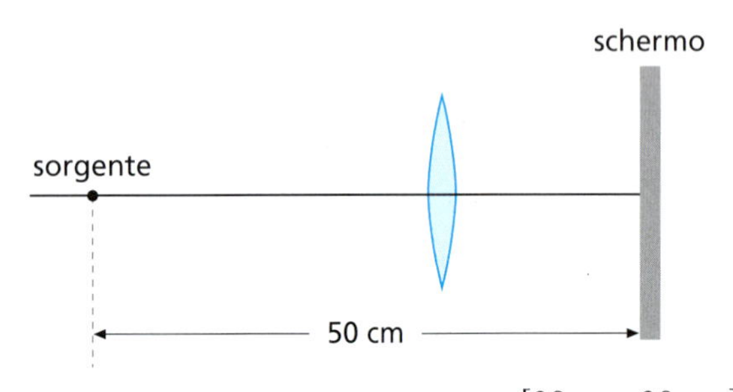

[30 cm; 20 cm]

36 Una lente convergente forma un'immagine reale di un oggetto posto a 18 cm dal suo centro ottico. L'immagine si forma a una distanza dalla lente pari a 36 cm. Quanto vale la distanza focale della lente? Trova l'ingrandimento e disegna un diagramma in scala per rappresentare la situazione.

[12 cm; −2]

37 Una lente convergente ha una distanza focale di 6,0 cm. Per essere usata come lente di un proiettore e ottenere un'immagine reale ingrandita, in quale intervallo di distanze deve essere collocato l'oggetto di cui vogliamo proiettare l'immagine? Quale sarà l'orientamento dell'immagine? Sarà diritta o capovolta?

Esercizio commentato

[fra 6,0 cm e 12 cm; capovolta]

Problemi di riepilogo

Videotutorial

Per gli esercizi contrassegnati da questa icona trovi sul MEbook la risoluzione commentata in video.

Esercizio commentato

Per gli esercizi contrassegnati da questa icona trovi sul MEbook la risoluzione commentata.

38 Per misurare le distanze all'interno della nostra galassia è spesso utilizzato il parsec (pc), equivalente a 3,26 a.l. Quanto tempo impiega la luce a percorrere il diametro della Via Lattea, pari a circa 30 000 pc?

[$9{,}78 \cdot 10^4$ anni]

39 STIME Il telescopio spaziale Hubble è composto da un complesso sistema ottico con una lunghezza focale di circa 58 m. L'occhio umano, invece, ha una lunghezza focale di 17 mm. Stima il potere diottrico di occhio e telescopio.

[59 m; 0,017 m]

40 Francesca, mentre si trucca, tiene il viso a 20 cm da uno specchio concavo. Se la ragazza vede il suo volto riflesso grande il doppio e diritto, quanto vale la distanza focale dello specchio che sta utilizzando? Descrivi come cambia l'immagine se Francesca allontana il suo viso dallo specchio di altri 30 cm.

[40 cm]

41 In un autobus urbano, al di sopra della porta, è posizionato uno specchio convesso ben visibile all'autista che così può controllare i movimenti dei passeggeri. Se lo specchio ha un raggio di curvatura pari, in valore assoluto, a 26 cm e il cappello indossato da un passeggero si trova a 16 cm dallo specchio, trova a quale distanza dal vertice dello specchio si forma l'immagine del cappello. Aiutandoti con una costruzione grafica, stabilisci inoltre se l'immagine è diritta o capovolta, ingrandita o rimpicciolita. [−7,2 cm]

42 INGLESE A convex mirror, with a focal length of −57 cm, is used to reflect light from a candle placed 132 cm in front of the mirror. Find the location of image. [−40 cm]

43 Determina qual è il raggio di curvatura di uno specchio concavo, sapendo che l'immagine di un oggetto, posto a 164 cm dal vertice, si forma a 64 cm da quest'ultimo. [92 cm]

44 Una lente convergente ha una distanza focale di 10 cm. Per usarla come lente di ingrandimento, in quale intervallo di distanze deve essere situato l'oggetto? [fra il centro ottico della lente e il fuoco, posto a 10 cm]

45 L'immagine capovolta di una candela accesa, situata a 42 cm da una lente di distanza focale sconosciuta, si forma su uno schermo a 21 cm dalla lente. Calcola la distanza focale della lente e l'ingrandimento dell'immagine. Di che tipo di lente si tratta? [14 cm; −0,50]

46 Per fotografare un albero, una macchina fotografica impiega una lente convergente di distanza focale 5,0 cm. La distanza massima fra il centro della lente e la superficie dove è proiettata l'immagine è pari a 8,0 cm. Qual è la minima distanza fra la lente e l'oggetto fotografato affinché l'immagine sia nitida? Descrivere le caratteristiche dell'immagine. [13 cm; reale e invertita]

47 INGLESE A ray of sunlight is propating in glass and strikes a glass/liquid interface at a 60° angle of incidence. The refractive index of the glass is 1.5. Determine the index of refraction of the liquid such that the direction of sunlight entering the liquid is not changed. What is the largest refractive index that the liquid can have, such none of the sunlight is transmitted into the liquid and all of it is reflected back into the glass? [1.5; 1.2]

48 A bordo della stazione spaziale internazionale due astronauti conversano fra loro, stando a una distanza di 40 cm l'uno dall'altro. La conversazione è trasmessa al centro di controllo, sulla Terra, tramite onde elettromagnetiche che si propagano alla velocità della luce. Se il tempo che il suono impiega per trasmettersi da un astronauta all'altro, alla velocità di 330 m/s, è 9/10 di quello impiegato dalle onde elettromagnetiche a giungere sulla Terra, quanto dista la stazione spaziale dal nostro pianeta? [$4,0 \cdot 10^5$ m]

49 INGLESE A ring is put under water in a pool, so there is a 2.50 m of water above the submerged object. A boy is viewing the ring on the bottom of the pool, from directly above. How deep does the ring appear to be? Assume $n = 1.33$ for water. [1.88 m]

50 Un team di archeologi è alla ricerca di un'anfora romana finita in fondo al mare. Nella situazione illustrata in figura, assumendo che l'indice di rifrazione dell'acqua marina valga 1,33, quale deve essere l'angolo di incidenza del fascio luminoso emesso dal faro affinché l'anfora venga illuminata?

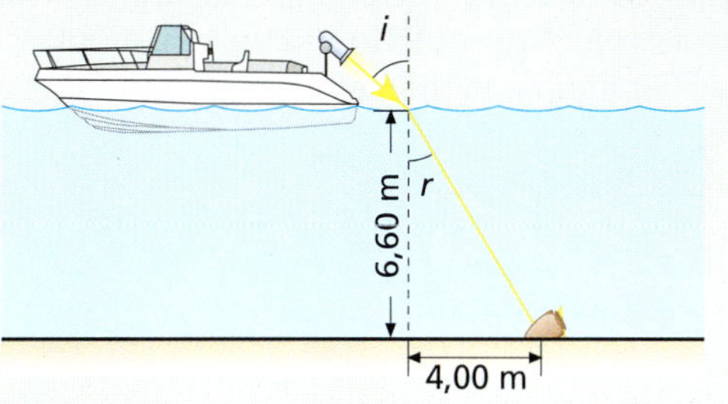

[43,6°]

Guida alla soluzione

Osservando la figura puoi notare che il cammino del raggio luminoso in acqua, dal punto in cui entra in mare fino a raggiungere l'anfora sul fondo, è uguale all'ipotenusa di un triangolo rettangolo i cui cateti misurano 6,60 m e 4,00 m. Dunque l'ipotenusa misura:

$$l = \sqrt{(6{,}60\,\mathrm{m})^2 + (4{,}00\,\mathrm{m})^2} = ...\,\mathrm{m}$$

Continuando a sfruttare la geometria di questo triangolo, puoi scrivere anche:

$$\sin r = \frac{.....}{l} = \frac{.....\,\mathrm{m}}{.....\,\mathrm{m}} = ...$$

Poiché l'indice di rifrazione dell'aria è $n_a = 1{,}00$ basta applicare la legge di Snell per trovare:

$$\sin i = \frac{.....}{.....}\sin r = \frac{1{,}33}{1{,}00}(.....) = ...$$

cioè l'angolo di incidenza è $i = ...°$.

51 Un raggio di luce gialla, che illumina un cristallo di cloruro di sodio formando un angolo di 50° rispetto alla perpendicolare alla superficie, penetra dall'aria nel cristallo con una deviazione di 20° verso la perpendicolare stessa. Rappresenta graficamente la situazione. Quanto vale l'indice di rifrazione del cloruro di sodio? [1,53]

52 Un raggio luminoso si propaga in un vetro, il cui indice di rifrazione vale 1,62, poi passa in acqua. Determina quale angolo di incidenza deve avere il raggio per poter emergere con un angolo di 65°. Stabilisci inoltre qual è il valore dell'angolo limite nella rifrazione dal vetro all'acqua. [48°; 55°]

53 In un laboratorio analisi, una provetta viene collocata a 80 cm di distanza da una lente convergente. In questa configurazione è possibile raccogliere l'immagine della provetta su uno schermo collocato a 30 cm dalla lente. Se si raddoppia la distanza della provetta, di quanto si avvicina l'immagine alla lente? [5 cm]

54 Per esaminare un frammento di un antico vaso, un'archeologa usa una lente di ingrandimento la cui distanza focale vale 4,5 cm. Determina la distanza dell'immagine del frammento dalla lente, sapendo che l'ingrandimento vale 2,5. [−6,8 cm]

ESERCIZI

55 Quando un raggio di luce colpisce con un angolo di incidenza di 58° una delle lastre di vetro che formano la vetrata policroma di una chiesa, si ha un fenomeno di rifrazione. Assumendo che il vetro abbia indice di rifrazione uguale a 1,48, calcola l'ampiezza dell'angolo di rifrazione formato dal raggio di luce nel passaggio dall'aria alla lastra. Stabilisci, inoltre, quanto è ampio l'angolo con il quale il raggio emerge dalla lastra. [35°; 58°]

Suggerimento

Assunto che la lastra di vetro abbia facce opposte piane e parallele, applica la legge di Snell due volte: alla superficie di separazione aria-vetro (quando il raggio di luce entra nella lastra), e alla superficie di separazione vetro-aria (quando la luce esce dalla lastra). Tieni presente che l'angolo con il quale il raggio emerge dalla lastra è quello che esso forma con la perpendicolare alla superficie di separazione vetro-aria.

56 Due puntine da disegno sono poste lungo l'asse ottico di una lente convergente di distanza focale 20 cm. Determina le posizioni delle immagini delle puntine sapendo che sono posizionate una a 50 cm e l'altra a 12 cm dalla lente. Quanto vale l'ingrandimento in ciascuno dei due casi?

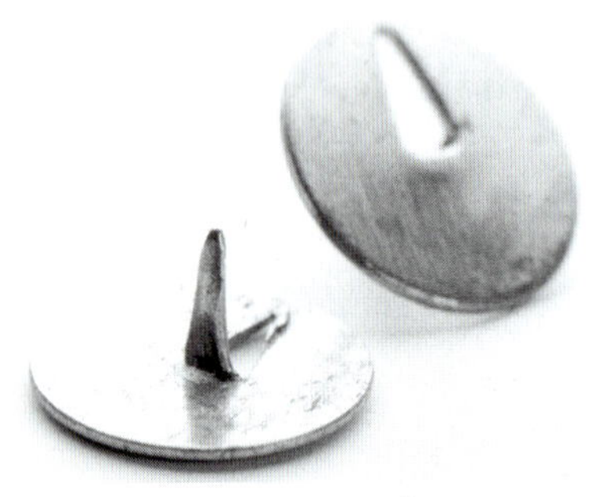

[33 cm; −30 cm; −0,67; 2,5]

57 INGLESE A coin is located 8.20 cm in front of a mirror. The virtual image is located 5.10 cm away from the mirror and is smaller than the coin. Find the focal length of the mirror and explain if the mirror is concave or convex. [−13.5 cm]

58 La distanza focale di uno specchio sferico misura 200 cm. Stabilisci a quale distanza dal vertice deve essere posta una foglia, perché la sua immagine sia quattro volte più piccola. [10 m]

59 Sara vuole usare gli occhiali dello zio ipermetrope come lenti d'ingrandimento per osservare le formiche. Ricava l'ingrandimento sapendo che le lenti convergenti sono da 7,0 diottrie e Sara le posiziona a 16 cm dalle formiche. [−8,1]

60 Uno specchio convesso, il cui raggio di curvatura ha modulo uguale a 60 cm, è collocato in prossimità di un incrocio stradale a scarsa visibilità.
- Quanto distano fra loro fuoco e vertice dello specchio?
- Se l'immagine di un'automobile si forma a 29 cm dal vertice dello specchio, quanto dista da esso la vera automobile?
- Se l'automobile si avvicina fino ad arrivare a 2,5 m dallo specchio, a quale distanza dal vertice si forma la sua immagine e quanto vale l'ingrandimento prodotto dallo specchio?
- L'automobile può assumere una posizione tale che l'immagine formata dallo specchio sia reale? Se sì, spiega qual è questa posizione.

[30 cm; 8,7 m; −27 cm; 0,11]

61 Un tubetto di colla viene spostato lungo l'asse ottico di una lente. Quando il tubetto si trova a 20 cm dalla lente, l'immagine che si forma è reale e 3 volte più grande del tubetto.

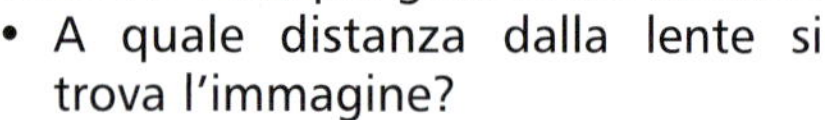

- A quale distanza dalla lente si trova l'immagine?
- Qual è la distanza focale della lente?
- Quanto vale il suo potere diottrico?
- Costruisci con metodo grafico l'immagine del tubetto di colla.
- Spiega perché la lente di cui si parla non può essere divergente.

[60 cm; 15 cm; 6,7 diottrie]

62 Una lente proietta su uno schermo l'immagine capovolta di una fiammella posta a 5,0 cm dal suo centro lungo l'asse ottico. Le dimensioni dell'immagine sono doppie rispetto a quelle della fiammella.
- Quanto vale il potere diottrico della lente?
- Si tratta di una lente convergente o divergente?
- Spiega se lo schermo raccoglie o no l'energia luminosa della fiammella. [30 diottrie]

63 Le orecchie dei pipistrelli sono provviste di una cartilagine, il trago, che serve a focalizzare il fascio di ultrasuoni raccolti dal padiglione per inviarli al timpano. Consideriamo che si possa paragonarle a una calotta sferica di 8,0 cm di raggio. A quale distanza dall'orecchio deve trovarsi il trago per concentrare il suono nell'apparecchio uditivo? Illustra la situazione con un diagramma. [4,0 cm]

Esercizio commentato

64 STIME Giacomo vuole fotografare un albero alto 4,00 m posto a una distanza di 20,0 m. Fai una stima della dimensione che avrà l'albero sull'immagine fotografica usando un obiettivo fotografico standard da 50 mm. [10 mm]

65 Durante un'immersione un sub osserva che il fascio luminoso del faro, quando penetra sott'acqua, è inclinato di 30,0° rispetto alla verticale. Sapendo che l'indice di rifrazione dell'acqua è 1,33, stabilisci a quale angolo è posizionata la lanterna del faro rispetto al piano dell'orizzonte.

[48,3°]

66 ●●● Per determinare la profondità di una piscina piena d'acqua si misura la sua larghezza, uguale a 5,5 m, e si osserva che lo spigolo del fondo appare allineato con il bordo superiore opposto della piscina (a pelo d'acqua) a un angolo di 14° rispetto all'orizzontale, come mostrato in figura. Calcola la profondità *h* della piscina, assumendo che l'acqua abbia indice di rifrazione pari a 1,33.

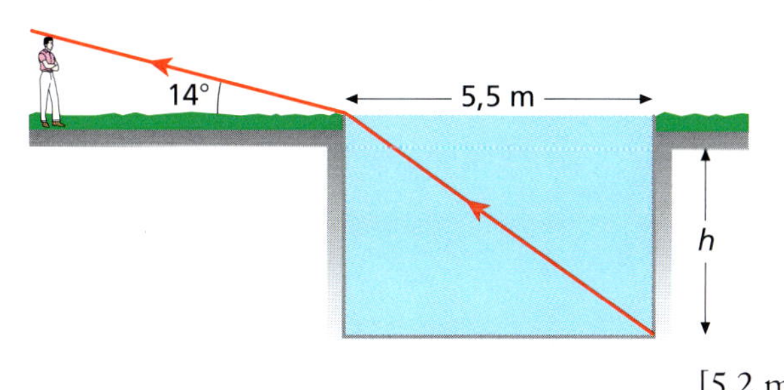

[5,2 m]

67 ●●● Il bancone di un bar è realizzato con una lastra trasparente. Da un faro sul soffitto, un fascio di luce rossa colpisce la lastra con un angolo di incidenza di 60,0°. Calcola lo spessore *h* della lastra sapendo che il suo indice di rifrazione è 1,22 e che lo spostamento fra il raggio incidente e quello emergente è $d = 2,00$ cm.

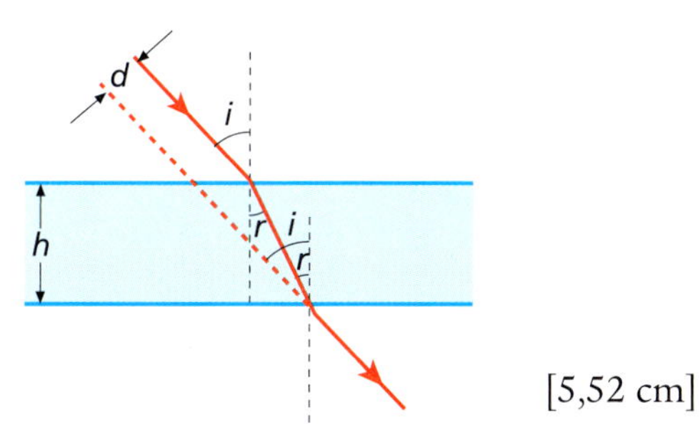

[5,52 cm]

68 ●●● Una candela si trova sull'asse ottico di uno specchio convesso, a una distanza di 70,0 cm dal vertice dello specchio. Sapendo che lo specchio ha una distanza focale di 50,0 cm, determina a quale distanza dal vertice si formerà l'immagine della candela e quanto varrà l'ingrandimento dell'immagine.

Videotutorial

69 ●●● Sul bancone del bar di una discoteca c'è un bicchiere alto 15,0 cm. Per il piano di appoggio del bicchiere passa l'asse ottico di uno specchio concavo il cui raggio di curvatura misura 345 cm. La distanza del bicchiere dal vertice dello specchio è uguale a 340 cm.

- A quale distanza dal vertice si forma l'immagine?
- Quanto è alta l'immagine?
- Costruisci l'immagine del bicchiere: è diritta o capovolta?

[350 cm; 15,4 cm]

70 ●●● Le lenti divergenti sono sistemi ottici che trovano diverse applicazioni pratiche, come per esempio la correzione della miopia, un difetto visivo piuttosto diffuso.
Un oggetto è posto davanti a una lente divergente alla distanza di 48,2 cm e la sua immagine si forma a una distanza di 13,6 cm dalla lente; determina le diottrie della lente e il suo potere di ingrandimento.

Videotutorial

71 ●●● Simone indirizza un puntatore laser sopra la vasca dei pesci, in modo che un sottile pennello luminoso incida sull'acqua. La vasca è dotata di un fondo a specchio. Come mostrato in figura, una parte del raggio viene riflessa dalla superficie dell'acqua e una parte dal fondo della vasca. Dimostra che i due raggi emergenti dalla vasca sono paralleli.

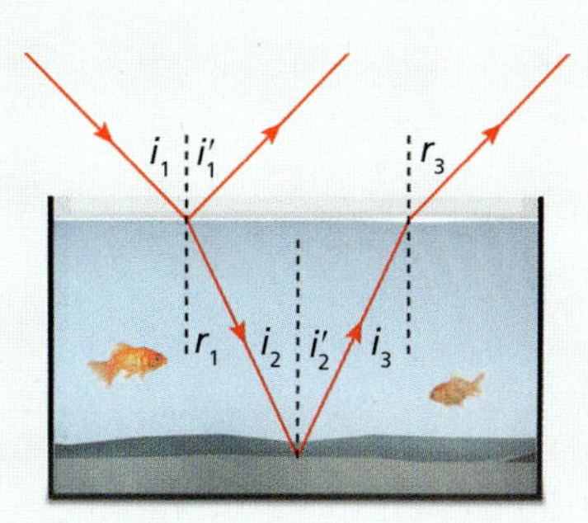

Guida alla soluzione

Dalla seconda legge della riflessione, ricordando anche che gli angoli alterni interni di due rette parallele tagliate da una trasversale sono uguali, segue che:

$$r_1 = i_2 = \ldots\ldots = i_3$$

Indicando con *n* l'indice di rifrazione dell'acqua, e considerando uguale a 1 quello dell'aria, per la legge di Snell puoi scrivere inoltre:

$$\sin i_1 = n \ldots\ldots \qquad n \sin i_3 = \ldots\ldots$$

Essendo $r_1 = i_3$, risulta $\sin i_1 = \sin r_3$ e quindi anche:

$$i_1 = \ldots\ldots$$

Dall'uguaglianza fra i'_1 e i_1 segue che è $i'_1 = \ldots\ldots$, cioè che i due raggi emergenti sono paralleli.

72 ●●● Il vincitore di una maratona ammira la coppa conquistata rigirandola fra le mani, così da vedere il suo volto riflesso sia sulla superficie interna sia su quella esterna del trofeo. La coppa è a forma di calotta sferica e quando il ragazzo si specchia, prima sull'interno e poi sull'esterno, vede la sua immagine formarsi dietro la superficie riflettente, in un caso alla distanza di 60 cm e nell'altro alla distanza di 20 cm. A quale distanza dal suo volto sta tenendo la coppa?

Esercizio commentato

[30 cm]

73 ●●● Due lenti convergenti, di distanze focali 10,0 cm e 20,0 cm, sono poste a una distanza di 35,0 cm l'una dall'altra con gli assi ottici coincidenti. Un oggetto si trova 15,0 cm a sinistra della prima lente. Qual è la posizione dell'immagine finale? Qual è l'ingrandimento prodotto dal sistema?

[6,67 cm, a destra della seconda lente; 1,33]

ESERCIZI

74 ●●● Due lenti convergenti, con distanze focali rispettivamente uguali a 12 cm e 18 cm, sono a contatto l'una dell'altra e hanno gli assi ottici coincidenti. Il sistema può essere assimilato a un'unica lente. Qual è il suo potere diottrico?

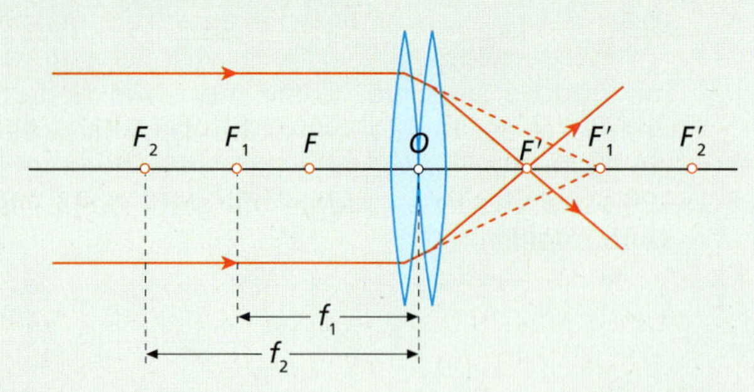

[13,9 diottrie]

Guida alla soluzione

Nel diagramma sono indicati con F_1 ed F'_1 i due fuochi della prima lente, e con F_2 ed F'_2 i due fuochi della seconda. Tutti e quattro giacciono su una stessa retta, che è l'asse ottico di entrambe le lenti.

Poiché le due lenti hanno uno spessore trascurabile, puoi ritenere che i loro centri ottici siano coincidenti e si trovino nel punto indicato con O. Entrambe le distanze focali, f_1 ed f_2, sono positive perché i fuochi sono reali. Immagina che i raggi luminosi incidano sul sistema di lenti parallelamente all'asse ottico. La prima lente devia i raggi facendoli convergere verso il suo secondo fuoco F'_1. I raggi non giungono, tuttavia, in F'_1, perché subiscono un'ulteriore deviazione attraversando la seconda lente. Rispetto alla seconda lente, il punto F'_1 rappresenta la posizione di un oggetto virtuale. Questo punto, infatti, verso cui convergono i raggi incidenti, è situato dietro la lente.

Per trovare la distanza q da O dell'immagine prodotta dalla seconda lente puoi applicare l'equazione dei punti coniugati, a condizione di considerare negativa la distanza p fra oggetto e lente, il cui valore assoluto è uguale a f_1:

$$p = -f_1$$

Pertanto puoi scrivere:

$$-\frac{1}{f_1} + \frac{1}{q} = \frac{1}{\ldots\ldots} \qquad \frac{1}{q} = \frac{1}{f_1} + \frac{1}{\ldots\ldots}$$

Questo risultato mostra che q ha segno ......: ciò significa che l'immagine prodotta dalla seconda lente è ...... Inoltre q è minore sia di f_1 sia di ......, cioè l'immagine è situata in un punto, indicato con F' nel diagramma, che dista da O meno di entrambi i ...... delle due lenti.

In F' le due lenti, complessivamente, fanno convergere i raggi incidenti paralleli all'asse ottico. Tale punto costituisce, pertanto, il secondo fuoco del sistema di lenti. (Nel diagramma è indicato anche il primo fuoco F, in posizione simmetrica rispetto a O.)

La distanza q di F' da O è la distanza focale del sistema e il suo reciproco, espresso in m^{-1}, ne definisce il potere diottrico D:

$$D = \frac{1}{f_1} + \frac{1}{\ldots\ldots} = \frac{1}{\ldots\ldots\text{m}} + \frac{1}{\ldots\ldots\text{m}} = \ldots\ldots \text{diottrie}$$

Verso l'ammissione all'università

Puoi simulare la parte di fisica di un test di ammissione svolgendo questa batteria di esercizi in 25 minuti. Per calcolare il tuo punteggio dai 1 punto alle risposte esatte, 0 punti a quelle non date e –0,25 punti a quelle errate. La griglia delle soluzioni è alla fine del libro.

Puoi esercitarti anche in modalità interattiva sul MEbook.

1 Se un pianeta si trova a 7,2 a.l. dalla Terra, dista da noi circa:
- a 68 miliardi di kilometri
- b 6800 miliardi di kilometri
- c 68 000 milioni di kilometri
- d 68 000 miliardi di kilometri
- e 680 miliardi di kilometri

2 Una supernova esplode a una distanza di 4000 a.l. dalla Terra. Quanto tempo impiega la luce a raggiungere il nostro pianeta?
- a 4 millenni
- b 9,46 secoli
- c 400 anni
- d 800 anni
- e Nessuna delle precedenti risposte è corretta

3 Se, guardando l'immagine di un orologio prodotta da uno specchio piano che sta accanto a esso, vedi che le lancette sono disposte a ore 08:10, che orario indica il vero orologio?
- a 08:10
- b 10:08
- c 03:50
- d 04:40
- e 04:10

4 INGLESE When you look into a plane mirror, you see an image of yourself that is not:
- a the same size as you are
- b real
- c located as far behind the mirror as you are in front of it
- d upright
- e overturned

5 Stiamo nuotando immersi sott'acqua sul fondo di una lunga piscina; alziamo gli occhi e vediamo le cose sopra di noi, ma se spingiamo lo sguardo lontano dal punto in cui ci troviamo, notiamo che la superficie acqua-aria si comporta come uno specchio che rimanda le immagini interne alla piscina. Il fenomeno è dovuto:
- a alle proprietà della superficie dell'acqua
- b alle proprietà della superficie dell'acqua quando si aggiunge cloro
- c alla mancanza di luce diretta
- d all'eccessiva illuminazione esterna
- e alle proprietà della riflessione totale interna

6 Una persona, inizialmente a 4 m da uno specchio piano, si porta a 2 m dallo specchio. La distanza della persona dalla sua immagine è:

- a rimasta invariata
- b diminuita di 2 m
- c diminuita di 4 m
- d diminuita di 6 m
- e diminuita di 3 m

7 Quale dei seguenti diagrammi può rappresentare il cammino di un raggio luminoso in due mezzi trasparenti, se il rapporto fra l'indice di rifrazione del secondo mezzo e l'indice di rifrazione del primo è pari a 1,414?

a
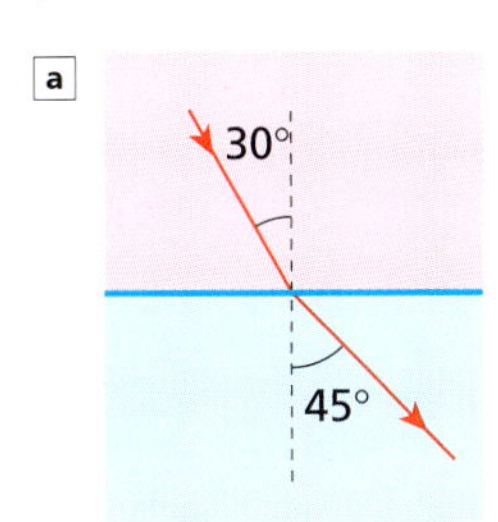

d
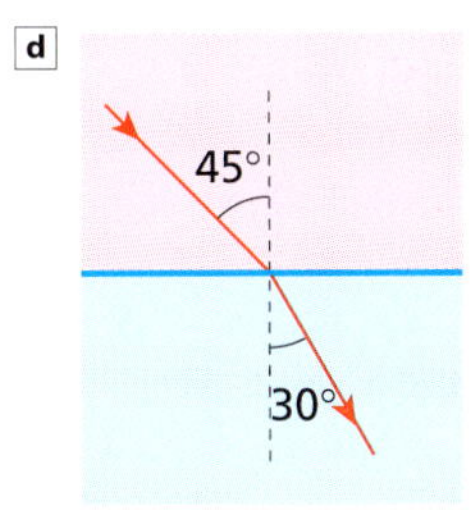

b
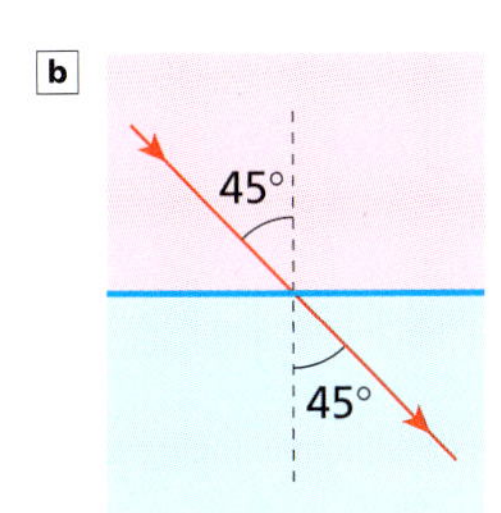

e
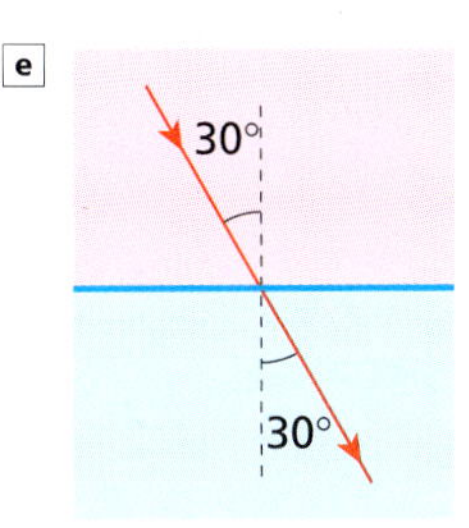

c
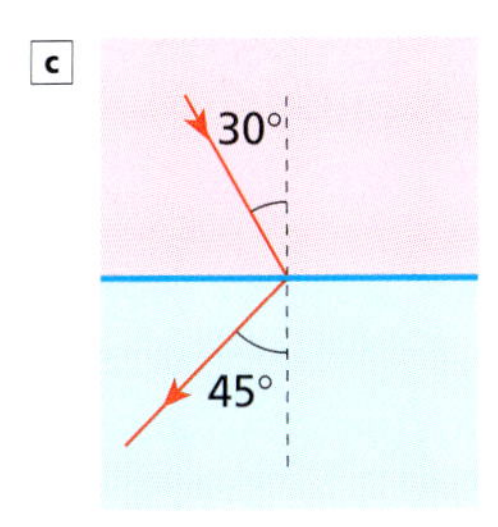

8 L'indice di rifrazione di un mezzo trasparente:

- a è uguale al rapporto fra la velocità della luce in quel mezzo e la velocità della luce nel vuoto
- b non è mai minore di uno
- c è tanto minore quanto più il mezzo è rifrangente
- d non dipende dal colore della luce
- e è uguale a 1 se il mezzo rifrangente è circondato dal vuoto

9 In base all'equazione dei punti coniugati, l'immagine di un oggetto posto a distanza p dal vertice di uno specchio sferico con distanza focale f si forma a una distanza q dal vertice tale che:

- a $\frac{1}{p}+\frac{1}{q}=\frac{2}{f}$
- b $\frac{1}{pq}=\frac{1}{f}$
- c $\frac{p+q}{pq}=\frac{1}{f}$
- d $p+q=f$
- e $p+q=f^2$

10 Un uomo, per farsi la barba, utilizza uno specchio concavo posto a 15 cm dagli occhi. Sapendo che la distanza focale dello specchio è 30 cm, il fattore di ingrandimento risulta pari a:

- a 4
- b 3
- c 2
- d 1
- e 0,50

11 INGLESE When a light ray is propagating trough diamond (the refractive index of diamond is 2.465) and strikes a diamond-water interface at an angle of incidence of 40°:

- a the ray is refracted into the water
- b the ray is totally reflected back into the diamond
- c the ray divides into two parts, a part is reflected ad the remainder is transmitted across the interface
- d the ray disappears
- e none of above

12 Dato un raggio di luce che attraversa la superficie di separazione fra due mezzi trasparenti, l'angolo limite è:

- a l'angolo di rifrazione quando l'angolo di incidenza è di 45°
- b il massimo angolo di incidenza oltre il quale il raggio di luce non è trasmesso nel secondo mezzo
- c il minimo angolo di incidenza al di sotto del quale il raggio di luce non attraversa il secondo mezzo
- d sempre uguale a 90°
- e sempre maggiore dell'angolo di incidenza

13 A quale distanza da una lente convergente di distanza focale uguale a 10 cm bisogna collocare un fiammifero, affinché l'immagine abbia le sue stesse dimensioni?

- a 20 cm
- b 40 cm
- c 80 cm
- d 10 cm
- e Qualunque sia la distanza dalla lente, se il fiammifero è spento l'immagine non si forma

14 Se uno spillo è posto a 20 cm da una lente avente un potere diottrico pari a 4 diottrie, l'immagine fornita dalla lente sarà:

- a reale e ingrandita
- b reale e rimpicciolita
- c virtuale e diritta
- d virtuale e capovolta
- e reale e perfettamente uguale allo spillo

15 Due specchi piani lunghi 90 cm sono posti uno di fronte all'altro a una distanza di 10 cm. Se un raggio di luce incide su un estremo di uno specchio con un angolo di 45°, quante volte in totale viene riflesso il raggio prima di uscire dall'altro estremo?

- a 10 volte
- b 11 volte
- c 12 volte
- d 8 volte
- e Un numero infinito di volte, in quanto il raggio non riesce a uscire

Approfondimenti

FISICA E TECNOLOGIA

L'occhio e la correzione della vista

L'occhio umano è un sistema ottico composto da un insieme di mezzi rifrangenti che deviano i raggi di luce producendo immagini reali sulla retina. Le condizioni visive, quando sono alterate da modificazioni fisiologiche, vengono corrette con lenti divergenti o convergenti, a seconda del difetto, o chirurgicamente, modificando la curvatura della cornea.

L'occhio

L'occhio umano è un organo approssimativamente sferico, di circa 23 mm di diametro. Iniziando dalla parte anteriore, nell'occhio si possono distinguere le seguenti strutture [▶A]:

- la **cornea**, una membrana trasparente con indice di rifrazione circa uguale a quello dell'acqua, che sporge dal globo oculare;
- l'**umore acqueo**, un liquido costituito da acqua, sali e sostanze proteiche, il cui indice di rifrazione non differisce da quello della cornea;
- l'**iride**, un diaframma che ha al centro un foro, chiamato **pupilla**, di diametro variabile a seconda dell'intensità della luce;
- il **cristallino**, un corpo elastico trasparente a forma di lente, con indice di rifrazione maggiore di quello dell'acqua, la cui curvatura può variare grazie al **muscolo ciliare**;
- l'**umore vitreo**, una sostanza gelatinosa con lo stesso indice di rifrazione dell'acqua, che riempie il volume del globo oculare;
- la **retina**, una membrana ricoperta da cellule sensibili alla luce, chiamate per la loro forma **coni** e **bastoncelli**, che comunicano lo stimolo al nervo ottico.

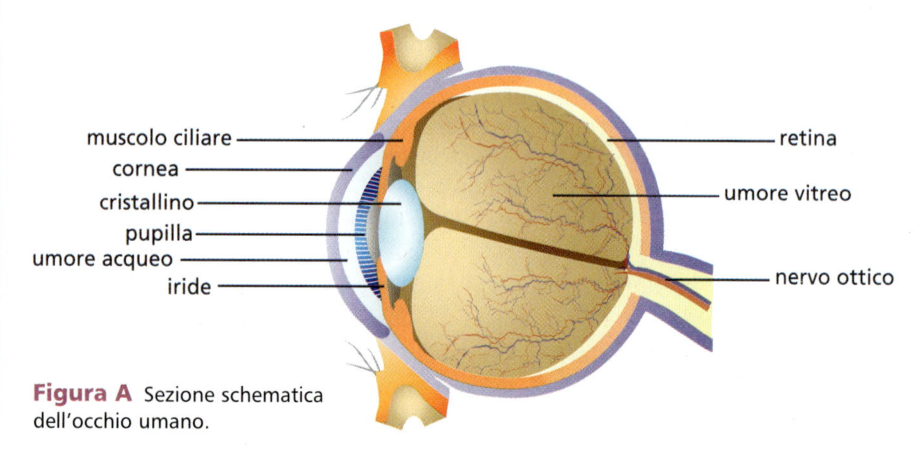

Figura A Sezione schematica dell'occhio umano.

Attraversando i mezzi rifrangenti che compongono l'occhio, i raggi di luce che provengono dalle sorgenti e dai corpi illuminati convergono sulla retina [▶B], dove formano un'immagine reale.
Modificando l'equilibrio elettrochimico dei coni e dei bastoncelli, la luce innesca un impulso nervoso che, tramite il nervo ottico, arriva al cervello. Qui l'impulso è elaborato insieme ad altri elementi (fattori psicologici, condizionamenti fisiologici ecc.) che producono, con caratteristiche anche soggettive, la percezione dell'oggetto [▶C].

L'accomodamento

Per vedere nitidamente, le immagini devono formarsi sulla retina.
Quando l'occhio è a riposo, sulla retina sono messi a fuoco solo gli oggetti situati nel cosiddetto **punto remoto**, cioè a distanza molto grande.
Il processo di **accomodamento**, regolato dai muscoli ciliari che modificano la curvatura del cristallino, consente tuttavia all'occhio di variare il suo potere convergente. Senza percepire alcuno sforzo si riescono a mettere a fuoco gli oggetti fino alla **distanza della visione distinta**, che, per l'occhio normale, è uguale a 25 cm. Con un certo sforzo si arriva anche a vedere fino al **punto prossimo**, a circa 8 cm dall'occhio.

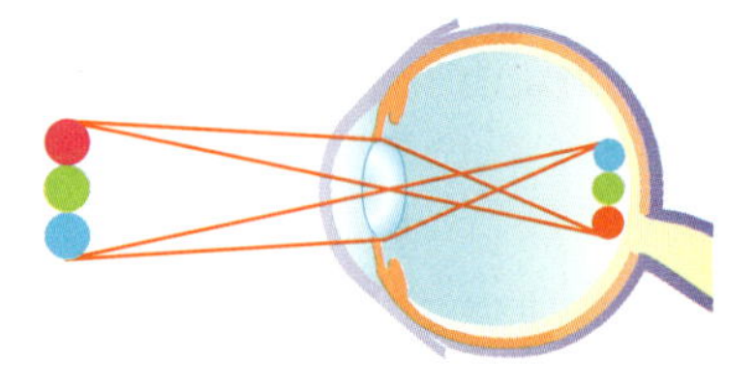

Figura B Le immagini che si formano sulla retina sono reali, capovolte e rimpicciolite.

Figura C Un classico esempio di soggettività della percezione visiva: si possono vedere un calice oppure due profili umani, uno di fronte all'altro.

La persistenza delle immagini

Quando la luce interagisce con le cellule sensibili della retina, lo stimolo che provoca permane per un certo intervallo di tempo. Per questo si verifica il fenomeno della **persistenza delle immagini** sulla retina.
Coni e bastoncelli, una volta eccitati dalla radiazione, restano impressionati per circa un decimo di secondo, e non possono rilevare variazioni luminose che avvengano in tempi più brevi. È dunque impossibile percepire le pulsazioni del flusso luminoso di una lampada alimentata a corrente alternata, o distinguere i singoli fo-

togrammi di una proiezione cinematografica: ogni singola immagine si fonde con quella che la precede e quella che la segue.

I difetti della vista

L'occhio miope è un sistema ottico troppo convergente, nel quale l'immagine, allo stato di riposo, si forma davanti alla retina [▶D]: gli oggetti lontani appaiono confusi e annebbiati e, nei casi più gravi, non si vedono affatto. La **miopia** si corregge con lenti divergenti.

L'**ipermetropia** è il difetto opposto: quando l'occhio è a riposo, i raggi paralleli all'asse convergono dietro la retina [▶E]. Con il processo di accomodamento, l'occhio ipermetrope mette a fuoco le immagini di oggetti lontani, ma, a causa dell'aumentata distanza del punto prossimo, non riesce a far convergere sulla retina i raggi provenienti da oggetti vicini. Questo difetto si corregge con lenti convergenti.

Anche la **presbiopia** è una modificazione fisiologica dell'occhio, che altera le normali condizioni visive. È dovuta a un'anomalia del potere di accomodamento che appare con l'avanzare dell'età. L'effetto è simile a quello dell'ipermetropia ed è compensato con lenti convergenti.

Figura D La miopia.

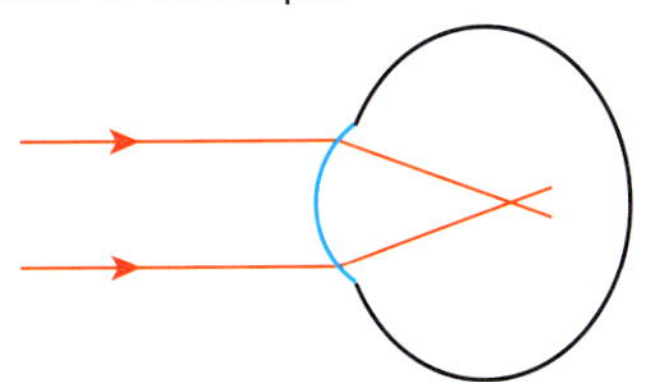

Nell'occhio miope un fascio di raggi luminosi paralleli converge davanti alla retina.

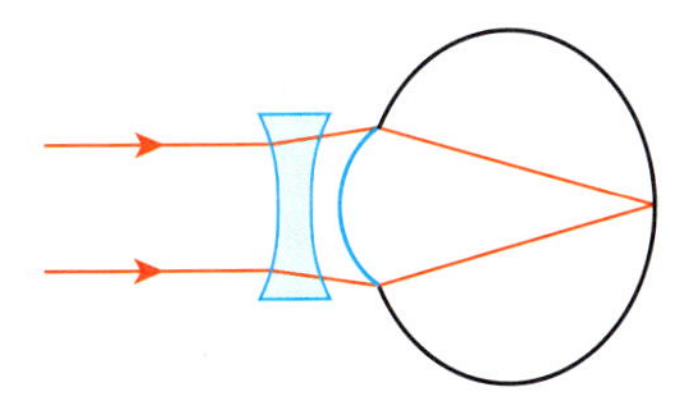

Per portare il fuoco sulla retina serve una lente divergente.

Figura E L'ipermetropia.

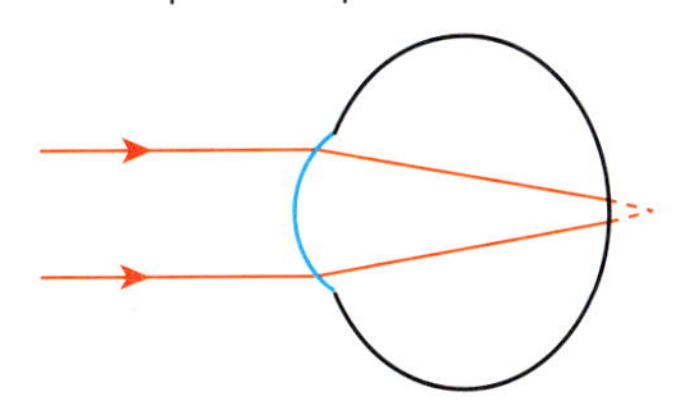

Nell'occhio ipermetrope un fascio di raggi luminosi paralleli converge dietro la retina.

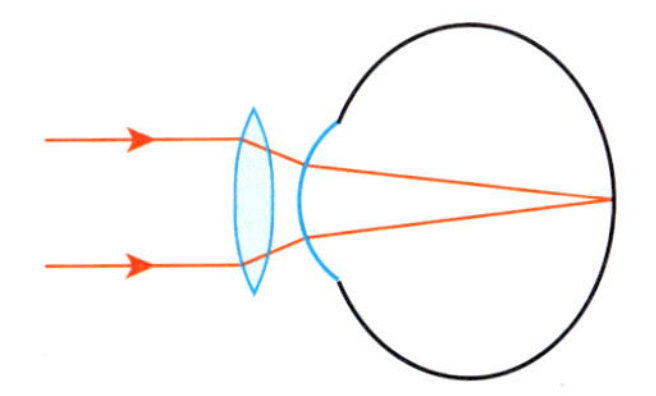

Per portare il fuoco sulla retina serve una lente convergente.

Un altro difetto frequente è l'**astigmatismo**, dovuto alla non perfetta sfericità della cornea e corretto mediante speciali lenti con raggio di curvatura variabile da zona a zona.

Come si correggono

I difetti della vista, soprattutto i problemi legati alla visione a distanza, possono essere corretti chirurgicamente. I metodi sono vari ma il più diffuso utilizza un raggio laser nella regione dell'ultravioletto che abla il tessuto corneale, ovvero è in grado di rimuovere per erosione e vaporizzazione una piccola porzione di cornea nella regione in cui è necessario modificarne il profilo. Per correggere la miopia si appiattisce la parte centrale della cornea mentre per correggere l'ipermetropia si interviene sulla sua periferia.

Adesso tocca a te

Una persona senza difetti di vista, immergendosi sott'acqua, non riesce ad avere una visione nitida. Da quale proprietà, fra tutte quelle che distinguono l'aria dall'acqua, dipende il fatto che l'occhio umano funzioni bene in aria ma non altrettanto bene in acqua?

a Calore specifico
b Densità
c Indice di rifrazione

Giustifica la tua risposta.

Approfondimenti

PERSONE E IDEE DELLA FISICA

Newton, Huygens e il dibattito sulla natura della luce

Il "modello a raggi" è una costruzione geometrica utile per descrivere i comportamenti di svariati sistemi ottici ma non fornisce alcuna informazione sulla reale natura della luce. Tra la fine del XVII secolo e l'inizio del XVIII, su questa questione si affrontarono due giganti del pensiero scientifico: l'olandese Christiaan Huygens e l'inglese Isaac Newton. Per Huygens la luce era un movimento che si propagava attraverso l'etere, per Newton era composta di minuscole particelle di forme e dimensioni diverse.

La luce è movimento...

Huygens, nel *Traité de la lumière* (1690), sostiene che la luce è movimento ma che questo movimento non può essere quello della materia ordinaria: «Non si può dubitare del fatto che la luce consista di movimento di qualche sorta di materia. Se si considera la sua produzione si scopre che qui, sulla Terra, (la luce) è generalmente prodotta da fuoco e fiamme che, senza ombra di dubbio, contengono corpi in uno stato di rapido movimento, dal momento che sono in grado di dissolvere e fondere numerosi altri corpi, anche i più solidi. Se consideriamo i suoi effetti, vediamo che quando la luce viene raccolta da specchi concavi, è in grado di bruciare come il fuoco, ovvero disunisce le particelle dei corpi. Ciò è sicuramente il segno del moto».

...e si propaga come il suono

Poiché l'incontro tra due raggi di luce non origina disturbi, non è pensabile che la luce sia costituita da particelle. E dunque, come si propaga? Huygens immagina che lo faccia come il suono. Il suono si propaga in tutte le direzioni a partire dal punto in cui viene prodotto, con un movimento periodico che viene comunicato attraverso l'aria. Secondo Huygens da ogni punto di una sorgente luminosa si dipartono delle onde sferiche [▶A]:

«Ogni piccola regione di un corpo luminoso, come il Sole, una candela o un carbone ardente, genera le proprie onde di cui tale regione è il centro. Così nella fiamma di una candela, avendo distinto i punti A, B, C, i cerchi concentrici descritti intorno ad ognuno di questi punti rappresentano le onde che provengono da essi».

La materia eterea

Per Huygens, non c'è dubbio alcuno che la luce si propaghi per mezzo di qualche movimento vibratorio impresso nella materia che si trova tra la sorgente e chi la riceve. Non si tratta però di aria ma di "materia eterea", una sostanza trasparente, leggerissima ma, allo stesso tempo, elastica e durissima, per consentire alla luce una velocità elevata.

Attraverso la sua teoria, Huygens riuscì a spiegare la riflessione, la rifrazione e molte altre proprietà ottiche, con costruzioni che ritroviamo ancora oggi nei nostri libri di ottica geometrica.

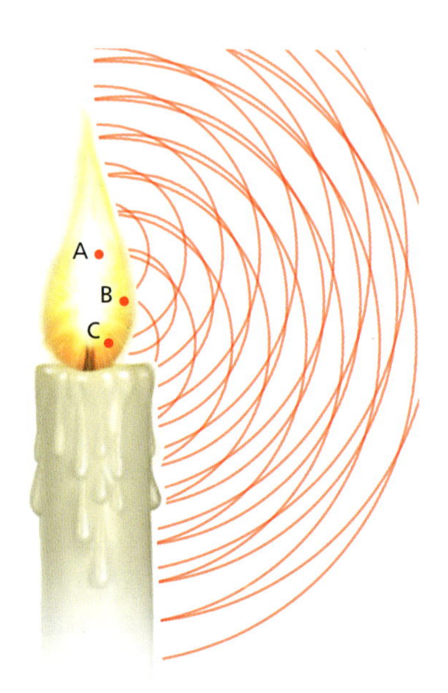

Figura A Per Huygens la luce è composta da onde elementari prodotte nei vari punti dello spazio, per esempio emesse dai singoli punti della fiamma di una candela. Le onde hanno forma di sfere con centro nel punto in cui si trova la sorgente.

La più piccola particella di luce

Le concezioni sulla luce di Newton sono riassunte nel trattato *Opticks or a treatise of the reflections, refractions, inflections and colours of light* (1704). L'opera è divisa in tre libri: il primo contiene gli studi sulla rifrazione, sulla dispersione e l'analisi dei colori; il secondo descrive gli effetti oggi detti di interferenza; il terzo è dedicato alla diffrazione (termine che però Newton non usa).

Per Newton un raggio non è una traiettoria continua ma la più piccola particella di cui è composta la luce (*minimum lumen*). I raggi hanno dimensioni e forme diverse e sono causa di colori diversi. La loro propagazione è rettilinea e se incontrano una superficie di separazione tra due mezzi la possono attraversare o meno a seconda del grado di attrazione con la materia e a seconda dell'angolo di incidenza [▶B]. L'attrazione è proporzionale alla densità e le particelle di luce posseggono un'insita predisposizione (*inclination*) a riflettersi oppure a rifrangersi [▶C]. Quando incontrano un corpo opaco, in parte si riflettono e in parte sono assorbite e se tutte hanno inclinazione a essere riflesse si verifica la riflessione totale.

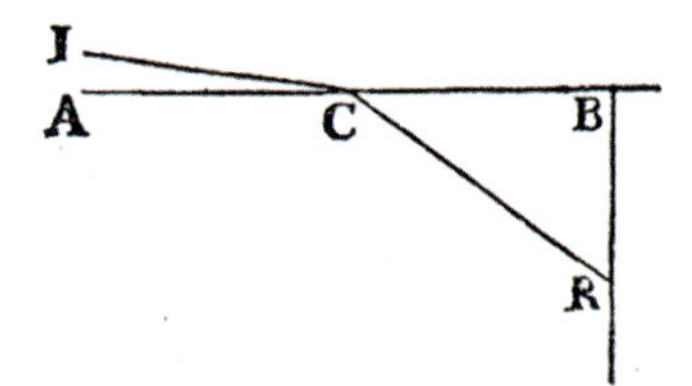

Figura C La rifrazione nel disegno originale di Newton: *AB* è la superficie rifrangente; *JC* il raggio incidente; *CR* il raggio rifratto.

Per spiegare la rifrazione ricorre inizialmente all'ipotesi dell'etere (più duro nello spazio e più rarefatto all'interno della materia) immaginando un'interazione con i raggi che così oscillano quasi come le onde di Huygens ma l'abbandona quasi subito, optando per il concetto di "forza" la cui trasmissione non richiede un mezzo materiale.

Adesso tocca a te

Il Progetto Gutenberg è un importante archivio digitale che contiene le versioni elettroniche di opere storicamente significative e di riferimento. I testi disponibili sono per la maggior parte di pubblico dominio perché mai coperti da diritto d'autore o da copyright o in quanto decaduti questi vincoli. All'indirizzo http://www.gutenberg.org puoi trovare la versione in lingua inglese delle opere di Huygens e Newton citate nella scheda e altre, altrettanto importanti, sugli stessi argomenti. Scrivi una bibliografia che contenga l'elenco e i link alle principali opere degli scienziati europei del seicento e settecento sull'ottica.

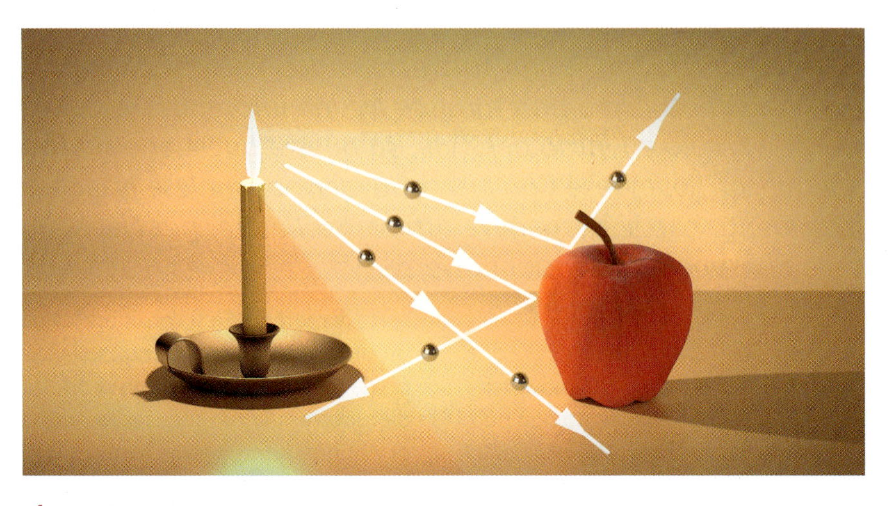

Figura B La luce secondo Newton.

SOLUZIONI DEI TEST

Verso l'ammissione all'università

UNITÀ 7

IL MOTO RETTILINEO

1. b; **2.** a; **3.** e; **4.** d; **5.** a; **6.** e; **7.** c; **8.** d; **9.** a; **10.** b; **11.** b; **12.** c; **13.** b; **14.** d; **15.** c.

UNITÀ 8

MOTI NEL PIANO E MOTO ARMONICO

1. a; **2.** d; **3.** a; **4.** b; **5.** b; **6.** e; **7.** b; **8.** a; **9.** d; **10.** b; **11.** b; **12.** a; **13.** b; **14.** d; **15.** a.

UNITÀ 9

LA DINAMICA NEWTONIANA

1. d; **2.** b; **3.** d; **4.** e; **5.** b; **6.** b; **7.** d; **8.** b; **9.** a; **10.** b; **11.** e; **12.** b; **13.** b; **14.** a; **15.** a.

UNITÀ 10

IL LAVORO E L'ENERGIA

1. a; **2.** a; **3.** b; **4.** e; **5.** c; **6.** b; **7.** b; **8.** d; **9.** b; **10.** e; **11.** a; **12.** d; **13.** b; **14.** a; **15.** a.

UNITÀ 11

TEMPERATURA E CALORE

1. c; **2.** c; **3.** d; **4.** e; **5.** b; **6.** d; **7.** d; **8.** a; **9.** a; **10.** b; **11.** a; **12.** b; **13.** b; **14.** b; **15.** c.

UNITÀ 12

STATI DI AGGREGAZIONE DELLA MATERIA

1. d; **2.** a; **3.** c; **4.** c; **5.** b; **6.** e; **7.** c; **8.** d; **9.** a; **10.** b; **11.** c; **12.** c; **13.** a; **14.** c; **15.** e.

UNITÀ 13

L'OTTICA GEOMETRICA

1. d; **2.** a; **3.** c; **4.** a; **5.** e; **6.** b; **7.** d; **8.** b; **9.** c; **10.** c; **11.** a; **12.** b; **13.** a; **14.** c; **15.** a.

INDICE ANALITICO

A

B

C

D

E

F

G

O

P

Q

R

S

T

U

V

W

Z

COSTANTI E GRANDEZZE FONDAMENTALI

COSTANTI FONDAMENTALI

DENOMINAZIONE	SIMBOLO	VALORE
Costante gravitazionale	G	$6{,}670\ 10^{-11}$ N · m²/kg²
Costante dei gas	R	8,316 J/(K · mol) = 0,0821 atm l/(K · mol) = 1,987 cal/(K · mol)
Numero di Avogadro	N	$6{,}022 \cdot 10^{23}$ particelle/mol
Equivalente meccanico del calore	J	4,18 J/cal = 427 kgm/kcal
Costante di Boltzmann	k	$1{,}381 \cdot 10^{-23}$ J/K = $8{,}62 \cdot 10^{-5}$ eV/K
Velocità della luce nel vuoto	c	$2{,}9979 \cdot 10^{8}$ m/s
Carica dell'elettrone	e	$1{,}602 \cdot 10^{-19}$ C
Costante di Coulomb	$1/4\,\pi\,\varepsilon_0$	$8{,}988 \cdot 10^{9}$ N · m²/C²
Costante di Planck	h	$6{,}626 \cdot 10^{-34}$ J · s = $4{,}136 \cdot 10^{-15}$ eV · s
Costante dielettrica del vuoto	ε_0	$8{,}854 \cdot 10^{-12}$ F/m
Permeabilità magnetica del vuoto	μ_0	$12{,}56 \cdot 10^{-7}$ H/m
Raggio classico dell'elettrone	r_0	$2{,}82 \cdot 10^{-15}$ m
Massa a riposo dell'elettrone	m_e	$9{,}108 \cdot 10^{-31}$ kg = $0{,}549 \cdot 10^{-3}$ u = 0,51 MeV
Massa a riposo del protone	m_p	$1{,}672 \cdot 10^{-27}$ kg = 1,0073 u = 938,25 MeV
Massa a riposo del neutrone	m_n	$1{,}674 \cdot 10^{-27}$ kg = 1,0086 u = 939,55 MeV
Carica specifica elettrone	e/m_e	$1{,}759 \cdot 10^{11}$ C/kg
Massa protone/massa elettrone	m_p/m_e	1836
Raggio 1ª orbita di Bohr	r_1	$0{,}529 \cdot 10^{-10}$ m
Unità di massa atomica	u	$1{,}66043 \cdot 10^{-27}$ kg = 931,5 MeV
Costante di struttura fine	α_0	1/137
Magnetone di Bohr	μ_B	$9{,}27 \cdot 10^{-24}$ J/T = $5{,}79 \cdot 10^{-5}$ eV/T

FATTORI DI CONVERSIONE

TEMPO

$1\ s = 1{,}667 \cdot 10^{-2}\ min = 2{,}778 \cdot 10^{-4}\ h = 3{,}169 \cdot 10^{-8}\ a$

$1\ min = 60\ s = 1{,}667 \cdot 10^{-2}\ h = 1{,}901 \cdot 10^{-6}\ a$

$1\ h = 3{,}6 \cdot 10^{3}\ s = 60\ min = 1{,}141 \cdot 10^{-4}\ a$

$1\ a = 3{,}156 \cdot 10^{7}\ s = 5{,}259 \cdot 10^{5}\ min = 8{,}766 \cdot 10^{3}\ h = 365\ d$ (periodo di rotazione della Terra)

$1\ d = 86\ 400\ s$

LUNGHEZZA

$1\ \mu m = 10^{-6}\ m$

1 Å (angstrom) $= 10^{-10}\ m = 10^{5}$ fm (Fermi)

1 in (pollice) = 2,54 cm

1 ft (piede) = 30,48 cm

1 yd (yard) = 3 ft

1 mil (miglio) = 1609 m

1 miglio marino = 1852 m

PRESSIONE

1 pascal (N/m^2) $= 10\ dyn/cm^2 = 9{,}87 \cdot 10^{-6}$ atm

$1\ atm = 1{,}013 \cdot 10^{5}\ Pa = 760\ mmHg$

1 mmHg (torr) = 133,3 Pa

$1\ bar = 10^{6}\ dyn/cm^2 = 10^{5}\ Pa$

POTENZA

$1\ W = 0{,}239\ cal/s = 1{,}36 \cdot 10^{-3}\ CV = 0{,}102\ kg_p\ m/s$

$1\ CV = 736\ W = 75\ kg_p\ m/s = 175{,}7\ cal/s$

FLUSSO MAGNETICO

$1\ weber = 10^{8}\ maxwell$

ANGOLO PIANO

$1\ rad = 57{,}3° = 3438' = (2{,}06 \cdot 10^{5})''$

$1° = 1{,}74 \cdot 10^{-2}\ rad = 2{,}78 \cdot 10^{-3}$ angolo giro

1 angolo giro $= 360° = (2{,}16 \cdot 10^{4})' = (3{,}296 \cdot 10^{5})'' = 6{,}28$ rad

ANGOLO SOLIDO

1 angolo sferico $= 4\pi$ ster (12,56 ster)

FORZA

$1\ N = 10^{5}\ dyn = 0{,}102\ kg_p$

$1\ kg_p = 9{,}81\ N$

MASSA E PESO

Il kilogrammo-peso è uguale alla forza con cui la massa di un kilogrammo è attratta dalla Terra con accelerazione $g = 9{,}8\ m/s^2$

1 kg (massa) $= 6{,}02 \cdot 10^{26}\ u = 2{,}2$ lb

1 lb (libbra) corrisponde a 0,45 kg (massa)

$1\ u = 1{,}66043 \cdot 10^{-27}\ kg$

CAMPO MAGNETICO

$1\ tesla = 10^{4}\ gauss$

ENERGIA

$1\ J = 10^{7}\ erg = 0{,}239\ cal = 6{,}25 \cdot 10^{18}\ eV = 0{,}102\ kg_p \cdot m = 9{,}87 \cdot 10^{-3}\ l\ atm = 2{,}78 \cdot 10^{-7}\ kWh$

$1\ eV = 10^{-6}\ MeV = 1{,}602 \cdot 10^{-12}\ erg = 1{,}07 \cdot 10^{-9}\ u = 1{,}602 \cdot 10^{-19}\ J$

$1\ cal = 4{,}18\ J = 2{,}61 \cdot 10^{19}\ eV = 2{,}8 \cdot 10^{10}\ u = 0{,}427\ kg_p\ m = 4{,}13 \cdot 10^{-2}\ l\ atm$

$1\ kg_p\ m = 9{,}8\ J = 2{,}34\ cal = 9{,}7 \cdot 10^{-2}\ l \cdot atm$

$1\ l\ atm = 101{,}3\ J = 24{,}2\ cal = 10{,}33\ kg_p \cdot m$

$1\ u = 1{,}49 \cdot 10^{-19}\ J = 931{,}5\ MeV = 3{,}56 \cdot 10^{-11}\ cal$

$1\ hc = 19{,}86 \cdot 10^{-26}\ J \cdot m = 12{,}41 \cdot 10^{3}\ eVÅ = 1241\ MeV \cdot fm$

GRANDEZZE ASTRONOMICHE

Raggio medio della Terra	$6{,}38 \cdot 10^{6}$ m	Massa della Terra	$5{,}98 \cdot 10^{24}$ kg
Distanza media Terra-Sole	$1{,}49 \cdot 10^{11}$ m	Densità della Terra	$5{,}517$ g/cm^3
Raggio del Sole	$6{,}96 \cdot 10^{8}$ m	Distanza media Terra-Luna	$3{,}84 \cdot 10^{8}$ m
Raggio della Luna	$1{,}74 \cdot 10^{6}$ m	Massa del Sole	$1{,}98 \cdot 10^{30}$ kg
1 AU (unità astronomica)	$1{,}50 \cdot 10^{11}$ m	Massa della Luna	$7{,}34 \cdot 10^{22}$ kg
1 parsec (pc)	$3{,}08 \cdot 10^{16}$ m	Periodo di rivoluzione della Luna	$2{,}36 \cdot 10^{6}$ s
1 anno luce	$9{,}46 \cdot 10^{15}$ m		

ALCUNE PROPRIETÀ FISICHE

Velocità del suono nell'aria (a 0 °C e 1 atm)	331 m/s
Densità dell'aria (a 0 °C e 1 atm)	1,29 kg/m^3
Densità dell'acqua (a 4 °C)	$1{,}00 \cdot 10^{3}$ kg/m^3
Densità del mercurio (a 20 °C)	$13{,}5 \cdot 10^{3}$ kg/m^3

Calore di fusione del ghiaccio (a 0 °C)	79,7 cal/g
Calore di evaporazione dell'acqua (a 100 °C)	540 cal/g
Atmosfera campione	$1{,}01 \cdot 10^{5}$ N/m^2
Volume molare (a 0 °C e 1 atm)	22,4 l/mol

COSTANTI NUMERICHE

$\pi = 3{,}14159$	$e = 2{,}7183$	$\sqrt{2} = 1{,}414$	$\sqrt{3} = 1{,}732$
$\log_e 2 = \ln 2 = 0{,}693$	$\log_{10} e = 0{,}434$	$\ln 10 = 2{,}303$	$e^{-1} = 0{,}3679$

Referenze iconografiche

La strumentazione scientifica riprodotta è stata gentilmente fornita da LEYBOLD Didattica Italia S.r.l. e da 

Si ringraziano il Liceo scientifico "Leonardo da Vinci" e l'Istituto tecnico industriale "Antonio Meucci" di Firenze per aver gentilmente messo a disposizione i loro laboratori.

Le fotografie sono di:
Archivio ©Thinkstock.com; Archivio ©Shutterstock.com; Archivio Mondadori Education; A. Borroni; Edistudio-Milano; Enea; Gamma/Frank Spooner Pictures; Lick Observatory-University of California; Museo della Scienza e Tecnica-Milano; NASA; p. 48: Loren Wilson/Visual Unlimited.Inc./Science Photo Library; p. 82: Iurii Osadchi/Shutterstock.com; p. 106: Istituto e Museo di storia delle scienze, Firenze; p. 167: 135pixels/Shutterstock.com; p. 190: James Prescott Joule, On the Mechanical Equivalent of Heat, *Philosophical Transactions of the Royal Society of London*, Vol. 140. (1850), pp. 61-82; p. 143: Repina Valeriya/Shutterstock.com.

TAVOLA PERIODICA DEGLI ELEMENTI

Legenda (esempio: 23 652 **V** Vanadio 50,941 $3d^34s^2$):

- numero atomico
- 652: energia di prima ionizzazione (kJ/mol)
- simbolo (nero = solido; rosso = gas; blu = liquido; grigio = artificiale)
- 50,941: massa atomica. Le masse atomiche sono date in unità di massa atomica (u), ottenuta assegnando la massa atomica di 12,00000 al carbonio-12. I valori riportati in parentesi sono i numeri di massa degli isotopi più stabili
- $3d^34s^2$: configurazione elettronica

	I A	II A	III B	IV B	V B	VI B	VII B	VIII B	VIII B	VIII B	I B	II B	III A	IV A	V A	VI A	VII A	VIII A
1	1 1308,4 **H** Idrogeno 1,0079 $1s^1$																	2 2370 **He** Elio 4,002 $1s^2$
2	3 518,4 **Li** Litio 6,94 $2s^1$	4 898,7 **Be** Berillio 9,012 $2s^2$											5 798,4 **B** Boro 10,811 $2p^1$	6 1086,8 **C** Carbonio 12,011 $2p^2$	7 1397,3 **N** Azoto 14,007 $2p^3$	8 1312,5 **O** Ossigeno 15,999 $2p^4$	9 1680,4 **F** Fluoro 18,998 $2p^5$	10 2077,5 **Ne** Neon 20,179 $2p^6$
3	11 497,5 **Na** Sodio 22,989 $3s^1$	12 735,7 **Mg** Magnesio 24,305 $3s^2$											13 575,5 **Al** Alluminio 26,981 $3p^1$	14 785,9 **Si** Silicio 28,086 $3p^2$	15 1008,1 **P** Fosforo 30,973 $3p^3$	16 999 **S** Zolfo 32,06 $3p^4$	17 1254 **Cl** Cloro 35,453 $3p^5$	18 1517,4 **Ar** Argon 39,948 $3p^6$
4	19 418 **K** Potassio 39,102 $4s^1$	20 589,4 **Ca** Calcio 40,08 $4s^2$	21 631,2 **Sc** Scandio 44,956 $3d^14s^2$	22 660,5 **Ti** Titanio 47,90 $3d^24s^2$	23 652 **V** Vanadio 50,941 $3d^34s^2$	24 652 **Cr** Cromo 51,996 $3d^54s^1$	25 714,8 **Mn** Manganese 54,938 $3d^54s^2$	26 760,8 **Fe** Ferro 55,847 $3d^64s^2$	27 756,6 **Co** Cobalto 58,933 $3d^74s^2$	28 735,7 **Ni** Nichel 58,70 $3d^84s^2$	29 744 **Cu** Rame 63,54 $3d^{10}4s^1$	30 902,9 **Zn** Zinco 65,38 $3d^{10}4s^2$	31 576,9 **Ga** Gallio 69,72 $4p^1$	32 759,4 **Ge** Germanio 72,59 $4p^2$	33 943,1 **As** Arsenico 74,922 $4p^3$	34 940,5 **Se** Selenio 78,96 $4p^4$	35 1141,2 **Br** Bromo 79,90 $4p^5$	36 1350,2 **Kr** Cripton 83,80 $4p^6$
5	37 401,3 **Rb** Rubidio 85,47 $5s^1$	38 547,5 **Sr** Stronzio 87,62 $5s^2$	39 613,3 **Y** Ittrio 88,905 $4d^15s^2$	40 657,5 **Zr** Zirconio 91,22 $4d^25s^2$	41 661,4 **Nb** Niobio 92,906 $4d^45s^1$	42 682,5 **Mo** Molibdeno 95,94 $4d^55s^1$	43 698 **Tc** Tecnezio (99) $4d^65s^1$	44 708,5 **Ru** Rutenio 101,07 $4d^75s^1$	45 717,2 **Rh** Rodio 102,905 $4d^85s^1$	46 802,6 **Pd** Palladio 106,4 $4d^{10}$	47 731,5 **Ag** Argento 107,87 $4d^{10}5s^1$	48 865,3 **Cd** Cadmio 112,4 $4d^{10}5s^2$	49 556 **In** Indio 114,82 $5p^1$	50 706,5 **Sn** Stagno 118,69 $5p^2$	51 831,9 **Sb** Antimonio 121,75 $5p^3$	52 869,5 **Te** Tellurio 127,6 $5p^4$	53 1007,4 **I** Iodio 126,904 $5p^5$	54 1170,4 **Xe** Xenon 131,3 $5p^6$
6	55 376,2 **Cs** Cesio 132,905 $6s^1$	56 501,6 **Ba** Bario 137,34 $6s^2$	57 539,3 **La*** Lantanio 138,91 $5d^16s^2$	72 639,3 **Hf** Afnio 178,49 $5d^26s^2$	73 758,5 **Ta** Tantalio 180,94 $5d^36s^2$	74 769,2 **W** Tungsteno 183,85 $5d^46s^2$	75 760,8 **Re** Renio 186,2 $5d^56s^2$	76 840,2 **Os** Osmio 190,2 $5d^66s^2$	77 874,9 **Ir** Iridio 192,2 $5d^76s^2$	78 865,3 **Pt** Platino 195,09 $5d^96s^1$	79 890,4 **Au** Oro 196,967 $5d^{10}6s^1$	80 1007,4 **Hg** Mercurio 200,59 $5d^{10}6s^2$	81 589,4 **Tl** Tallio 204,37 $6p^1$	82 714,8 **Pb** Piombo 207,2 $6p^2$	83 700,8 **Bi** Bismuto 208,98 $6p^3$	84 809,5 **Po** Polonio (209) $6p^4$	85 **At** Astato (210) $6p^5$	86 1036,7 **Rn** Radon (222) $6p^6$
7	87 **Fr** Francio (223) $7s^1$	88 507,5 **Ra** Radio (226) $7s^2$	89 497,1 **Ac**** Attinio (227) $6d^17s^2$	104* **Rf** Rutherfordio 261 $6d^27s^2$	105* **Db** Dubnio 262 $6d^37s^2$	106 **Sg** Seaborgio 263	107 **Bh** Bohrio 264	108 **Hs** Hassio 269	109 **Mt** Meitnerio 268	110 **Ds** Darmstadtio 271	111 **Rg** Roentgenio 272	112 **Cn** Copernicio	113 **UUT** Ununtrio	114 **UUQ** Ununquadio	115 **UUP** Ununpentio	116 **UUH** Ununhenxio	117 **UUS** Ununseptio	118 **UUO** Ununoctio

* serie dei lantanidi	58 532,6 **Ce** Cerio 140,12 $5d^14f^16s^2$	59 524,9 **Pr** Praseodimio 140,908 $4f^36s^2$	60 531,6 **Nd** Neodimio 144,24 $4f^46s^2$	61 533,9 **Pm** Promezio (145) $4f^56s^2$	62 539,3 **Sm** Samario 150,4 $4f^66s^2$	63 547,6 **Eu** Europio 151,96 $4f^76s^2$	64 593,7 **Gd** Gadolinio 157,25 $5d^14f^76s^2$	65 563,4 **Tb** Terbio 158,92 $4f^96s^2$	66 571,1 **Dy** Disprosio 162,5 $4f^{10}6s^2$	67 578,6 **Ho** Olmio 164,93 $4f^{11}6s^2$	68 586,5 **Er** Erbio 167,26 $4f^{12}6s^2$	69 594,5 **Tm** Tulio 168,934 $4f^{13}6s^2$	70 597,8 **Yb** Itterbio 173,04 $4f^{14}6s^2$	71 522,1 **Lu** Lutezio 174,97 $5d^14f^{14}6s^2$
** serie degli attinidi	90 584,5 **Th** Torio 232,038 $6d^27s^2$	91 566,3 **Pa** Protoattinio 231 $5f^26d^17s^2$	92 581,6 **U** Uranio 238,029 $5f^36d^17s^2$	93 595,1 **Np** Nettunio 237,04 $5f^46d^17s^2$	94 582,6 **Pu** Plutonio 244 $5f^67s^2$	95 576,1 **Am** Americio (243) $5f^77s^2$	96 **Cm** Curio (247) $5f^76d^17s^2$	97 **Bk** Berkelio (247) $5f^97s^2$	98 **Cf** Californio (251) $5f^{10}7s^2$	99 **Es** Einstenio (254) $5f^{11}7s^2$	100 **Fm** Fermio (257) $5f^{12}7s^2$	101 **Md** Mendelevio (258) $5f^{13}7s^2$	102 **No** Nobelio (259) $5f^{14}7s^2$	103 **Lr** Laurenzio (260) $6d^17s^2$